"十四五"普通高等教育本科部 级规划教材

U0187815

食品质量管理
（第2版）

Shipin Zhiliang Guanli

赵光远　张培旗　邓建华◎主编

中国纺织出版社有限公司

内 容 提 要

本书以现代质量管理学理论为基础,系统介绍了食品质量管理的基本理论和方法。全书共十章,包括质量管理体系、质量审核与质量认证、新产品开发与质量设计、食品生产过程的质量控制、食品质量改进、食品安全管理体系、食品质量检验、食品质量成本管理、5S管理等内容。

本书既可作为高等院校食品及相关专业本科生、研究生的食品质量管理课程教材,也可作为科研人员、企业管理人员的参考用书。

图书在版编目(CIP)数据

食品质量管理 / 赵光远,张培旗,邓建华主编. ---
2版. --- 北京:中国纺织出版社有限公司,2022.3
"十四五"普通高等教育本科部委级规划教材
ISBN 978-7-5180-9117-1

Ⅰ. ①食… Ⅱ. ①赵… ②张… ③邓… Ⅲ. ①食品—质量管理—高等职业教育—教材 Ⅳ. ①TS207.7

中国版本图书馆 CIP 数据核字(2021)第 222088 号

责任编辑:闫 婷 责任校对:王惠莹 责任印制:王艳丽

中国纺织出版社有限公司出版发行
地址:北京市朝阳区百子湾东里 A407 号楼 邮政编码:100124
销售电话:010—67004422 传真:010—87155801
http://www.c-textilep.com
中国纺织出版社天猫旗舰店
官方微博 http://weibo.com/2119887771
三河市宏盛印务有限公司印刷 各地新华书店经销
2022 年 3 月第 2 版第 1 次印刷
开本:787×1092 1/16 印张:24
字数:566 千字 定价:68.00 元

普通高等教育食品专业系列教材
编委会成员

《食品质量管理》编委会成员

第2版前言

"民以食为天。"随着全球经济一体化进程的加快,人们对生活质量的要求越来越高,对食品安全卫生的要求也越来越高。然而,在社会不断进步、科技迅速发展的背景下,食品却面临着越来越多的不安全因素。尤其是近年来,在利益的驱动下,每年都有大量的食品安全事件发生,如苏丹红鸭蛋、孔雀绿鱼虾、三聚氰胺奶粉事件等,食品的质量和安全问题已经成为当今社会普遍关注的焦点问题。如何加强对食品安全危害的控制已经成为摆在政府、食品生产者、食品经营者以及食品安全研究人员面前的一道难题。

在这种背景条件下,为培养食品质量安全管理高级人才,国内各高校纷纷开设了食品质量与安全专业。食品质量管理作为食品质量与安全专业的一门重要专业基础课,其课程内容体系也已逐渐趋于完善。

首先,食品质量管理应当包括质量管理学的基本技术和基本原理,主要内容有质量方针目标、质量策划、质量控制、质量改进和质量保证等。其次,食品安全管理是食品质量管理的重要内容,在长期的食品质量管理中,已经形成了较为完善的食品安全管理体系,如GMP体系、HACCP体系、ISO 22000等,这些也是食品质量管理的重要内容。本书以现代质量管理学理论为基础,系统介绍了食品质量管理的基本理论和方法,既可作为高等院校食品及相关专业本科生、研究生的食品质量管理学教材,也可作为科研人员、企业管理人员的参考书。

自第1版《食品质量管理》面世后,一些新情况出现,如《中华人民共和国食品安全法》进行了两次修订;GB 14881—2013版在2014年实施;ISO 9000出现了最新版本2015版。根据教材修订的指导思想和要求,对第1版教材内容进行了修订,第1版固有内容基本不变,内容上有以下变动:①质量及质量管理等概念修订为最新版的2015版ISO 9000内容;②旧版食品法典委员会(CAC)的一般性良好操作规范(GMP)替换为我国的一般性良好操作规范(GMP)——GB 14881—2013食品生产通用卫生规范;③将QS认证内容更换为食品SC认证相关内容;④教师在使用第1版《食品质量管理》进行教学过程中积累的新素材和经验,一并在第2版中体现出来。

本书由来自国内6所院校、从事食品质量管理教学和科研工作的教师共同编写完成。编写人员的分工:第一章由江苏大学张灿编写,第二章、第十章由河南科技大学吕璞编写,第三章由西昌学院邓建华、胡建平编写,第四章、第九章由河南农业大学孙灵霞编写,第五章、第六章由郑州轻工业大学张培旗编写,第七章由郑州轻工业大学赵光远编写,第八章由河南工业大学孙淑敏编写。全书由赵光远统稿。

在编写过程中,我们参考了大量同类著作、教材和文献资料,在此向有关作者表示衷心的感谢!

　　由于作者水平和能力有限,本书可能存在不足或不妥之处,诚挚欢迎广大读者批评指正,以便适时进行修订。

赵光远
2021 年 6 月

第1版前言

"民以食为天。"随着全球经济一体化进程的加快，人们对生活质量标准的要求越来越高，对食品安全卫生的要求也越来越高。然而，在社会不断进步、科技迅速发展的背景下，食品却面临着越来越多的不安全因素。尤其是近年来，在利益的驱动下，每年都有大量的食品安全事件发生，如苏丹红鸭蛋、孔雀绿鱼虾、三聚氰胺奶粉事件等，食品的质量和安全问题已经成为当今社会普遍关注的焦点问题。如何加强对食品安全危害的控制已经成为摆在政府、食品生产者、食品经营者以及食品安全研究人员面前的一道难题。

在这种背景条件下，为培养食品质量安全管理高级人才，国内各高校纷纷开设了食品质量与安全专业。食品质量管理学作为食品质量与安全专业的一门重要专业基础课，其课程内容体系也已逐渐趋于完善。

首先，食品质量管理学应当包括质量管理学的基本技术和基本原理，主要内容包括：质量方针目标、质量策划、质量控制、质量改进和质量保证等。其次，食品安全管理是食品质量管理的重要内容，在长期的食品质量管理中，已经形成了较为完善的食品安全管理体系，如 GMP 体系、HACCP 体系、ISO 22000 等，这些也是食品质量管理的重要内容。本书以现代质量管理学理论为基础，系统介绍了食品质量管理的基本理论和方法，既可作为高等院校食品及相关专业本科生、研究生的食品质量管理学教材，也可作为科研人员、企业管理人员的参考书。

本书由国内 7 所院校从事食品质量管理教学和科研的教师共同编写完成。编写人员的分工为：第一章由江苏大学张海晖编写，第二章、第十章由河南科技大学吕璞编写，第三章由西昌学院邓建华编写，第四章、第九章由河南农业大学任红涛编写，第五章、第六章由郑州轻工业学院张培旗编写，第七章由郑州轻工业学院赵光远编写，第八章由河南工业大学李雪琴编写。内蒙古科技大学王国泽、汪磊参编。全书由赵光远统稿。

在编写过程中，我们参考了大量同类著作、教材和文献资料，在此向有关作者表示衷心的感谢！

尽管编者尽了最大努力，但因水平和能力有限，书中错误在所难免，请广大读者批评指正，以便在适当的时候进行修订。

赵光远

2013 年 6 月

目 录

第一章 绪论

本章学习重点
1. 质量及质量管理相关术语
2. 食品质量的形成过程
3. 食品的质量特性及影响食品质量的因素
4. 质量管理专家及其贡献
5. 质量管理发展史
6. 食品质量管理的主要内容
7. 全面质量管理的概念、特点及基础工作

第一节　质量与食品质量

一、质量及相关术语

(一)质量

什么是质量？这是一个既熟悉又难回答的问题,似乎谁都知道什么是质量,但谁都很难说清楚什么是质量。2015 版 ISO 9000 族标准给出质量的定义为:客体的一组固有特性满足要求的程度。

1. 客体

客体是指可感知或可想象到的任何事物。示例:产品、服务、过程、人员、组织、体系、资源。

客体可能是物质的(如一台发动机、一张纸)、非物质的(如转化率、一个项目计划)或想象的(如组织未来的状态)。

2. 特性

特性是指可区分的特征。

注1:有各种类别的特性,如:如物理方面的特性(机械、电学、化学、生物特性)、感官上的特性(嗅觉、触觉、味觉)、行为方面的特性(礼貌、诚实)、时间方面的特性(准时性、可靠性、可用性)、人体功效方面的特性(生理特性、人身安全特性)、功能方面的特性(飞机的最高速度)等。

注2:特性可以是定性的或定量的。

注3:特性可以是固有的或赋予的。所谓固有特性,是指某事或某物本身就存在的,尤

其是那种永久的特性,它是通过产品、过程或体系设计和开发以及其后的实现过程形成的属性。如产品的尺寸、体积、重量,机械产品的机械性能、可靠性、可维修性,化工产品的化学性能、安全性等。而赋予特性是指完成产品后因不同的要求而对产品所增加的特性,如产品的价格、交货期、保修时间、运输方式等。

固有特性与赋予特性是相对的。某些产品的赋予特性可能是另一些产品的固有特性。例如,交货期及运输方式对硬件产品而言,属于赋予特性,但对运输服务而言就属于固有特性。

3. 要求

要求是指明示的、通常隐含的或必须履行的需求或期望。

"明示的"可以理解为规定的要求,如在销售合同中或技术文件中阐明的要求或顾客明确提出的要求。

"通常隐含的"是指组织、顾客和其他相关方的惯例或一般做法,所考虑的需求或期望是不言而喻的,如食品的可口性、安全性等。一般情况下,顾客或相关方的文件中不会对这类要求给出明确的规定,供方应根据自身产品的用途和特性进行识别,并进行规定。

"必须履行的"是指法律法规要求的或有强制性标准要求的,如环境保护法规定的内容等。供方在产品实现的过程中,必须满足这类要求。

质量的内涵是由一组固有特性组成的,并且这些固有特性以满足顾客及其他相关方所要求的能力加以表征。质量具有 4 个特性:经济性、广义性、时效性和相对性。

(1)经济性:顾客及其他相关方的要求汇集了价值的表现,如物美价廉实际上反映的是人们的价值取向,而物有所值,就是质量有经济性的表征。

(2)广义性:产品、过程和体系都具有固有特性。质量不仅指产品质量,也可指过程和体系的质量。

(3)时效性:组织的顾客和其他相关方对组织和产品、过程和体系的需求和期望是不断变化的,因此,组织应不断地调整对质量的要求。

(4)相对性:组织的顾客和其他相关方可能对同一产品的功能提出不同的需求,也可能对同一产品的同一功能提出不同的需求。需求不同,质量要求也就不同。

质量的优劣是满足要求程度的一种体现。它须在同一等级基础上做比较,不能与等级混淆。等级是指对功能用途相同但质量要求不同的产品、过程或体系所做的分类或分级。

(二)产品

ISO 9000:2015 标准对产品的定义是:在组织和顾客之间未发生任何交易的情况下,组织能够产生的输出。

产品通常是有形的,包括硬件、软件和流程性材料。硬件具有计数的特性(如轮胎),流程性材料具有连续的特性(如燃料和软饮料),二者经常被称为货物。软件由信息组成,无论采用何种介质传递(如计算机程序、移动电话应用程序、操作手册、字典、音乐作品版权、驾驶执照)。

尽管产品是在供方和顾客之间未发生任何必要交易的情况下生产的,但当产品交付给顾客时,通常包含服务因素。

(三)服务

ISO 9000:2015 对服务的定义:至少有一项活动必需在组织和顾客之间进行的组织的输出。

服务通常是无形的,由顾客来体验。服务的提供可能涉及:在顾客提供的有形产品(如需要维修的汽车)上所完成的活动;在顾客提供的无形产品(如为准备纳税申报单所需的损益表)上所完成的活动;无形产品的交付(如知识传授方面的信息提供);为顾客创造氛围(如在宾馆和饭店)。

服务通常包含与顾客在接触面的活动,除了确定顾客的要求以提供服务外,可能还包括与顾客建立持续的关系,如:银行、会计师事务所,或公共组织(如学校或医院)等。

(四)输出

ISO 9000:2015 对输出的定义:过程的结果。

组织的输出是产品还是服务,取决于其主要特性,如:画廊销售的一幅画是产品,而接受委托绘画则是服务。在零售店购买的汉堡是产品,而在饭店里接受点餐并提供汉堡则是服务的一部分。

(五)过程

ISO 9000:2015 对过程的定义:利用输入实现预期结果的相互关联或相互作用的一组活动。

注1:过程的"预期结果"称为输出,还是称为产品或服务,随相关语境而定。

注2:一个过程的输入通常是其他过程的输出,而一个过程的输出又通常是其他过程的输入。

注3:两个或两个以上相互关联和相互作用的连续过程也可作为一个过程。

注4:组织通常对过程进行策划,并使其在受控条件下运行,以增加价值。

注5:不易或不能经济地确认其输出是否合格的过程,过常称之为"特殊过程"。

(1)从过程的定义看,过程应包含三个要素:输入、输出和活动。资源是过程的必要条件。组织为了增值,通常对过程进行策划,并使其在受控条件下运行。组织在对每一个过程进行策划时,要确定过程的输入、预期的输出和为了达到预期的输出所需开展的活动和相关的资源,也要确定预期输出达到的程度所需的测量方法和验收准则;同时,要根据PDCA(plan – do – check – action)循环,对过程实行控制和改进。

(2)过程与过程之间存在一定的关系:一个过程的输出通常是其他过程的输入,这种关系往往不是一个简单的按顺序排列的结构,而是一个比较复杂的网络结构。一个过程的输出可能成为多个过程的输入,而几个过程的输出也可能成为一个过程的输入。

(3)组织在建立质量管理体系时,必须确定增值所需的直接过程和支持过程,以及相互之间的关联关系(包括接口、职责和权限),这种关系通常可用流程图来表示。

过程本身是一种增值转换,完成过程必须投入适当的资源,通过过程的功能转换,转化成增值的输出,如图1-1所示。

图1-1　过程的一般结构模型

(六)质量特性

1.质量特性

质量特性是指与要求有关的、客体的固有特性。

注1:固有意味着本身就存在的,尤其是那种永久的特性。

注2:赋予客体的特性(如客体的价格)不是它们的质量特性。

2.真正质量特性和代用质量特性

直接反映顾客对产品期望和要求的质量特性称为真正质量特性。在服务的质量特性中,有些是可以直接定量的,但是在大多数情况下,真正质量特性很难直接定量反映,有些甚至是不能测量的。

企业为满足顾客的需求和期望,相应地制定产品标准,确定产品参数来间接地反映真正质量特性称为代用质量特性。

可见,真正质量特性是指顾客的需求和期望,而代用质量特性是企业为实现真正质量特性所做出的规定。

3.质量特性的分类

顾客的需求是多种多样的,因此反映质量的特性也应该是多种多样的。另外,不同类别的产品,质量特性的具体表现形式也不尽相同。

(1)根据产品质量特性的性质,产品质量特性包括性能、寿命、适应性、可信性、安全性、环保性、经济性、美学性。

性能通常指产品在功能上满足顾客要求的能力;寿命是产品在规定的使用条件下完成规定功能的工作总时间;适应性是指产品适应外界环境变化的能力;可信性包括可用性、可靠性、维修性和保障性;安全性是指产品服务于顾客时保证人身和环境免遭危害的能力;环保性是指产品生产、使用和用后报废的残物对环境的影响程度;经济性是指产品寿命周期的总费用的大小;美学性是指产品的外观及其对人的视觉、味觉、嗅觉等产生的感受。顾客对质量特性的感受直接影响其购买行为以及购买后的满意程度,而这种感受是综合的,是产品在性能、寿命、适应性、可信性、安全性、环保性、经济性、美学性等方面的综合表现。

(2)根据产品质量特性对顾客满意的影响程度,质量特性分为以下3类:

关键质量特性:指若超过规定的特性值要求,会直接影响产品安全性或使产品整个功能丧失的质量特性。

重要质量特性:指若超过规定的特性值要求,将造成产品部分功能丧失的质量特性。

次要质量特性:指若超过规定的特性值要求,暂不影响产品功能,但可能会引起产品功能的逐渐丧失。

二、食品质量

(一)食品质量的概念

我国《食品工业基本术语》中,食品质量的定义为:"食品满足规定或潜在要求的特征和特性总和,反映食品品质的优劣。"它不仅包括食品的外观、品质、规格、数量、包装,同时也包括食品安全。食品的总特征和特性在食品标准中都有具体体现,如感官特征、理化指标和微生物指标。

不难发现,食品质量的概念与 ISO 定义的质量的概念基本上是一致的。本课程中,我们把食品质量的概念定义为:食品的固有特性满足要求的程度。食品的固有特性包括感官特征、安全特征、营养特征等。同样,要求是指明示的、隐含的或必须履行的需求或期望。

(二)食品质量的形成过程

食品质量是食品实现全过程的结果。它有一个从生产、形成到实现的过程。在这一过程中的每一个环节都直接或间接地影响到产品的质量。这些环节散布于质量形成全过程中的各个质量职能中。

美国质量管理专家朱兰把质量形成过程中的各质量职能按逻辑顺序串联起来,形成一条呈螺旋式上升的曲线,如图 1－2 所示。曲线反映质量职能遵循事件发生相对不变的次序,揭示了产品质量形成的客观规律,被称为"朱兰质量螺旋"(quality spiral)曲线。

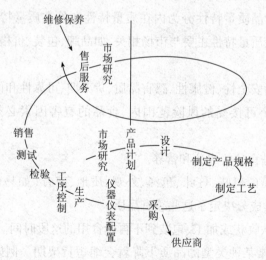

图 1－2 朱兰质量螺旋曲线

从朱兰质量螺旋曲线可知以下 5 个方面。

第一,食品质量形成全过程包括 13 个环节(质量职能),即市场研究、产品计划、设计、制定产品规格、制定工艺、采购、仪器仪表配置、生产、工序控制、检验、测试、销售、售后服务。

第二,食品质量的形成和发展是循序渐进的螺旋式上升运动过程。13个环节构成一轮循环,每经过一轮循环,食品质量就有所提高。在一轮又一轮的循环中,食品质量在原有基础上有所改进、有所突破,连绵不断,永无止境。

第三,作为一个食品质量系统,其目标的实现取决于每个环节质量职能的落实和各环节之间的协调。因此,必须对质量形成过程进行计划、组织和控制。

第四,质量系统是一个开放系统,与外部环境有密切联系。这种联系有直接的(质量螺旋中箭头所指处),也有间接的。所以,食品质量的形成和改进并不只是企业内部行为的结果。质量管理是一项社会系统工程,需要考虑各种外部因素的影响。

第五,食品质量形成过程的每一个环节都依靠人去完成,人的素质及对人的管理是过程质量及工作质量的基本保证。所以,人是食品质量形成全过程中最重要、最具有能动性的因素。现代质量管理十分重视人的因素,强调以人为主体的管理,其理论根源正在于此。

(三)食品的质量特性

食品是一种关系到人类健康的特殊产品,食品应当安全,营养,具有一定的色、香、味。食品与其他产品主要有以下区别。

(1)食品是供人们食用的,其他产品是供使用的。食品通过消化吸收后,满足人体生长发育的需要,或者提供能量。

(2)食品安全卫生要求较高。因此,食品既具有普通产品的质量特性,而且还具有其特殊质量特性。一般把食品质量特性分为内在质量特性和外在质量特性。内在质量特性指食品本身的特性。外在质量特性主要与市场相关,如品牌、包装、价格等。

1.内在质量特性

内在质量特性包括安全性、健康性、感官品质、货架期、可靠性和便利性。

(1)安全性:在一个可接受的风险范围内,食品的有害因素必须对人类健康没有危险性。

(2)健康性:指的是食品的成分和营养。

(3)感官品质:食品的口味、气味、色泽、外观、质地、声音(如易碎的薯条的声音)等。产品的物理特性和化学成分决定了这些感官品质。

(4)货架期:产品从收获或加工、包装到不再能食用的这段时间。实际的产品的货架期依赖于变质的速度,通常某种类型的品质下降就会缩短货架期。例如,加工的火腿如果暴露在氧气中可能很快会变成灰色,尽管产品仍然是安全的,但是这种产品会因为变色而失去消费价值。

(5)可靠性:产品实际组成与产品规格符合的程度。例如,产品的重量必须与说明书中的相一致;产品说明书中强化维生素C含量必须与实际加工、包装和储存后产品中含量相一致等。

(6)便利性:消费者对食品食用非常方便的质量属性。方便食品可以被定义为有利于消费者购买和便于消费的产品。方便食品的范围从切好的净菜到须加热的即用食品和无须加热的即食食品。

2.外在质量特性

外在质量特性包括:生产系统特性、环境特性及市场特性。外在质量特性并不能直接影响产品本身的性质,但却影响到消费者的感觉和认识,如市场促销宣传活动可以影响消费者的期望但和产品本身却无关系。

(1)生产系统特性:指一种食品制造方法。它包括很多因素,如水果和蔬菜生长时使用的农药、畜禽繁育时的特殊喂养、为改善农产品特性的基因重组技术、特定的食品保鲜技术等。这些技术对产品可接受性的影响是很复杂的。例如,对于大豆油,消费者对其原料是否是转基因大豆,工艺是压榨还是浸出以及加工环境均十分关注。

(2)环境特性:主要是指包装和食品生产废弃物的处理。消费者在购买产品时会表现出自己对各种包装的兴趣,同时也会考虑包装对自身健康和外部环境的影响。

(3)市场特性:市场对食品质量的影响是很复杂的。市场的努力(品牌、价格和标签)决定了产品的外在质量,从而影响消费者对质量的期望。

(四)影响食品质量的因素

1.动物生产条件

食品链中的动物有两类:食源性动物(如猪肉、牛肉、禽肉、羊肉、鱼肉、贝类等)和用于生产食品的动物(如鸡蛋、牛奶)。动物生产条件(如育种、喂养、动物生活条件、健康等)可以直接或间接地影响食品内在质量特性。

(1)品种选择:品种选择不仅要考虑增加产量,还必须考虑对食品营养等品质的影响。传统的动物育种大多数注重产量的增加而不是产品质量的提高,如奶牛品种主要考虑和选择牛奶高产的品种,但很少考虑到牛奶的营养成分。正确的做法是选择牛奶营养成分和牛奶产量都比较高的奶牛品种。

(2)动物饲养:动物的饲养也可以直接或间接地影响食品质量。例如,饲料成分改变会影响牛奶中的脂肪成分和脂肪含量。淀粉有利于维持微生物的发酵和随后的蛋白质合成,而微生物发酵和蛋白质合成与牛奶的产量和成分都是正相关的。另外,饲料本身的安全状况对终产品的安全性也有重要影响,如用含有黄曲霉毒素的饲料去喂养奶牛,在牛奶中就会出现黄曲霉素的代谢物。

(3)圈舍卫生:对于肉类生产,动物体表和内部肠道的微生物数量是影响食品安全性的重要因素。圈舍卫生决定了细菌在动物体表的附着数量,圈舍越干净,附着数量越低。尽管屠宰的动物组织基本是无菌的,但内外表面大量的细菌容易导致屠宰时肉的污染。对于奶制品,必须采取卫生预防措施,像乳头的清洗、装乳器具和设备的清洗和杀菌、排除患乳腺炎奶牛的奶等。另外,动物饲养的密集度也会影响肉类食品的质量。

(4)动物的健康状况:动物的健康状况和兽药的使用对动物性食品的质量都会有重

要影响。例如,奶牛乳腺炎可以导致牛奶成分和物理性质的改变。牛奶中体细胞的数量是牛奶质量和卫生学的指标,可以反映奶牛乳腺炎状况。兽药及其代谢产物残留对食品安全性也有直接的影响,因此,大多数国家都制定了动物性食品中兽药的最大残留量标准。

2. 动物的运输和屠宰条件

(1)应激:应激因素主要包括运输和处理屠宰动物过程中的挤压、惊吓、过冷和过热等。这些因素对肉类的质量具有负面影响,但这种影响的大小与动物的种类有关。应激对肉的品质影响如下。

①白肌肉(PSE 肉):常见于猪肉,指肉的外观苍白(pale)、质地松软(soft)和渗液增多(Exudative)。常见于猪腰部和腿部肌肉,该肉眼观呈淡白色,与周围肌肉有明显区别,其表面湿如水洗,多汁,指压无弹力,呈松软状态,故又称作"水煮样肉"和"热霉肉"。

PSE 肉的发生机理:PSE 肉的发生除与猪品种和遗传等内在因素有关外,主要还与猪的应激反应有关。对应激敏感性高的猪,在宰前的长途运输、驱赶、麻电等外界因素的作用下,引起猪的高度兴奋、狂躁和恐惧,肾上腺皮质激素的分泌量增加,高能磷酸化合物如三磷酸腺苷(ATP)、磷酸肌酸(CP)的消耗量增加,使得体内的 ATP、CP 含量显著下降,产生大量的磷酸,同时,应激引起的肾上腺素分泌又造成了肌肉糖酵解作用亢进。在这种状态下,猪生前肌肉中贮存的糖原迅速分解,产生大量的乳酸。这些大量的乳酸和磷酸导致肌肉 pH 值迅速下降,当 pH 值下降到 5.5 时,达到肌动蛋白、肌球蛋白的等电点,发生凝固和收缩而成颗粒状,使得游离水增多,造成肌肉保水力(又称为系水力)下降;高温促使肌膜变性崩解,肌肉内的水分容易渗出;这二者构成了 PSE 肌肉的渗水特征。肌外膜胶原纤维也膨胀软化,造成肌肉色泽变淡,质地松软,切面多汁。

对于轻度 PSE 肉可以不受限制鲜销,而重度 PSE 肉则宜作工业用。由于 PSE 肉味道差,失水率大,保存性能差,利用价值低,故不宜作精加工和保藏、冷冻之用。

②黑干肉(DFD 肉):会发生在所有动物身上,指肉色暗黑(dark)、质地坚硬(firm)和表面干燥(dry)。该肉具有 pH 值高,肌苷酸少,美味差,细菌易在其及加工品中繁殖,通常在细菌密度低于正常肉时就已发生败坏,故该肉易腐烂,因此 DFD 肉在食品卫生上的问题非常多。

DFD 肉的发生机理与 PSE 肉的相反,猪在屠宰前经长途旅行、长时间绝食,处于饥饿状态等应激因素作用下,造成肌肉中肌糖原消耗过多,因糖原枯竭,几乎没有什么乳酸生成,使肉的 pH 值始终维持在 6~6.2 以上,因此,细胞内保存有各种酶的活性,在细胞色素酶的作用下,氧合肌红蛋白(鲜红色)变成了肌红蛋白(紫红色),致使肉呈暗红色,同时,pH 值不下降,美味成分肌苷酸生成减少,造成了肉的品质下降。此外,由于肌纤维不变细,水分不渗出,所以肉较硬,肌肉组织干燥紧密,保水性良好。另外,由于 pH 值高,细菌易在肉中繁殖,故这种肉易受微生物作用而腐败。DFD 肉一般无碍食用,但因其口感差且不耐保存,故不宜作为加工原料肉和分割肉。

为了保持良好的肉类质量,应该采取措施尽可能在运输和屠宰操作中消除或减少应激因素,具体应注意以下4个方面:

一是合理的装载密度,太高的密度会导致 PSE 猪肉和 DFD 牛肉。

二是装载和卸载的设备,如斜面小的坡道对肉品质的保持效果是明显的,陡峭的斜面会导致动物心跳加快。

三是运输持续的时间对肉的质量也有影响,频繁的短时间运输会增加猪 PSE 肉的数量;长时间的运输则可能会使动物平静下来,从而使代谢正常。

四是在屠宰场不同种动物混合会引起应激,从而导致 DFD 或 PSE 肉的出现。

(2)屠宰条件:屠宰程序包括杀死、放血、烫洗、去皮、取内脏等步骤。在屠宰过程中,无菌的肌肉组织可能被肠道内容物、外表皮、手、刀和其他使用的工具污染。所以,应对屠宰环境进行严格的清洗消毒以减少微生物的数量。

3. 果蔬的栽培和收获条件

(1)栽培条件的影响:①品种,如可选择抗病虫害品种;②栽培措施,包括播种、施肥、灌溉和植保(如杀虫剂和除草剂的使用);③栽培环境,如温度、日照时间、降雨等。

对食品的质量要求因作物不同而不同,如对小麦品质来说最重要的指标就是谷蛋白,它与面包的焙烤质量和必需氨基酸含量有正相关性。而栽培条件(如气候条件和氮元素平衡供应等)会影响谷蛋白质量含量。再如油菜籽油中的脂肪酸组成决定了油的营养价值,而脂肪酸组成是由遗传决定的,育种家可以大范围地控制油的质量。

(2)收获条件的影响:果蔬在成熟过程中会发生许多生物化学变化,主要有:①细胞壁组分的变化,其会引起水果的软化;②淀粉和糖的转换,如香蕉成熟时淀粉转化为糖(使香蕉变甜),马铃薯、玉米、豌豆成熟时以淀粉的合成为主;③色素的变化,如叶绿素常在收获前消失,同时胡萝卜素和类黄酮等合成;④芳香类成分及其前体物质形成。这些过程的绝大部分在采后仍会继续,但收获时间可以影响这些生物化学变化过程的发展。例如,红辣椒收获太早,就不会变红,而且也不会达到最终期望的质量要求。

收获或运输过程中的机械损伤也会影响产品质量。植物组织遭到破坏后,果蔬通过本身的生化机制修复创伤而产生疮疤;果蔬的应激反应会产生对植物本身具有保护作用的代谢产物;机械损伤后有利于酶和底物的接触,产生酶促褐变,导致新鲜产品发生不良的颜色变化;另外,植物伤口恢复时产生的乙烯可以促进植物呼吸,从而促进植物成熟和衰老,缩短其货架期。这都会影响产品的质量。所以,收获条件、收获时间和收获期间的机械损伤会影响产品的质量。

4. 食品加工条件

食品加工条件对食品质量的影响很大。食品的性质受配方原料(pH 值、原始污染、天然抗氧化剂含量等)、保鲜剂和加工条件(温度、压力等)的影响。不同的加工与操作条件对质量特性的影响如表 1-1 所示。

表1-1　加工与操作条件对食品质量特性的影响

分类	加工与操作	影响因素	对质量的影响
目前的加工操作	加热(如巴氏杀菌,消毒)	时间、温度	灭活微生物,从而延长货架期,提高食品安全性;通过化学和物理反应来改善食品的质地、风味以及色泽
	冷冻和冷却	时间、温度	通过降低温度,抑制食品中微生物的生长和降低食品中的化学、生理以及生化反应速度来延长其货架期
	腌制和干燥	水分活度	通过降低水分活度,抑制食品中微生物的生长,从而延长食品的货架期,提高食品安全性;通过物理变化,改善食品的质地、风味以及色泽
	发酵	pH值的降低,乙醇的产生	通过降低pH值,抑制食品中微生物的生长,从而延长食品的货架期,提高食品安全性
	辐照	自由基	灭活微生物,从而延长货架期,提高食品安全性;引发一些化学反应(如脂质氧化反应);辐照食品难以被消费者接受
	挤压	时间、温度以及压力	产品成型;质地、色泽、风味的形成
	分离技术(膜分离)	膜孔径的大小	细胞颗粒的去除;脂肪颗粒的去除
	不同的手工操作(填充、封口、分类、去皮等)	卫生条件	卫生条件决定微生物的污染程度
	机械操作(如清洗、切片、去骨、切割)	卫生条件	提高产品的方便性;卫生条件决定微生物的污染程度
	包装(如真空包装、气调包装、活性包装)	调节气体的含量与组成和湿度条件	降低生鲜农产品的呼吸速率(生理上),降低化学反应速度(如脂质氧化反应、脱色反应),为食品避免物理化学污染提供条件,从而延长食品的货架期
新技术的发展	高压处理	高静水压力	灭活微生物和酶(生化反应),从而延长货架期,提高食品安全性;增强化学反应,如脂类的氧化反应;温和的保存条件改善产品的感官品质
	高电场脉冲处理	高电压脉冲	灭活微生物,从而延长货架期,提高食品安全性

目前,食品保藏技术仅限于时间和温度、pH值、水分活度、防腐剂、气调及其结合使用。食品加工杀菌新技术主要有:静水高压或超高压、高压放电、γ射线、超声波等,而这些最新技术中除了辐射技术外,大部分还处于开发之中,至今还没有商业利用价值。

5. 储藏和销售条件

储藏和销售条件对食品质量有显著的影响,并且对新鲜农产品和加工产品影响不同,要加以区分。表1-2对这两类产品的相关因素进行了总结。

表1-2　在储藏和销售过程中影响产品特征的主要因素

相关因素	生鲜农产品(批量储藏)	加工性食品
初始细菌数	细菌数越高,货架期越短	生产中的卫生条件

相关因素	生鲜农产品(批量储藏)	加工性食品
温度时间	低温减少呼吸,但过低温度导致冷害	低温降低化学(或生化反应)及由微生物引起的反应速度
相对湿度	过高的相对湿度易引起霉菌滋生	相对湿度和包装条件决定食品的质量
受控气体	氧气浓度降低而二氧化碳浓度增高,可降低呼吸速率	气调包装
发芽抑制剂	如延迟马铃薯的发芽	
虫害控制	避免由于感染了昆虫及其他小虫带来产品的损失;使用杀虫剂	避免由于感染了昆虫及其他小虫带来产品的损失;合适的包装
采收、搬运	机械损伤(如收获时)	包装袋损坏;产品混合储藏中的交叉污染

新鲜农产品(如水果和蔬菜)的特点是采摘后呼吸作用仍在进行。大部分新鲜水果随着成熟(色泽、风味、质构的变化)的进行,呼吸速率逐渐上升。温度和储藏过程中的气体的组成可以显著影响植物组织的呼吸作用。在正常情况下,一般随着温度的下降,呼吸作用下降。温度过低也会引起伤害以及品质下降和货架期的缩短,如冷害。常见的冷害如苹果组织坏死、香蕉推迟成熟、辣椒和茄子产生黑斑、桃的组织结构破坏。此外,储藏气体中氧气和二氧化碳的适当比例也可以推迟果实成熟和抑制腐烂过程。对于新鲜食品来说,另一个重要因素就是相对湿度,适当的相对湿度可以阻止霉菌生长和防止产品失水。另外,在储藏期间还需要化学物质来抑制发芽或预防昆虫的破坏作用。

对于包装的加工食品而言,主要因素就是储藏温度和维持时间。另外,要选择具有良好阻隔性能的包装材料,用以阻止污染、氧气和水分的扩散。

第二节 质量管理

食品质量是设计、制造出来的,也是管理出来的。没有质量管理,食品质量就没有保障。本节介绍质量管理方面的一些基本概念和理论。

一、管理

1.管理

ISO 9000:2015 标准对管理的定义:指挥和控制组织的协调活动。

注:管理可包括制定方针和目标,以及实现这些目标的过程。

所谓组织,是指为实现目标,由职责、权限和相互关系构成自身功能的一个人或一组人。管理就是指一个组织为了实现预期的目标,以人为中心进行的协调活动。它包括4个含义:①管理是为了实现组织未来目标的活动;②管理的工作本质是协调;③管理工作存在于组织中;④管理工作的重点是对人进行管理。

根据此定义,我们可以看出,管理具有四大职能:计划、组织、领导和控制。

计划：就是确定组织未来发展目标以及实现目标的方式。

组织：服从计划，并反映组织计划完成目标的方式。

领导：运用影响力激励员工以便促进组织目标的实现。同时，领导也意味着创造共同的文化和价值观念，在整个组织范围内与员工沟通组织目标和鼓舞员工树立起谋求卓越表现的愿望。

控制：对员工的活动进行监督，判定组织是否按照既定的目标顺利向前发展，并在必要的时候及时采取纠正措施。

2. 方针

ISO 9000：2015 对方针的定义：由最高管理者正式发布的组织的宗旨和方向。

3. 目标

ISO 9000：2015 对目标的定义：要实现的结果。

注1：目标可以是战略的、战术的或操作层面的。

注2：目标可以涉及不同的领域（如财务的、职业健康与安全的和环境的目标），并可应用于不同的层次（如战略的、组织整体的、项目的、产品和过程的）。

注3：可以采用其他的方式表述目标，例如：采用预期的结果、活动的目的或运行准则作为质量目标，或使用其他有类似含义的词（如目的、终点或标的）。

注4：在质量管理体系环境中，组织制定的质量目标与质量方针保持一致，以实现特定的结果。

二、质量管理及相关术语

1. 质量管理

ISO 9000：2015 标准对质量管理的定义是：关于质量的管理。

注：质量管理可包括制定质量方针和质量目标，以及通过质量策划、质量保证、质量控制和质量改进实现这些质量目标的过程。

该定义可从以下3个方面来理解。

（1）从定义可知，组织的质量管理是指导和控制组织的与质量有关的相互协调的活动。它是以质量管理体系为载体，通过建立质量方针和质量目标，并为实施规定的质量目标进行质量策划，实施质量控制和质量保证，开展质量改进等活动予以实现的。

（2）组织在整个生产和经营过程中，需要对诸如质量、计划、劳动、人事、设备、财务和环境等各个方面进行有序的管理。组织的基本任务是向市场提供能符合顾客和其他相关方要求的产品，所以围绕着产品质量形成的全过程实施质量管理是组织各项管理的主线。因此质量管理是组织各项管理的重要内容，深入开展质量管理能推动组织其他的专业管理。

（3）质量管理涉及组织的各个方面，能否有效地实施质量管理关系到组织的兴衰。组织的最高管理者应正式发布组织的质量方针，在确立组织质量目标的基础上，运用管理的系统方法来建立质量管理体系，为实现质量方针和质量目标配备必要的人力和物力资源，开展各项相关的质量活动。所以,组织应采取激励措施激发全体员工积极参与,提高他们充分发挥才干的工作热情,营造人人做出应有贡献的工作环境,确保质量策划、质量控制、质量保证和质量改进活动顺利地进行。

2. 质量方针

ISO 9000:2015 对质量方针的定义:关于质量的方针。

注1:通常,质量方针与组织的总方针相一致,可以与组织的愿景和使命相一致,并为制定质量目标提供框架。

注2:质量管理七原则可以作为制定质量方针的基础。

该定义可从以下 5 个方面来理解。

(1)质量方针是组织的最高管理者正式发布的与质量有关的组织总的意图和方向。最高管理者是指在最高层指挥和控制组织的一个人或一组人。正式发布的质量方针是该组织全体成员开展各项质量活动的准则。

(2)由于质量方针是组织的总方针的一个重要组成部分,因此质量方针必须与该组织的宗旨相适应,并与组织的总方针相一致。组织在制定质量方针时,应以质量管理原则为基础,结合组织的质量方向,特别是针对如何全面满足顾客和其他相关方的需要与期望以及如何开展持续改进做出承诺。这种承诺表明组织正在努力实施质量方针所规定的事情。因此,质量方针的内容不能用几句空洞的口号来表述。它必须为组织全体员工指明质量方向并具有实质性的内容,而且还应为制定质量目标提供框架,以确保围绕质量方针的要求确定组织的质量目标,通过全体成员努力实施质量目标,保证质量方针的实现。

(3)组织的质量方针一般是中长期方针,应保持其内容的相对稳定性,但必须注意随着组织产品结构、市场环境和组织结构的变化,考虑适应外部和内部环境变化的需要而进行不定期的调整和修订。

(4)为了确保组织的质量方针得到切实贯彻实施,高层领导者务必采取各种必要的措施,加强同组织各层次的沟通,保证组织的全体员工都能理解和实施。

(5)质量方针是组织质量活动的纲领,经过最高管理者签署批准并正式发布后,应公开告示全体成员、顾客和其他相关方,以便取得各个方面对质量方针的理解和信任。应形成文件,并按规定要求对质量方针实施有效的控制。

3. 质量目标

ISO 9000:2015 对质量目标的定义:关于质量的目标。

注1:质量目标通常依据组织的质量方针制定。

注2:通常,在组织的相关职能、层级和过程分别制定质量目标。

该定义可从以下 4 个方面来理解。

(1)质量目标是组织为了实现质量方针所规定追求的事物。组织在建立质量方针的基础上应针对质量方针规定的方向和做出的承诺,确立组织的质量目标,提出组织全体员工共同努力应达到的具体要求。所以,组织的质量目标必须以质量方针为依据和基础,并且始终与质量方针保持一致。

（2）组织的质量目标应是可以测量的，以便于检查、评价质量目标是否达到。组织在建立质量目标时应注意，既要具有现实性，又必须富有挑战性，以激发全体员工的积极性，但应防止质量目标过于保守或脱离现实而盲目追求先进的倾向。

（3）质量目标的内容应符合质量方针所规定的框架，应包括组织对开展质量改进的承诺，以及满足产品质量要求的内容，如产品、项目或各部门的质量目标，配置实现目标的资源和设施等。

（4）为了有效地实现组织的质量方针和质量目标，在组织内部相关的职能部门和各个层次上建立质量目标也是最高管理者的重要职责之一。所以，应在建立组织质量目标的基础上，将组织质量目标分解和展开到组织各个相关职能部门和层次，按照组织结构建立各部门的质量目标，对各层次的质量目标予以定量化，制定具体的目标值。只有运用系统的管理方法将组织质量目标自上而下分解并落实到各个部门和层次，才能有效地自下而上保证组织质量目标的如期实现。

4. 质量控制

ISO 9000:2015 对质量控制的定义:质量管理的一部分,致力于满足质量要求。

该定义可从以下 3 个方面来理解。

（1）质量控制是质量管理的一个组成部分，目的是使产品、体系或过程的固有特性达到规定的要求。这些特性是在一系列相互关联和相互作用的过程中形成的。所以，质量控制是通过采取一系列作业技术和活动对各个过程实施控制的。例如，质量方针控制、文件和质量记录控制、设计和(或)开发控制、采购控制、生产和服务运作控制、测量和监视装置控制、不合格控制等。

（2）质量控制是为了达到规定的质量要求，预防不合格品产生的重要手段和措施。组织应对影响产品、体系或过程质量的因素予以识别。通常影响质量的因素包括人员、技术和管理三个方面。在实施质量控制时，首先应进行过程因素分析，找出起主导作用的因素，实施因素控制，才能取得预期效果。

（3）质量控制应贯穿产品形成和体系运行的全过程。每一过程都有输入、转换和输出三个环节。只有对每一过程的三个环节实施有效控制，才能使对产品质量有影响的各个过程处于受控状态，使符合规定要求的产品的持续提供得到保障。

必须指出，对质量起着重要作用的关键过程或环节，应根据过程的特征采取适宜的控制方法，当生产和服务过程较为特殊，其输出不能由后续的测量或监控加以验证时，只有切实做好过程、设备能力、人员资格和胜任能力等方面的鉴定工作，实施过程参数控制，才能有效地保证过程的输出质量。

5. 质量改进

ISO 9000:2015 对质量改进的定义:质量管理的一部分,致力于增强满足质量要求的能力。

该定义可从以下几个方面来理解。

(1)质量改进是质量管理的一个组成部分,目的是提高组织的有效性和效率。组织应建立质量管理体系,开展质量改进,这是组织各级管理者的重要职责。有效性是指完成策划活动并达到策划结果的程度度量,效率是指得到的结果与使用资源之间的关系。

(2)为了使产品质量在竞争中具有优势,组织必须在满足顾客对产品和质量管理体系的要求的基础上持续改进产品质量和完善质量管理体系,这对组织降低质量波动,预防不合格和缺陷现象的发生,减少质量损失,提高生产率,持续提供使顾客及其他相关方满意的产品,取得良好的技术经济效果起着重要的作用。

(3)质量改进是组织长期的任务,应对质量改进过程进行策划,识别和确立需要改进的项目,有计划、有步骤地一个项目接着一个项目着手改进。切实做到急缓有序,循序渐进。同时应注意,质量改进不能局限于纠正措施和预防措施,还必须发动全体员工分析现状,如通过自我评价和追求优秀的业绩去识别存在的薄弱环节,在稳定质量、降低成本和提高生产率等方面实施改进,必要时改进和开发新产品以满足顾客的需要。

6.质量保证

ISO 9000:2015 对质量保证的定义:质量管理的一部分,致力于提供质量要求会达到满足的信任。

该定义可以从以下 3 方面理解。

(1)质量保证是组织为了提供足够的信任,表明体系、过程或产品能够满足质量要求,而在质量管理体系中实施,并根据需要进行证实的全部有计划和有系统的活动。

(2)质量保证定义的关键词是"信任",对能达到预期的质量提供足够的信任。这种信任是在订货前建立起来的。如果顾客对供方没有这种信任,则不会向其订货。质量保证不是指买到不合格产品以后的保修、保换、保退。

(3)信任的依据是质量管理体系的建立和运行。因为这样的质量管理体系将所有影响质量的因素,包括技术、管理和人员方面的因素,都通过有效的方法进行控制,因而质量管理体系具有持续稳定地满足规定质量要求的能力。

质量控制和质量保证是既有区别又有一定关联的两个概念。质量控制是为了达到规定的质量要求而开展的一系列活动;质量保证是提供客观证据证实已经达到规定的质量要求,并取得顾客和其他相关方的信任的各项活动。所以,组织只有有效地实施质量控制,才能在此基础上提供质量保证,取得信任,离开了质量控制就谈不上质量保证。

7.质量管理体系

ISO 9000:2015 对质量管理体系的定义:管理体系中关于质量的部分。

体系:相互关联或相互作用的一组要素。

管理体系:组织建立方针和目标以及实现这些目标的过程的相互关联或相互作用的一组要素。

注 1:一个管理体系可以针对单一的领域或几个领域,如质量管理、财务管理或环境管理。

注2：管理体系要素规定了组织的结构、岗位和职责、策划、运行、方针、惯例、规则、理念、目标，以及实现这些目标的过程。

注3：管理体系的范围可能包括整个组织，组织中可被明确识别的部门，以及跨组织的单一职能或多个职能。

该定义可以从以下3方面理解：

（1）每个要素都是组成质量管理体系的基本单元，既有相对的独立性，又有各个要素之间的相关性，相互间存在着影响、联系和作用的关系。质量管理体系要素包括"领导作用""策划""支持""运行""绩效评价"以及"改进"几大过程。而每一大过程又包含着许多子过程，每一子过程又由下一层次的子过程组成，形成一个多层次的有机整体。

（2）建立质量管理体系是为了有效地实现组织规定的质量方针和质量目标。所以，组织应根据生产和提供产品的特点，识别构成质量管理体系的各个过程，识别和及时提供实现质量目标所需的资源，对质量管理体系运行的过程和结果进行测量、分析和改进，确保顾客和其他相关方满意。为了评价顾客和其他相关方的满意程度，质量管理体系还应监测各个方面的满意和不满意的信息，采取改进措施，努力消除不满意因素，提高质量管理体系的有效性和效率。

（3）组织建立质量管理体系，不仅要满足在经营中顾客对组织质量管理体系的要求，防止不合格现象的发生，提供使顾客和其他相关方满意的产品，而且应该站在更高层次追求组织优秀的业绩来保持和不断改进、完善质量管理体系。所以，除了组织应定期评价质量管理体系，开展内部质量管理体系审核和管理评审之外，还应按照质量管理体系或者优秀的管理模式进行自我评定，以评价组织的业绩，识别需要改进的领域，努力实施持续改进，使质量管理体系提高到一个新的水平。

一个组织可以有若干个管理体系，如质量管理体系、环境管理体系和职业健康安全管理体系等。质量管理体系是组织若干个管理体系中的一个组成部分，它致力于建立质量方针和目标，并为实现质量方针和目标确定相关的组织机构、过程、活动和资源。质量管理体系由管理职责、资源管理、产品实现和测量、分析与改进四个过程（要素）组成。

三、质量管理专家及贡献

在质量管理的发展历程中，涌现出许多质量管理方面的专家，他们为世界质量管理的发展做出了突出贡献，发挥了积极作用，所以，人们称之为质量管理专家。

1.休哈特及其质量理念

休哈特（Walter A. Shewhart）是现代质量管理的奠基者，美国工程师、统计学家管理咨询顾问，被人们尊称为"统计质量控制之父"。

1924年5月，休哈特提出了世界上第一张控制图，1931年出版了具有里程碑意义的《产品制造质量的经济控制》一书，全面阐述了质量控制的基本原理。他认为，产品质量不是检验出来的,而是生产出来的,质量控制的重点应放在制造阶段,从而将质量管理从事后把关提前到事前控制。

2. 戴明及其质量理念

戴明(W. Edwards. Deming)博士是世界著名的质量管理专家,他对世界质量管理发展做出的卓越贡献享誉全球。戴明总结了 14 条质量管理原则,他认为一家公司要想使其产品达到规定的质量水平,必须遵循这些原则。他的主要观点是:引起效率低下和质量不良的原因,在于公司的管理系统而不在于员工,部门经理的责任就是要不断地调整管理系统以取得预期的结果。

3. 朱兰及其质量理念

朱兰(Joseph H. Juran)博士是世界著名的质量管理专家,他所倡导的质量管理理念和方法始终深刻影响着世界企业界以及世界质量管理的发展。他的"质量计划、质量控制和质量改进"被称为"朱兰质量三部曲"。由朱兰博士主编的《朱兰质量手册》被称为当今世界质量管理科学的名著,为奠定 20 世纪全面质量管理的理论基础和提供基本方法作出了卓越的贡献。朱兰认为:"质量是一种适用性,而所谓适用性是指使产品在使用期间能满足使用者的需求。"可以看出,朱兰对质量的理解侧重于用户需求,强调了产品或服务必须以满足用户的需求为目的。事实上,产品的质量水平应由用户给出,只要用户满意的产品,不管其特性值如何,就是高质量的产品;而没有市场的产品,其所谓的"高质量"是毫无意义的。

在质量管理方面,朱兰提出质量螺旋(quality spiral)的概念。

在质量责任的权重比例方面,朱兰提出著名的"80/20 原则",他依据大量的实际调查和统计分析认为,在所发生的质量问题中,追究其原因,只有 20% 来自基层操作人员,而恰恰有 80% 的质量问题是由于领导失职所引起的。

4. 菲根堡姆及其质量理念

菲根堡姆从系统论出发,要求建立一个人们能够从相互的成功中得到启发的环境,促使公司内部各职能部门建立和形成相互配合、相互协作的团队。他提出应进行全面质量控制,并于 1961 年出版了《全面质量控制》(又译为《全面质量管理》)一书。下面列出了他的一些主要理念。

(1)全面质量控制是一个在公司内部使标准制定、维持和改进集于一体的系统。公司应当能够使工程部门、生产部门和服务部门共同发挥作用,在达到用户满意的同时实现最佳经济目标。

(2)质量控制的"控制"方面应该包括制定质量标准、评价与这些标准有关的行为,当没有达到预定标准时采取纠正措施以及制订改进质量标准计划。

(3)影响质量的因素可分为两大类:技术性的和人为的,其中人为因素更为重要。

(4)质量成本可分为四类:预防成本、鉴定成本、外部损失成本和内部损失成本。

(5)重要的是要控制源头质量。

1994 年 6 月在欧洲质量组织的第 38 届年会上,菲根堡姆提出了"大质量"概念。它是一个综合的概念,要把战略、质量、价格、成本、生产率、服务、人力资源、能源和环境等因素一起考虑。

5. 克劳斯比及其质量理念

克劳斯比是"零缺陷"理论的创立者,并以名言"第一次就做对"而闻名。他强调预防,并对"总会存在一定的缺陷"的说法提出相反的看法。克劳斯比认为质量应符合四大定律:质量就是合乎需求;质量是来自预防,而不是检验;工作的唯一标准就是"零缺陷";以"产品不符合标准的代价"衡量质量。

6. 田口玄一及其质量理念

田口玄一博士是日本著名的质量管理专家,他于 20 世纪 70 年代提出质量的田口理论,他认为:产品质量首先是设计出来的,其次才是制造出来的,检验并不能提高产品质量。田口的这一观点与质量管理的"事前预防、事中控制、事后分析"的观点不谋而合,得到国际质量管理界的高度认可。

田口玄一从社会损失的角度给质量下了如下定义:所谓质量就是产品上市后给社会造成的损失,但是,由于产品功能本身产生的损失除外。田口玄一还将质量管理分为线内和线外质量管理两个方面。线内质量管理是指在生产现场内实施的质量管理,目的是使工序维持在稳定状态,降低不良品损失。线外质量控制也称离线质量控制,主要针对技术开发、产品设计和工艺设计方面的质量控制,通过应用系统设计、参数设计、容差设计方法达到稳健性设计,使产品满足客户要求。

线内质量管理只能保证生产出的产品符合标准,而线外质量管理却能保证生产标准本身是先进的。生产过程是按所选定标准的要求来进行的,围绕着生产过程的线内质量管理就是要求生产出的产品符合标准,但这种生产标准本身就存在着相对性、滞后性和间接性的局限。也就是说,生产标准本身也应随着社会生产的发展而变化,以保证产品不断提供"用户需求的质量",而这正是线外管理的主要任务。

线内质量管理和线外质量管理是根本不可分的。因为它们的目标是完全一致的,都是为了保持和提高产品质量。没有线外管理,难以保持产品的高质量;没有线内管理,产品的高质量也就无从实现。

四、质量管理发展史

质量管理是随着生产的发展和科学技术的进步而逐渐形成和发展起来的,它发展到今天大致经历了 3 个阶段。

1. 质量检验阶段

第二次世界大战之前,人们对质量管理的理解还只限于质量的检验,即通过严格的检验来控制和保证出厂或转入下一道工序的产品质量。检验工作是这一阶段执行质量职能的主要内容。在由谁来检验把关方面,也有一个逐步发展的过程。

（1）在20世纪以前,生产方式主要是小作坊形式,那时的工人既是操作者,又是检验者,制造和检验的职能都集中在操作者身上,因此被称为"操作者质量管理"。

（2）20世纪初,科学管理的奠基人泰勒提出了在生产中应该将计划与执行、生产与检验分开的主张。于是,在一些工厂中建立了"工长制",将质量检验的职能从操作者身上分离出来,由工长行使对产品质量的检验。这一变化强化了质量检验的职能,称为"工长质量管理"。

（3）随着科学技术和生产力的发展,企业的生产规模不断扩大,管理分工的概念就被提了出来。在管理分工概念的影响下,一些工厂便设立了专职的检验部门并配备专职的检验人员来对产品质量进行检验。质量检验的职能从工长转移给了质量检验员,称为"检验员质量管理"。

专门的质量检验部门和专职的质量检验员,使用专门的检验工具,业务比较专精,对保证产品质量进行把关。然而,它也存在着许多不足,主要表现在:①对产品质量的检验只有检验部门负责,没有其他管理部门和全体员工的参与,尤其是直接操作者不参与质量检验和管理,就容易与检验人员产生矛盾,不利于产品质量的提高;②主要采取全数检验,不仅检验工作量大,检验周期长,而且检验费用高;③由于是事后检验,没有在制造过程中起到预防和控制作用,即使检验出废品,也已是"既成事实",质量问题造成的损失已难以挽回;④全数检验在技术上有时变得不可能,如破坏性检验,判断质量与保留产品之间发生的矛盾。这种质量管理方式逐渐不能适应经济发展的要求,需要改进和发展。

2. 统计质量控制阶段

"事后检验"存在的不足,促使人们不断探索新的检验方法。1926年美国贝尔电话研究室工程师休哈特提出了"事先控制,预防废品"的观念,并且应用概率论和数理统计理论,发明了具有可操作性的"质量控制图",用于解决事后把关的不足。随后,美国人道奇和罗米格提出了抽样检验法,并设计了可以运用的"抽样检验表",解决了全数检验和破坏性检验所带来的麻烦。但是,由于当时经济危机的影响,这些方法没有得到足够的重视和应用。

第二次世界大战爆发后,由于战争对高可靠性军需品的大量需求,质量检验的弱点严重影响军需品的供应。为此,美国政府和国防部组织了一批统计专家和技术人员,研究军需品的质量和可靠性问题,促使数理统计在质量管理中的应用,先后制定了3个战时质量控制标准:AWSZ1.1—1941质量控制指南、AWSZ1.2—1941数据分析用控制图和AWSZ1.3—1941工序控制图法。这些标准的提出和应用,标志着质量管理进入了统计质量控制阶段。

从质量检验阶段发展到统计质量控制阶段,质量管理的理论和实践都发生了一次飞跃,从"事后把关"变为预先控制,并很好地解决了全数检验和破坏性检验的问题,但也存在许多不足之处:①它仍然以满足产品标准为目的,而不是以满足用户的需求为目的;②它仅偏重工序管理,而没有对产品质量形成的整个过程进行管理;③统计技术难度较大,主要靠专家和技术人员,难以调动广大工人参与质量管理的积极性;④质量管理与组织管理没有密切结合起来,质量管理仅限于数学方法,常被忽略。由于上述问题,统计质量控制也无法适应现代工业生产发展的需要。自 20 世纪 60 年代以后,质量管理便进入了全面质量管理阶段。

3.全面质量管理阶段

全面质量管理阶段是从 20 世纪 60 年代开始的。促使统计质量控制向全面质量管理过渡的原因主要有以下 4 个方面。①科学技术的进步,出现了许多高、精、尖的产品,这些产品对安全性、可靠性等方面的要求越来越高,统计质量控制的方法已不能满足这些高质量产品的要求;②随着生活水平的提高,人们对产品的品种和质量有了更高的要求,而且保护消费者利益的运动也向企业提出了"质量责任"问题,这就要求质量管理进一步发展;③系统理论和行为科学理论等管理理论的出现和发展,对企业组织管理提出了变革要求,并促进了质量管理的发展;④激烈的市场竞争要求企业深入研究市场需求情况,制定合适的质量,不断研制新产品,同时还要做出质量、成本、交货期、用户服务等方面的经营决策。而这一切均需要科学管理作指导,现代管理科学也就得到迅速的发展。正是在这样的历史背景和社会经济条件下,美国的菲根堡姆和朱兰提出了"全面质量管理"的概念。1961 年,菲根保姆出版了《全面质量管理》一书,其主要见解是:①质量管理仅仅靠数理统计方法是不够的,还需要一整套的组织管理工作;②质量管理必须综合考虑质量、价格、交货期和服务,而不能只考虑狭义的产品质量;③产品质量有一个产生、形成和实现的过程,因此质量管理必须对质量形成的全过程进行综合管理,而不应只对制造过程进行管理;④质量涉及企业的各个部门和全体人员,因此企业的全体人员都应具有质量意识和承担质量责任。

从统计质量控制发展到全面质量管理,是质量管理工作的一个质的飞跃。全面质量管理活动的兴起标志着质量管理进入了一个新的阶段,它使质量管理更加完善,成为一种新的科学化管理技术。

随着全面质量管理的发展,20 世纪 80 年代世界标准化组织(ISO)发布了第一个质量管理的国际标准——ISO 9000 标准;20 世纪 90 年代国际上又掀起了六西格玛管理的高潮。前者将质量管理形成标准,后者追求卓越的质量管理。

第三节　食品质量管理

一、食品质量管理的不同途径

食品质量管理学是质量管理学的原理、技术和方法在食品原料生产、储藏、加工和流通过程中的应用。食品是一种与人类身体健康有密切关系的特殊产品。食品质量管理与普通产品质量管理既有共性,又具有特殊性。一方面,食品质量管理涉及从田间到餐桌的一系列过程,其中的每一个环节对食品质量都具有重要影响;另一方面,食品原料及其成分相当复杂,食品的物化性质、微生物状况甚至风味也会随时间不断发生变化。这就要求我们在食品质量管理中,充分掌握物理学、化学、动物学、植物学、微生物学、食品加工、营养等专业知识来识别并控制这种变化。

　　食品质量管理不但要掌握专业技术知识,还要具有管理学科的知识,两者有机结合,缺一不可。技术和管理学的结合分别可以产生3种管理途径:管理学途径、技术途径和技术—管理学途径。管理学途径以管理学为主,但是,由于对技术参数和工艺了解不够,所以在质量管理方面就不能应用自如。同样,技术途径管理中,由于缺乏管理学知识,管理方面只能考虑得很有限,因此在质量管理方面也有缺陷。而技术—管理学途径的重点是集合技术和管理学为一个系统,质量问题被认为是技术和管理学相互作用的结果。技术—管理学途径的核心是同时使用了技术和管理学的理论和模型来预测食品生产体系的行为,并适当地改良这一体系(图1-3)。

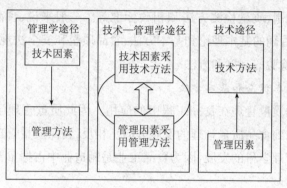

图1-3　食品质量管理的不同途径

　　HACCP体系是技术—管理学途径的一个良好例证。在HACCP体系中,人的监控和监测体系控制了关键的技术危害性。质量功能展开是另一个例子,通过组织各部门之间的密切合作,将消费者需求转化成了产品的技术要求。

　　图1-4表明了技术—管理的方法是如何运用到食品质量管理中去的。该模型包括5

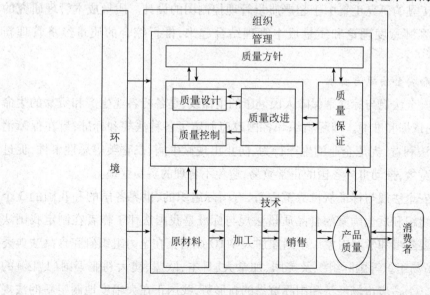

图1-4　技术—管理的方法在食品质量管理中的运用

个方面。①存在于一定环境当中的组织或机构;②该环境中,管理和技术相互作用;③该环境中,技术可被看作技术体系,其内部复杂的相互作用可实现该体系不同的功能,并以此来达到产品的质量要求;④该环境中,管理可被看作是管理体系,其内部复杂的相互作用可实现该体系不同的功能,并以此来激发技术体系的活力,为技术体系指明方向,并保障其能够达到客户的期望;⑤目的是提供满足消费者需求的产品。

二、食品质量管理的主要内容

食品质量管理首先要研究质量管理的基本理论及相关方法,除此之外还应该包括与食品安全相关的质量控制、质量检测方法和相关标准等。一般来说,食品质量管理应包括4个方面的内容:质量管理的基本理论和基本方法,食品质量和安全法规与标准,食品安全的质量控制,食品质量检验的制度和方法。

1. 质量管理的基本理论和基本方法

食品质量管理是质量管理在食品工程中的应用。因此质量管理学科在理论和方法上的突破必将深刻影响到食品质量管理的发展方向。相反,食品质量管理在理论和方法上的进展也会促进质量管理学科的发展,因为食品工业是制造业中占据重要份额且发展最快的行业。

质量管理基本理论和基本方法主要研究质量管理的普遍规律、基本任务和基本性质,如质量战略、质量意识、质量文化、质量形成规律、企业质量管理的职能和方法、数学方法和工具、质量成本管理的规律和方法等。质量战略和质量意识研究的任务是探索适应经济全球化和知识时代的现代质量管理理念,推动质量管理上一个新的台阶。企业质量管理重点研究的是综合世界各国先进的管理模式,提出适合各主要行业的行之有效的规范化管理模式。数学方法和工具的研究正集中于超严质量管理控制图的设计。质量成本管理研究的发展趋势是把顾客满意度理论和质量成本管理结合起来,推行综合的质量经济管理新概念。

2. 食品质量和安全法规与标准

食品质量和安全法规与标准是保障人民健康的生命线,是各行各业生产和贸易的生命线,是企业行为的依据和准绳。国际组织和各国政府制定了各种法规和标准,旨在保障消费者的安全和合法利益,规范企业的生产行为,防止出现疯牛病、二噁英等恶性事件,促进企业的有序公平竞争,推动世界各国的正常贸易,避免不合理的贸易壁垒。

食品质量和安全法规与标准从世界范围看,有国际组织的、世界各国的和我国的3个主要部分。国际组织和发达国家的食品质量法规与标准是我国法律工作者在制定我国法规与标准时的重要参考和学习对象。中国在加入WTO以后正在全力组织研究食品法典委员会CAC、世界贸易组织等国际组织及美国、加拿大、日本、欧盟、澳大利亚等国(地区)的食品法规与标准。为适应市场经济和国际贸易的新形势,我国正在大幅度地制定新的法规标准和修改原有的法规标准,这就要求企业和学术界紧跟形势,重新学习、深入研究。企业应根据国际国内的法规标椎,结合企业实际,制定企业自身的各项制度和标准体系,落到实处。

3. 食品安全的质量控制

安全的质量控制无疑是食品质量管理的核心和工作重点。食品良好操作规范(GMP)、危害分析关键控制点(HACCP)系统和 ISO 9000 标准系列都是行之有效的食品卫生与安全质量控制的保证制度和保证体系。食品企业在构建食品卫生与安全保证体系时,首先要根据自身的规范、生产需要和管理水平确定适合的保证制度,然后结合生产实际把保证体系的内容细化和具体化,这是一个艰难的试验研究的过程。

4. 食品质量检验的制度和方法

食品质量检验是食品质量控制的必要的基础工作和重要的组成部分,是保证食品卫生与安全和营养风味品质的重要方法,也是食品生产过程质量控制的重要手段。食品质量检验主要研究确定必要的质量检验机构和制度,根据法规标准建立必需的检验项目,选择规范化的切合实际需要的采样和检验方法,根据检验结果提出科学合理的判定。食品质量检验的主要热点问题有以下 3 个。

(1)提出新的检验项目和方法:食品质量检验项目和方法经常发生变动,如基因工程的出现就要求对转基因食品进行检验:随着人们对食品卫生与安全问题的关注和担心,食品进口国对农残和兽残的限制越来越严格,因此要求检验手段和方法进一步提高,替代原有的仪器和方法。

(2)研究新的简便快速方法:传统的或法定的检验方法往往比较繁复和费时,在实际生产中很难及时指导生产,因此需要寻找在精度和检出限上相当而又快速简便的方法。

(3)在线检验和无损伤检验:现代质量管理要求及时获取信息并反馈到生产线上进行监控,因此希望质量检验部门能开展在线检验。无损伤检验如红外线检测等手段已经在生产中得到应用。

三、食品质量管理的特点

食品是一种对人类健康有着密切关系的特殊有形产品,它既符合一般有形产品质量特性和质量管理的特征,又具有其独有的特殊性和重要性。因此食品质量管理也有一定的特殊性。

1. 食品质量管理在空间和时间上具有广泛性

食品质量管理在空间上包括从田间到餐桌的各个环节,任何一环的疏忽都可使食品丧失食用价值。在时间上食品质量管理包括 3 个主要的时间段:原料生产阶段、加工阶段、消费阶段。任何一个时间段的疏忽都会使食品丧失食用价值。就加工企业而言,对加工阶段的原料、制品和产品的质量管理和控制能力较强,而对原料生产阶段和消费阶段的管理和控制往往鞭长莫及。

2. 食品质量管理的对象具有复杂性

食品原料包括植物、动物、微生物等。许多原料在采收以后必须立即进行预处理、贮存和加工,稍有延误就会变质或丧失加工和食用价值。而且原料大多为具有生命机能的生物体,必须控制在适当的温度、压强、pH 值等环境条件下,才能保持其鲜活或可利用的状态。食品原料还受产地、品种、季节、采收期、生产条件、环境条件的影响,这些因子都会在很大程度上改变原料的化学组成、风味、质地、结构,进而改变原料的质量和利用程度,最后影响到产品的质量。因此,管理对象的复杂性增加了食品质量管理的难度,只有随原料的变化不断调整工艺参数,才能保证产品质量的一致性。

3. 在有形产品质量特性中安全性应放在首位

食品的质量特性同样包括功能性、可信性、安全性、适应性、经济性和时间性等主要特性,但安全性应始终放在首要考虑的位置。一个食品产品其他质量特性再好,只要安全性不过关就丧失了其作为产品和商品存在的价值。我国在基本解决食品量的安全以后,对食品质的安全越来越关注。可以说食品质量管理以食品安全质量管理为核心,食品法规以安全卫生法规为核心,食品质量标准以食品卫生标准为核心。

4. 在食品质量监测控制方面存在着相当的难度

质量检测控制常采用物理、化学和生物学测量方法。在电子、机械、医药、化工等行业中,质量检测的方法和指标都比较成熟。食品的质量检测则包括化学成分、风味成分、质地、卫生等方面的检测。一般来说,常量成分的检测较为容易,微量成分的检测就要困难一些,而活性成分的检测方法尚未成熟。感官指标和物性指标的检测往往要借用评审小组或专门仪器来完成。食品卫生的常规检验一般以细菌总数、大肠菌群、致病菌作为指标,而细菌总数检验技术较落后,耗时长,大肠菌群检验既烦琐又不科学,致病菌的检验准确性欠佳。对于转基因食品的检验,更需要专用的实验室和经过专门训练的操作人员。

5. 食品质量管理对产品功能性和适用性有特殊要求

食品的功能性除了内在性能、外在性能以外,还有潜在的文化性能。内在性能包括营养性能、风味嗜好性能和生理调节性能。外在性能包括食品的造型、款式、色彩、光泽等。文化性能包括民族、宗教、文化、历史、习俗等特性。因此在食品质量管理上还要严格尊重和遵循有关法律规定、道德规范、风俗习惯,不得擅自更改。例如,清真食品在加工时有一些特殊的程序和规定,也应列入相应的食品质量管理的范围。

许多食品适应于一般人群,但也有部分食品仅仅针对一部分特殊人群,如婴幼儿食品、孕妇食品、老年食品、运动食品等。政府及主管部门对特殊食品制定了相应的法规和政策,建立了审核、检查、管理、监督制度和标准,因此特殊食品质量管理一般都比普通食品有更严格的要求和更高的监管水平。

第四节　全面质量管理

一、全面质量管理的概念

全面质量管理(Total Quality Management,TQM)起源于美国,菲根堡姆博士于 1961 年在《全面质量管理》一书中最先提出了全面质量管理的概念。这个概念被提出后,在全世界引起了较大反响,但真正得到大力推广和取得明显效果的,是日本。由于日本的成功运用,全面质量管理引起世界各国的广泛重视,并得到了极大的发展,使全面质量管理的理论趋于成熟。

可以认为,全面质量管理既是一套哲学体系,又是一套指导原则。在全面质量管理概念的产生和发展过程中,其定义和解释也在不断发展之中。全面质量管理的定义有以下几种。

(1)ISO 8402:1994 标准的定义:一个组织以质量为中心,以全员参与为基础,目的在于通过让顾客满意和本组织所有成员及社会受益而达到长期成功的管理途径。

其中,"全员"指该组织结构中所有部门和所有层次的人员;最高管理者强有力和持续的领导,以及该组织内所有成员的教育和培训是这种管理途径取得成功所必不可少的条件;在全面质量管理中,质量这个概念与全部管理目标的实现有关;"社会受益"意味着在需要时满足"社会要求"。

(2)菲根堡姆的定义:全面质量管理是为了能够在最经济的水平上,并考虑到充分满足顾客要求的条件下,进行市场研究、设计、制造和售后服务,把企业内各部门的研制质量、维持质量和提高质量的活动构成一个有效体系。

上述两个定义,其内涵其实是一致的,都强调全面质量管理是全员通过有效的质量体系对质量形成的全过程和全范围进行管理和控制,并使顾客满意和社会受益的科学方法和途径。由此可以概括地说,全面质量管理的内涵是:①具有先进的系统管理的思想;②强调建立全面、有效的质量管理体系;③其目的在于顾客满意和社会受益。

(3)日本质量管理大师石川馨根据日本企业的质量管理实践,将全面质量管理描述为全公司的质量控制(company – wide quality control,CWQC)。他指出:"全公司的质量管理的特点在于整个公司从上层管理人员到下层职工都参加质量管理。不仅研究、设计和制造部门参加质量管理,而且销售、材料供应部门和诸如计划、会计、劳动、人事等管理部门以及行政办事机构也参加质量管理。质量管理的概念和方法不仅用于解决生产过程、进厂原材料管理以及新产品设计管理等问题,而且当上层管理人员决定公司方针时,也用它来进行业务分析,检查公司方针的实施状况,解决销售活动、人事劳动管理问题以及解决办事机构的管理问题。"

(4)《朱兰质量手册》(第 5 版)认为:全面质量管理是"当今在全世界为了管理质量而应用的所有理念、概念、方法和工具的集合"。这一定义意味着全面质量管理理论处于动态的继承性发展过程中,全面质量管理倡导管理方法的不断创新。

二、全面质量管理的基本观点

根据《朱兰质量手册》的观点,在质量管理中,全面质量管理是质量管理发展的最高境界,当前乃至今后所出现的种种理论,只是在不断地对全面质量管理的理论进行完善、发展和丰富。纵览目前全面质量管理的理论,它具有以下几个基本观点。

(1)以用户为中心,坚持用户至上:一切为用户服务的指导思想,使产品质量和服务质量全方位地满足用户需求。日本提出了"用户是帝王"的口号,就是强调要把用户的需要放在第一位,按用户需要的质量特性组织生产,为用户提供满意的产品。"用户"的含义不仅是组织外的直接用户,也体现在组织内部"下道工序是用户"。为了满足用户的要求,就要经常访问下道工序,按下道工序的意见和要求来改进自己的工作,提高工作质量,以保证产品质量。

(2)预防为主,强调事先控制:将质量隐患消除在产品形成过程的早期阶段。

(3)一切用数据说话:用数据说话就是用事实说话。在推行全面质量管理的过程中,广泛采用各种统计方法和工具,对影响产品质量的各种因素,系统地收集有关资料,并对其整理、加工和分析,找出质量波动的规律,实现对产品质量的控制。

(4)持续改进质量:在保证质量的基础上,按 PDCA 循环模式进行质量持续改进,是全面质量管理的精髓。任何一个组织都应在实现和保持规定产品质量的基础上,通过提高质量管理水平,不断改进产品质量和服务质量。

(5)强调以人为本:突出人的作用,调动人的积极性,充分发挥人的主观能动性。

三、全面质量管理的特点

全面质量管理的基本特点就是"三全一多",即全员的质量管理,全过程的质量管理,全面的质量管理和多方法的质量管理。

1. 全员的质量管理

全面质量管理要求对生产全过程进行控制,而全过程的质量控制是由不同岗位的员工实施和完成的。因此,任何一个岗位的责任者对产品质量都有直接或间接的影响。全面质量管理要求人人关心质量、人人做好本职工作,全员参与质量管理,这是全面质量管理首要的要求和特点。

2. 全过程的质量管理

所谓"全过程"是指产品质量的产生、形成和实现的整个过程,包括市场调研、产品开发和设计、生产制造、检验、包装、储运、销售和售后服务等过程。要保证产品质量,不仅要搞好生产制造过程的质量管理,还要搞好设计过程和使用过程的质量管理,对产品质量形成全过程的各个环节加以管理,形成一个综合性的质量管理工作体系。

3. 全面的质量管理

全面质量管理的对象扩大到过程质量、服务质量和工作质量,而不限于狭义的产品质量。如果产品设计和制造过程的质量和企业职工的工作质量不提高,很难保证能生产出优质的产品来。因此,全面质量管理强调提高过程质量和工作质量来保证产品质量。此外,全面质量管理还强调质量管理的广义性,即在进行质量管理的同时,还要进行产量、成本、生产率和交货期等的管理,保证低消耗、低成本和按期交货,提高企业经营管理的服务质量。

4. 多方法的质量管理

全面质量管理是集管理科学和多种技术方法为一体的一门科学。全面、综合地运用多种方法进行质量管理，是科学的质量管理的客观要求。随着现代化大生产和科学技术的发展，以及生产规模的扩大和生产效率的提高，人们对产品质量提出了越来越高的要求。影响产品质量的因素也越来越复杂，既有物质因素，又有人的因素；既有生产技术因素，又有管理因素；既有企业内部的因素，又有企业外部的因素。要把如此之多的影响因素系统地控制起来，统筹管理，单靠数理统计方法是不可能实现的，必须根据不同情况，灵活运用各种现代化管理方法和措施加以综合管理。

四、全面质量管理的基础工作

进行质量管理工作，必须做好一系列基础工作。扎实的基础工作将为质量管理的顺利进行和不断发展提供保证。质量管理的基础工作主要包括质量教育工作、标准化工作、计量工作、质量信息工作和质量责任制。

（一）质量教育工作

推行全面质量管理，自始至终要进行质量教育工作。一般地，质量教育包括三个基本内容：质量意识教育、质量管理知识教育、专业技术和技能教育。

1. 质量意识教育

提高质量意识是质量管理的前提，而领导的质量意识更是直接关系到企业质量管理的成败。质量意识教育的重点是要求各级员工理解本岗位工作在质量管理体系中的作用和意义，认识到其工作结果对过程、产品甚至信誉都会产生影响；明确采用何种方法才能为实现与本岗位直接相关的质量目标做出贡献。

2. 质量管理知识教育

质量管理知识教育是质量教育的主要内容。本着因人制宜、分层施教的原则，根据企业的人员结构，质量管理知识教育通常分为对企业领导层的教育、对工程技术人员和管理人员的教育以及对班组工人的教育三个层次进行，针对各层次人员的职责和需要进行不同内容的教育。对领导层的培训内容应以质量法律法规、经营理念、决策方法等为主；对工程技术人员和管理人员的培训应注重质量管理理论和方法；对班组工人的培训内容应以本岗位质量控制和质量保证所需的知识为主。

3. 专业技术和技能教育

专业技术和技能教育是为了保证和提高产品质量，对职工进行必备的专业技术和操作技能的教育，是质量教育中的重要组成部分。对技术人员，主要应进行专业技术的更新和补充，学习新方法，掌握新技术；对一线工人，应加强基础技术训练，熟悉产品特性和工艺，不断提高操作水平；对领导人员，除应熟悉专业技术外，还应掌握管理技能。

（二）标准化工作

标准是指为了在一定范围内获得最佳秩序，经协商一致，制定并由公认机构批准，共同使用的和重复使用的一种规范性文件。标准化工作是现代化大生产中各项工作的基础，也是质量管理的基础。标准是衡量产品质量和工作质量的尺度，也是企业进行生产、技术和质量管理工作的依据。按标准的对象分，标准可以分为技术标准、管理标准和工作标准。

1. 技术标准

技术标准是指对标准化领域中需要协调统一的技术事项所制定的标准，它是从事生产、建设及商品流通时需要共同遵守的一种技术依据。也就是说，技术标准是根据生产技术活动的经验和总结，为形成技术上共同遵守的规则而制定的各项标准，如为科研、设计、工艺、检验等技术工作，为产品或工程的技术质量，为各种技术设备和工装、工具等制定的标准。技术标准是一个大类，可以进一步分为：基础性技术标准，产品标准，工艺标准，检测试验标准，设备标准，原材料、半成品、外购件标准，安全、卫生、环境保护标准等。

2. 管理标准

管理标准是指对标准化领域中需要协调统一的管理事项所制定的标准，是为了正确处理生产、交换、分配和消费中的相互关系，使管理机构更好地行使计划、组织、指挥、协调、控制等管理职能，有效地组织和发展生产而制定和贯彻的标准。它把标准化原理应用于基础管理，是组织和管理生产经营活动的依据和手段。

管理标准主要是对管理目标、管理项目、管理程序、管理方法和管理组织方面所做的规定。按照管理的不同层次和标准的适用范围，管理标准又可划分为管理基础标准、技术管理标准、经济管理标准、行政管理标准和生产经营管理标准五大类标准。

3. 工作标准

工作标准是指对标准化领域中需要协调统一的工作事项所制定的标准。它是对工作范围、构成、程序、要求、效果和检验方法等所做的规定，通常包括工作的范围和目的、工作的组织和构成、工作的程序和措施、工作的监督和质量要求、工作的效果与评价、相关工作的协作关系等。工作标准的对象主要是人。

标准化的主要内容就是使标准化对象达到标准化状态的全部活动及其过程，它包括制定、发布和实施标准。标准化的目的就在于追求一定范围内事物的最佳秩序和概念的最佳表述，以期获得最佳的社会效益和经济效益。

(三)计量工作

计量是实现单位统一、保障量值准确可靠的活动。具体地说，就是采用计量器具对物料以及生产过程中的各种特性和参数进行测量。因此，计量是企业生产的基础，计量工作是质量管理的基础工作之一，没有计量工作的准确性，就谈不上贯彻产品质量标准、保证产品质量，也谈不上质量管理的科学性和严肃性。

计量工作的主要要求是：计量器具和测试设备必须配备齐全；根据具体情况选择正确的计量测试方法；正确合理地使用计量器具，保证量值的准确和统一；严格执行计量器具的检定规程，计量器具应及时修理和报废；做好计量器具的保管、验收、储存、发放等组织管理工作。为了做好上述工作,企业应设置专门的计量管理机构和建立计量管理制度。

(四)质量信息工作

质量信息是有关质量方面的有意义的数据,是指反映产品质量和企业生产经营活动各个环节工作质量的情报、资料、数据、原始记录等。在企业内部,质量信息包括研制、设计、制造、检验等产品生产全过程的所有质量信息;在企业外部,质量信息包括市场及用户有关产品使用过程的各种经济技术资料。

质量信息是组织开展质量管理活动的一种重要资源,为了确保质量管理的有效运行,应将质量信息作为一种基础资源进行管理。为此,组织应当做如下工作。

(1)识别信息需求。

(2)识别并获得内部和外部的信息来源。

(3)将信息转化为组织有用的知识。

(4)利用数据、信息和知识来确定并实现组织的战略和目标。

(5)确保适宜的安全性和保密性。

(6)评估因使用信息所获得的收益,以便对信息和知识的管理进行改进。

(五)质量责任制

不论从事什么管理,都要明确管理者的责任和权限,这是管理的一般原则。质量管理也不例外,建立质量责任制,就是要明确规定质量形成过程各个阶段、各个环节中每个部门、每个程序、每个岗位、每个人的质量责任,明确其任务、职责、权限及考核标准等,使质量工作事事有人管,人人有专责,办事有标准,工作有检查、有考核,职责分明,功过分明,从而把与产品质量有关的各项工作与全体员工的积极性结合起来,使企业形成一个严密的质量责任系统。

建立质量责任制,必须首先明确质量责任制的实质是责、权、利的统一。只有"责",没有"权"和"利"的责任制是行不通的,有时甚至会适得其反。质量责任制的责、权必须相互依存,必须相当,同时要和员工的利益挂钩,以起到鼓励和约束的作用。企业领导要对企业的质量工作负责,必须赋予其相应的决策权、指挥权;班组长要对本班组出现的质量问题负责,必须赋予其管理班组工作的权力,同样,一个操作工人要担负起质量责任,也必须授之以按照规定使用设备和工具,拒绝上道工序流转下来的不合格品等权力。同时,要使其获得与其工作绩效相当的经济利益。

质量责任制的内容包括企业各级领导、职能部门和工人的质量责任制,以及横向联系和质量信息反馈的责任制。

复习思考题

1.试述质量的内涵。

2.质量管理经历了哪几个发展阶段?每个阶段有什么特点?

3.试述食品质量管理的特点和主要研究内容。

4.著名的质量管理专家有哪些？他们的主要贡献是什么？

5.什么是全面质量管理？全面质量管理的特点及基础工作是什么？

第二章 质量管理体系

第一节 ISO 9000 质量管理标准概述

质量是产品的生命,面对激烈的市场竞争,产品质量的保证仅靠技术上的保证是远远不够的,还必须依靠先进的质量管理方式,建立起质量标准及质量标准体系。ISO 9000 族系列标准是总结了世界各国质量管理的精华而建立实施的一个国际化的规范标准。

一、ISO 9000 族标准的产生和发展

(一)ISO 9000 族标准的产生背景

ISO 9000 族标准是国际标准化组织(ISO)所制定的关于质量管理和质量保证的一系列国际标准。它可以帮助组织建立、实施并有效运行质量保证体系,是质量保证体系通用的要求或指南。它不受具体的行业或经济部门的限制,可广泛适用于各种类型和规模的组织,在国内和国际贸易中促进相互理解和信任。

1. 产品质量责任引起对质量管理体系的需要

随着现代科学技术的发展,新产品不断涌现,产品的复杂程度越来越高,产品质量责任也越来越大。例如,汽车、飞机、通信设备、人造卫星、核电站等一旦发生质量问题,其损失将不堪设想。对这些产品,不但消费者无法凭自己的知识经验判断其质量状况,即使是生产企业,对产品中的某些质量问题要确定其原因和责任也非常困难,因为该产品的设计者和制造者可能多达上百家,涉及数万甚至数十万人。这些情况导致了人们对产品质量责任规定的需要。

产品质量责任是指产品在生产、安装、销售、服务等方面存在缺陷,并由此造成消费者、使用者或第三方的人身伤害或财产损失,由负有责任的侵害人(如该产品的设计者、生产者、销售者、供应者、安装者或服务者)对受害人承担的一种赔偿责任。20 世纪 60 年代以来,产品质量责任逐渐成为国际上一个受到普遍关注的重要问题。70 年代以来,许多国家开始制定产品质量责任法。这些法律虽然有效地解决了产品质量责任的归责和赔偿问题,但并没有减少人们对产品质量的担心,而是进一步导致对质量管理的关注。对现代工业社会中

与健康、安全有关的产品以及对可靠性要求高的产品,人们对其质量的关注绝不是渴望得到因质量事故而带来的赔偿,而是关心怎样稳定可靠地确保产品质量符合要求。产品的质量要求通常体现为产品标准,包括性能参数、包装要求、使用条件、检验方法等。人们根据产品标准规定的质量要求判断产品质量是否合格。怎样才能使产品质量稳定地符合规定的要求呢?产品质量形成于产品的设计、采购、制造、运输、安装、服务活动的全过程。如果企业的生产体系不完善,技术、组织和管理措施不协调,即使产品标准再好,也很难保证产品质量始终满足规定的要求。因此,无论是消费者还是生产者,从产品质量责任的重要性出发,都希望建立一套质量管理体系,对产品质量形成的全过程进行有效控制,以保证产品质量稳定可靠。

2. 国际贸易发展引起对质量管理体系标准的需要

在国际贸易中,产品质量从来都是交易的重要条件。对进出口商品质量进行控制的基本手段是根据产品标准进行商品检验。但是,仅靠商品检验并不能完全满足国际贸易中对质量保证的需要,因为商品检验只能在一定程度上保证该批产品的质量,不能保证以后各批产品的质量,一旦长期多批订货出现质量问题,将造成停工、延误交货等经济损失。因此,顾客在订购商品前,除了要对供方的产品进行检验外,还需要对供方的生产体系进行考察,直至确认该体系运行可靠,才会有信心与供方订立长期的大量采购合同。随着国际贸易的增加,对企业生产体系进行评价的活动不断增多,于是,产生了对建立国际统一的评价企业质量保证能力的质量管理体系标准的需要。

全球竞争的加剧导致顾客对质量的期望越来越高。买方市场的出现,使顾客的消费行为日益成熟。消费者从保护自身利益出发,不仅重视产品质量检验结果,还十分重视产品生产者或供应者在人员、材料、设备、工艺、技术、管理、服务等各方面的综合质量保证能力,这对企业建立完善的质量管理体系形成了外部压力。企业为了在竞争中生存发展,必须尽一切努力提高产品质量和降低成本,必须加强内部管理,使影响质量和成本的各项因素都处于受控状态,这是企业建立质量管理体系的内在需求。在市场上,为了能对各个企业的质量管理体系进行比较,人们希望建立一套质量管理体系标准,用于评价企业的整体质量保证能力;在内部管理上,人们同样希望建立一套质量管理体系标准,充分吸收世界各国最先进的质量管理理论与方法,以提高自己的质量管理水平,增强竞争能力。

(二)ISO 9000 族国际标准的产生

ISO 9000 族标准是在总结各个国家在质量管理与质量保证的成功经验的基础上产生的,经历了由军用到民用,由行业标准到国家标准,进而发展到国际标准的发展过程。美国国防部吸取第二次世界大战中军品质量优劣的经验和教训,决定在军火和军需品订货中实行质量保证。经过几年的实施,1959 年美国军工系统制定了 MIL - Q - 9858A《质量保证大纲》,这是世界上最早的质量保证标准。此后,美国国防部还发布了《承包商质量大纲评定》《承包商检验系统评定》等标准文件,形成了一套完整的质量保证文件。美国军品生产方面的质量保证活动的成功经验取得令人信服的成效,在世界范围内产生了很大的影响,一些工业发达国家将其引用到民用品生产中。1971 年,借鉴军用质量保证标准的成功经验,美国机械工程师协会(ASME)和美国国家标准协会(ANSI)分别发布了一系列有关原子能发电和压力容器生产方面的质量保证标准。英国于 1979 年发布了一套质量保证标准:BS5750《质量保证体系》,共分 3 部分和相应的使用指南。加拿大 1979 年制定了一套质量保证标准:CSA CAN3 – Z299《质量大纲标准的选用指南》和《质量保证大纲》。此外,法国、挪威、荷兰、瑞士等国家也先后制定了质量保证标准。

随着国际贸易的不断发展,不同国家、企业之间的技术合作、经验交流日益频繁。在这些交往中,为了有效开展国际贸易,减少因产品质量问题及产品责任问题而产生的经济贸易争端,各国、各企业先后发布了一些关于质量保证体系及审核的标准,但由于各国、各企业实施的标准不一致,在国际贸易中形成了技术壁垒,因而阻碍了国际经济合作和贸易往来。与此同时,对于顾客来说,要求产品能够具有满足其需要和期望的特性,这些需求和期望通常表述在产品的规范或标准中。企业、组织如果没有完善的质量保证体系,就很难具备持续提供满足顾客要求的产品的能力。

基于上述背景,制定国际化的质量管理和质量保证标准就成为一种迫切需求。因此,1980 年,质量管理与质量保证标准化技术委员会(ISO/TC 176)成立了,专门负责制定有关质量管理与质量保证方面的国际标准。在总结和参考各国实践经验的基础上,ISO/TC 176 于 1986 年发布了 ISO 8402《质量术语》标准,该标准包括了 22 个术语。1987 年 ISO 相继发布了 ISO 9000 质量管理和质量保证系列标准。该系列标准是质量管理和质量保证系列标准中的主体,包括"标准选用、质量保证和质量管理"三类五项,分别是 ISO 9000《质量管理和质量保证选择和使用指南》、ISO 9001《质量体系设计、开发、生产、安装和服务的质量保证模式》、ISO 9002《质量体系生产、安装和服务的质量保证模式》、ISO 9003《质量体系最终检验和试验的质量保证模式》、ISO 9004《质量管理和质量体系要素指南》,这些标准统称为 87 版 ISO 9000 系列标准。

ISO 9000 系列标准的颁布,得到了世界各国的普遍关注和广泛应用,使不同国家、不同企业之间在经贸往来中有了共同的语言、统一的认识和共同遵守的规范,对推动国际贸易和经济发展发挥了重要的作用。

(三)ISO 9000 族国际标准的发展

1.94 版 ISO 9000 系列标准

作为开创性工作的成果,87 版系列标准不可避免存在一些不完善之处,主要包括① 87 版 ISO 9000 系列标准主要针对制造业编写的,难以推广至生产软件、流程性材料和提供服务的组织;②主要是针对较大规模组织设计的,小型企业应用则过于烦琐;③标准之间协调性还有一定的问题;④全面质量管理的成功经验、现代管理中先进理念在标准中体现不够。1994 年,ISO 又发布了第二版标准。这次修订为"有限修改",即保留了 87 版系列标准的基本结构,只对标准内容做技术性局部修改。这次修订使 87 版的 6 项标准发展到 94 版的 27 项,提出了族标准的概念。有限修改决定了该版标准只是过渡性产物,87 版系列标准中存在的问题未能从根本上解决。

2. 2000 版 ISO 9000 系列标准

在总结全球质量管理实践经验的基础上,ISO/TC 176 高度概括地提出了 8 项质量管理原则。依据这些理论和原则,2000 版标准对 94 版标准进行了全面修订,2000 版系列标准个数由原来的 27 个减少到 6 个,这次修改的特点有以下 10 个方面:①适合于不同的组织;②能满足不同行业;③语言明确,更有利于理解和应用;④将质量管理体系与组织的管理体系结合在一起;⑤减少了强制性"形成文件的程序"要求;⑥强调了质量业绩的持续改进;⑦强调了持续满足顾客要求是质量管理体系改进的动力;⑧与 ISO 14000 环境质量管理体系以及其他管理体系更具有兼容性;⑨ISO 9001 与 ISO 9004 成为一对相互协调的标准;⑩考虑了相关方的利益和要求。

2000 年 ISO 正式发布的 2000 版 ISO 9000 族标准,是在充分总结了前两个版本的优点和不足的基础上,对标准结构、技术内容两个方面的"彻底性"修改。ISO 9000 族标准已经在大约 152 个国家(地区)634 000 个组织得到了实施,被证实广泛适用于各种行业、各种类型、不同规模和提供不同产品的组织,发挥出了积极作用。

3. 2008 版 ISO 9000 系列标准

ISO 9001:2000 标准自 2000 年发布之后,ISO/TC176 一直在关注跟踪标准的使用情况,不断地收集来自各方面的反馈信息。到了 2004 年,ISO/TC176 在其成员中就 ISO 9001:2000 标准组织了一次正式的系统评审,之后,基于系统评审和用户反馈调查结果,对 ISO 9001 标准的修订要求进行了充分的合理性研究,并于 2004 年提出了启动修订程序,并制定了 ISO 9001 标准修订规范草案。

2008 年 8 月 20 日,ISO 和 IAF(国际认可论坛)发布联合公报,一致同意平稳转换全球应用最广的质量管理体系标准,实施 ISO 9001:2008 认证,并于 2008 年 11 月 15 日正式发布 ISO 9001《质量管理体系 要求》国际标准。ISO 9001:2008 标准是根据世界上 170 个国家(地区),大约 100 万个通过 ISO 9001 认证的组织的 8 年实践,更清晰、明确地表达 ISO 9001:2000 的要求,并增强与 ISO 14001:2004 的兼容性,于 2008 年 10 月 31 日发布。按照 ISO 的说法,2008 版 ISO 9001 对 2000 版 ISO 9001 标准的修改较少,总体框架和逻辑结构未变,只是部分条款的要求更加明确、更具适用性,对用户更加有利,更加便于使用,无理由需要"过渡阶段"。

4. 2015 版 ISO 9000 系列标准

ISO 的国际标准每 5~8 年都会对其标准的适用性和适宜性进行评审。2012 年 ISO 启动了质量管理标准新框架的研究工作,改版的战略意图和目标是反映当今质量管理体系在实践和技术方面的变化,为未来 10 年或更长时间规定核心要求,确保标准要求反映组织在运作过程中日益增加的复杂性、动态的环境变化和增长的需求,确保制定的要求能促进组织有效地实施第一方、第二方和第三方的合格评定活动。

2015 版标准给出了 138 个有关人员、组织等 13 个方面的术语,将 2008 版标准中质量管理的 8 原则改为 7 项。2015 版的主要修改有:

（1）采用与其他管理体系标准相同的新的高级结构,标准的章节框架由 2008 版的 8 章改成了 10 章。

（2）汲取近年来质量管理的新的成功经验,如绩效管理等。

（3）更加通俗易懂,消除了一些理解误区,如不再将预防措施与纠正措施并提。

（4）更加注重强调组织输出的产品/服务的符合性。

（5）改进与其他管理标准的兼容性。

2015 版的修订为质量管理体系标准的长期发展规划了蓝图,为未来 25 年的质量管理标准做好了准备,新版标准更加适用于所有类型的组织,更加适合于企业建立整合管理体系,更加关注质量管理体系的有效性和效率。

二、2015 版 ISO 9000 族标准的构成

2015 版 ISO 9000 组标准的构成见表 2 - 1。

表 2 - 1　2015 版 ISO 9000 族标准的文件结构

构成	编号	英文名称	中文名称
核心标准	ISO 9000:2015	Quality management systems – Fundamentals and vocabulary	质量管理体系　基础和术语
	ISO 9001:2015	Quality management systems – Requirements	质量管理体系　要求
	ISO 9004:2018	Quality management – Quality of an organization – Guidance to achieve sustained success	质量管理　组织质量　实现持续成功指南
QMS 指南	ISO 10001:2018	Quality management – Customer satisfaction – Guidelines for codes of conduct for organizations	质量管理　顾客满意　组织行为准则指南
	ISO 10002:2018	Quality management – Customer satisfaction – Guidelines for complaints handling in organizations	质量管理　顾客满意　组织投诉处理指南
	ISO 10003:2018	Quality management – Customer satisfaction – Guidelines for dispute resolution external to organizations	质量管理　顾客满意　解决组织外部纠纷的指南
	ISO 10004:2018	Quality management – Customer satisfaction – Guidelines for monitoring and measuring	质量管理　顾客满意　监视和测量指南
	ISO 10008:2013	Quality management – Customer satisfaction – Guidelines for business – to – consumer electronic commerce transactions	质量管理　顾客满意　企业对消费者电子商务交易指南
	ISO 10012:2003	Measurement management systems – Requirements for measurement processes and measuring equipment	测量管理系统　测量过程和测量设备的要求
	ISO 19011:2018	Guidelines for auditing management systems	审核管理系统的指南
QMS 技术支持指南	ISO 1005:2018	Quality management – Guidelines for quality plans	质量管理　质量计划指南
	ISO 1006:2017	Quality management – Guidelines for quality management in projects	质量管理　项目质量管理指南
	ISO 1007:2017	Quality management – Guidelines for configuration management	质量管理　配置管理指南

续表

构成	编号	英文名称	中文名称
QMS技术支持指南	ISO 10013:2021	Quality management systems – Guidance for documented information	质量管理体系 文件化信息的指南
	ISO 10014:2021	Quality management systems – Managing an organization for quality results – Guidance for realizing financial and economic benefits	质量管理体系 管理质量结果的组织 实现财务和经济效益的指南
	ISO 10015:2019	Quality management – Guidelines for competence management and people development	质量管理 能力管理和人员发展指南
	ISO 10017:Under development	Quality management – Guidance on statistical techniques for ISO 9001:2015	质量管理 ISO 9001:2015统计技术指南
	ISO 10018:2020	Quality management – Guidance for people engagement	质量管理 人员参与的指导
	ISO 10019:2005	Guidelines for the selection of quality management system consultants and use of their services	质量管理体系顾问的选择及其服务的使用指引
特殊行业的QMS要求	ISO/TS 16949:2009	Quality management systems – Particular requirements for the application of ISO 9001:2008 for automotive production and relevant service part organizations	质量管理体系 汽车生产和相关服务部件的组织实施 ISO 9001:2008 的特殊要求

第二节 ISO 9000 质量管理体系基础和术语

一、概述

(一)ISO 9000:2015 版标准的结构及内容

ISO 9000:2015《质量管理体系 基础和术语》的引言中已明确了该标准的目的作用和基本框架内容。如下：

(1)为质量管理体系提供了基本概念、原理和术语,可作为其他质量管理体系的基础。可帮助使用者理解质量管理的基本概念、原理和术语,以便能够有效和高效地实施质量管理体系,并实现其他质量管理体系的价值。

(2)该标准基于汇集当前有关质量的基本概念、原理、过程和资源的框架,来准确定义质量管理体系,以帮助组织实现其目标。它适用于所有组织,无论其规模、复杂程度或经营模式,旨在增强组织在满足顾客和相关方的需求和期望方面,以及实现其产品和服务的满意方面的义务和承诺意识。

(3)该标准包含 7 个质量管理原则以支持在其 2.2 中所述的基本概念。针对每一个质量管理原则,通过"简述"介绍每一个原则;通过"理论依据"解释组织应该重视它的原因;通过"获益之处"告之应用这一原则的结果;通过"可开展的活动"给出组织应用这一原则能够采取的措施。

（4）该标准包括了在发布之前,ISO/TC176 起草的全部质量管理和质量管理体系标准,及其他特定行业质量管理体系标准中应用的术语和定义。在该标准的最后,提供了按字母顺序排列的术语和定义的索引。其附录 A 是一套按概念次序形成的概念系统图。

（二）新版标准的主要变化

该标准是 ISO 9000 族的核心之一。与 ISO 9000:2005 相比主要变化如下:

（1）为适应 SL 高层次结构,新版的"基本概念和质量管理原则"替代了"质量管理体系基础"。不仅增强了该标准的广泛适用性,还提高了与其他管理体系的融合性(为多体系管理的组织提供统一的概念和理论基础,为多体系融合并形成合力,以整体达到过程管理绩效)。

（2）增加了 5 个基本概念:质量、质量管理体系、组织环境、相关方和支持。

（3）质量管理原则:将过程方法和管理的系统方案合并,变为 7 项原则。

（4）术语和定义:由原来 2005 版的 84 个,增加为现在的 138 个。

（三）范围

新版标准在适用范围上较 2005 版标准没有大的变化,只是在范围表述和概念界定上发生少许变化。

本标准表述的质量管理的基本概念和原理普遍适用于下列组织:

——通过实施质量管理体系寻求持续成功的组织;

——通过持续提供符合要求的产品和服务,寻求顾客信任其能力的组织;

——希望在满足产品和服务要求的供应链中,寻求信任的组织;

——希望通过对质量管理中使用的术语的共同理解,促进相互沟通的组织和相关方;

——应用 ISO 9001 的要求进行符合性评价的组织;

——提供质量管理培训、评价和咨询的组织;

——起草相关标准的组织。

本标准列举的术语和定义适用于所有 ISO/TC176 起草的质量管理和质量管理体系标准。

二、基本概念和质量管理原则

（一）总则

新版标准表述的质量管理概念和原则,可帮助组织获得应对与几十年前截然不同的环境所提出的挑战的能力。目前,组织运作的环境表现出如下特点:变化快、市场全球化和知识作为主要资源出现。质量的影响已经超出了顾客满意的范畴,它可直接影响组织的声誉。

随着社会教育水平的提高,需求的增长,使得相关方的影响力在增加。通过对建立的质量管理体系提出基本概念和原则,该标准提供了一种更加广泛的思考方法。

组织应将所有的概念、原则及其相互关系看成一个整体,而不是彼此孤立,在任何时候,它们都应得到同样的重视。

(二)基本概念

1. 质量

随着时代的发展,对质量的理解必将赋予其新的内涵,在前面的总则中亦有体现。新版标准主要理解如下:

(1)高度的提升:新版标准提出了把质量作为组织的文化,能促进组织所关注的行为、态度、活动和过程为结果,并通过满足顾客和相关方需求和期望实现其价值。

(2)外延的扩大:组织的产品和服务质量取决于满足顾客的能力,以及对相关方有意和无意的影响。

(3)价值的内涵:产品和服务质量不仅包括其预期的功能和性能,而且还涉及顾客对其价值和利益的感知。简单说就是直接反映"值",还是"不值"。

2. 质量管理体系

对质量管理体系的内涵可理解为以下4个方面:

(1)质量管理体系包括组织确定的目标,以及为获得所期望的结果而确定的过程和资源。

(2)质量管理体系管理为实现其价值以及相关方的结果所需的相互作用的过程和资源。

(3)质量管理体系能够使最高管理者通过考虑其决策的长期和短期影响而优化资源的利用。

(4)质量管理体系提供了一种在提供产品和服务方面,针对预期和非预期的结果,确定所采取措施的方法。

通过以上4点,读者不难理解质量管理体系的作用,其关键就是:确定过程和资源、优化资源利用和提供措施方法。

3. 组织的环境

组织的环境是2015版标准新增加的概念术语,应将其理解为一个过程。这个过程确定了影响组织的愿景、目标和可持续性的各种因素。它既要考虑内部因素,例如:组织的价值观、文化、知识和绩效;还需要考虑外部因素,如法律的、技术的、竞争的、市场的、文化的、社会的和经济的环境。

组织的目的可被表达为其愿景、使命、方针和目标。

4. 相关方

2005版标准就已提出相关方的概念,而新版标准强调了相关方的概念内涵和外延,其超越了仅关注顾客和一般相关方,考虑所有的相关方是至关重要的。

识别相关方是理解组织的过程的组成部分。相关方是指若其需求和期望未能满足,将对组织的持续发展产生重大风险的各方。组织应确定向相关方提供何种必要的结果以降低风险。

组织为其成功,应获取、得到和保持所依赖的相关方的支持。

5.支持

(1)总则:新版标准明确提出质量管理体系必须得到最高管理者的支持,并且要通过全员参与,以便能够:①提供充分的人力和其他资源;②监视过程和结果;③确定和评估风险和机会;④采取适当的措施。

应认真负责地获取、分配、维护、提高和处置支持组织实现其目标的资源。

(2)人员:人员是组织内必要的基本资源,而且是最活跃、最关键要素的资源。组织的绩效取决于体系内的人员工作表现,这种表现包括:能力、意识和沟通等。组织的所有活动都要通过人员的行动和行为来实现。在组织内,人员应通过对质量方针和组织期望的结果(目标)的共同理解而积极参与并保持一致。

(3)能力:能力是指人员应用知识和技能实现预期结果的本领。经证实的能力有时是指资格。组织的所有员工如能认识到并利用了岗位和职责所需的技能、培训、教育和经验时,质量管理体系是最有效的。因此,组织在评价人员能力时,也主要围绕着教育、经验、技能和培训这4个方面来开展。在组织的实际工作中,评价主要是为了解和衡量各岗位的人员能力状况,是否满足岗位能力需求,以便做出培训要求的预案或相应的调整措施。因此,为人员提供增加必要的能力的机会,是最高管理者的重要职责。

(4)意识:树立质量意识的前提必须先建立起责任意识。美国质量管理专家朱兰博士认为,质量问题有80%出于管理层,而只有20%的问题起源于员工。也就是说,管理者可控缺陷约占80%,操作者可控缺陷一般小于20%。因此,只有所有人员认识到自身的责任,以及他们的工作如何有助于实现组织目标时,质量意识才能真正体现。据美国汽车行业的统计,这个比例,随员工素质的提高,管理者所可控缺陷因素占可达93%。因此,质量出了问题,首先要从管理者方面查找原因。

(5)沟通:沟通是加强理解和参与管理的基础。因此,组织应对沟通进行系统的策划,并在内部和外部进行有效的开展,以提高员工的参与程度和加深对质量管理体系、组织的环境、顾客及其他相关方的需求和期望的理解。

(三)质量管理原则

新版 ISO 9000 标准详细列出了7项质量管理原则的介绍、理论依据、获益之处和可开展的措施,作为基本概念的支持,体现了概念和原则的统一,同时,更益于组织理解和实际操作。这是新版标准的一大改进。

1.以顾客为关注焦点

概述:质量管理的主要关注点是满足顾客要求并且努力超越顾客的期望。

依据:组织只有赢得顾客和其他相关方的信任才能获得持续成功。与顾客相互作用的每个方面,都提供了为顾客创造更多价值的机会。理解顾客和其他相关方当前和未来的需求,有助于组织的持续成功。

主要益处可能有:

——提升顾客价值；

——增强顾客满意；

——增进顾客忠诚；

——增加重复性业务；

——提高组织的声誉；

——扩展顾客群；

——增加收入和市场份额。

可开展的活动包括：

——识别从组织获得价值的直接顾客和间接顾客；

——了解顾客当前和未来的需求和期望；

——将组织的目标与顾客的需求和期望联系起来；

——在整个组织内将沟通顾客的需求和期望；

——为满足顾客的需求和期望，对产品和服务进行策划、设计、开发、生产、交付和支持；

——测量和监视顾客满意度，并采取适当措施；

——在有可能影响到顾客满意的相关方的需求和适宜的期望方面，确定并采取措施；

——主动管理与顾客的关系，以实现持续成功。

2. 领导作用

概述：各级领导建立统一的宗旨及方向，并创造全员积极参与实现组织的质量目标的条件。

依据：统一的宗旨和方向的建立，以及全员的积极参与，能够使组织将战略、方针、过程和资源协调一致，以实现其目标。

主要益处可能有：

——提高实现组织质量目标的有效性和效率；

——组织的过程更加协调；

——改善组织各层级、各职能间的沟通；

——开发和提高组织及其人员的能力，以获得期望的结果。

可开展的活动包括：

——在整个组织内，就其使命、愿景、战略、方针和过程进行沟通；

——在组织的所有层级创建并保持共同的价值观，以及公平和道德的行为模式；

——培育诚信和正直的文化；

——鼓励在整个组织范围内履行对质量的承诺；

——确保各级领导者成为组织中的榜样；

——为员工提供履行职责所需的资源、培训和权限；

——激发、鼓励和表彰员工的贡献。

3. 全员积极参与

概述：整个组织内各级胜任、经授权并积极参与的人员，是提高组织创造和提供价值能力的必要条件。

依据:为了有效和高效地管理组织,各级人员得到尊重并参与其中是极其重要的。通过表彰、授权和提高能力,促进在实现组织的质量目标过程中的全员积极参与。

主要益处可能有:

——组织内人员对质量目标有更深入的理解,以及更强的加以实现的动力;

——在改进活动中,提高人员的参与程度;

——促进个人发展、主动性和创造力;

——提高人员的满意程度;

——增强整个组织内的相互信任和协作;

——促进整个组织对共同价值观和文化的关注。

可开展的活动包括:

——与员工沟通,以增强他们对个人贡献的重要性的认识;

——促进整个组织内部的协作;

——提倡公开讨论,分享知识和经验;

——让员工确定影响执行力的制约因素,并且毫无顾虑地主动参与;

——赞赏和表彰员工的贡献、学识和进步;

——针对个人目标进行绩效的自我评价;

——进行调查以评估人员的满意程度,沟通结果并采取适当的措施。

4.过程方法

概述:将活动作为相互关联、功能连贯的过程组成的体系来理解和管理时,可更加有效和高效地得到一致的、可预知的结果。

依据:质量管理体系是由相互关联的过程所组成。理解体系是如何产生结果的,能够使组织尽可能地完善其体系并优化其绩效。

主要益处可能有:

——提高关注关键过程的结果和改进的机会的能力;

——通过由协调一致的过程所构成的体系,得到一致的、可预知的结果;

——通过过程的有效管理、资源的高效利用及跨职能壁垒的减少,尽可能提升其绩效;

——使组织能够向相关方提供关于其一致性、有效性和效率方面的信任。

可开展的活动包括:

——确定体系的目标和实现这些目标所需的过程;

——为管理过程确定职责、权限和义务;

——了解组织的能力,预先确定资源约束条件;

——确定过程相互依赖的关系,分析个别过程的变更对整个体系的影响;

——将过程及其相互关系作为一个体系进行管理,以有效和高效地实现组织的质量目标;

——确保获得必要的信息,以运行和改进过程并监视、分析和评价整个体系的绩效;

——管理可能影响过程输出和质量管理体系整体结果的风险。

5.持续改进

概述:成功的组织持续关注改进。

依据:改进对于组织保持当前的绩效水平,对其内、外部条件的变化做出反应,并创造新的机会,都是非常必要的。

主要益处可能有:

——提高过程绩效、组织能力和顾客满意;

——增强对调查和确定根本原因及后续的预防和纠正措施的关注;

——提高对内外部风险和机遇的预测和反应能力;

——增加对渐进性和突破性改进的考虑;

——更好地利用学习来改进:

——增强创新的动力。

可开展的活动包括:

——促进在组织的所有层级建立改进目标;

——对各层级人员进行教育和培训,使其懂得如何应用基本工具和方法实现改进目标;

——确保员工有能力成功地促进和完成改进项目;

——开发和展开过程,以在整个组织内实施改进项目;

——跟踪、评审和审核改进项目的策划、实施、完成和结果;

——将改进与新的或变更的产品、服务和过程的开发结合在一起予以考虑;

——赞赏和表彰改进。

6.循证决策

概述:基于数据和信息的分析和评价的决策,更有可能产生期望的结果。

依据:决策是一个复杂的过程,并且总是包含某些不确定性。它经常涉及多种类型和来源的输入及其理解而这些理解可能是主观的。重要的是理解因果关系和潜在的非预期后果。对事实、证据和数据的分析可导致决策更加客观、可信。

主要益处可能有:

——改进决策过程;

——改进对过程绩效和实现目标的能力的评估;

——改进运行的有效性和效率;

——提高评审、挑战和改变观点和决策的能力;

——提高证实以往决策有效性的能力。

可开展的活动包括:

——确定、测量和监视关键指标,以证实组织的绩效;

——使相关人员能够获得所需的全部数据；

——确保数据和信息足够准确、可靠和安全；

——使用适宜的方法对数据和信息进行分析和评价；

——确保人员有能力分析和评价所需的数据；

——权衡经验和直觉，基于证据进行决策并采取措施。

7. 关系管理

概述：为了持续成功，组织需要管理与有关相关方（如供方）的关系。

依据：有关相关方影响组织的绩效。当组织管理与所有相关方的关系，以尽可能有效地发挥其在组织绩效方面的作用时，持续成功更有可能实现。对供方及合作伙伴网络的关系管理是尤为重要的。

主要益处可能有：

——通过对每一个与相关方有关的机会和限制的响应，提高组织及其有关相关方的绩效；

——对目标和价值观，与相关方有共同的理解；

——通过共享资源和人员能力，以及管理与质量有关的风险，增强为相关方创造价值的能力；

——具有管理良好、可稳定提供产品和服务的供应链。

可开展的活动包括：

——确定有关相关方（如供方、合作伙伴、顾客、投资者、雇员或整个社会）及其与组织的关系；

——确定和排序需要管理的相关方的关系；

——建立平衡短期利益与长期考虑的关系；

——与有关相关方共同收集和共享信息、专业知识和资源；

——适当时，测量绩效并向相关方报告，以增加改进的主动性；

——与供方、合作伙伴及其他相关方合作开展开发和改进活动；

——鼓励和表彰供方及合作伙伴的改进和成绩。

（四）质量管理体系使用的基本概念和原则

1. 质量管理体系模式

（1）总则。

前面讲的质量管理体系基本概念及原则只是纲领性和指导性的，它们必须应用于组织具体的实际运行中，才能体现其价值和意义，不同的组织有不同的应用方式。这就是质量管理体系模式。

组织就像一个具有生存和学习能力的社会有机体，具有许多人的特征。组织和质量管理体系模式，都具有适应的能力并且由相互作用的系统、过程和活动组成。为了适应变化的环境，均需要具备应变能力。组织经常通过创新实现突破性改进。在组织的质量管理体系模式中，我们可以认识到，不是所有的系统、过程和活动都可以被预先确定。因此，组织需要具有灵活性，以适应复杂的组织环境。

（2）体系。

组织寻求了解内外部环境，以识别相关方的需求和期望。这些信息被用于质量管理体系的建设，从而实现组织的可持续发展。一个过程的输出可成为其他过程的输入，并将其联入整个网络中。虽然每个组织的质量管理体系，通常是由相类似的过程所组成的，但实际上，每个质量管理体系都是唯一的。体系具有的基本特征是一致的：

——为内部质量管理的需要而建立；

——依据经营环境的需要和组织自身条件建立；

——质量管理体系是通过一系列过程来实现的；

——质量管理体系应形成文件的信息；

——质量管理体系贵在实施。

一个好的体系如不投入运行，就不能发挥其应有的作用。当前普遍存在规定要求和实际实施"两层皮"的问题。这来源于制订规定的要求时，没有充分考虑到操作的可行性并跟踪实际运行情况，这就属于"先天不足"；在实施中，由于内部沟通不足，对不可操作的要求没有信息反馈，致使"两层皮"问题长期存在，这属于"后天失调"。

建立体系是容易的，但要付诸实施则非易事，而要保持有效运行则更难。这里特别需要高层领导持之以恒，并在组织中对实施中的业绩建立一套监督、考核、奖惩制度。

（3）过程。

组织体系运行时包括许多可被确定、测量和改进的过程，这些过程相互作用，进而产生与组织目标相一致的结果。在这些过程中某些过程可能是关键的，而另一些起辅助支持作用。但所有这些过程的模型都一样，即具有内部相关的活动和输入，以提供输出，也就是我们通常所说的"过程三要素"。

（4）活动。

活动是指在开展过程工作中能识别出的最小工作项。

组织在过程运行中开展他们的日常活动。某些活动被预先规定并依靠对组织目标的理解，如持续改进、项目管理、更改控制等；而另外一些活动则是通过对外界刺激的反应，以确定其性质并予以执行，如顾客沟通、与产品和服务有关要求的确定、设计和开发的策划等活动。

质量策划、质量保证、质量控制、质量改进等活动是组织质量管理为实现质量方针、目标的最重要的4项活动，其构成"从属关系"。

2.质量管理体系的建设

（1）质量管理体系建议的内容：

①质量管理体系是一个随着时间的推移不断发展的动态系统。每个组织都有质量管理活动，无论其是否有正式计划。新版 ISO 9000 标准都为如何建立一个正规的体系管理这

些活动提供了指南。确定组织中现存的活动及其适宜的环境是必要的。ISO 9000 和 ISO 9001 可用于帮助组织建立一个有凝聚力的质量管理体系。

②正规的质量管理体系为策划、执行、监视和改进质量管理活动的绩效提供了框架。质量管理体系无须复杂，而是需要准确地反映组织的需求。在建设质量管理体系的过程中，ISO 9000 中给出的基本概念和原理可提供有价值的指南。

③质量管理体系策划不是一件单独的事情，而是一个持续的过程。计划随着组织对标准的学习和环境的变化而逐渐形成。这个计划要考虑组织的所有质量活动，并确保覆盖 ISO 9000 的全部指南和 ISO 9001 的要求，该计划应经批准后实施。

④定期监视和评价质量管理体系的计划执行情况和绩效状况，对组织来说是非常重要的。应仔细考虑这些指标，以使这些活动易于开展。

⑤审核是一种评价质量管理体系有效性、识别风险和确定满足要求的方法。为了有效地进行审核，需要收集有形和无形的证据。在对所收集的证据进行分析的基础上，采取纠正和改进措施。知识的增长可能会导致创新，使质量管理体系的绩效达到更高的水平。

⑥质量管理体系方法是为帮助组织建立一个协调而能有效运行的体系来开展质量管理活动，以实现质量方针和质量目标而提出的。这种方法有一套系统而严谨的逻辑步骤和运行程序，它是将质量管理基本原则之一的"过程方法"应用于质量管理体系的研究成果。

（2）建立和实施质量管理体系的方法的步骤如下：

①分析组织的环境及识别风险和机会。

②确定顾客和其他相关方的需求和期望。

③建立组织的质量方针和目标。

④确定实现质量目标必需的过程、职责和提供必要的资源。

⑤规定监视、测量每个过程的有效性和效率的方法。

⑥应用适宜方法分析和评价每个过程的绩效和效率。

⑦确定控制不合格的措施及防止不合格，并消除产生原因的措施。

⑧建立和应用持续改进质量管理体系的过程。

由上述步骤可见，质量管理体系方法是"过程方法"原则在质量管理体系中的具体应用，它为质量管理体系标准的制定提供了总体框架。这种方法充分地体现了 PDCA 的循序渐进、逻辑性和系统性的思路。

3. 质量管理体系标准、其他管理体系和卓越模式

ISO/TC176 起草的质量管理体系标准和其他管理体系标准，以及组织卓越模式中表述的质量管理体系方法，基于共同的原则，均能够帮助组织识别风险和机会并包含改进指南。在当前的环境中，许多问题，例如创新、道德、诚信和声誉均可作为质量管理体系的参数。有关质量管理的标准（如 ISO 9001），环境管理标准（如 ISO 14001）和能源管理标准（如 ISO 50001），以及其他管理标准和组织卓越模式标准，已经开始解决这些问题。

ISO/TC176 起草的质量管理体系标准，为质量管理体系提供了一套综合的要求和指南。ISO 9001 为质量管理体系规定了要求,ISO 9004 在质量管理体系更宽泛的目标下,为持续成功和改进绩效提供了指南。

组织的管理体系具有不同作用的部分,例如质量管理体系可以单独整合成为一个单一的管理体系。当质量管理体系与其他管理体系整合后,组织的质量、成长、资金、利润率、环境、职业健康和安全、能源、治安状况等方面有关的目标、过程和资源可以更加有效和高效地实现和利用。组织可以依据若干个标准的要求,例如 ISO 9001、ISO 14001、ISO 31000 和 ISO 50001,对其管理体系同时进行整体综合性审核。

在这方面,ISO 的《管理体系标准的整合采用》手册可提供帮助。

三、质量管理体系 术语和定义

同 ISO 9000:2005 相比,标准在术语定义的结构和内容上都有很大变化。ISO 9000:2015 新版标准对术语和定义的分类分 13 个方面,共列出 138 个术语和定义。其分类的原则是按照《ISO/IEC 导则第 1 部分技术工作程序》的附录 SL 的要求,确定了适用于所有 ISO 管理体系标准的通用术语和定义。

这些基本概念和原则为质量管理体系的应用以及质量管理体系和其他管理体系和卓越模式的整合奠定了基础。

新版术语和定义的分类及标准名称如表 2 - 2 所示。

表 2 - 2   ISO 9000 族标准术语分类及名称表

术语类型	数目	词条
有关人员的术语	6	最高管理者*、质量管理体系咨询师、参与、积极参与、管理机构、争议解决者
有关组织的术语	9	组织*、组织的环境、相关方*、顾客、供方、外部供方、提供方、协会、计量职能
有关活动的术语	13	改进、持续改进*、管理、质量管理、质量策划、质量保证、质量控制、质量改进、技术状态管理、更改控制、活动、项目管理、技术状态项
有关过程的术语	8	过程*、项目、质量管理体系实现、能力获得、程序、外包*、合同、设计和开发
有关体系的术语	12	体系、基础设施、管理体系*、质量管理体系、工作环境、计量确认、测量管理体系、方针*、质量方针、愿景、使命、战略
有关要求的术语	15	实体、质量、等级、要求*、质量要求、法定要求、规章要求、产品技术状态信息、不合格(不符合)*、缺陷、合格(符合)*、能力、可追溯性、可靠性、创新
有关结果的术语	11	目标*、质量目标、成功、持续成功、输出、产品、服务、性能*、风险*、效率、有效性*
有关数据、信息和文件的术语	15	数据、信息、客观证据、信息系统、文件、形成文件的信息*、规范、质量手册、质量计划、记录、项目管理计划、验证、确认、技术状态纪实、特定情况
有关顾客的术语	6	反馈、顾客满意、投诉、顾客服务、顾客满意行为规范、争议
有关特性的术语	7	特性、质量特性、人为因素、能力*、计量特性、技术状态、技术状态基线
有关确定的术语	9	测定、评审、监视*、测量*、测量过程、测量设备、检验、试验、进展评价
有关措施的术语	10	预防措施、纠正措施*、纠正、降级、让步、偏离许可、放行、返工、返修、报废

续表

术语类型	数目	词条
有关审核的术语	17	审核*、多体系审核、联合审核、审核方案、审核范围、审核计划、审核准则、审核证据、审核发现、审核结论、审核委托方、受审核方、向导、审核组、审核员、技术专家、观察员
总计		138

注: * 表示"通用及核心"术语,共21个。

学好术语和定义是正确的理解 ISO 9000 族标准的基础,更是便于开展国际交流的需要。学习标准的过程中,会接触到许多新的或老的术语,若顾名思义的想当然,往往会造成理解上的偏差和障碍。这时要去查阅 ISO 9000 标准对术语的定义,才能找到正确的答案。该标准中的术语和定义是涉及质量领域的专有概念,不能像对待一般词汇那样按字典中的解释进行理解,比如"确认"在字典中的解释为:明确承认,而在 ISO 9000 中则有完全不同的定义。

在第一章我们已经学过了一些术语,比如质量、质量特性、过程、质量管理、体系、管理体系等。还有一些术语我们会在后面的学习中逐渐学习到。

第三节　ISO 9001:2015 质量管理体系标准

第四节　质量管理体系的建立与实施

建立质量管理体系是一项复杂的工程,特别是按照 2015 版的 ISO 9000 族标准建立一种以过程为基础的质量管理体系,要涉及许多工作,既要考虑标准的要求,又要考虑组织自身的情况。建立质量管理体系可以由以下一些环节组成。

一、组织准备

(1)宣传动员,统一思想:按照 ISO 9000 族标准建立质量管理体系,是对传统的质量管理方式进行的改革。它涉及组织内的每一位员工,所以必须在整个组织内加大宣传力度,使组织内全体员工都能统一思想,贯彻 ISO 9000 族标准,建立质量管理体系。

(2)培训队伍,成立贯标小组:包括 ISO 9000 族标准知识的培训,内审员的培训,编制质量管理体系文件的培训。

二、总体规划

质量管理体系的总体规划是根据 ISO 9000 族标准的要求,结合本单位的具体情况,对质量管理体系建立过程进行通盘考虑的一个过程。具体包括以下内容。

(1)现状调查,分析组织的质量管理体系环境:一个组织的质量管理体系,既要适应组织内部管理的需要,又要符合外部质量管理体系证实的要求。所以,在建立质量管理体系之前,首先要调查组织的现状,既要对组织内部的环境进行分析,又要对外部环境(顾客以及其他相关方和法律法规)进行详细的分析。

(2)确定组织的质量方针、质量目标和质量计划:质量方针和质量目标已在前面介绍过。质量计划是针对某项产品、过程、服务、合同或任务,制订专门的质量措施、资源和活动的文件。质量计划是落实质量目标的具体部署和行动安排,其中包括企业各部门在实现质量目标时应承担的工作任务、责任以及实现的时间进度。在企业中,质量目标和计划的层层落实,就是我们通常所说的"目标展开"或"指标分解"。我国企业的质量计划通常指的是:质量指标计划、质量攻关计划、质量改进措施计划、产品升级换代计划、产品质量赶超计划等。

(3)完善组织机构,合理配备资源:组织机构是一个组织人员的职责、权限和相互关系的有序安排。在分析了组织的现状,并且识别了建立质量管理体系所必须开展的活动以后,就要将所需要开展的活动分别分解到各个层次的管理和职能部门的人员中,必要时还要进行合理的配置资源,以确保所有员工都被赋予相应的职责和权限,每一个员工都有能力完成自己的任务。在对组织内外部环境分析的基础上,还要对资源进行合理的配置,具体包括人力资源、基础设施、工作环境等。

三、文件编写

尽管建立质量管理体系不仅仅指编写文件,但不等于说建立质量管理体系可以不编制文件。编制文件仍然是建立质量管理体系最重要的一项工作,而最主要的文件是程序文件和质量手册。对于程序文件和质量手册,一定要经过编制、修改、再修改、审定等几个连续循环的环节。同时对于第三层次以及质量记录也要进行整理,一方面要统一文件的格式;另一方面要确保文件之间没有互相矛盾,文件符合标准要求和相应的法律法规要求。

四、质量管理体系运行

质量管理体系建立以后就要运行。在开始运行前,要在组织内再进行一次大范围的宣传动员,以使全体员工树立按文件规定执行的观念。必要时,可以采取行政措施以保证按文件规定运行。对于在实际运行中发现的不符合文件要求的,可以按规定进行更改。对质量管理体系运行的结果,要保存好记录。

五、质量管理体系的评价

质量管理体系的评价包括内部审核、管理评审、自我评价。

内部审核是指以组织自己的名义所进行的自我审核,又称第一方审核。ISO 9001 标准要求定期对组织的质量管理体系进行内部审核,以确定组织的质量管理体系活动及其结果是否符合计划的安排,以及确定质量管理体系的符合性和有效性。

管理评审是"为了确保质量管理体系的适宜性、充分性、有效性(评审也可包括效率,但不是认证要求),以达到规定的目标所进行的活动"。管理评审是最高管理者的职责,最高管理者应按计划的时间间隔评审质量管理体系,以确保质量管理体系持续的适宜性、充分性和有效性。管理评审应包括对质量方针和质量目标的评审以及评价质量管理体系改进的机会和变更的需要。

自我评价是一种仔细认真的评价。评价的目的是确定组织改进的资金投向,测量组织实现目标的进展;评价的实施者是组织的最高管理者,评价的结论是组织的有效性和效率以及质量管理体系成熟水平方面的意见或判断。

复习思考题

1. 试述质量管理的 7 项基本原则。
2. ISO 9001:2015 的文件包括哪些内容? 质量手册包括哪些内容?
3. ISO 9001:2015 中,要求必须编制文件进行控制的程序有哪些?
4. 为什么要实施管理评审? 如何实施管理评审?
5. 在质量体系中,管理职责主要涉及哪些方面的质量管理活动?

第三章　质量审核与质量认证

第一节　质量审核

质量审核是指确定组织的质量活动和有关结果是否符合计划安排,以及这些安排是否得到了有效的实施、能否达到预定的目标而做的系统的、独立的检查和审查。质量审核是质量认证的重要组成部分。审核不应与"监督"或"检查"活动相混淆,后两者的目的只在于过程控制或产品验收,比审核的范围要狭窄得多。

一、相关术语

1.审核

审核(audit)是为获得审核证据并对其进行客观评价,以确定满足审核准则的程度所进行的系统的、独立的并形成文件的过程。该定义可以作以下理解。

(1)审核是一项基于审核证据的活动,是对审核证据进行收集、分析和评价的过程。

(2)审核是系统的、独立的及形成文件的过程。审核是系统的过程,是指审核是一项事先有目的、行动有安排、事后有检查的计划性很强的活动。审核是独立的过程,是指审核是一项独立于受审核方的活动,公正和客观,不受来自任何方面的影响和干扰,审核方与受审核方无直接的责任关系。审核是形成文件的过程,是指审核是一项始于文件(审核计划)又终于文件(审核报告)的基于文件支持的活动。

(3)审核是一项符合性的检查活动,即将收集到的审核证据与审核准则相比较,以确定审核证据满足审核准则的程度。

2.审核准则

审核准则(audit criteria)是"用作依据的一组方针、程序或要求"。通常包括产品标准、相关的法律法规和组织的质量管理体系文件。审核准则即是审核的依据。

3. 审核证据

审核证据(audit evidence)是与审核准则有关的并且能够证实的记录、事实陈述或其他信息。该定义可作以下理解。

(1)审核证据可以是定性或定量的,只要是可证实的客观存在的事实均可作为审核证据。

(2)审核证据是指与审核准则有关的信息,无关的信息不能作为审核证据。

(3)审核证据可以是形成文件的,也可以是不形成文件的信息,如通过观察、面谈获得的可经证实的信息。

(4)审核证据基于可获得信息的样本,与抽样的合理性与审核结论的可信性密切相关。

审核证据的来源主要有:审核员在审核范围内查阅的文件、记录,现场审核观察到的现象;审核员自己或他人测量与检验的结果;审核员与受审人的谈话等。

4. 审核发现

审核发现(audit finding)是对某一或某些审核证据对照审核准则进行评价的结果。该定义可作以下理解。

(1)某一审核发现是对某一或某些审核证据进行评价的结果,评价的依据是审核准则。

(2)审核发现能表明审核证据是否符合准则,包括符合和不符合。

(3)审核发现能指出改进的机会。

5. 审核委托方

审核委托方(audit client)是指要求质量审核的组织或人员。审核委托方可以是组织,也可以是人员,如顾客、受审核方、授权审核的独立机构。常见的审核委托方有:组织、组织的相关方、认证机构。审核委托方要求的事项是审核。

6. 审核方案

审核方案(audit programmed)是"针对特定时间段所策划,并具有特定目的的一组(一次或多次)审核"。该定义可作以下理解。

审核方案是一组(一次或多次)审核,但不是一组审核的简单的累加,而是一组具有共同特点的审核的集合。当受审核组织同时运行两个或两个以上体系时,审核方案可包括结合审核。一个组织可以制订一个或多个审核方案。审核方案具有以下特点。

(1)特定时间段:根据受审核组织的规模、性质和复杂程度,一个审核方案可以包括在某一时间段内发生的一次或多次审核,这个审核方案所覆盖的是这一时间段内的一组审核。

(2)特定目的:特定时间段的这一组审核可以有不同的目的,一个审核方案要考虑的是针对这一特定时间段的一组审核所具有的总体目的。

(3)策划的结果:审核方案是策划的结果,策划结果是具有"特定时间段"和"特定目的"的一组审核,包括策划、组织和实施审核所必需的所有活动,还包括对审核的类型和数目进行策划和组织,以及在规定的时间框架内为有效和高效地实施审核提供资源的所有必要的活动。

7. 审核结论

审核结论(audit conclusion)是指审核组考虑了审核目标和所有审核发现后所得出的最终审核结果。审核结论与审核目的有关,审核目的不同,审核结论也不同,如审核以认证/注册为目的,审核组应就受审核方管理体系是否可以被推荐注册做出结论。

二、质量审核的分类

质量审核分类如表 3-1 所示。

表 3-1　质量审核分类

分类依据	审核类型
审核委托方	第一方审核、第二方审核、第三方审核
审核对象	产品审核、过程审核、体系审核
审核主体	内部审核、外部审核
审核领域	质量审核、环境审核

(1)按审核委托方可以分为第一方审核、第二方审核和第三方审核。

第一方审核,也称内部审核,由组织自己或以组织的名义进行,出于管理评审或其他内部目的,确保组织自身质量管理体系持续有效,以取得组织的管理者的信任,可作为组织自我合格声明的基础。

第二方审核,由对供方感兴趣的顾客或相关方,或由其他组织或人员以顾客或相关方的名义进行,促进供方保持和改进其产品质量和管理体系,赢得顾客和相关方的信任。

第三方审核,由外部独立的第三方机构进行,如提供符合 GB/T 19001 要求的认证审核服务的认证机构,促进受审核方保持和改进其产品质量和管理体系,为顾客或潜在的顾客提供信任。第三方审核是需要组织给审核机构付费的,审核的结果如果符合标准要求,组织将会获得合格证明并被登记注册。

(2)按照审核的对象分类,可分为以下 3 种。

①产品审核:产品审核是对准备交给用户使用的最终产品的质量进行单独检查评价的活动,以确定产品质量符合规定质量特性的程度和适合使用要求的程度。

②过程审核:指对过程质量控制的有效性进行审核,是独立地对过程进行检查评价的审核活动,以确定质量计划是否可行,是否有效,是否需要改进。评价过程因素的控制情况,研究因素波动与质量特性间的关系,确定过程控制的程度和存在的问题,从而改进质量控制的方法,提高过程能力。

③体系审核:指对企业为达到质量目标所进行的全部质量活动的有效性进行审核。它是独立地对一个组织的质量管理体系进行的审核,以确定覆盖质量形成全过程的质量管理

体系的符合性、有效性、适用性。

(3)按照审核实施的主体又可分为内部审核和外部审核两种。第二方审核和第三方审核属于外部审核。

(4)依其领域分为质量审核、环境审核等。

当质量管理体系与环境管理体系及其他管理体系一起接受审核时,这种审核情况又称"结合审核"。

三、质量审核的特点

(1)质量审核是提高企业质量职能的有效性的手段之一。它是为获得质量信息以便进行质量改进而进行的质量活动。

(2)质量审核是独立进行的,即质量审核人员是由与审核对象无直接责任并经企业领导授权的人员组成的(由经理或厂长授权按合同进行)。

(3)质量审核是有计划并按规定日程进行的,不是突击检查,因此审核人员与被审核对象的质量责任人员是相互合作的。

(4)质量审核中发现的质量缺陷或问题,是在与被审核对象有关部门统一认识后才提出审核报告的,因此不是单方面评价,而是由双方共同商量如何进行质量改进。

四、质量审核各方的职责

质量审核主要由审核委托方、受审核方和审核员构成。审核需要共同合作完成,各方必须明确职责。

1. 质量审核员职责

审核员(auditor)是指有能力实施审核的人员,必须有资格和被授权。要成为一名审核员必须具备必要的工作经历、经过培训并被认可机构证实具备实施审核所需的应用知识和技能。所谓授权是指质量审核员必须由审核的工作机构(或评定机构)聘用、注册。组织内部质量审核的质量审核员可以由企业的最高管理者授权。审核员的职责如下:

(1)遵守相应的审核要求。

(2)传达和阐明审核要求。

(3)有效地策划和履行被赋予的职责。

(4)将观察结果形成文件。

(5)报告审核结果。

(6)当委托方要求时,验证由审核结果导致的纠正措施的有效性。

(7)收存和保护与审核有关的文件,按要求提交这些文件,确保这些文件的机密性,谨慎处理特殊信息。

(8)配合并支持审核组长的工作等。

2. 委托方主要职责

审核委托方(audit client)是指要求审核的组织或人员。审核委托方要求的事项是审

核,委托方的主要职责如下:

(1)研究审核的需要和目的,并提出审核。

(2)确定审核的总体范围,以及审核所依据的标准和文件,决定审核频次。

(3)确定审核机构,一般选择国内的机构。

(4)接受审核报告。

(5)在必要时,确定将要采取的跟踪措施,并通知受审核方。

审核委托方可以是组织,也可以是人员,如顾客、受审核方、授权审核的独立机构。在第一方审核中,审核委托方是组织的管理者,受审核方是组织自身。在第二方审核中,审核委托方是组织的相关方(如顾客),受审核方是组织。在第三方审核中,审核委托方是认证机构,受审核方可以是申请认证的组织。

3. 受审核方职责

受审核方(auditee)是指被审核的组织。受审核方的管理者主要职责如下:

(1)将审核的目的和范围通知有关人员。

(2)指定负责陪同审核组成员的工作人员。

(3)为确保审核过程有效进行,向审核组提供所需要的所有资源。

(4)当审核员提出要求时,为其使用有关设施和证明材料提供便利。

(5)配合审核员使审核目的得以实施。

(6)根据审核报告确定并着手实施纠正措施。

五、质量管理体系审核的实施

本节所介绍的内容适用于需要实施质量管理体系内部和外部审核的所有组织。

(一)策划和准备

1. 审核的启动

(1)指定审核组长:第一方审核(内审)由组织的管理者代表确定审核的目的,指定审核组长,成立审核组。审核的范围、准则由管理者代表和审核组长确定。

第二方审核由顾客确定审核目的,审核范围、准则由顾客与组织协商确定。审核组长由审核方指定。

第三方审核由审核委托方确定审核目的,审核组长由受委托的认证机构指定,如为联合审核,则需明确各审核组长的权限。审核范围和准则由审核委托方与审核组长确定。

审核组长应具备下列能力:审核策划并有效地利用资源;代表审核组进行沟通;组织和指导审核组成员;为实习审核员提供指导和帮助;领导审核组得出审核结论;预防和解决冲突;编制和完成审核报告。

审核组长的主要职责:审核前对文件的评审;审核活动的策划、确定审核可行性,必要时初访;编制计划,分配任务;指导编制检查表;主持审核中的会议、沟通,协调审核活动;对现场审核活动全过程控制,指导实施审核;编制、完成、提交报告;组织对纠正措施的跟踪、验证;参加对审核方案的评审。

(2)确定审核目的、范围和准则:在审核方案的总的目的内,一次具体的审核应当基于形成文件的目的、范围和准则。

审核目的确定审核要完成的事项,可包括:①确定受审核方管理体系或其一部分与审核准则的符合程度;②评价管理体系,确保满足法律法规和合同要求的能力;③评价管理体系实现规定目标的有效性;④识别管理体系潜在的改进方面。

审核范围描述了审核的内容和界限,如实际位置、组织单元、受审核的活动和过程,以及审核所覆盖的时期。

审核准则用作确定符合性的依据,可以包括所适用的方针、程序、标准、法律法规、管理体系要求、合同要求或行业规范。

审核目的应当由审核委托方确定,审核范围和准则应当由审核委托方和审核组长根据审核方案程序确定。审核目的、范围和准则的任何变化应当征得原各方同意。

当实施结合审核时,重要的是审核组长确保审核目的、范围和准则符合结合审核的性质。

(3)确定审核的可行性:应当确定审核的可行性,同时考虑下列因素的可获得性:策划审核所需的充分和适当的信息、受审核方的充分合作、充分的时间和资源。

当审核不可行时,应当在与受审核方协商后,向审核委托方提出替代建议方案。

(4)选择审核组:审核组:实施审核的一名或多名审核员。通常任命一名审核员为审核组长。

当已明确审核可行时,应当选择审核组,同时考虑实现审核目的所需的能力。当只有一名审核员时,审核员应承担审核组长的全部职责。当决定审核组的规模和组成时,应当考虑下列因素:①审核目的、范围、准则以及预计的审核时间;②是否结合审核或联合审核;③为达到审核目的,审核组所需的整体能力;④适用时,法律法规、合同和认证认可的要求;⑤确保审核组独立于受审核的活动并避免利益冲突;⑥审核组成员与受审核方的有效协作能力,以及审核组成员之间共同工作的能力;⑦审核所用语言及对受审核方社会和文化特点的理解,这些方面可以通过审核员自身的技能或技术专家的支持予以解决。

保证审核组整体能力的过程应当包括下列步骤:①识别为达到审核目的所需的知识和技能;②选择审核组成员,以使审核组具备所有必要的知识和技能。

若审核组中的审核员没有完全具备审核所需的知识和技能,可通过技术专家予以满足。技术专家应当在审核员的指导下进行工作。

审核组可以包括实习审核员,但实习审核员不应当在没有指导或帮助的情况下进行审核。

在坚持审核原则的基础上,审核委托方和受审核方均可依据合理的理由申请更换审核组的具体成员。合理的理由包括利益冲突(如审核组成员是受审核方的前雇员或曾经向受审核方提供过咨询服务)和曾存在缺乏职业道德的行为等。这些理由应当与审核组长和管理审核方案的人员沟通,他们应当与审核委托方和受审核方一起解决有关问题。

(5)与受审核方建立初步联系:与受审核方就审核的事宜建立的初步联系可以是正式或非正式的,但应由负责管理审核方案的人员或审核组长进行。初步联系的目的是:①与受审核方的代表建立沟通渠道;②确认实施审核的权限;③提供有关建议的时间安排和审核组组成的信息;④要求接触相关文件,包括记录;⑤确定适用的现场安全规则;⑥对审核做出安排;⑦就观察员的参与和审核组向导的需求达成一致意见。

2. 文件评审

在现场审核前应评审受审核方的文件,以确定文件所述的体系与审核准则的符合性。文件包括管理体系的相关文件和记录及以前的审核报告。评审应当考虑组织的规模、性质和复杂程度,以及审核的目的和范围。在有些情况下,如果不影响审核实施的有效性,文件评审可以推迟至现场活动开始时。在其他情况下,为取得对可获得信息的适当的总体了解,可以进行现场初访。

初访是审核组与受审核方之间的第一次直接沟通。初访并不是审核的必备活动。初访的主要目的是进一步了解受审核方的一些基本情况,如受审核方的规模、组织结构、现场分布,以及生产流程、产品范围和涉及的法规、保密要求等,以便为实施下一阶段现场审核做好准备。

如果发现文件不适宜、不充分,审核组长应通知审核委托方和负责管理审核方案的人员以及受审核方,决定审核是否继续进行或暂停,直至有关文件的问题得到解决。

(1)文件评审的目的:文件评审是下一阶段现场审核的基础和前提,通过文件评审了解受审核方质量管理体系的情况,以便为现场审核做准备。

通过文件评审,全面了解受审核方质量管理体系文件是否符合质量管理体系标准及其他审核准则的要求。

(2)文件评审的内容:质量手册的评审重点是确定其是否包括下列内容:质量管理体系的范围,包括对标准任何删减的说明;为质量管理体系编制的程序文件或对其的引用;质量管理体系过程之间相互作用的描述。

文件评审一般由审核组长进行,或由审核组长指定的审核员进行。

3. 现场审核的准备

(1)编制审核计划:审核组长应当编制一份审核计划,为审核委托方、审核组和受审核方之间就审核的实施达成一致提供依据。审核计划应当便于审核活动的日程安排和协调。

审核计划的详细程度应当反映审核的范围和复杂程度。例如,对于初次审核和监督审核以及内部和外部审核,内容的详细程度可以有所不同。审核计划应当有充分的灵活性,也允许更改,如随着现场审核活动的进展,审核范围的更改可能是必要的。

审核计划应当包括:①审核目的;②审核准则和引用文件;③审核范围,包括确定受审核的组织单元和职能的单元及过程;④进行现场审核活动的日期和地点;⑤现场审核活动预期的时间和期限,包括与受审核方管理层的会议及审核组会议;⑥审核组成员和向导的作用和职责;⑦向审核的关键区域配置适当的资源。

适当时,审核计划还应当包括:确定受审核方的代表;当审核工作和审核报告所用语言与审核员和(或)受审核方的语言不同时,还应说明审核工作和审核报告所用的语言、审核报告的主题;后勤安排(交通、现场设施等);保密事宜;审核后续活动。

在现场审核活动开始前,审核计划应当经审核委托评审和接受,并提交给受审核方。受审核方的任何异议应当在审核组长、受审核方和审核委托方之间予以解决。任何经修改的审核计划应当在继续审核前征得各方的同意。

(2)审核组工作分配:审核组长应当与审核组协商,将具体的过程、职能、场所、区域或活动的审核职责分配给审核组每位成员。审核组工作的分配应当考虑审核员的独立性和能力的需要、资源的有效利用,以及审核员、实习审核员和技术专家的不同作用和职责。为确保实现审核目的,可随着审核的进展调整所分配的工作。

通常审核组应召开现场审核前的预备会议,以进行任务的分配和相关信息的评审。

(3)准备工作文件:审核组成员应当评审与其所承担的审核工作有关的信息,并准备必要的工作文件,用于审核过程的参考和记录。这些工作文件可以包括:①检查表和审核抽样计划;②记录信息(如检查记录,审核发现和会议的记录)的表格。

检查表和表格的使用不应限制审核活动的内容,审核活动的内容可随着审核中收集信息的变化而发生变化。

工作文件,包括其使用后形成的记录,应至少保存到审核结束。审核组成员在任何时候都应当妥善保管涉及保密或知识产权信息的工作文件。

(二)现场审核

现场审核的目的是查证质量管理体系标准和质量管理体系文件的实际执行情况,对质量管理体系运行状况是否符合标准和文件规定作出判断,并据此对受审核方能否通过质量管理体系认证作出结论。所以现场审核是工作量最大,涉及的人员和部门最广泛,也是最重要的审核活动。

1.现场审核的实施

(1)举行首次会议:应当与受审核方管理层,或者(适当时)与受审核的职能或过程的负责人召开首次会议。首次会议的目的是:确认审核计划;简要介绍审核活动如何实施;确认沟通渠道;向受审方提供询问的机会。

首次会议的程序和内容如下:①审核组与受审核方分别介绍人员及职责;②确认审核的目的、准则、范围和审核计划;③介绍审核采用的方法和程序;④关于审核结论的说明;⑤确定审核用语,确定联络、陪同人员,确定审核组办公条件,建立审核组与受审核部门的正式沟通渠道;⑥承诺有关保密事项;⑦明确现场审核的限制条件、安全事项,如专利技术、机密信息、危险区域等;⑧澄清疑问。

(2)审核中的沟通:据审核的范围和复杂程度,在审核中可能有必要对审核组内部以及审核组与受审核方之间的沟通做出正式安排。

在审核中收集的证据显示有紧急的和重大的风险(如安全、环境或质量方面)时,应及时报告受审核方,适当时,向审核委托方报告。对于超出审核范围之外的须引起注意的问题,应指出并向审核组长报告,可能时,向审核委托方和受审核方通报。

当获得的审核证据表明不能达到审核目的时,审核组长应向审核委托方和受审核方报告理由以确定适当的措施。这些措施可以包括重新确认或修改审核计划、改变审核目的、审核范围或终止审核。

随着现场审核的进展,若出现需要改变审核范围的任何情况,应经审核委托方和(适当时)受审核方的评审和批准。

(3)向导和观察员的作用和职责:受审核方指派的向导应协助审核组并且根据审核组长的要求行动。他们的职责可包括:一是建立联系并安排面谈时间;二是安排对场所或组织的特定部分的访问;三是确保审核组成员了解和遵守有关场所的安全规则和安全程序;四是代表受审核方对审核进行见证;五是在收集信息的过程中,做出澄清或提供帮助。

向导和观察员可以与审核组同行,但不是审核组成员,不应影响或干扰审核的实施。

(4)信息的收集和验证:在审核中,与审核目的、范围和准则有关的信息,包括与职能、活动和过程间接口及其有效性有关的信息,应通过适当的抽样收集并验证。只有可验证的信息方可作为审核证据。审核证据应予以记录。

审核证据是基于可获得信息的样本。因此,在审核中存在不确定因素,依据审核结论采取措施的人员应意识到这种不确定性。

从收集信息到得出审核结论的过程是:信息源→通过适当抽样来收集和验证→对照审核证据进行比较→评审审核发现→审核结论。

收集信息的方法主要是:面谈、对活动过程的观察和文件评审。

审核常用的信息源包括:①在审核范围内实施一定活动,承担一定职责,与有具体任务的人员面谈;②对活动条件、工作环境、资源情况的观察;③查阅相关文件、资料,如方针、目标、程序、计划、标准、规范、图纸、作业指导书、订单、合同、执照、管理条例等;④查阅相关记录;⑤受审核方抽样方案的信息,抽样和测量过程控制程序的信息;⑥其他方面的报告,如顾客反馈、来自外部和供方排名的相关信息;⑦电子媒体储存资料、计算机数据库和网络信息。

面谈是收集信息的一个重要手段,应在条件许可并以适合于被面谈人的方式进行。但审核员应当考虑:面谈人员应当来自审核范围内实施活动或任务的适当的层次;面谈应当在被面谈人正常工作时间和(可行时)正常工作地点进行;应当避免提出有倾向性答案(引导性提问)的问题。

现场审核的基本方法是抽样。同其他抽样检查方法一样,关键在于制订一个科学的合理的抽样方案,不仅涉及信息收集的方法问题,还有审核的方式。

审核方式一般有4种。

①顺向跟踪,即从影响质量的因素追踪至结果;从接受定单开始跟踪到交付;从文件内

容跟踪到实施记录;从原材料投入、中间加工,直至成品完工。顺向跟踪的优点是:系统性强,可查证接口状况,但所需时间较长。

②逆向追溯,即从已形成的结果追溯到影响因素的控制。从产品交付追溯到订单,从现场记录追溯到文件规定。逆向追溯方式的优点是针对性强,有利于发现问题,但对于流程较复杂的产品不易理清,对审核员的水平要求较高。

③过程审核,即以体系所涉及的过程为中心进行审核,一个过程往往要跨多个部门,一个部门也往往要涉及多个过程。优点是目标明确,更好地体现出质量管理体系标准所提倡的过程方法,也符合组织的实际运作,但审核路线往返较多,所需时间较长。

④部门审核,即以部门为中心进行审核。一个部门往往涉及多个过程。优点是审核效率较高,但审核内容比较分散,过程间的接口不易查证,对审核前的准备、审核后的综合分析要求较高。

(5)形成审核发现:应对照审核准则评价审核证据以形成审核发现。审核发现能表明符合或不符合审核准则。当审核目的有规定时,审核发现能够识别改进的机会。

形成审核发现方法:审核组成员分别说明审核情况、收集的信息和证据,以及初步判定的审核发现;审核组成员之间沟通需要相互印证的信息和证据,讨论疑点和分歧;汇总与审核准则的符合情况,应记录不符合和支持的审核证据。如果审核计划有规定,还应记录具体的符合的审核发现和支持的证据。

将审核组成员获得的信息和证据汇总分析。对照审核准则评价审核证据以形成审核发现,共同确定审核发现(符合审核准则的审核发现与不符合审核准则的审核发现)。

不符合项的形成和性质:应与受审核方一起评审不符合,以确认审核证据的准确性,并使受审核方理解不符合。应努力解决对审核证据和(或)审核发现有分歧的问题,并记录尚未解决的问题。

不符合项的形成:①QMS(质量管理体系)文件不符合 GB/T 19001 标准的要求(体系性不符合);②QMS 的实施现状不符合审核准则(实施性不符合);③QMS 的运行结果未达到预定的目标(效果性不符合)。

不符合项的性质与分级:①严重不符合(系统、区域性失效,违反相关法律法规);②一般不符合(偶然的、孤立的、性质轻微);③观察项(证据欠充分、潜在不合格,其他需提醒的事项)。

(6)准备审核结论:在末次会议前,审核组应当讨论以下内容:①针对审核目的,评审审核发现,以及在审核过程中所收集的任何其他适当信息;②考虑审核过程中固有的不确定因素,对审核结论达成一致;③如果审核目的有规定,准备建议性的意见;④如果审核计划有规定,讨论审核后续活动。

审核结论可陈述的内容包括:管理体系与审核准则的符合程度;管理体系的有效实施、保持和改进;管理评审过程在确保管理体系持续的适宜性、充分性、有效性和改进方面的能力。

如果审核目的有规定,审核结论可包括导致有关改进、商务关系、认证或未来审核活动的建议。

(7)举行末次会议:末次会议是审核组向受审核方报告审核发现和审核结论的会议,由审核组长主持召开。参加末次会议的人员应当包括受审核方,也可包括审核委托方和其他方。

末次会议应以受审核方能够理解和认同的方式提出审核发现和结论,适当时,双方就受审核方提出的纠正和预防措施计划的时间表达成共识。审核组和受审核方应当就有关审核发现和结论的不同意见进行讨论,并尽可能予以解决。如果未能解决,应当记录所有的意见。

在许多情况下,如在小型组织的内部审核中,末次会议可以只包括沟通审核发现和结论。

如果审核目的有规定,应当提出改进的建议,并强调该建议没有约束性。

在末次会议结束前,审核组应就受审核方质量管理体系的建立和运行状况做出综合评价,可以从以下几方面考虑:①受审核方是否建立自我完善和改进的机制,尤其是在管理评审、内部审核、纠正和预防措施等方面实施的情况;②实物质量的状况,不合格品的减少、质量损失费用的降低,这是对贯标效果最好的证明;③顾客满意度和市场占有率的状况,通过顾客反馈意见和受审核方产品市场占有率的变化,可以比较集中地反映其质量管理体系的有效性;④职工的精神风貌和管理正规化的状况,可以从一个侧面评价受审核方的质量管理体系,既是有效运行的证明,又是其运行的保证。

末次会议时间通常控制在1小时左右,应做好会议记录,与会人员都要签名。

2. 审核报告的编制、批准和分发

(1)审核报告的编制:审核组长应对审核报告的编制和内容负责。

审核报告应提供完整、准确、简明和清晰的审核记录,并包括或引用以下内容:①审核目的;②审核范围,尤其是应明确受审核的组织单元和职能单元或过程以及审核所覆盖的时期;③明确审核委托方;④明确审核组长和成员;⑤现场审核活动实施的日期和地点;⑥审核准则;⑦审核发现;⑧审核结论。

适当时,审核报告可包括或引用以下内容:①审核计划;②受审核方代表名单;③审核过程综述,包括遇到的可能降低审核结论可信性的不确定因素和(或)障碍;④确认在审核范围内,已按审核计划达到审核目的;⑤虽然在审核范围内,但没有覆盖到的区域;⑥审核组和受审核方之间没有解决的分歧意见;⑦如果审核目的有规定,对改进的建议;⑧商定的审核后续活动计划(如果有);⑨关于内容保密的声明;⑩审核报告的分发清单。

(2)审核报告的批准和分发:审核报告应在商定的时间期限内提交。如果不能完成,应向审核委托方通报延误的理由,并就新的提交日期达成一致。

审核报告应根据审核方案程序的规定注明日期,并经评审和批准。

经批准的审核报告应分发给审核委托方指定的接受者。

审核报告属审核委托方所有,审核组成员和审核报告的所有接受者都应尊重并保守报告的秘密。

3.审核的完成

当审核计划中的所有活动已完成,并分发了经过批准的审核报告时,审核即结束。

审核的相关文件应根据参与各方的协议,并按照审核方案程序、适用的法律法规和合同要求予以保存或销毁。

除非法律要求,审核组和负责管理审核方案的人员若没有得到审核委托方和受审核方的明确批准,不应向任何其他方泄露文件的内容以及审核中获得的其他信息或审核报告。

4.审核后续活动的实施

适当时,审核结论可以指出采取纠正、预防和改进的措施。此类措施通常由受审核方确定并在商定的期限内实施,通常不视为审核的一部分。

应当对纠正措施的完成情况及有效性进行验证。验证可以是随后审核活动的一部分。

审核方案可规定由审核组成员进行审核后续活动,通过发挥审核组成员的专长实现增值。在这种情况下,应当注意在随后审核活动中保持独立性。

第二节　质量认证与认可

质量认证也称为合格认证,是由一个独立的、第三方的权威机构,对组织的产品质量及其质量管理体系进行证实的活动。由第三方认证机构对产品质量进行认证,已成为许多国家保证产品质量的一种普遍做法。通过产品质量认证,可以提高产品质量可信度和在国内外市场上的竞争力,可以减少重复检验和评定的费用,提高经济效益。

认可是对开展第三方认证的机构、实验室、技术人员的资格认定。这些机构、实验室和人员必须取得权威机构的认可之后,才能够开展认证工作。

一、质量认证的产生和发展

现代的质量认证产生之前,供方(第一方)为推销自己的产品与服务,往往以采取"合格声明"的方式来取得顾客对产品质量的信任,其特点是产品结构与性能简单,不需要专门的检测手段就可以判断产品的优劣。随着科学技术的发展,产品结构和性能日趋复杂,买方(第二方)很难判断出产品是否符合要求,加之供方的合格声明属于"自卖自夸",并不总是可信,这种"合格声明"方式的信誉和作用就逐渐下降,使买卖双方陷入困局:作为买方,虽然不相信供方的"合格声明",但又缺乏必要的技术手段和经验,难以实施第二方合格评定;作为供方,苦于接待大量的第二方评定。在这种情况下,第三方认证便应运而生。

现代的第三方质量认证制度起源于英国。1903年,英国创立了世界上第一个质量认证标志,即由 BS 字母组成的"风筝标志",标示在钢轨上,表明钢轨符合质量标准。1922年,该标志按英国商标法注册,成为受法律保护的认证标志,至今仍在使用。从1920年起,德国、奥地利等国纷纷效仿英国,建立本国的认证制度。20 世纪 50 年代,质量认证制度基本上在所有工业发达国家得到普及。

随着认证制度在许多国家的普及,质量认证制度本身也有了较大的发展。质量认证初期,各认证机构仅对产品本身进行检验和试验,认证只能证明供方的产品符合规范要求,并不能担保供方以后继续遵守技术规范。之后,认证机构增加了对供方质量管理体系的检查和评定,以及获证后的定期监督,从而证明供方生产的产品能持续符合标准。20 世纪 70 年代,质量认证制度又有了新的发展,出现了单独对供方的质量管理体系进行评定的认证形式。这种质量体系认证,在很大程度上使需方相信供方已建立能始终保证按需方提出的要求进行生产的质量体系。

1970 年,ISO 成立了"认证委员会"(ERTICO)。1985 年,ISO 又将其更名为"合格评定委员会"(CASCO),开始从技术角度协调各国的认证制度,促进各国认证机构和检验结果的相互认可,以消除各国由于标准、检验和认证过程中存在的差异所带来的贸易困难,并进一步制定出国际质量认证制度。

二、质量认证相关概念

(一)合格评定

合格评定(conformity assessment)是指任何直接或间接确定技术条例或标准中相关要求被满足的活动。其最简明的意思就是检验、检查、判断产品、活动或过程是否达到有关技术法规、标准要求的程序方法。

合格评定包含了认证与认可,合格评定的主要活动如图 3 - 1 所示。

图 3 - 1　合格评定的主要活动

(二)认可

1. 认可的概念

根据《中华人民共和国认证认可条例》第二条的规定:认可是指由认可机构对认证机构、检查机构、实验室以及从事评审、审核等认证活动人员的能力和执业资格,予以承认的合格评定活动。它是对从业者和从业单位专业性的肯定,是由一个权威团体依据程序对某一团体或个人具有从事特定任务的能力给予正式确认。

认可是对合格评定机构满足所规定要求的一种证实,这种证实大幅增强了政府、监管者、公众、用户和消费者对合格评定机构的信任,以及对经过认可的合格评定机构所评定的产品、过程、体系、人员的信任。这种证实在市场,特别是国际贸易以及政府监管中起到了相当重要的作用。

2. 认可的分类

一般情况下,按照认可对象的分类,认可分为认证机构认可、实验室认可及相关机构认可和检查机构认可等。我国认可的组织机构,如图 3 - 2 所示。

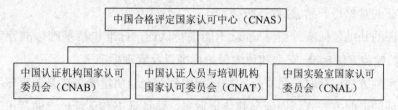

图 3 - 2　我国质量认证制度的组织机构

(1)认证机构认可:指认可机构依据法律法规,基于 GB/T 27011 的要求,并分别以国家标准 GB/T 27021—2007《合格评定　管理体系审核认证机构的要求》(等同采用国际标准 ISO/IEC 17021)为准则,对管理体系认证机构进行评审,证实其是否具备开展管理体系认证活动的能力;以国家标准 GB/T 27065—2004《产品认证机构通用要求》(等同采用国际标准 ISO/IEC 指南 65)为准则,对产品认证机构进行评审,证实其是否具备开展产品认证活动的能力;以国家标准 GB/T 27024—2004《合格评定　人员认证机构通用要求》(等同采用国际标准 ISO/IEC 17024)为准则,对人员认证机构进行评审,证实其是否具备开展人员认证活动的能力。

(2)实验室及相关机构认可:指认可机构依据法律法规,基于 GB/T 27011—2005 的要求,并分别以国家标准 GB/T 27025—2008《检测和校准实验室能力的通用要求》(等同采用国际标准 ISO/IEC 17025)为准则,对检测或校准实验室进行评审,证实其是否具备开展检测或校准活动的能力;以国家标准 GB 19489—2008《实验室生物安全通用要求》为准则,对病原微生物实验室进行评审,证实该实验室的生物安全防护水平达到了相应等级;以国际实验室认可合作组织(ILAC)的文件 ILAC G13《能力验证计划提供者的能力要求指南》为准则,对能力验证计划提供者进行评审,证实其是否具备提供能力验证的能力;以国家标准 GB/T 15000.7—2012(等同采用 ISO 指南 34《标准物质/标准样品生产者能力的通用要求》)为准则,对标准物质生产者进行评审,证实其是否具备标准物质生产能力。

(3)检查机构认可:指认可机构依据法律法规,基于 GB/T 27011—2005 的要求,并以国家标准 GB/T 18346—2001《各类检查机构能力的通用要求》(等同采用国际标准 ISO/IEC 17020)为准则,对检查机构进行评审,证实其是否具备开展检查活动的能力。

在以上 3 种认可活动中,认可机构对于满足要求的机构予以正式承认,并颁发认可证书,以证明该机构具备实施特定认证、合格评定及检查活动的技术和管理能力。

(三)认证

"认证"一词的英文原义是一种出具证明文件的活动。ISO/IEC 指南 2:1986 中对"认证"的定义是:"由可以充分信任的第三方证实某一经鉴定的产品或服务符合特定标准或规范性文件的活动。"

ISO/IEC 指南 2:1991 对"认证"的定义是:"第三方依据程序对产品、过程或服务符合规定的要求给予书面保证(合格证书)。"

从上述两个定义可以看出以下 5 个方面。

(1)认证的对象是产品、过程或服务。

(2)认证的基础是标准,没有标准就不能进行认证。标准包括基础标准、产品标准、试验方法标准、检验方法标准、安全和环境保护标准以及管理标准等。

(3)鉴定的方法包括对产品质量的抽样检验和对企业质量管理体系的审核和评定。

(4)认证的证明方式有认证证书和认证标志。认证证书和认证标志通常由第三方认证机构颁发和规定。

(5)认证是第三方从事的工作。第三方是指独立于第一方(供方)和第二方(需方)之外的一方,与第一方和第二方既无行政上的隶属关系,又无经济上的利害关系(或者有同等的利害关系,或者有维护双方权益的义务和责任),才能获得双方的充分信任。

强调质量认证由第三方实施,是为了确保认证活动的公正性。

(四)认证与认可的区别与联系

认证与认可均属合格评定的范畴。认证的对象是供方的产品、过程或服务;认可的对象是实施认证、检验和检查的机构或人员;认证机构为所有具备能力的机构,大多数国家认证机构之间存在竞争关系;认可机构应为权威机构或授权机构。认可机构一般为政府机构本身或政府指定代表政府的机构,认可机构应具有唯一性,为保证认可结果的一致性和认可制度实施的国家权威性,认可机构不宜引入竞争机制。所以,几乎所有的国家都通过法律或政府的行政干预确保认可制度实施的严肃性和唯一性。

认可是认证的前提。认证机构与人员开展认证工作前必须得到认可。

三、质量认证主要形式

(一)认证的基本要素

1. 型式检验

型式检验是为了证明产品能否满足产品技术标准的全部要求而进行的检验。检验用样品可由认证机构的审核组在生产厂随机抽取,由独立的检验机构依据标准进行检验,所出具的检验结果,只对所送样品负责。

2. 质量体系检查

质量体系检查是对产品的生产厂的质量保证能力进行检查和评定。任何一个企业要想有效地保证产品质量持续满足标准的要求,都必须根据企业的特点建立质量体系,使所有影响产品质量的因素均得到控制。质量体系包括:组织机构、职责权限、各项管理办法、工作程序、资源和过程等。产品认证活动是为了证明产品质量是否符合标准或技术规范的要求。

3. 监督检验

监督检验应保证带有认证标志的产品质量可靠。符合标准是产品质量认证制度得以存在和发展的基础,如果达不到这一目的,消费者和用户将对认证标志失去信任,实行质量认证制度也就毫无意义。因此,当申请认证的产品通过认证后,如何能保持产品质量的稳定性,保证出厂的产品持续符合标准的要求,是认证机构十分关心的问题。解决这个问题的措施之一,就是定期对认证产品进行监督检验。

一般来说,初次的型式试验只能证明申请认证的产品的样品或一批产品的质量符合标准,不能证明以后出厂的产品质量持续符合标准。监督检验就是从生产企业的最终产品中,或者从市场上抽取样品,由认可的独立检验机构进行检验。如果检验结果证明持续符合标准的要求,则允许继续使用认证标志;如果不符合,则需根据具体情况采取必要的措施,防止在不符合标准的产品上使用认证标志。监督检验的周期一般为每半年一次。进行监督检验的项目,可不必像初次型式试验那样,按照标准规定的全部要求进行检验和试验。这是因为,由设计结构直接决定的功能和特性项目,只要不改变设计,这些项目的质量一般是不会变化的。因此,进行监督检验的项目,主要是那些与制造有关的项目,特别是消费者或用户所反映的质量缺陷,应作为重点监督检验的项目。

4. 监督检查

监督检查是对认证产品的生产企业的质量保证能力进行定期复查。这是保证认证产品的质量持续符合标准的又一项监督措施。监督检查就是要监督企业坚持贯彻执行已经建立的质量管理体系,从而保证产品质量的稳定。监督检查的内容可以比初次的质量管理体系检查简单一些,重点是初次检查时发现的不足之处是否得到了改进,质量管理体系的修改是否能保证质量的要求,并通过查阅有关的质量记录检查质量管理体系的贯彻执行情况。

(二)认证的主要形式

世界各国基于不同制度的产品质量认证,在国际标准化组织 1990 年编写的《认证原则和实践》一书中被归纳为 8 种模式。

1. 型式试验

按照规定的试验方法对产品样品进行试验,来检验样品是否符合标准或技术规范。这种认证只发证书,不允许使用合格标志。

型式试验的定义是为了批准产品的设计,查明该产品是否能够满足产品技术规范全部要求所进行的试验。它是新产品鉴定中必不可少的一个组成部分,只有型式试验通过后,该产品才能正式投入生产。然而,质量认证主要是对那些设计已被批准,并正常批量生产的产品进行的。因此,为了质量认证而进行型式试验的目的,只是为了证明产品质量是否满足产品标准的全部要求。所出具的检验结果,只对所送样品负责。

型式试验的依据是产品标准,试验所需样本的数量由认证机构确定,样品可从生产厂商的最终产品中或从市场上随机抽取,试验应在经认可的、独立的检验机构中进行,如果有个别特殊的试验项目,独立的检验机构缺少所需的试验设备,可以在独立检验机构或认证机构的监督下使用生产厂商的试验设备。

型式试验是构成许多种类质量认证制度的基础。

2. 型式试验 + 认证后的监督——市场抽样检验

这是一种带有监督措施的型式试验。监督的办法是从市场上购买样品或从批发商、零售商的仓库中随机抽样进行检验,以证明认证产品的质量持续符合标准或技术规范的要求。这种形式使用产品认证标志,可以提供可靠的产品质量信任程度。

3. 型式试验 + 认证后的工厂监督——工厂抽样检验

这种形式与第二种相近,区别在于认证后的监督方式不同。监督的办法是从工厂发货前的产品中随机抽样检验。这种认证形式同样可以证明认证产品的质量持续符合标准或技术规范的要求,也可使用产品认证标志,可以提供可靠的产品质量信任程度。证明方式同第二种模式。

4. 型式试验 + 认证后的双重抽样监督——供方(工厂) + 市场抽样检验

这种认证形式实际上是第二种和第三种两种形式的结合。认证后监督抽取的样品,既采自市场又来自工厂的成品库,因而监督的力度更强。通过这种认证的产品可以使用认证标志,提供产品质量的信任程度也较前两种更高。证明方式包括证书和标志。

5. 型式试验 + 质量体系评定 + 认证后的双重抽样监督——质量体系复查 + 工厂和市场抽样检验

这种认证形式包含了 4 个质量认证的基本要素,因而集中了各种认证形式的优点,无论是批准认证的基本条件,还是认证后的监督检查,都是相当完善、严密的。它能对顾客提供最高程度的信任。这是各国认证机构通常采用的一种形式,也是国际标准化组织向各国推荐的一种认证形式。我国的产品质量认证的典型工作流程也采用这种模式。通过这种形式认证的产品可以使用认证标志。

国际认可论坛(IAF)也已按照这种模式开始推进产品质量认证的国际互认工作。证明方式包括证书和标志。

6. 工厂质量体系评定

这种认证形式是对产品生产企业的质量体系进行评定,从而证实生产企业具有按既定的标准或规范要求提供产品的质量保证能力。其认证的对象是企业的质量体系而不是产品,因此,通过这种形式认证的企业,不能在出厂的产品上使用产品认证标志,而是由认证机构给予生产该产品的企业质量体系注册登记,发给注册证书,表明该体系符合标准(如 ISO 9000)的要求。

一般来说,仅仅依靠对最终产品的抽样检验来进行质量认证是很不可靠的。一般的抽样检验的结果,只能证明被检样品的质量,即使是建立在统计学基础上的抽样检验,也只能证明一个产品批次的质量,不能证明以后出厂的产品是否持续符合标准的要求。然而,第三方质量认证最重要的目的是要使买主买到手的产品其质量是可靠的,这就需要证明产品质量持续符合标准要求的方法。显然,这样的方法有两个:一是由认证机构进行逐批检验,这显然是不可取的;二是通过检查、评定企业的质量管理体系来证明企业具有持续稳定地生产符合标准要求的产品的能力。

7. 批量检验

这是依据规定的抽样方案对企业生产的一批产品进行抽样检验的认证。其目的主要是帮助买方判断该批产品是否符合技术规范。这一认证形式,只有在供需双方协商一致后才能有效地执行。就该批产品而言,能提供相当高的质量信任程度。在此认证模式基础上后来形成了单独的质量管理体系认证。

这种认证方式没有对产品进行型式试验,也没有对企业质量体系进行评审,一般只对该批检验合格产品出具证明文件,而不授予认证合格标志。

8. 全数检验

对认证产品做100%的检验,这种检验是由经过认可的独立检验机构按照指定的标准来进行的。因而所需费用很高,一般只在政府有专门规定的情况下才采用这种认证形式,如英国和法国政府对体温表有特殊规定,必须经政府指定的检验机构对每件产品检验合格并做上标志后才能在市场上销售。

以上8种认证形式,第5种是最复杂、最全面的产品质量认证形式,第6种是质量管理体系认证。这两种形式是也是ISO向各国推荐的质量认证制度。ISO和IEC联合发布的有关认证工作的国际指南,都是以这两种认证制度为基础的。产品认证和质量体系认证都要求对申请认证企业的质量体系进行检查、评定(表3-2)。

表3-2　8种产品质量认证形式及其要素构成

序号	认证方式	产品型式试验	质量体系评审	认证后的监督方式		
				市场抽样检验	生产企业抽样检验	质量体系复审
1	型式试验	√				1
2	市场抽样检验	√		√		2
3	工厂抽样检验	√			√	3
4	工厂+市场抽样	√		√	√	4
5	体系复查+工厂和市场抽样	√	√	√	√	5
6	工厂质量体系评定		√			6
7	批量检验	批量抽样检验				7
8	全数检验	全数检验				8

四、实行质量认证的意义

通过质量认证,对产品(服务)质量和质量管理体系作出了公正、客观的评价,为人们提供了完全可信的质量保证信息,这对于顾客、组织和社会都有着极其重要的意义。综合起来质量认证的主要作用有以下 5 方面。

1. 提供顾客选择供方的质量依据

由于科学技术的高度发展,现代产品的技术含量越来越高、越来越专业,使得仅有有限知识和选择条件的顾客很难判断产品质量是否是自己所满意的。实行质量认证制度后,对通过产品质量认证或质量管理体系认证的企业准予使用认证标志或予以注册公布,使消费者了解哪些企业的产品质量是有保证的,从而可以帮助消费者防止误购不符合质量的产品,起到保护消费者利益的作用。

2. 提高组织的质量竞争能力

一个组织要在市场竞争中胜出,必须提高质量竞争能力,使人们相信这个组织具有质量控制和保证的能力。而实现质量认证/注册是一个重要途径,经过认证/注册,把自己的产品(服务)与没有认证/注册的产品(服务)拉开距离,从而取得竞争优势。

3. 促进组织不断改善质量管理体系

组织进行质量认证,就是要把自己纳入认证审核与监督的连续过程中,这促使通过认证的组织不断改善自身的质量管理体系,以提高其对产品质量的保证能力。认证中发现的问题,均需及时地加以纠正。这些都会对企业完善其质量管理体系起到促进作用。

4. 有利于组织拓展国际市场

质量认证制度已被全球越来越多的国家和地区所接受,国与国之间常常通过签订双边或多边的认证合作、互认的协议,承认并接受协议成员的认证证书或同意换取另一方成员的认证证书。这使获得国际权威性认证机构认证的产品质量信誉能在成员国内获得普遍承认,并按协定享受一定的优惠待遇,如市场准入、免检等。因此,质量认证的国际性增强了产品在国际市场上的竞争能力,有利于组织拓展国际市场。

5. 避免重复验证和审核

一个供方往往有多种产品,一种产品也往往涉及许多用户,如果每次交易都要重新验证和审核,就会浪费大量的人力和物力。如果所供产品的供方取得了权威第三方的产品质量认证,具有较高的质量信誉,则各用户购进检验均可大大减少,从而节省大量的检验费用和时间。

同样地,不同用户或机构对一个企业质量管理体系评定,其中有 80% 以上的工作是重复的,如果一个供方的质量管理体系按国际公认的标准评定并通过注册,则第二方只需评定余下的 20% 特殊部分工作,这样既省时又省钱。

第三节　产品质量认证

产品质量认证是依据产品标准和相应技术要求,经认证机构确认并通过颁发认证证书和认证标志来证明某一产品符合相应标准和相应技术要求的活动。世界各国在产品质量认证工作中都颁发各自的产品质量认证证书和认证标志,特别是认证标志。目前在国际上约有数百种认证标志。

要正确理解"产品质量认证"这一概念,必须明确以下几点:产品质量认证的对象是产品(服务);产品质量认证的依据是产品标准和相应的技术要求;产品质量认证的批准方式是颁发认证证书和认证标志;产品质量认证的活动由认证机构进行。

一、产品质量认证种类

(一)合格认证和安全认证

根据《中华人民共和国产品质量认证管理条例》规定,产品认证分为安全认证和合格认证。

所谓安全认证是指依据标准中的安全要求所进行的认证,实行安全认证的产品,必须符合《中华人民共和国标准化法》中有关强制性标准的要求。安全认证是政府部门为有效地保护消费者的人身健康和安全,保护生态环境,对产品的安全性所进行的强制性的监督管理。世界大多数国家和地区都执行安全认证制度,其中比较著名的有英国的 BEAB 安全认证、德国的 GS 认证、欧盟 CE 认证、美国保险商试验室的 UL 安全认证等。

所谓合格认证是指依据标准中的全部性能要求所进行的认证,实行合格认证的产品,必须符合《中华人民共和国标准化法》规定的国家标准或者行业标准的要求。

(二)强制性认证和自愿性认证

按认证性质分,认证可分为强制性认证和自愿性认证。国家对涉及人类健康和安全、动植物生命和健康以及环境保护和公共安全的产品实行强制性认证,对一般产品实行自愿性认证。目前,我国最有影响的强制性认证是 3C 认证。

(三)国际认证、区域认证和国家认证

1. 国际认证

国际认证是"由政府或非政府的国际团体进行组织和管理的认证,其成员资格向世界上所有的国家开放"。目前,国际认证主要是指 ISO 和 IEC 等国际组织采用的质量认证。它是通过一个第三方的组织为被认证的对象提供一系列的培训、考核、确立标准、审核是否达到标准并核发证书的行为。

国际认证主要包括对产品的认证和对管理体系的认证,随着它的不断发展,现在已经出现对服务的认证及对机构和个人资格、资历的认证等。

常见国际认证组织有 ISO、国际认证与认可协会(ICA)、IPA、微软认证、国际认证服务协会,针对企业的有美国认证协会、中国认证认可协会、法国国际检验局(法国 BV)等。

2. 区域认证

区域认证是由政府或非政府的区域团体组织和管理的认证。其成员资格通常限于世界某一区域的国家。

目前,在国际上较有权威的区域认证是欧洲标准化委员会(CEN)和欧洲电工标准化委员会(CENELEC)的认证。CEN 成立于 1961 年,中央秘书处设在法国标准化协会内,制订

的标准是欧洲标准(EN)。1970年设立认证机构(CENCER),开始实行符合EN标准的合格认证制度。认证合格的产品由CENCER发给CEN认证证书。

3. 国家认证

国家认证是由国家级的政府或非政府团体进行组织和管理的认证,也是目前世界上最多的一种质量认证。

二、产品质量认证程序

产品质量认证的工作流程见图3-3。

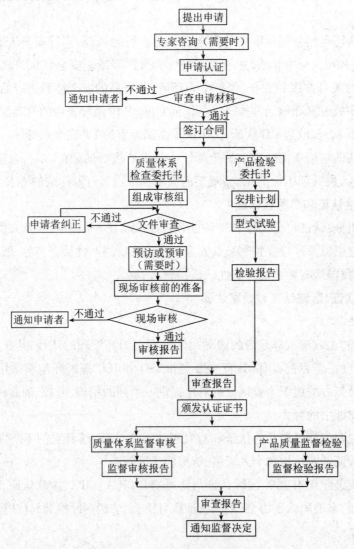

图3-3 产品质量认证流程

(1)提出申请:申请者向有关机构口头提出申请认证意向,询问需要了解的事项,并索取公开的资料和申请表。

(2)专家咨询(需要时):申请者根据自身的具体情况,可以向咨询机构提出咨询。

(3)申请认证:申请者按认证机构的要求填写申请表,提交质量手册和其他有关资料。

(4)审查申请材料:认证机构对申请者的申请表和附件的完整性进行审查,决定是否受理申请。若不受理,应书面通知申请者并说明理由。

(5)签订合同:认证机构将印制的合同文本提交申请者,经双方协商确定各自的义务,双方授权人签字并加盖公章。

(6)质量体系检查委托书:合同生效后,认证机构向本机构所利用的经认可的质量体系审核机构发出质量体系检查委托书。

(7)产品检验委托书:认证机构在发出质量体系检查委托书的同时,向本机构所利用的经认可的检验机构发出产品检验委托书。

(8)组成审核组:审核机构指定一名审核组组长,会同组长一起确定审核组成员,并将审核组成员名单书面通知申请者确认。

(9)文件审查:审核组审查申请者提交的质量手册是否符合质量体系标准的要求。

(10)预访或预审(需要时):预访是审核组组长为了编制审核计划事先对需要检查的场所进行的一次访问。预审是在正式检查之前,应申请者的请求,由审核组对被检查单位的质量体系是否符合质量体系标准要求进行的一次全面的、系统的检查和评定,目的是把质量体系的不足之处尽可能在正式检查之前解决。

(11)现场审核前的准备:审核成员分工,编制审核表,熟悉审核依据的文件,准备现场审核使用的记录等。

(12)现场审核。

(13)审核报告:审核组离开被审核单位后,要尽快填写审核报告,经授权人审核签字后,连同原认证机构转交的全部申请材料,一起报认证机构。

(14)检验机构安排计划。

(15)型式试验:检验机构按认证机构委托书的要求对样品进行型式试验。

(16)检验报告:各项检验和试验完成后,检验机构填写检验报告,经授权人审核签字后报认证机构。

(17)审查报告:认证机构审查提交的质量体系审核报告和产品质量检验报告,做出是否批准认证的决定。

(18)颁发认证证书:对认证合格的申请者颁发认证证书并进行注册管理。对认证不合格的申请者应书面通知,说明原因和申请者今后应采取的行动。

(19)质量体系监督审核:对被认证的产品的生产企业,认证机构应按年度安排质量体系监督审核计划并按期组织实施。

(20)监督审核报告:每次监督审核后,应编写质量体系监督审核报告报认证机构。

(21)产品质量监督检验:对认证的产品,认证机构安排年度产品监督检验计划,委托经认可的检验机构进行抽样检验。

（22）监督检验报告：每次监督检验后，将检验报告报认证机构。

（23）审查报告：认证机构审查质量体系监督审核报告和产品质量检验报告，依据规定的要求，做出维持、暂停或撤销的决定。

（24）通知监督决定：认证机构将监督检查的结果书面通知认证证书持有者，并跟踪监督决定的实施。

三、产品质量认证证书和认证标志

产品一经认证通过，就颁发认证证书、批准使用认证标志。

1. 产品质量认证证书

产品质量认证证书是认证机构证明产品符合认证要求的法定证明文件。认证证书由国务院标准化行政主管部门组织印制并统一规定编号，由产品认证委员会负责颁发。申请企业取得认证证书后，应按国家的法规和认证机构的规定加以使用，未经认证机构许可，不得复制、转让。一般来说，认证证书可以在广告、展销会、订货会等产品推销活动中宣传、展示，以提高企业的知名度。在认证证书的有效期内，出现下列情况之一的，应按规定重新换证：

（1）认证产品有变更。

（2）使用新的商标名称。

（3）认证证书持有者有变更。

（4）部分产品型号、规格受到撤销处理。

2. 产品质量认证标志

产品质量认证标志是由认证机构设计并发布的一种专用质量标志。它由认证机构代表国家认证授权机构来颁发。产品质量认证标志经认证机构批准，可以使用在认证产品、产品铭牌、包装物、产品使用说明书或出厂合格证上，用来证明该产品符合特定标准或技术规范。

目前，我国国内经国务院产品质量监督部门批准的认证标志主要有 3 种：①适用于电工产品的专用认证标志"长城标志"；②适用于电子元器件产品的专用认证标志"PRC"标志；③适用于其他产品的认证标志"方圆标志"。此外，一些较有影响的国际机构和外国的认证机构按照自己的认证标准，也对向其申请认证并经认证合格的我国国内生产的产品颁发其认证标志，如国际羊毛局的纯羊毛标志，美国保险商实验室的 UL 标志等，都是在国际上有较大影响的认证标志。

四、主要的食品产品认证介绍

（一）食品生产许可证制度

1. 食品生产许可证制度的定义

食品生产许可证制度是工业产品许可证制度的一个组成部分，是为保证食品的质量安全,由国家主管食品生产领域质量监督工作的行政部门制定并实施的一项旨在控制食品生产加工企业生产条件的监控制度。该制度规定:从事食品生产加工的公民、法人或其他组织,必须具备保证产品质量安全的基本生产条件,按规定程序获得食品生产许可证,方可从事食品的生产,没有取得食品生产许可证的企业不得生产食品,任何企业和个人不得销售无证食品。

《中华人民共和国食品安全法》第三十五条规定:国家对食品生产经营实行许可制度。从事食品生产、食品销售、餐饮服务,应当依法取得许可。但是,销售食用农产品和仅销售预包装食品的,不需要取得许可。仅销售预包装食品的,应当报所在地县级以上地方人民政府食品安全监督管理部门备案。

《食品生产许可管理办法(2020修订版)》第二条规定:在中华人民共和国境内,从事食品生产活动,应当依法取得食品生产许可。

2. SC 替代 QS 的演变过程

(1)市场准入 QS 制度。

2003年7月18日,质检总局发布总局令第52号《食品生产加工企业质量安全监督管理办法》,经2003年6月19日国家质量监督检验检疫总局局务会议审议通过并公布施行,这是我国首次颁布的对企业实施市场准入的制度。该办法第四条规定:从事食品生产加工的企业(含个体经营者),必须按照国家实行食品质量安全市场准入制度的要求,具备保证食品质量安全必备的生产条件,按规定程序获取食品生产许可证,所生产加工的食品必须经检验合格并加印(贴)食品质量安全市场准入标志后,方可出厂销售。该办法还规定了食品生产企业的必备条件、食品生产许可、食品质量安全检验、食品质量安全(QS)标志、食品质量安全监督和审核办法,以及相应的处罚措施。

(2)取消 QS 标志的原因。

食品包装标注"QS"标志的法律依据是《工业产品生产许可证管理条例》。随着食品监督管理机构的调整和新的《食品安全法》的实施,《工业产品生产许可证管理条例》已不再作为食品生产许可的依据。取消食品"QS"标志,一是严格执行法律法规的要求,因为新的《食品安全法》明确规定食品包装上应当标注食品生产许可证编号,没有要求标注食品生产许可证标志;二是新的食品生产许可证编号是字母"SC"加上14位阿拉伯数字组成,完全可以满足识别、查询的要求;三是取消"QS"标志有利于增强食品生产者食品安全主体责任意识。

新获证食品生产者应当在食品包装或者标签上标注新的食品生产许可证编号,不再标注"QS"标志。为了既能尽快全面实施新的生产许可制度,又尽量避免生产者包装材料和食品标签浪费,给予了生产者最长不超过三年的过渡期,即2018年10月1日及以后生产的食品一律不得继续使用原包装和标签及"QS"标志。

(3)SC 代码的意义。

旧版 QS 标志是"质量安全"的简称,是政府部门监管许可生产的安全食品。随着新

《食品安全法》的实施,明确规定食品包装上应当标注食品生产许可证编号,"QS"标志将不再作为食品生产许可的依据,而是启用新的"SC"标志。"SC"编码代表着企业唯一许可编码,可以达到识别、查询的目的。实现食品的追溯,增强食品生产企业的安全责任意识。

新的食品生产许可证编号是与企业对应的唯一编码,能够实现食品的追溯。"SC"是"生产"的汉语拼音字母缩写,后跟14位阿拉伯数字,从左至右依次为:3位食品类别编码、2位省(自治区、直辖市)代码、2位市(地)代码、2位县(区)代码、4位顺序码、1位校验码(图3-4)。

其中食品类别编号按照《食品生产许可管理办法》第十一条所列食品类别顺序依次标志,即"01"代表粮食加工品,"02"代表食用油、油脂及其制品,"03"代表调味品……,"31"代表其他食品。食品添加剂类别编号标志为:"01"代表食品添加剂,"02"代表食品用香精,"03"代表复配食品添加剂。SC许可没有任何标志,只是在包装上印刷一串以SC开头的生产许可证号。

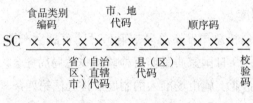

图3-4　SC代码

(4)SC与QS的区别。

SC区别于QS之处,总结为"五取消""四调整"。

"五取消"指:①取消部分前置审批材料核查;②取消许可检验机构指定;③取消食品生产许可审查收费;④取消委托加工备案;⑤取消企业年检和年度报告制度。

"四调整"指:①调整食品生产许可主体,实行一企一证;②调整许可证书有效期限,将食品生产许可证书由原来3年的有效期限延长至5年;③调整现场核查内容;④调整审批权限,除婴幼儿配方乳粉、特殊医学用途食品、保健食品等重点食品原则上由省级食品药品监督管理部门组织生产许可审查外,其余食品的生产许可审批权限可以下放到市、县级食品生产监管部门。

SC与QS的具体区别详见表3-3。

表3-3　SC与QS的区别

区别	SC	QS
施行时间	2015年10月1日	2001年
表现形式	SC许可没有任何标志,使用"SC+14位数字"的编码代替	QS有标志,标志主色调为蓝色,字母"Q"与"生产许可"四个中文字样为蓝色;字母"S"为白色
制度	一企一证,就是一个企业只有一个食品生产许可证与之对应,一旦生产许可证确定,便不能再做更改	一品一证,一个品牌一个生产许可证,同一个企业可以拥有多个生产许可证

续表

区别	SC	QS
编码	从左至右依次为:3 位为食品类别编码,2 位省(自治区、直辖市)代码,2 位市(地)代码,2 位县(区)代码,4 位顺序码,1 位校验码	前 4 位为受理机关编号,中国 4 位为严品类别编号,后 4 位为获证企业代号
意义	SC 体现了食品生产企业在保证食品安全方面的主体地位,而监管部门则从单纯发证,变成了事前、事中、事后的持续监控	QS 体现的是由政府部门担保的食品安全

3.食品生产许可证发证范围及分类

根据《食品生产许可管理办法》(国家市场监督管理总局令第 24 号),国家市场监督管理总局对《食品生产许可分类目录》进行修订,自 2020 年 3 月 1 日起,《食品生产许可证》中"食品生产许可品种明细表"按照新修订《食品生产许可分类目录》填写。

4.各类食品生产许可审查细则

截至目前我国已颁布的各类食品生产许可审查细则详见表 3 - 4。

表 3 - 4　各类食品生产许可审查细则一览表

分类号	审查细则名称	颁布日期	来源
0101	小麦粉生产许可证审查细则及修改单	2005 年 1 月发布,9 月修订	国质检监〔2005〕15 号公告、依据国质检监函〔2005〕776 号修订
0102	大米生产许可证审查细则及修改单	2005 年 1 月发布,9 月修订	国质检监〔2005〕15 号公告、依据国质检监函〔2005〕776 号修订
0103	挂面生产许可证审查细则	2006 版	国质检食监〔2006〕365 号公告
0104	其他粮食加工品生产许可证审查细则	2006 版	国质检食监〔2006〕646 号公告
0201	食用植物油生产许可证审查细则	2006 版	国质检食监〔2006〕646 号公告
0202	食用油脂制品生产许可证审查细则	2006 版	国质检食监〔2006〕646 号公告
0203	食用动物油新生产许可证审查细则	2006 版	国质检食监〔2006〕646 号公告
0301	酱油生产许可证审查细则	2005 年修订发布	国质检监〔2005〕15 号公告
0302	食醋生产许可证审查细则	2005 年修订发布	国质检监〔2005〕15 号公告
0303	糖生产许可证审查细则	2006 版	国质检食监〔2006〕646 号公告
0304	味精生产许可证审查细则	2005 年修订发布	国质检监〔2005〕15 号公告
0305	鸡精调味料生产许可证审查细则	2006 版	国质检食监〔2006〕365 号公告
0306	酱类生产许可证审查细则	2006 版	国质检食监〔2006〕365 号公告
0307	调味料生产许可证审查细则	2006 版	国质检食监〔2006〕646 号公告
0401	肉制品生产许可证审查细则	2006 版	国质检食监〔2006〕646 号公告
0501	企业生产乳制品许可条件审查细则	2010 版	质检总局 2010 年第 119 号公告
0502	婴幼儿配方乳粉生产许可审查细则	2013 版	国家食品药品监督管理总局 2013 年第 49 号公告

续表

分类号	审查细则名称	颁布日期	来源
0601	饮料生产许可审查细则［包装饮用水、碳酸饮料(汽水)、茶(类)饮料、果蔬汁类及其饮料、蛋白饮料、固体饮料、其他饮料类］	2017 版	国家食品药品监督管理总局 2017 年第 166 号公告
0701	其他方便食品生产许可证审查细则	2006 版	国质检食监〔2006〕646 号公告
0701	方便食品生产许可证审查细则	2006 版	国质检食监〔2006〕646 号公告
0801	饼干生产许可证审查细则	2005 年 1 月发布,9 月修订	国质检监〔2005〕15 号公告、依据国质检监函〔2005〕776 号修订
0901	罐头食品生产许可证审查细则	2006 版	国质检食监〔2006〕646 号公告
1001	冷冻饮品生产许可证审查细则	2005 年修订发布	国质检监〔2005〕15 号公告
1101	速冻食品生产许可证审查细则	2006 版	国质检监〔2006〕646 号公告
1201	膨化食品生产许可证审查细则	2005 年修订发布	国质检监〔2005〕15 号公告
1202	薯类食品生产许可证审查细则	2006 版	国质检监〔2006〕646 号公告
1301	巧克力及巧克力制品生产许可证审查细则	2006 版	国质检食监〔2006〕646 号公告
1301	可可制品生产许可证审查细则	2004 版	国质检食监〔2004〕557 号公告
1301	糖果制品生产许可证审查细则	2004 版	国质检食监〔2004〕557 号公告
1302	果冻生产许可证审查细则	2006 版	国质检食监〔2006〕365 号公告
1401	边销茶生产许可审查细则	2006 版	国质检食监函〔2006〕462 号公告
1401	茶叶生产许可证审查细则	2006 版	国质检食监函〔2006〕462 号公告
1402	含茶制品和代用茶生产许可证审查细则	2006 版	国质检食监〔2006〕646 号公告
1501	白酒生产许可证审查细则	2006 版	国质检食监〔2006〕428 号公告
1502	葡萄酒及果酒生产许可证审查细则	2004 年发布,2005 年修订	国质检监〔2004〕557 号,依据国质检监函〔2005〕776 号修订
1503	啤酒生产许可证审查细则	2004 年发布,2006 年修订	国质检监〔2004〕557 号,依据国质检监函〔2005〕776 号、国质检监函〔2006〕462 号修订
1504	黄酒生产许可证审查细则		
1505	其他酒生产许可证审查细则	2006 版	国质检食监〔2006〕464 号公告
1505	食用酒精产品生产许可证换(发)证实施细则	2004 版	2004 年 2 月 24 日关于发布《食用酒精产品生产许可证换(发)证实施细则》及检验单位的通知(全许办〔2004〕09 号)
1601	蔬菜制品生产许可证审查细则－酱腌菜	2006 版	国质检食监〔2006〕646 号公告
1601	蔬菜制品生产许可证审查细则－食用菌制品	2006 版	

续表

分类号	审查细则名称	颁布日期	来源
1601	蔬菜制品生产许可证审查细则－蔬菜干制品	2006 版	国质检食监〔2006〕646 号公告
1601	蔬菜制品生产许可证审查细则－其他蔬菜制品	2006 版	
1701	蜜饯生产许可证审查细则	2004 版	国质检食监〔2004〕557 号公告
1702	水果制品生产许可证审查细则	2006 版	国质检食监〔2006〕646 号公告
1801	炒货食品及坚果制品生产许可证审查细则	2006 版	国质检食监〔2006〕646 号公告
1901	蛋制品生产许可证审查细则	2006 版	国质检食监〔2006〕646 号公告
2001	可可制品生产许可证审查细则	2004 版	国质检食监〔2004〕557 号公告
2101	焙炒咖啡生产许可证审查细则	2004 年发布 2006 年修订	国质检监〔2004〕557 号,依据国质检食监函〔2006〕462 号修订
2201	水产加工品生产许可证审查细则	2004 年发布,2005 年修订	国质检监〔2004〕557 号,依据国质检监函〔2005〕776 号修订
2201	鱼糜制品生产许可证审查细则	2004 年发布,2006 年修订	国质检监〔2004〕557 号
2201	盐渍水产品生产许可证审查细则	2004 年发布,2006 年修订	国质检监〔2004〕557 号
2202	其他水产加工品生产许可证审查细则	2006 版	国质检食监〔2006〕646 号公告
2301	淀粉及淀粉制品生产许可证审查细则	2004 版	国质检食监〔2004〕557 号公告
2302	淀粉糖生产许可证审查细则	2006 版	国质检食监〔2006〕646 号公告
2401	糕点生产许可证审查细则	2006 版	国质检食监〔2006〕365 号公告
2501	豆制品生产许可证审查细则	2006 版	国质检食监〔2006〕365 号公告
2501	其他豆制品生产许可证审查细则	2006 版	国质检食监〔2006〕646 号公告
2601	蜂产品生产许可证审查细则	2006 版	国质检食监〔2006〕365 号公告
2601	蜂花粉及蜂产品制品生产许可证审查细则	2006 年发布,2009 年修订	国质检食监〔2006〕646 号公告,依据国质检食监〔2009〕588 号修订
2701	婴幼儿辅助食品生产许可证审查细则	2017 版	国家食品药品监督管理总局 2017 年第 4 号公告
2701	婴幼儿及其他配方谷粉产品生产许可证审查细则	2006 版	国质检食监〔2006〕646 号公告
2071	保健食品生产许可审查细则	2016 版	食药监食监三〔2016〕151 号

5. 食品 SC 认证的流程

(二)无公害农产品认证

1. 无公害农产品

无公害农产品是指使用安全的投入品,按照规定的技术规范生产,产地环境、产品质量符合国家强制性标准并使用特有标志的安全农产品。

2. 无公害农产品行动计划

随着我过农业和农村经济发展走上新的阶段,农产品的质量安全问题已成为农业发展的一个突出问题。农药、兽药、饲料添加剂、动物激素等农资的广泛使用,为农业生产和农业产品数量的增长发挥了积极的作用,与此同时也给农产品质量安全带来了隐患,加之环境污染等方面的原因,我国农产品污染问题也日渐突出。农产品因农药残留、兽药残留和其他有毒有害物质超标造成的餐桌污染和引发的中毒事件时有发生。为了从根本上解决年产品污染问题和安全问题,我国推行"无公害食品行动计划",将以全面提高农产品质量安全水平为核心,以"菜篮子"产品为突破口,以市场准如为切入点,从产地和市场两个环节入手,通过多农产品实行"从农田到餐桌"全过程质量安全控制,用 8~10 年时间,基本实现农产品生产和消费无公害。

3. 无公害农产品认证管理

2002 年 4 月,国家农业部、国家质检总局联合发布《无公害农产品管理办法》,明确规定了无公害农产品的产地条件与生产管理、产地认证、无公害农产品认证、认证标志管理和监督管理等。2002 年 7 月,农业部发布《无公害农产品黄瓜》等 137 项无公害农产品行业标准。自此,我国无公害农产品认证走向规范化(图 3-5)。

(1)无公害农产品产地应当符合下列条件:产地环境符合无公害农产品产地环境的标准要求;区域范围明确;具备一定的生产规模。

(2)无公害农产品的生产管理应当符合下列条件:生产过程符合无公害农产品生产技术的标准要求;有相应的专业技术和管理人员;有完善的质量控制措施,并有完整的生产和销售记录档案。

图 3-5 无公害农产品认证标志

（三）绿色食品认证

1.绿色食品的概念

绿色食品指在无污染的生态环境中种植及全过程标准化生产或加工的农产品,严格控制其有毒有害物质含量,使之符合国家健康安全食品标准,并经专门机构认定,许可使用绿色食品标志的食品。

绿色食品是中国政府主推的一个认证农产品,有绿色 AA 级和 A 级之分。其 AA 级的生产标准基本上等同于有机农业标准,A 级与无公害食品相当。

2.绿色食品标志

标志由 3 部分构成,即上方的太阳,下方的叶片和中心的蓓蕾,象征自然生态;颜色为绿色,象征着生命、农业、环保;图形为正圆形,意为保护。AA 级绿色食品标志与字体为绿色,底色为白色,A 级绿色食品标志与字体为白色,底色为绿色,见图 3-6、图 3-7。

绿色食品标志是中国绿色食品发展中心 1996 年 11 月 7 日经国家工商局商标局核准注册的我的的第一例证明商标。

图 3-6　绿色食品认证标志 AA 级　　　图 3-7　绿色食品认证标志 A 级

（四）有机食品认证

1.有机食品

有机食品这一名词是从英文 organic food 直译过来的,相近的说法还有生态或生物食品。这里所说的"有机"不是化学上的概念,而是指采取一种有机的耕作和加工方式。有机食品是指原料来自于有机生产体系,根据有机认证标准生产、加工,并经独立有机认证机构认证的农产品及其加工产品等,包括粮食、蔬菜、水果、茶叶、奶制品、禽畜产品、蜂蜜、水产品、调料等;有机食品的生产需要建立完整的生产体系,是一类真正源于自然、富营养、高品质的环保型安全食品。有机食品是食品行业的最高标准。

2.有机食品认证标志

有机产品认证标志分为中国有机产品认证标志和中国有机转换产品认证标志。有机转换食品是指从开始有机管理至获得有机认证之间(三年过渡期内)的时间所生产的产品,在此期间经过认证的产品必须标注有"中国有机转换产品"的字样,方可进行销售。

中国有机产品认证标志标有中文"中国有机产品"字样和相应英文(ORGANIC)。中国有机转换产品认证标志标有中文"中国有机转换产品"字样和相应英文(CONVERSION TO ORGANIC)。主要图案由 3 部分组成,即外围的圆形、中间的种子图形及其周围的环形线条,见图3-8、图3-9。

通过认证的有机食品应按规定在获证产品或产品的最小包装上加施有机产品认证标志,并在相邻部位标注认证机构的标识或名称。

图3-8　中国有机食品认证标志　　　图3-9　中国有机转换产品认证标志

(五)IP认证

IP认证(identity preservation certification)是企业为保持产品的特定身份(如转基因身份)而建立的保证体系,按照特定标准进行审核、发证的过程。

IP体系是为防止在食品、饲料和种子生产中潜在的转基因成分的污染,而从非转基因作物种子的播种到农产品的田间管理、收获、运输、出口、加工的整个生产供应链中通过严格的控制、检测、可追踪性信息的建立等措施,确保非转基因产品"身份"的纯粹性,并提高产品价值的生产和质量保证体系。

中国目前唯一从事IP认证的机构是中国检验认证(集团)有限公司[英文名称:China Certification & Inspection(Group)Co.,Ltd.,英文缩写CCIC]。其认证的非转基因食品标志见图3-10。

欧盟、日本等对转基因食品持谨慎的态度,要求具有非转基因的IP认证,即非转基因食品身份保持认证(non-GM identity preservation certification),在国际上比较流行。IP体系是确保产品保持非转基因身份的有效手段。体系通过独立第三方认证,可以确保体系良好运行、获得消费者的信任,并且最重要的是符合欧盟、日本等发达国家转基因食品法规的要求,从而扩大我国非转基因产品的出口。

图3-10　非转基因食品IP认证标志

第四节 质量体系认证

一、质量体系认证的概念

质量体系认证是认证的一种类型。单独的质量体系认证是在 20 世纪 70 年代后期才开始出现的,它源于产品质量认证,并得到了迅猛的发展。它是指第三方依据程序对符合规定的质量体系给予书面保证。质量体系认证具有以下特征。

(1)认证的对象是供方的质量体系,也就是组织质量体系中影响持续按需方的要求提供产品或服务能力的某些因素,即质量保证能力。

(2)认证的依据是质量保证标准:为了使质量体系认证能与国际做法达到互认接轨,供方最好选用 ISO 9001:2015。

(3)鉴定质量体系是否符合标准要求的方法是质量体系审核,即由认证机构派出注册审核员对申请认证的组织的质量管理体系进行检查审核,并提交审核报告,给出审核结论。

(4)认证获准的标志是注册和发给证书:按规定程序申请认证的质量体系,当评定结果判为合格后,由认证机构对认证企业给予注册和发给证书,列入质量体系认证企业名录,并公开发布。获准认证的企业,可在宣传品、展销会和其他促销活动中使用注册标志,但不得将该标志直接用于产品或其包装上,以免与产品认证相混淆。

(5)质量体系认证也是第三方从事的活动。

二、质量体系认证程序

典型的质量管理体系认证的主要活动包括:①认证申请与受理;②审核的启动;③文件评审;④现场审核的准备与实施;⑤审核报告的编制、批准和分发;⑥审核的完成;⑦纠正措施的验证;⑧认证后的监督。

本章第一节质量审核中对②～⑥已经作了详细的介绍,在此仅对①认证申请与受理、⑦纠正措施的验证和⑧认证后的监督进一步阐述。

(一)认证申请与受理

拟申请认证的申请方向质量管理体系认证机构提出认证申请,在申请书上至少应明确受审核方的规模、组织结构、覆盖的产品及拟申请认证的标准。在拟申请认证时,申请方应向感兴趣的认证机构索取其公开文件(各认证机构将免费提供),以便对有关认证的知识及认证机构的基本情况有所了解(如收费情况、业务范围、人员状况、业绩等),选择更适合受审核方特点的认证机构。认证机构在收到申请书后将对申请书上的内容进行评审以确定是否能够受理,在评审的基础上与申请方签订认证合同。认证合同的签订表明认证机构已决定受理申请方的申请。此时申请方应提交受审核方的质量手册(必要时还应提交其他有关质量管理体系文件)。

(二)纠正措施的验证

审核组在现场审核的末次会议上,应对审核中发现的不符合项提出进行纠正的要求。纠正措施由受审核方确定并在商定的期限内实施。所谓纠正措施的跟踪验证,是指对受审核方纠正措施的实施计划及其完成情况和效果进行跟踪核实、查证的活动。

跟踪验证的方式依据审核中发现的不符合的严重程度可采取不同的方式,主要有现场实地验证、办公室书面验证和监督审核时验证。

(1)现场实地验证:适用于只能到现场对纠正措施完成情况进行跟踪验证的情况。

(2)办公室书面验证:适用于只需对纠正措施实施记录或证据进行书面验证的情况。

(3)监督审核时验证:适用于纠正措施的有效性在短期内难以验证的情况。

审核组在现场审核的末次会议上,还应就审核结论提出意见,一般有以下3种情况(仅就认证活动而言)。

①推荐认证/注册,所有不符合均已采取纠正措施并得到有效实施。

②推迟推荐认证/注册,一部分过程需重新审核。

③不推荐认证/注册,全部过程需重新审核。

(三)认证后的监督

认证机构在确认受审核方纠正措施已完成并得到有效实施后,向受审核方颁发质量管理体系认证证书。证书的内容主要涉及受审核方的名称、地址、认证的标准、覆盖的产品范围及证书的有效期限。

认证后的监督是指认证机构对获证的受审核方在证书有效期内(一般为三年)所进行的监督审核或复评。

1. 监督审核的目的

(1)验证受审核方质量管理体系持续满足认证标准的要求。

(2)促进受审核方质量管理体系的持续改进。

(3)确认认证资格(认证证书)的保持。

2. 监督审核的要求

(1)证书三年有效期内,监督审核时间间隔不超过一年。

(2)监督审核和复评的工作要求和程序与初次审核基本一致,但审核的人/日数要少。

(3)监督审核时可以对涉及的过程进行抽样抽查,但三年中必须覆盖全部过程。

(4)与自我完善机制有关的过程、直接影响产品质量的关键过程、质量信息反馈及证书的使用方式是每次必查项目。

3. 证书持有期间发现问题的处置方式

(1)证书暂停。有下列情况之一的,应暂停认证证书和标志:

①获证方未经认证机构批准,更改质量管理体系且影响到体系认证资格;

②监督审核中发现获证方质量管理体系达不到规定要求,但严重程度尚不构成撤销体系认证资格;

③体系认证证书和标志使用不符合认证机构的规定;

④未按期交纳认证费用且经指出后不予纠正;

⑤其他违反体系认证规则的情况。

证书暂停后,若原持证者在规定时间内满足规定的条件,体系认证机构取消暂停,否则,撤销体系认证资格,收回体系认证证书。

(2)证书撤销。有下列情况之一的,撤销认证资格,收回体系认证证书:

①证书暂停通知发出后,持证者未按规定要求采取适当纠正措施;

②监督审核中发现存在严重的不符合;

③合同中规定其他构成撤销体系认证资格的情况。

被撤销体系认证资格者,一年后方可重新提出体系认证申请。

(3)证书注销。有下列情况之一的,应予以证书注销:

①由于体系认证规则变更,持证者不愿或不能确保符合新要求;

②持证有效期满,未能在提前足够时间内提出重新认证申请;

③持证者正式提出注销。

4. 复评(重新审核)

获证的受审核方的认证证书有效期届满时,可重新提出认证申请,认证机构受理后重新组织的认证审核活动称为复评。

三、产品质量认证和质量体系认证的区别

产品质量认证和质量体系认证是两种不同的认证类型,其主要区别可归纳为以下几个方面。

(1)虽然产品质量认证和质量体系认证均属于自愿原则,但在某种意义上来说,产品质量认证是政府行为,有些是强制性的,而质量体系认证完全是自愿的。

(2)产品质量认证的对象是产品,所发证书和标志是证明一个产品符合某一项质量标准要求。质量体系认证的对象是质量体系,所发证书或标记是证明一个企业的质量体系符合有关的质量体系标准的要求,它不是针对一个个产品来说的,而是证明整个质量体系具有质量保证能力。

(3)不同国家产品质量认证的标准是不一样的,而质量体系认证的标准是统一的,都是按 ISO 9000 标准进行的。

产品质量认证和质量体系认证两者的特点比较,如表 3-5 所示。

表 3-5 产品质量认证和质量体系认证的特点比较

项目	产品质量认证	质量体系认证
认证对象	特定的产品	质量体系
目的	证明供方的具体产品符合特定标准的要求	证明供方的质量体系有能力持续提供满足顾客要求和法律法规要求产品的能力

续表

项目	产品质量认证	质量体系认证
评定依据	产品质量符合指定的标准要求;质量体系满足指定的质量保证标准要求及产品补充要求	质量体系标准
证明方式	产品质量认证证书和认证标志;认证标志可用在产品和包装上	质量体系认证证书和认证标志,并登记注册;认证证书和标志都不能在产品上使用

四、食品企业主要管理体系认证

管理体系认证是按照管理体系标准进行的,食品企业主要的管理体系标准有:质量管理体系标准(ISO 9001:2015)、危害分析与关键控制点(HACCP)、食品安全管理体系标准(ISO 22000:2005)、良好操作规范标准(GMP)和环境管理体系标准(ISO 14000)等。这些标准的主要内容将在以后的相关章节进行学习。

复习思考题

1. 什么是审核？试述质量管理体系审核的主要步骤。

2. 什么是质量认证？质量认证有几种主要形式？

3. 什么是质量认可？质量认证与质量认可有什么关系？

4. 试述产品质量认证与质量体系认证的区别。

5. 试述产品质量认证和质量体系认证的主要步骤。

第四章　新产品开发与质量设计

本章学习重点

1. 新产品概念及种类
2. 影响食品开发的因素
3. 食品开发的决策方法
4. 产品质量设计的基本过程
5. 质量设计工具

第一节　产品开发

一、产品开发的概念

新产品开发指企业为了适应消费者需求和环境条件的变化,对产品的构思、筛选、试销到正式投产的全过程进行管理的活动。

产品是企业赖以生存和发展的物质基础。在日益激烈的市场竞争中,企业之间的竞争在很大程度上表现为产品之间的竞争。产品的竞争又促进了新产品的开发。一家企业如果不能随市场的变化不断更新自己的产品,那么它很可能会在激烈的市场竞争中失败。产品研发的原动力主要包括以下 4 个方面。

(1)产品的寿命缩短:如今,国际市场竞争激烈,新的产品层出不穷,产品的生命周期也越来越短,企业要应对这种环境的变化,就要把开发新产品与企业的发展密切联系起来。

(2)市场对产品的要求在不停地改变,迫切要求产品概念不断改变。

(3)新技术的出现提供了许多机会,可使以前不能实现的事情变成现实,如牛奶灭菌技术(微波灭菌术、高压灭菌术)提供了制造健康而新鲜食品的机会。

(4)外因的变化(如法律法规的变化)也促进了新产品的研发。

统计资料表明,现代企业的获利中,新产品获利占有较大的比重。不断地开发新产品成为企业利润的源泉和占领市场的前提。

二、新产品的种类

新产品的种类不同,其设计特点也不尽相同。新产品所涵盖的范围包括新包装的老产品,或从未出现过的新产品,后一类称为发明的产品。新产品可依设计过程的特殊要求而分为不同的种类,根据设计过程的特点,可将新产品分为以下 7 种。

1. 延续品

这是产品的新变种,如某产品配以新的口味或新风味以后,就称作某一产品的延续品。这种产品的设计过程只需对原加工过程进行微小的改变和对市场战略进行小调整即可。这种产品可能对储存或使用方法有微小的影响。

2. 重新定位品

这是对产品进行二次促销以对产品重新定位。例如,为了增加消费者对健康食品的关注,将大豆食品进行再次定位,突出其中的大豆异黄酮、寡聚糖等保健成分。这种产品需要市场部门努力来占领特定的市场份额。

3. 新样式产品

产品经过转换样式后(如变成液态、粒状、高浓度、固体或冷冻的产品)就变成了新样式产品。例如,把冷冻的即食比萨饼转变成可以冷藏的比萨饼时,所转化的产品的货架期显然降低了许多。与原产品相比,新样式产品的物理特点改变很大,因此这种产品可能需要较长的研发时间,就比萨饼的例子而言,产品的储存和分销条件也受到了很大的影响。一种常见的失败因素是顾客并不一定喜欢这种改变,因此样式的改变必须要有新的价值。

4. 新配方产品

用新配方生产市场上已有的产品。新配方是为了降低产品原料的花费、改善原料不足对产品的限制或者采用具有某种特殊性质的新原料。新配方产品有好的外观和风味、更多的膳食纤维或较少的脂肪等新的特点。这种产品的设计过程花费少,所需时间也较短;然而,有时很小的变动可能会产生很大影响,如产品的化学或微生物货架期改变。因此,提前预测或估计新配方产品可能产生的变化需要对食品技术有深刻的了解。

5. 新包装产品

这种产品是用新包装对已有产品进行改装,如可以延长产品货架期的气调包装法;就设计过程而言,新的包装可能需要昂贵的包装机械,但有时为了新的用途,可以制成新配方的产品(如微波包装)。

6. 新产品

在原产品的基础上,加以新的改变(除了以上的改变)而得到的产品。这种改变应产生新的附加值,需要的改变越多,设计过程就越长。为了让消费者接受这种新的改变,产品的推销也可能非常昂贵。然而,某些情况下,新产品所需的时间和金钱则较少。例如,把冷冻的蔬菜和配料放在一个盘子上就变成了一种很好的即烹食品。

7. 全新产品

全新产品指的是市场上从未见过的产品。例如,用植物蛋白制成的全新蛋白质产品就是个较为典型的例子。这种产品通常需要相当长的研发过程,研发成本高,而且失败概率也较大。然而一旦产品获得成功,企业获利也非常高,但需不断更新产品,占领市场,因为新产品投放市场后仿制品就会很快充斥市场。在开始产品研发之前,通常需要评价产品的特点以便考虑不同做法所产生的后果(如技术、市场推销、包装技术等)。

三、影响食品开发的因素

食品作为一种特殊的产品,其本身和生产特点决定了生产和加工过程的特殊性。下面主要介绍影响食品开发和工艺设计的相关因素。

1. 食品内在质量特征的稳定性

食品的一种典型性质是在收获或加工后立即会出现衰败过程。化学、微生物、生理、酶和物理反应等几种衰败过程可以降低产品的内在品质(如颜色、风味、口感、质地和外观的变化或者维生素的降解)。为了在保质期内保持产品理想的内在性质,必须建立稳定产品性质的方法。产品性质的稳定可以通过调节产品的组成(如调节水分活度和 pH 值,使用食品添加剂)、优化加工过程(控制温度、时间)和选用适当的包装方法。产品的研发过程中,对产品内在性质稳定性的检查应越早越好。

但是,稳定食品内在质量特征可能会影响食品链的下一步工作,特别是分销渠道的选择。例如,新鲜进口的牛肉常常需要空运,如果开发出一个新颖的包装方法,就可以改用较便宜的运输方法(海运)。又如,为了维持婴儿食品微生物的安全性,必须用保温罐在低温下全程运输。因此,食品的稳定性可以决定分销的条件,这些条件在产品研发的早期就应考虑到。

2. 食品的安全性

确保食品安全是食品供应者首要的任务,这是食品区别于其他产品的重要特点。食源性致病菌的生长、有毒物质的存在和外来的物理危害都可以影响产品的安全性。食品开发的每一步都应对微生物的危害进行评估,对于影响微生物生长的所有因素都应考虑,如起始的细菌数、食品的组成(pH 值、水分活度)、恰当的加工参数(如正确的中心温度)以及卫生操作和卫生过程的设计。另外,安全食品可能由于不正确的分销条件或消费者的非正常使用(高温长时间储存有利于致病菌孢子的生长)而变得不安全。因此,产品开发过程中应检查由于生产或其他因素(分销、消费者)可能发生的潜在危害物。

3. 食品的复杂性

食品特别是加工品的组成是非常复杂的,含有许多不同的化学物质。这些化学物质不仅会相互影响,而且也会影响最终产品的内在质量。因此,食品组成的改变可能会导致很大的变化。例如,板栗仁水分活度的提高可以提高其口感品质,但此条件有利于美拉德反应的进行而使产品变黑。

4. 原材料的供给和变化性

食品工业的原材料供应具有季节性。因此,食品原材料必须进口或者用恰当的条件储存以保证原材料的不断供应。此外,原材料的变化(因为气候和季节的变化)也为产品配方提出了特别的要求。以上原材料的供给和变化性均可影响最终产品的内在质量特性。根据配方和加工的不同,原料的差异对最终产品质量的影响并不相同。所有这些变化在产品的开发过程中都应加以考虑。

5. 生产方法及环保因素

生产方法及环保因素会影响消费者对产品质量的认知。因此对于由于生产系统的特征(转基因食品、新颖的包装方法和原材料的来源等)可能使消费者对产品质量认可度所产生的影响,应在产品开发时进行评价。

6. 食品与包装的相互作用

食品与包装间的相互作用可能降低产品的内在质量性质。它们之间的相互作用包括食品成分向包装的扩散、外源物质通过包装向食品的扩散及包装所用材料物质向食品的扩散。例如,食品的风味物质可以扩散到聚合物的包装材料中,不仅改变了食品的风味,还可能改变包装材料的性能。又如,包装材料中的物质,如色素添加剂、增塑剂和重金属,都有可能扩散到食品中而影响食品的风味,甚至食品的安全。因此在食品的研发过程中应尽早根据食品本身的特点选择合适的包装,而不是等到设计即将完成时才考虑。

四、食品开发的主导方法

总的来说,食品企业研制开发新产品,一般有以下 3 种方式:自行开发、技术引进、自行开发与技术引进相结合。

1. 自行开发

自行开发是一种独创性的新产品开发方法,它要求食品企业根据市场情况和用户需求,或针对原有产品存在的问题,从根本上探讨产品的层次与结构,进行有关新技术、新原料和新工艺等方面的研究,并在此基础上开发出具有本企业特色的新产品,特别是开发出更新换代型新产品或全新产品。

自行开发新产品的风险比较大,食品企业在开发新产品时,要注意新产品应该在某方面给消费者带来明显的利益;新产品要与消费者的消费习惯、社会文化、价值观念相适应,使消费者易于接受;新产品应该结构简单、使用方便;新产品应该尽量满足消费者的多方面的需求;开发新产品还必须讲求社会效益,即节约能源、防止污染、保持生态平衡。因此,食品企业自行研制新产品,要求具备较强的科研能力和雄厚的技术力量。

2. 技术引进

技术引进指食品企业开发某种产品时,国际市场上已有成熟的技术可供借鉴,为缩短开发时间,迅速掌握产品技术,尽快生产出产品以填补国内市场的空白,而向国外企业引进生产技术的一种方式。利用技术引进的方式开发新产品具有 3 个方面的优势:一是节省科研经费和技术力量,把节省下来的人力、物力集中起来开发其他新产品,迅速增加产品品种;二是赢得时间,缩短与竞争企业之间的技术差距,快速获取竞争优势;三是把引进的先进技术作为发展产品的新起点,加速企业的技术发展,迅速提高企业的产品研发技术水平。技术引进是新产品开发常用的一种方式,特别是对于产品开发能力较弱、而生产能力较强的企业更为适用。但是,一般来说,引进的技术多半属于别人已经采用的技术,该产品已经占领一定的市场,特别是从国外引进的技术,不仅需要付出较高的代价,而且,还经常带有限制条件,这是在应用这种新产品开发方式时不能不考虑的重要因素。因此,有条件的企业不应把新产品开发长期建立在技术引进的基础上,应逐步建立自己的产品研发机构,或是通过科研、产品设计部门进行某种形式的联合,开发出自己的新产品。

3. 自行开发与技术引进相结合

自行开发与技术引进相结合,是指在对引进技术充分消化和吸收的基础上,与本企业的科学研究结合起来,充分发挥引进技术的作用,以推动企业科研的发展、取得预期效果。这种方式适用于:企业已有一定的科研技术基础,外界又具有开发这类新产品比较成熟的一种或几种新技术可以借鉴。该方法结合了以上两种方法的优势并互补劣势,因此它在许多企业得到了广泛采用。

五、食品开发的决策方法

在食品开发的每一步都要对食品进行检测和筛选,如何确定食品的合格与否需要一系列的技术和方法。食品技术人员和品质控制经理可以用这些方法来评估食品的质量特征、货架期或者生产中可能出现的危害物。以下所描述的方法可以从技术角度帮助选择新的食品概念、中试产品和测试市场上已有的产品。

1. 感官评价

感官评价可以用来评价所开发产品的感官特征(如口感、颜色、外观、风味和质感)。感官评价可分为主观测试和客观测试。客观检测可以用不同的方法,而样品间的质量差异可以经过分析小组的检验得到证实;而在主观检测中,没有经过训练的顾客代表可以对所测试的产品表示喜欢或不喜欢。客观方法主要用于雏形产品和中试产品的质量检测、而主观方法更多用于对零售产品的质量检测。

2. 保质期试验

产品的保质期是食品质量的一个重要指标。保质期试验要定期比较一系列感官指标、微生物学指标和理化指标。当试样与控制样之间出现显著性差异或超出预定范围,即可根据受试时间来判定保质期是否达到预期目标。保质期试验有长期检测和加速试验两种。在长期检测中,产品的货架期是在实际所用的储存条件下进行的,加速试验则是在极端的条件下(如高温、高湿等)加速产品的老化进程从而减少储存的时间。用加速试验测定产品的货架期时,可用数学模型来推导出真正的货架期,其结果应用长期检测的结果来验证。加速法检测时,由于正常的老化或腐败过程在极端条件下可能会发生改变,所以条件的选择必须认真仔细。这些试验的结果常用来比较雏形产品和已存在的产品的差异,而长期的实验则应用于对产品真正货架期的测试。

3. 专家系统

专家系统是以计算机为基础的技术,它可供食品工程技术员进行配方模拟并很快算出产品的货架期,如产品的理论货架期。一个专家系统应包括所有产品组成与产品质量的相关方程式,如微生物的生长、口感、颜色等。英国已开发出了一个专门为烘烤食品所用的蛋糕专家系统(Cake Expert System),这一专家系统可以计算出某一配方下的相对湿度,据此,就可以计算出无霉菌生长的理论货架期。类似这样的专家系统可早在产品雏形出来之前在产品开发中发挥作用。

4. 挑战测试

挑战测试可用于估测产品遭受潜在致病菌和腐败菌的危险,它是人为地把某一特定的微生物接种到食品中的一种测验,所接种的是可能会在新食品中引起质量问题的微生物。这种试验不仅花费时间,而且需要娴熟的实验技能,而这些条件常常不易具备。

5. 微生物模型

微生物模型可以用来预测由于致病菌和腐败菌生长所引起的潜在危险。这些模型可以在产品雏形不存在的情况下根据产品的组成计算出微生物的稳定性和安全性;它们还可以在生产过程中进行风险分析,如在一定的加工条件下致病菌存活的可能性以及危险性。

6. 危险分析和关键控制点

危险分析和关键控制点(HACCP)可用于产品开发过程中。HACCP 的目的是分析潜在的危险物和加工过程中进行控制的关键点,它不需要以实际的产品为前提。HACCP 计划的制订包括一个生产流程中程序化的危险物分析过程。它含有一个详细的加工流程图,潜在的危险物的概述和相应的关键控制点。这些关键控制点是加工中必须加以控制和监视的地方。HACCP 计划为设计过程提供信息,如工艺设计的哪一阶段应作为控制点以及具体的卫生要求。

从技术角度来讲,以上所介绍的方法可以在食品开发过程中针对产品的安全和质量提供决策依据。

第二节　质量设计

一、质量设计及其重要性

1. 质量设计的概念

所谓质量设计,就是在产品设计中提出质量要求,确定产品的质量水平(或质量等级),选择主要的性能参数,规定多种性能参数经济合理的容差,或制定公差标准和其他技术条件。无论是研制新产品,还是改进老产品,都要经过质量设计这个过程。

质量设计的一般要求是技术上先进,经济上合理。技术方面包括产品的性能、质量、结构工艺性、使用寿命、安全性等;经济方面包括产品的成本,设备使用、维修的效率等。在保证性能、效益的前提下,尽可能节约资源。

2. 质量设计的重要性

"产品的质量首先是设计出来的,其次才是制造出来的。"这是著名质量管理专家田口玄一提出的重要质量理念,是日本在 20 世纪 70 年代至 90 年代超越美国质量管理的重要武器。设计是质量的源头。如果设计上存在缺陷,不管采用多么先进的制作工艺,不管采用多么好的原材料,也不管生产者多么认真负责、质量检验多么严格,也不能提供高质量的产品。有统计资料表明:产品的质量问题中有 70% 是由于先天的设计不足造成的,因此,提高和控制产品的质量设计是控制产品质量的关键。

设计过程决定了产品的固有质量、固有成本、性能和可靠性等。产品设计包括从设计到工艺,到原料选择、设备安装、加工、包装、检验、销售等众多的环节,任何一个环节的设计不足都将会对产品质量产生重大的影响。在设计、生产、使用过程中对某种产品进行改进或修正所需要的成本是呈几何级数增长的。也就是说,在设计阶段发现并改进产品的某一缺陷所需成本是 1 美元的话,那么在制造过程中将要花 10 美元才能纠正,如果产品已经制造出来,想改进这一缺陷,将要花 100 美元或更多,甚至无法挽回。由此可见,产品设计对企业经济效益的影响是巨大的。

只有提高设计质量,才能使产品质量性能稳定。设计一旦完成,产品的固有质量也随之而定。

二、产品质量设计的基本过程

传统的产品开发过多地注重产品的概念和雏形,而很少关注产品开发的前期步骤,如收集消费者对产品的需求,这种产品开发程序没有把市场学、质量管理和产品设计进行有机的结合,导致新产品开发的失败。食品质量特性包括许多不同的方面,每一方面都有不同的设计问题。我们必须早在设计过程就回答所有这些问题。例如,食品安全性是食品的一个重要质量特性,所以设计小组应从原材料采购及生产过程的每一步注重食品危害的引入。

产品设计过程是一种产品开发和过程设计相互交联的行为。产品开发是一种把消费者的要求转化成能被生产的具体产品的所有行为的总和,实际过程应包括产品的开发、加工的设计和所需的仪器。产品开发会给加工设计提出具体的要求,这种要求可能有利于或者限制产品开发的机会。过程设计不仅包括生产机械的设计,也包括产品生产所需的厂房计划以及信息和控制系统的完善。图 4-1 是一种常见的产品开发和加工设计的程序。

(1)产品的设计程序。首先应该收集消费者需求,然后确定目标消费对象(消费者定位)。对于限制性因素,如公司本身的目标和方针、法律法规的要求以及技术装备的可行性等也应加以考虑。在这一阶段,"消费者的声音"和公司的要求必须要搞清楚。

(2)概念阶段。产品概念是指已经成形的产品构思,即用文字、图像、模型等予以清晰阐述,具有确定特性的产品形象。在概念阶段,研发小组会根据消费者需求和限制因素形成许多产品概念。小组应对这些产品概念进行筛选,确定符合目标消费者要求的产品概念,然后对其特点加以详细说明,这其中也包括分销商和零售商的要求。

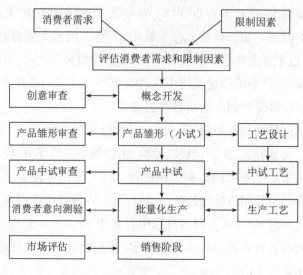

图 4-1 产品质量设计过程

（3）产品的雏形阶段。食品制造者经常以一个简单的配方作为起始点。这些配方可以从食谱书籍、原料供应商或者对竞争者产品的分析结果等处得到。然后,对配方用原料加以调节从而得到所需要的特质。雏形产品制作出来以后,要对质量特质进行评价并用客观测试加以筛选。客观测试包括数值测量,如含有多少糖和口感等。一方面,产品雏形的研制可为工程师设计产品的过程提供信息,如什么样的加工方式(如切、混合)、储藏方式(如加热、干燥、包装)和要求的加工条件;另一方面,加工工程师也要向产品研发人员提供反馈信息。

（4）中试阶段。产品要从真正的生产线上制造出来。一般来讲,包装也应包括在内。中试阶段典型的方面包括:①确定产品保证安全和感官特征的货架期;②用主观方法对产品的特征进行品尝试验,每位品尝者必须写出他们最喜欢的产品和可以接受的风味;③找到可靠而且价格上可以接受的原材料供应商,如产品原料、包装材料等;④确定其他资源,如所需的仪器设备和工具;⑤就食品安全而言,对可能的危害物进行分析,并在加工过程中加以控制。

中试阶段可以提供加工的具体要求。所有可以影响产品质量的加工处理应有具体的控制范围和界限,食品工业中要求具体数值的典型参数有:产品生产中每一步的时间和温度条件,产品的剪切以及产品压力的变化等。

（5）批量化生产。产品在真正的加工条件下进行批量生产,与产品有关的其他方面如产品标签、包装(初级和二级)、运输、质量控制系统以及工厂的养护和卫生等都应加以考虑。产品的配方也应作相应的调整以适应批量生产的需要,从而尽量降低从中试到这一阶段的转变中可能遇到的问题。此外,产品的质量还需通过顾客的评价测试,产品的货架期必须通过实验来加以确认,产品生产加工的细则和产品的价格也应加以确定。

（6）销售阶段。常常从市场试销开始,产品应根据地理位置、市场情况和公司本身的特点而仔细选择产品的试验区。具体而言,应确定哪里的市场更适合于该产品的发展、最佳的推出时间以及怎样进行促销。由于不能彻底了解顾客的消费行为和市场竞争所带来的影响,所以市场试销的结果经常会被曲解。如果产品试销的结果比较满意,那么产品就可以进行正式销售。

产品的研发和加工设计并不是一次性的行为,而是公司的一个主要和经常性活动。全新产品的研发是维持市场份额的重要竞争手段。

第三节　质量设计工具

一、失败模式和效果分析

失败模式与效果分析(failure mode and effect analysis,FMEA)是一个在产品、服务和加工的设计阶段探测潜在失败的系统分析技术,从而可以使因失败而造成的损失降至最低。有两种形式的 FMEA:

(1)设计 FMEA:用于分析新产品或新服务的潜在失败;

(2)过程 FMEA:用于分析生产过程或服务过程的失败。

这一节主要讲述过程 FMEA 的原理。过程 FMEA 必须由一个小组来操作,这个小组的成员来自相关领域,如加工工程、生产、维护、销售和市场。过程 FMEA 的实施过程如下。

第一步,FMEA 小组确定和建立过程的不同组成部分(如步骤、因素或链条)。

第二步,确定每一个部分的各种可能的失败。例如,巴氏灭菌中可能的失败包括太高或太低的温度加上太长或太短的加热时间。太低的温度加上太短的加热时间可能会导致不充分的致病菌的灭活,而太高的温度加上太长的加热时间可能会影响产品的口感或营养。

第三步,确定每一种可能失败的原因,如加热不当可能是由于调节温度的蒸汽阀工作失常。

第四步,确定每一个加工工序的每一个失败对于内在或外在消费者的影响,如不当的加热可能造成使食品腐败的致病菌在储藏和分销过程中的生长,从而导致产品安全性下降和一个较短的货架期。

第五步,确定已存在的或提出的可用于检测和预防失败发生的控制措施。按时检查蒸汽阀以防止不当加热的发生。

第六步,失败形式通过失败的严重性[S]和发生的频率[O]以及探测失败的能力[D]而进行评价。严重性、发生频率和探测能力可以分为 $1 \sim 10$ 个不同的等级。例如,发生频率[O]1 表示发生的可能性很小。严重性[S]、发生的频率[O]和探测能力[D]的乘积被称为风险优先指数(risk priority number,RPN)(Kehoe,1995)。

$$RPN = S \times O \times D$$

S,O 和 D 的值按照 Kehoe(1995)详细描述的 10 点分级系统进行估算。

严重性[S]、发生的频率[O]和探测能力[D]的等级是根据描述性的和量化的标准来定级的;如果 $RPN > 90$,就要采取纠偏行动。

第七步,根据上一步所确定的相对重要性(如 $RPN > 90$)采取相应的纠偏行动,从而降低产生失败的可能性。如果 $RPN > 90$,纠偏行动要求优先执行,可以用控制图表来执行纠偏行动。有了一个好的控制图表,失效探测的能力提高了,$[D]$ 本身的数值降低了,综合的结果是降低表 4-1 所示的 RPN。

第八步,在上一步所采取的纠偏行动的基础上对第六步所提出的失败模式进行评价。

表 4-1　FMEA 过程的例子

过程	目的	潜在失败	失败的原因	失败的后果	控制	RPN	建议	纠正后的 RPN
杀菌	①对病原菌和有害菌进行灭活处理 ②延长货架期	①温度过高或过低 ②时间太长或太短	①蒸汽阀工作不正常 ②计时不正确	①产品安全性降低(致病菌) ②货架期缩短(腐败菌) ③对风味的影响	①监控阀门 ②校正时间	①5×5×7 =175 ②5×3×6 =90	按控制图操作(改进操作方法)	①5×5×3=75 ②5×3×2=30
包装	①防止污染 ②延长货架期 ③计量	①包装泄漏 ②重量不正确	①封口机的工作条件不正确 ②包装错误(仪器或人)	①污染将影响产品的安全性和货架期 ②缺斤短两	①规范仪器设备 ②校正称量器具	①5×3×3 =45 ②2×5×3 =30	无	

过程 FMEA 提供了潜在失败模式的相关信息,并对这些信息处理排列出处理措施和优先等级,在设计阶段和生产制造阶段就采取纠正活动予以改进。基于 FMEA 原理,还产生了一项更为系统的质量控制和质量保证的工具——危害分析和关键控制点(HACCP),将在后面专题介绍。

二、质量功能展开

(一)质量功能展开的定义

质量功能展开(quality function deployment,QFD)是把顾客对产品的需求进行多层次的演绎分析,转化为产品的设计要求、原材料特性、工艺要求和生产要求的质量工程工具,用来指导产品的设计并保证质量。这一技术产生于日本,在美国得到了进一步发展,并在世界范围内得到了广泛应用。

QFD 要求生产者在听取顾客对产品的意见和需求后,通过合适的方法和措施将顾客需求进行量化,并采用工程计算的方法将其一步步地展开,将顾客需求落实到产品的研制和生产的整个过程中,从而最终在研制的产品中体现顾客的需求,同时在实现顾客的需求过程中,帮助企业各职能部门制定出相应的技术要求和措施,使它们之间能够协调一致地工作。QFD 是在产品策划和设计阶段就实施质量保证与改进的一种有效的方法。它能够以最快的速度、最低的成本和优良的质量满足顾客的最大需求。QFD 已成为企业进行全面质量管理的重要工具和实施产品质量改进有效的工具。由于强调从产品设计的初期就同时考虑质量保证与改进的要求及其实施措施,QFD 被认为是质量设计(design for quality,DFQ)的最有力工具,对企业提高产品质量、缩短开发周期、降低生产成本和增加顾客的满意程度有极大的帮助。

(二)质量功能展开瀑布模型

调查和分析顾客需求是 QFD 的最初输入,而产品是最终的输出。这种输出是由使用它们的顾客的满意度确定的,并取决于形成及支持它们的过程的效果。由此可以看出,正确理解顾客需求对于实施 QFD 是十分重要的。顾客需求确定之后,采用科学、实用的工具和方法,将顾客需求一步步地分解展开,分别转换成产品的技术要求等,并最终确定出产品质量控制办法。相关矩阵(也称质量屋)是实施 QFD 展开的基本工具,瀑布式分解模型则是 QFD 的展开方式和整体实施思想的描述。图 4-2 是一个由 4 个质量屋矩阵组成的典型 QFD 瀑布式分解模型。

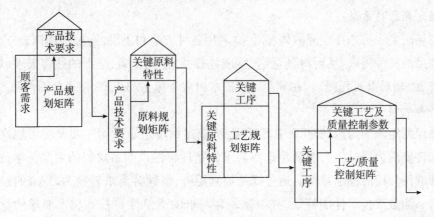

图 4-2　QFD 瀑布式分解模型

实施 QFD 的关键是获取顾客需求并将顾客需求分解到产品形成的各个过程,将顾客需求转换成产品开发过程具体的技术要求和质量控制要求。通过对这些技术和质量控制要求的实现来满足顾客的需求。因此,严格地说,QFD 是一种思想,一种产品开发管理和质量保证与改进的方法论。对于如何将顾客需求一步一步地分解和配置到产品开发的各个过程中,需要采用 QFD 瀑布式分解模型。但是,针对具体的产品和实例,没有固定的模式和分解模型,可以根据不同目的按照不同路线、模式和分解模型进行分解和配置。下面是几种典型的 QFD 瀑布式分解模型。

(1)按顾客需求→产品技术要求→关键原料特性→关键工序→关键工艺及质量控制参数,将顾客需求分解为 4 个质量屋矩阵,如图 4-2 所示。

(2)按顾客需求→供应商详细技术要求→系统详细技术要求→子系统详细技术要求→制造过程详细技术要求→原料详细技术要求,分解为 5 个质量屋矩阵。

(3)按顾客需求→技术要求(重要、困难和新的产品性能技术要求)→子系统/原料特性(重要、困难和新的子系统/原料技术要求)→生产过程需求(重要、困难和新的生产过程技术要求)→统计过程控制(重要、困难和新的过程控制参数),分解为 5 个质量屋矩阵。

(4)按顾客需求→工程技术特性→应用技术→生产过程步骤→生产过程质量控制步骤→在线统计过程控制→成品的技术特性,分解为 6 个质量屋矩阵。

下面以图 4 - 2 所示的 QFD 瀑布式分解模型为例进一步说明 QFD 的分解步骤和过程。

（三）QFD 步骤

顾客需求是 QFD 最基本的输入。顾客需求的获取是 QFD 实施中最关键也是最困难的工作。要通过各种先进的方法、手段和渠道收集、分析和整理顾客的各种需求，并采用数学的方式加以描述。然后进一步采用质量屋矩阵的形式，将顾客需求逐步展开，分层地转换为产品的技术要求、关键原料特性、关键工序、关键工艺及质量控制参数。在展开过程中，上一步的输出是下一步的输入，构成瀑布式分解过程。QFD 从顾客需求开始，经过 4 个阶段，即 4 步分解，用 4 个质量屋矩阵——产品规划矩阵、原料规划矩阵、工艺规划矩阵和工艺/质量控制矩阵，将顾客的需求配置到产品开发的整个过程。

1. 确定顾客的需求

由市场研究人员选择合理的顾客对象，利用各种方法和手段，通过市场调查，全面收集顾客对产品的种种需求，然后将其总结、整理并分类，得到正确、全面的顾客需求以及各种需求的权重（相对重要程度）。在确定顾客需求时应避免主观想象，注意全面性和真实性。

2. 产品规划

产品规划矩阵的构造在 QFD 中非常重要，满足顾客需求的第一步是尽可能准确地将顾客需求转换成为通过生产能满足这些需求的物理特性。产品规划的主要任务是将顾客需求转换成设计用的技术特性。通过产品规划矩阵，将顾客需求转换为产品的技术要求，也就是产品的最终技术性能特征，并根据顾客需求的竞争性评估和技术要求的竞争性评估，确定各个技术要求的目标值。

QFD 具体在产品规划过程要完成下列一些任务：完成从顾客需求到技术要求的转换，从顾客的角度对市场上同类产品进行评估，从技术的角度对市场上同类产品进行评估，确定顾客需求和技术要求的关系及相关程度，分析并确定各技术要求相互之间制约关系，确定各技术要求的目标值。

3. 产品设计方案确定

依据上一步所确定的产品技术要求目标值，进行产品的概念设计和初步设计，并优选出一个最佳的产品整体设计方案。这些工作主要由产品设计部门及其工作人员负责，产品生命周期中其他各环节、各部门的人员共同参与，协同工作。

4. 原料规划

基于优选出的产品整体设计方案，并按照在产品规划矩阵所确定的产品技术要求，确定对产品整体组成有重要影响的关键原料/子系统及原料的特性，利用失效模型及效应分析（FMEA）、故障树分析（FTA）等方法对产品可能存在的故障及质量问题进行分析，以便采取预防措施。

5. 外形设计及工艺过程设计

根据原料规划中所确定的关键原料的特性及已完成的产品初步设计结果等，进行产品的详细设计，完成产品各工序/子系统及原料的设计工作，选择好工艺实施方案，完成产品工艺过程设计,包括生产工艺和包装工艺。

6.工艺规划

通过工艺规划矩阵,确定为保证实现关键产品特征和原料特征所必须给以保证的关键工艺步骤及其特征,即从产品及其原料的全部工序中选择和确定出对实现原料特征具有重要作用或影响的关键工序,确定其关键程度。

7.工艺/质量控制

通过工艺/质量控制矩阵,将关键原料特性所对应的关键工序及质量控制参数转换为具体的工艺/质量控制方法,包括控制参数、控制点、样本容量及检验方法等。

(四)质量屋

质量屋为将顾客需求转换为产品技术要求以及进一步将产品技术要求转换为关键原料特性、将关键原料特性转换为关键工序和将关键工序转换为关键工艺及质量控制参数等QFD的一系列瀑布式的分解提供了一个基本工具。

质量屋结构如图4-3所示,一个完整的质量屋包括6个部分,即顾客需求、技术要求、关系矩阵、竞争分析、屋顶和技术评估。竞争分析和技术评估又都由若干项组成。在实际应用中,视具体要求的不同,质量屋结构可能会略有不同。例如,有的时候可能不设置屋顶;有的时候竞争分析和技术评估这两部分的组成项目会有所增删等。

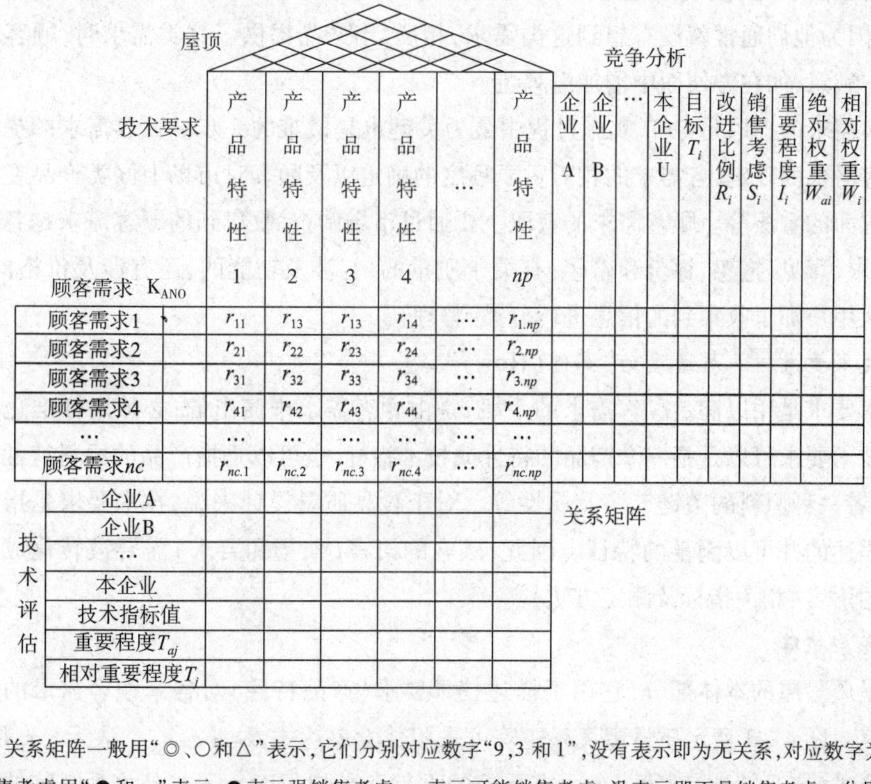

注:1.关系矩阵一般用"◎、○和△"表示,它们分别对应数字"9,3和1",没有表示即为无关系,对应数字为0;

2.销售考虑用"●和·"表示,●表示强销售考虑;·表示可能销售考虑,没有表示即不是销售考虑。分别对应数字1.5,1.2和1.0。

图4-3　质量屋结构

1. 顾客需求——质量屋的"什么(What)"

顾客需求可以按照性能(功能)、可信性(包括可用性、可靠性和维修性等)、安全性、适应性、经济性(设计成本、制造成本和使用成本)和时间性(产品寿命和及时交货)等进行分类,并根据分类结果将获取的顾客需求直接配置至产品规划质量屋中相应的位置。

各项顾客需求可简单地采用图示列表的方式,将顾客需求1、顾客需求2、……、顾客需求 nc,填入质量屋中。K_{ANO} 是指顾客需求的性质或类型,卡诺(Noritaki Kano)将顾客需求分为3种,即基本型、期望型和兴奋型。

基本型需求是指顾客认为产品应该具有的基本功能,是不言而喻的,一般情况下顾客不会专门提出。基本需求作为产品应具有的最基本功能,如果没有得到满足,顾客就会很不满意;相反,当完全满足这些基本需求时,顾客也不会表现出特别满意。例如,食品必须首先是安全的,这是食品必须具备的最基本特性。如果食用不安全食品导致食物中毒,则会引起消费者强烈不满。

期望型需求在产品中实现得越多,顾客就越满意;相反,当不能满足这些期望型需求时,顾客就会不满意。企业要不断调查和研究顾客的这种需求,并通过合适的方法在产品中体现这种需求,如食品的适口性和愉悦性就属于这种需求。满足得越多,顾客就越满意。

兴奋型需求是指令顾客意想不到的产品特性。如果产品没有提供这类需求,顾客不会不满意,因为他们通常就没有想到这类需求;相反,当产品提供了这类需求时,顾客就会对产品非常满意,如在方便面中增加卤鸡蛋。

顾客需求的提取是 QFD 实施过程中最为关键也是最难的一步。顾客需求的提取具体包括顾客需求的确定、各需求的相对重要程度的确定以及顾客对市场上同类产品在满足他们需求方面的看法等。顾客需求的获取主要通过市场调查,收集到的顾客需求是各种各样的,有要求、意见、抱怨、评价和希望,有关于质量的,有涉及功能的,还有涉及价格的,所以必须对从用户那里收集到的信息进行分类、整理。

2. 技术要求——质量屋的"如何(How)"

技术要求是用以满足顾客需求的手段,是由顾客需求推演出的,必须用标准化的形式表述。技术要求可以是指一个产品的特性或技术指标,也可以是指产品的原料特性或技术指标,或者一种原料的关键工序及属性等。对于食品质量设计来说,技术要求是指食品技术人员描述的并可以测量的特征。因此,顾客的语言(期望和要求)需要被转化成食品技术人员的语言(相关指标及测定方法)。

3. 关系矩阵

这是质量屋的本体部分,它用于描述技术要求(产品特性)对各个顾客需求的贡献和影响程度。图4-3所示质量屋关系矩阵可采用数学表达式 $R = \left[r_{ij} \right]_{nc \times np}$ 表示。r_{ij} 是指第 j 个技术要求(产品特性)对第 i 个顾客需求的贡献和影响程度。下式是关系矩阵的数学表示式。

$$R = \begin{vmatrix} r_{11} & r_{12} & \cdots & r_{1np} \\ r_{21} & r_{22} & \cdots & r_{2np} \\ \vdots & \vdots & & \vdots \\ r_{nc1} & r_{nc2} & \cdots & r_{nc,np} \end{vmatrix}$$

式中,nc 和 np 分别指顾客需求和技术要求的个数;r_{ij}($i=1,2,3,\cdots,nc$;$j=1,2,3,\cdots,$ np)是第 i 个顾客需求与第 j 个技术要求之间的相关程度值。

通常采用一组符号来表示顾客需求与技术要求之间的相关程度。例如,用"◎"表示"强"相关,用"○"表示"中等"相关,用"△"表示"弱"相关。顾客需求与技术要求之间的相关程度越强,说明改善技术要求会越强烈地影响到对顾客需求的满足情况。例如,某一食品特性(糖含量)与另一食品特性(甜度)之间存在一种促进关系,即如果提高糖含量,甜度必然是跟着提高。顾客需求与技术要求之间的关系矩阵直观地说明了技术要求是否适当地覆盖了顾客需求。如果关系矩阵中相关符号很少或大部分是"弱"相关符号,则表示技术要求没有满足顾客需求,应进行修正。

对关系矩阵中的相关符号可以按"强"相关为9、"中等"相关为5、"弱"相关为1,直接配置成数字形式。也可按百分制的形式配置成[0,1]范围内的小数或用其他方式描述。

4. 竞争分析

站在顾客的角度,对本企业的产品和市场上其他竞争者的产品在满足顾客需求方面进行评估。通过对其他企业的情况以及本企业的现状进行分析,并根据顾客需求的重要程度以及对技术要求的影响程度等,确定对每项顾客需求是否要进行技术改进以及改进目标。竞争能力可以采用李克特量表的5级评分形式:一般情况下,5 表示影响大;4 表示有影响;3 表示一般;2 表示没有影响;1 表示完全没有影响。

(1)本企业及其他企业情况。主要用于描述产品的提供商在多大程度上满足了所列的各项顾客需求。企业 A、企业 B 等是指这些企业当前的产品在多大程度上满足了那些顾客需求。本企业 U 则是对本企业产品在这方面的评价。可以采用折线图的方式,将各企业相对于所有各项顾客需求的取值连成一条折线,以便直观比较各企业的竞争力,尤其是本企业相对于其他企业的竞争力。

(2)未来的改进目标。通过与市场上其他企业的产品进行分析、比较,分析各企业的产品满足顾客需求的程度,并对本企业的现状进行深入剖析,在充分考虑和尊重顾客需求的前提下,设计和确定出本企业产品未来的改进目标。确定的目标在激烈的市场中要有竞争力。

(3)改进比例。改进比例 R_i 是改进目标 T_i 与本企业现状 U_i 之比。它能反映出企业在满足顾客需求方面水平提高的比率。例如,改进目标 T_i 为5,而确定的此项顾客需求的满意度评价 U_i 为3,则改进比例 $R_i = 5/3 = 1.67$。

(4)销售考虑。销售考虑 S_i 用于评价产品的改进对销售情况的影响。例如,我们可以用{1.5,1.2,1.0}来描述销售考虑 S_i。当 $S_i = 1.5$ 时,指产品的改进对销售量的提高影响显著;当 $S_i = 1.2$ 时,指产品的改进对销售量的提高影响中等;当 $S_i = 1.0$ 时,指产品的改进对销售量的提高无影响。质量的改进必须考虑其经济性问题。如果我们要改进某一特性,以更好地满足这一顾客需求,那么改进之后,产品的销售量会不会有所提高,究竟能提高多少,值得认真考虑。片面地追求质量至善论是不正确的。

(5)重要程度。顾客需求的重要程度 I_i 是指按各顾客需求的重要性进行排队而得到的一个数值。该值越大,说明该项需求对于顾客具有越重要的价值;反之,则重要程度越低。

(6)绝对权重。绝对权重 W_{ai} 是改进比例 R_i、重要程度 I_i 及销售考虑 S_i 之积,是各项顾客需求的绝对计分。通过这个计分,提供了一个定量评价顾客需求的等级或排序。

(7)相对权重。为了清楚地反映各顾客需求的排序情况,采用相对权重 W_i 的计分方法,即 $(W_{ai} / \sum W_{ai}) \times 100\%$。

5. 技术要求相关关系矩阵——质量屋的屋顶

技术要求相关关系矩阵主要用于反映一种技术要求,如产品特性对其他产品特性的影响。它呈三角形,又位于质量屋的上方,故被称为质量屋的屋顶。

屋顶表示出了各技术要求之间的相互关系,这种关系表现为三种形式:无关、正相关和负相关。在根据各技术要求重要程度等信息确定产品具体技术参数时,不能只单独、片面地提高重要程度高的产品技术要求的技术参数,还要考虑各技术要求之间的相互影响或制约关系。特别要注意那些负相关的技术要求。负相关的技术要求之间存在相反的作用,提高某一技术要求的技术参数则意味着降低另一技术要求的技术参数或性能。例如,低脂牛奶中的含脂率满足了健康方面的要求,却影响着产品的感官性状。此外,对于那些存在正相关的技术要求,可以只提高其中比较容易实现的技术要求的技术指标或参数。

屋顶中的内容不需要计算,一般只是用三角符号"△"表示正相关,用符号"×"表示负相关,标注到质量屋屋顶的相应项上,作为确定各技术要求具体技术参数的参考信息。

6. 技术评估

技术评估指对技术要求进行竞争性评估,确定技术要求的重要程度和目标值等。

(1)本企业及其他企业情况。针对各项技术要求,描述产品的提供商所达到的技术水平或能力。企业 A、企业 B 等是指这些企业针对各项技术要求,能够达到的技术水平或具有的质量保证能力。本企业 U 则是对本企业在这方面的评价。可采用折线图的方式,将各企业相对于所有各项技术要求所具有的能力或技术水平的取值连接成一条折线,以便直观地评估各企业的技术实力和水平,尤其是本企业相对于其他企业在技术水平和能力上的竞争力。

(2)技术指标值。具体给出各项技术要求(如产品特性)的技术指标值。

(3)重要程度 T_{aj}。对各项技术要求的重要程度进行评估、排队,找出其中的关键项。关键项是指:若该项技术要求得不到保证,将对能否满足顾客需求产生重大消极影响;该项技术要求对整个产品特性具有重要影响,是关键的技术或是质量保证的薄弱环节等。对确定为关键的技术要求,要采取有效措施,加大质量管理力度,重点予以关注和保证。

技术要求的重要程度 T_{aj} 是指按各技术要求的重要性进行排队而得到的一个数值。该值越大,说明该项需求越关键;反之,则越不关键。T_{aj}是各项技术要求的一个绝对计分。通过这个计分,提供了一个定量评价技术要求的等级或排序。

技术要求重要程度的公式计算

$$T_{aj} = \sum r_{ij} \cdot W_i$$

式中,r_{ij}是关系矩阵值,W_i是顾客需求的权重,i表示顾客需求的编号;j表示技术要求的编号。

(4)相对重要程度T_j。为了清楚地反映各技术要求的排序情况,采用相对重要程度T_j,即$(T_{aj} / \sum T_{aj}) \times 100\%$。

以上是针对QFD瀑布式分解模型中的第一个质量屋,即产品规划矩阵(见图4-3)来描述质量屋的结构。对于QFD瀑布式分解模型中的其他配置矩阵,其结构完全相同。所不同的是顾客需求中的顾客已变成了广义的顾客,技术要求也进一步扩展为包括其他技术方面的需求,但仍是质量屋中的"什么"和"如何"。这时,QFD瀑布式分解模型中的上一级质量屋,如图4-2中的产品规划矩阵,就变成了其下一级质量屋——原料规划矩阵。

三、田口方法

1.概述

三次设计理论是田口玄一于20世纪70年代创立的一种系统化设计方法,其核心思想是在产品设计阶段就进行质量控制,力图用最低的制造成本生产出满足顾客要求的、对社会造成损失最小的产品。与传统的产品设计概念不同,田口将产品的设计过程分成三个阶段,即系统设计、参数设计和容差设计。三次设计的重点在参数设计,国外称为健壮设计或鲁棒设计(Robust Design)。

田口质量理论的三次设计紧密地把专业技术与数理统计方法结合起来,充分利用各设计参数与输出质量特性之间一般具有非线性关系的特点,采用系统设计、参数设计、容差设计的三阶段优化设计方法,从设计上控制输出质量特性值的波动,以提高产品固有质量水平。这是一种可以在原材料、零部件的质量参数波动较大,或出于经济性考虑,在不宜压缩原材料和零部件波动幅度的情况下,仍能突出特性的一种稳定性优化设计方法。

2.三次设计

(1)系统设计(第一次设计)。系统设计是指根据产品规划所要求的功能,决定产品结构与要求的设计,其任务是把产品规划所定的目标与要求具体化,设计出能满足用户要求的产品。系统设计是产品设计的第一步。

系统设计利用专业知识和技术对该产品的整个系统结构和功能进行设计。其主要目的是确定产品的主要性能参数、技术指标及外观形状等重要参数。系统设计是产品设计的基础,它在很大程度上决定了产品的性能和成本,影响到用户是否接收该产品。系统设计是在调研的基础上,对比同类产品提出并确定技术参数。在系统的整体方案确定后,还要画出产品总图及部件总图。可以看出,系统设计相当于传统的概念设计加结构设计。

系统设计属于专业技术工作范畴。主要是运用专业技术的理论与方法,决定产品的功能结构,故也称为功能设计。为了提高系统设计的质量,可采用计算机辅助设计、面向制造的设计、面向装配的设计、面向使用的设计、面向维修的设计、面向拆卸的设计等现代设计技术,也可以应用最近几年提出的并行设计和质量功能展开技术。

(2)参数设计(第二次设计)。在完成系统设计以后,就应该确定系统各元器件参数的最佳值。所谓参数设计,即运用正交试验法或优化方法确定零部件参数的最佳组合,使系统在内、外因素作用下,产生的质量波动最小,即质量最稳定(或健壮)。

参数设计又叫健壮设计,它的目的是采取一切措施,保证产品输出特性在其寿命周期内保持稳定。所谓稳定性,是指产品在各种干扰因素的作用下,其输出特性能稳定地保持在一个尽可能小的范围内(波动很小)。运用参数设计,可以使产品或部件的参数搭配合理,即使元器件的性能波动较大,也能够保证整体性能稳定与可靠。参数设计既要采用廉价的元器件,又能提高整机质量。因此,参数设计实质上是质量优化设计,是质量设计的核心阶段。利用参数设计可以使用公差范围较宽的廉价元件组装出高质量的产品,其实质是利用产品输出特性和元件参数水平之间的非线性效应,由此可见,与参数设计有关的两个主要概念就是质量波动和干扰因素。

在完全相同的条件下生产出来的产品,其质量特性是参差不齐的,具有波动性,表现的质量特性也不一样,这种现象称为质量的波动性。质量波动是不以人的意志为转移的。完全消除质量波动是不可能的,但减少质量波动却是可能的。参数设计的根本目的就是减少质量波动,设计出质量稳定、可靠的产品。引起质量波动的干扰因素可以分为以下五类。

一是控制因素。控制因素是指为改进系统的质量特性,以选出最佳水平为目的而提出考察的因子。它们在技术上应具有不同水平,且能任意选定其水平,故又称可控因素。可控因素的值应能在一定范围内自由选择(如时间、温度、材料种类、切削速度等)。

二是标示因素。它是指维持环境使用条件等的因素。标示因素的值(水平)可以在技术上指定,但不能加以选择和控制。研究标示因素的目的不在于选取其最佳水平,而是研究标示因素与可控因素之间有无交互作用,从而确定最佳方案的使用范围(如转速、电压、环境的温度、湿度等)。例如,在低、中、高速三个水平下研究汽车的操纵性时,车速就是标示因素。在不同车速条件下,汽车的操纵性能不尽相同,但为了保持最佳的操纵性而要求汽车只能按一种速度行驶显然不可能而且没有意义。

三是区组因素。它是指持有水平,但在技术上不能指定其水平,同时在不同时间、空间还可以影响其他因素效应的因素。例如,在加工某种零件时,如果由不同操作者在不同班次、使用不同原材料批号、在不同的机器上进行加工时,上述因素就是区组因素。事实上,在参数设计中考虑区组因素无任何实际意义,其目的在于提高检出精度和试验精度。

四是信号因素。它是指为了实现某种意志或为了实现目标值所要求的结果而选取的因素,改变信号因子的水平可以改变质量特性值以符合目标值。例如,机械装配中的调整环。对于汽车的操纵性能来说,信号因素起着传达驾驶员意志的作用,因此方向盘的转向角就是信号因素。信号因素可以自由选取水平,但没有选出最佳水平的必要。

五是误差因素。所谓误差因素,是指除了上述四种因素以外的所有其他因素。产品输出特性值的波动正是由各种误差因素形成的。常考虑的误差因素有外干扰、内干扰和物品间干扰三种。

所谓外干扰,是指产品在使用或运行过程中,由于环境因素(如温度、湿度、电压)的波动或变化而带来的干扰。这种干扰会影响产品的工作质量,使输出特性产生波动。所谓内干扰,是指产品在有效期和使用过程中,随着时间的推移发生了老化或劣化,从而影响了产品的输出特性,如电阻值随时间的变化,运动部件之间的磨损均属内干扰。所谓物品间干扰,是指同一批产品之间输出特性的变动,这种变动是客观存在的。因为即使按同一规格生产出来的产品,由于各种条件的变化,输出特性总是参差不齐的。通过控制工艺过程的5M1E(人员、设备、物料、操作规程、测试手段、环境),可以显著减少物品间干扰。

事实上,参数设计包括两项内容:第一项是考虑各种因素,选择最佳参数值,使产品对各种干扰的反应"不灵敏";第二项内容是研究减少各种干扰因素之间的"干扰性"。

参数设计的目的是,当控制因素(这是指为了改进质量特性,以选出最佳水平为直接目的而提出考察的因素)水平变化时,探查内外干扰的综合波动会发生多大变化,以寻求尽可能不受干扰影响的最佳参数水平组合,设计出质量稳定可靠、成本合理的产品系统。

(3)容差设计(第三次设计)。参数设计完成后,就可开始确定零部件的容差(机械设计中称为公差设计),容差设计的目的是确定各个参数容许误差的大小。在一个系统中,由于结构不同,各个参数对系统输出特性的影响大小就不同,它取决于误差的传递路线。容差设计的基本思想是对影响大的参数给予较小的公差值,对影响小的参数给予较大的公差值,从而在保证质量的前提下使系统的总成本为最小。对于容差设计,田口建议采用损失函数法,后来,人们开始采用优化设计法结合公差成本模型进行容差设计,且已取得较好的效果。

四、并行工程

随着企业之间的竞争愈来愈激烈,产品逐渐由卖方市场转变成买方市场。在买方市场条件下,企业为了求得生存和发展,就必须加强新产品的开发工作。在产品开发过程中,企业应尽早考虑产品开发后续阶段的所有因素(如工艺性、可制造性、可装配性以及可维护性等),目的是避免到了后期阶段由于修改方案造成生产制造过程的反复和资源浪费,同时也可因减少修改循环而缩短产品开发周期,使新产品能迅速投放并占领市场。因此,为了实现企业经营绩效的整体优化,必须建立一种全新的产品开发方法,而并行工程就是这样一种全新的产品开发模式。

1. 并行工程的基本概念

1988 年美国国家防御分析研究所(Institute of Defense Analyze,IDA)完整地提出了并行工程(concurrent engineering,CE)的概念,即"并行工程是集成地、并行地设计产品及其相关过程(包括制造过程和支持过程)的一种系统化的工作模式。这种模式要求产品开发人员在一开始就考虑产品整个生命周期中从概念形成到产品报废的所有因素,包括质量、成本、进度计划和用户要求"。并行工程主要是指组织跨部门、多学科的开发小组在一起并行协同地工作,对产品设计、工艺过程等各个方面同时考虑并设计,及时地交流信息,使各种问题尽早暴露并共同加以解决,这样就使得产品开发时间大大缩短,同时质量和成本都得到不同程度的改善。而传统的串行工程方法是指,先进行市场需求分析,将分析结果交给设计部门,设计人员进行产品设计,然后将图纸交给另一部门进行工艺和制造过程的设计,最后交给制造部门进行生产,做出原型产品。各个部门之间的工作是独立地按顺序进行的,在设计过程中它不能及早考虑其下游各个制造过程及支持过程的问题。因此,在应用串行工程方法设计产品时,只要某一个环节出现问题需要修改,就会造成整个串行过程设计修改大循环,使得开发周期加长,成本上升,质量也难以保证。

并行工程集中了各学科的人才,运用现代化的手段组成产品开发群组协同工作,使产品开发的各个阶段既有一定时序又能并行,同时收集大量的有关信息,采纳上、下游的各种因素和有用信息,共同决策产品开发各阶段工作的方案,使产品开发的早期就能及时发现和纠正产品开发过程中的问题,从而缩短了产品开发周期,提高了产品的质量,降低了成本,增强了企业的竞争能力。并行工程与串行工程的区别见表4-2。

表4-2　并行工程和串行工程的区别

竞争优势	并行工程	串行工程
产品质量	在生产前已考虑到产品的制造问题,容易获得满意的质量	设计和制造之间沟通不足,致使产品质量无法达到最优化
生产成本	产品的制造更为容易,生产成本降低	新产品开发成本较低,制造成本可能较高
生产柔性	适于小批量、多品种生产和高新技术产业的产品	适于大批量、单一品种生产和技术含量较低的产品
产品创新	较快速地推出新产品,能从产品开发中学习到及时修正的方法及创新意识,新产品投放市场快,竞争能力强	不易获得最新技术以及市场需求变化趋势,不利于产品创新

2. 并行工程的特点

(1)并行特性(时序特性)。把原先在时间上有先有后的知识处理和作业实施转变为同时考虑和尽可能地同时处理或并行处理。这表明并行工程比串行工程缩短了产品研制生产周期。这里需要说明的是,串行和并行中各个阶段所占时间可能有所不同,一般而言,并行工程前期阶段的时间可能会相对拉长,后期阶段的时间可能会相对缩短,但由于并行工程中下游阶段的工作提前并行考虑,整个产品研制生产周期会缩短。

(2)整体特性。产品研制开发过程是一个有机整体,在空间中似乎相互独立的各个研制作业和知识处理单元之间,实质上都存在着不可分割的内在联系,特别是有丰富的双向信息联系。强调全局性地考虑问题,即产品研制者从一开始就考虑到产品整个寿命周期中的所有因素。追求整体最优,有时为了保证整体最优,甚至可能不得不牺牲局部利益。

（3）协同特性。强调人们的群体协同工作,这是因为现代产品的特性已越来越复杂,产品开发过程涉及的学科门类和专业人员越来越多,如何取得产品开发过程的整体最优,是并行工程追求的目标,其中关键是如何很好地发挥人们的群体作用。为此,并行工程强调以下几点:有效的组织模式;强调一体化、并行地进行产品及其有关过程的设计;强调协同效率。

（4）集成特性。并行工程作为一种系统工程方法,其集成特性主要包括以下3个方面。

①改进组织结构,实现人员集成。并行工程所普遍采用的是一种多学科、多功能小组形式,也称之为团队组织结构,这是一种扁平型的组织结构,它将同产品(项目)全寿命周期有关的各种专业、各个功能部门的有关人员集中在一个以产品为中心的共同目标之下,组成统一的产品开发团队综合产品小组。这种组织形式打破了专业和部门之间的壁垒,使项目的信息传递主要在团队内部进行,从而既加快了传递节奏,又减少了传递中的摩擦,使团队能更好地协同工作。

②并行操作处理,实现功能集成。并行工程运行中的"并行"要求各个工程阶段相互搭接进行,即提前考虑下游工程阶段的有关研究和工作内容。同时要求职能部门各项功能的履行也并行交叉进行。例如,在设计阶段,采购部门就开始进行料源分析,工艺设计时质检部门开始考虑工序检验和最终检验的可行性等。这样就可使有关信息及时反馈,及时修改有关设计,从而减少大工程行为的反复。

③先进的开发工具、方法和技术,实现信息集成。科学技术的不断进步和竞争的日趋激烈,在产品研制过程中越来越多地使用先进的开发技术和工具,如较普遍地使用了计算机辅助系统(CAD/CAM/CIMS)以及计算机网络系统。多种先进的设计开发方法,也都借助于计算机系统来实现。并行工程的并行操作和信息集成特性对此提出了更高的要求,它期望在计算机辅助系统和网络系统的基础上实现各专业、各功能的多工作站并行运行,并实现无纸化设计,从而达到信息资源共享,使生产过程中信息快速、顺畅传递和反馈。

并行工程与串行工程新产品开发区别,见图4-4。

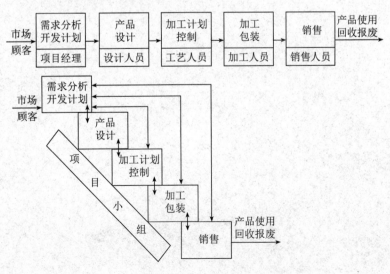

图4-4　并行工程与串行工程新产品开发区别

3. 并行工程的功能

(1)大大缩短了产品从开发到投入市场的时间,提高了产品进入市场的速度。

(2)提高了产品的质量,增强了企业的竞争力。

(3)降低了产品的成本。

(4)能迅速了解市场信息,确保用户满意。

复习思考题

1. 企业为什么要进行新产品开发?

2. 试述产品质量设计的基本过程。

3. 质量设计工具有哪些? 试述其主要内容。

第五章　食品生产过程的质量控制

第一节　质量控制的数理统计学基础

一、产品质量波动理论

(一)产品质量的统计观点

产品质量的统计观点是应用数理统计方法分析和总结产品质量规律的观点。产品质量的统计观点包括以下两个方面的内容。

1. 产品质量具有波动性

在生产制造过程中,即使操作者、机器、原材料、加工方法、生产环境、测试手段等条件完全相同,生产出来的一批产品的质量特性数据也不可能完全相同,它们总是或多或少存在着差异,这就是产品质量的波动性。产品公差制度的建立就表明人们承认产品质量是波动的,但是这段认识过程经历了100多年之久。

2. 产品质量特性值的波动具有统计规律性

在生产过程稳定的条件下生产的产品,其质量特性值的波动幅值及出现不同波动幅值的可能性大小,服从统计学的某些分布规律。在质量管理中,计量质量特性值常见的分布有正态分布等,计件质量特性值常见的分布有二项分布等,计点质量特性值常见的分布有泊松分布。掌握了这些统计分布规律的特点与性质,就可以用来控制与改进产品的质量。

现代质量管理认为,产品质量受一系列因素影响并遵循一定统计规律而不停地变化着。这种观点就是产品质量的统计观点。

(二)质量因素的分类

影响产品质量的因素称为质量因素。质量因素可从来源和作用性质两个不同的角度进行分析。

1. 按来源分类

质量因素按来源可分为:操作人员(man)、设备(machine)、原材料(material)、操作方法

(method)、环境(environment),简称4M1E;有的还把测量(measurement)加上,简称5M1E。

2. 按作用性质分类

按作用性质,质量因素可分成以下两类。

(1)偶然因素。又称随机因素,具有四个特点:①影响微小,即对产品质量的影响微小;②始终存在,只要一生产,这些因素就始终在起作用;③逐件不同,由于偶然因素是随机变化的,所以每件产品受到偶然因素的影响是不同的;④不易消除,指在技术上有困难或在经济上不允许。偶然因素的例子很多,如食品原料的微小差异,操作的微小差别等。

(2)异常因素。又称系统因素,也有四个特点:①影响较大,即对产品质量的影响大;②有时存在,也就是说,它是由某种原因所产生的,不是在生产过程中始终存在的;③一系列产品受到同一方向的影响,指产品质量特性值受到的影响是都变大或都变小;④不难除去,指这类因素在技术上不难识别和消除,在经济上也往往是允许的。异常因素的例子也很多,如使用不合规格标准的原材料、操作者违反操作规程等。

(三)质量变异的分类

从统计学角度来看,可以把产品质量波动分为正常波动和异常波动两类。

1. 正常波动

正常波动是由偶然因素或随机因素引起的产品质量波动,也叫随机波动。产品质量的正常波动表现为产品的质量特性值一般都处于中心值两侧。仅有正常波动的生产过程被称为过程处于统计控制状态,简称为统计稳态。

2. 异常波动

异常波动是由异常因素或系统因素引起的产品质量波动,又叫系统波动。产品质量的异常波动表现为产品的质量特性值有两种表现形式。其一,产品的质量特性值持续地朝某一方向变化。这是由于某种因素逐渐加深对过程的影响,像磨损或温度的变化等。其二,产品的质量特性值的突变,这种类型的变化可能是由于使用了新的材料、改变了设备等因素导致的。有异常波动的生产过程被称为过程处于非统计控制状态,简称为失控状态或不稳定状态。

3. 正常波动和异常波动的比较分析

正常波动和异常波动的比较见表5-1。

表5-1　正常波动和异常波动的比较

正常波动	异常波动
• 含有许多独立的原因	• 含有一个或少数几个独立的原因
• 任何一个原因都只能引起很小的波动	• 任何一个原因都会引起大的波动
• 偶然波动不能经济地从过程中消除	• 异常波动通常都能经济地从过程中消除
• 当只有偶然波动时,过程以最好的方式在运行	• 如果有异常波动存在,过程的运行状态就不是最佳的

随着科技的进步,有些偶然因素的影响可以设法减少,甚至基本消除。但从偶然因素的整体来看是不可能完全消除的。因此,偶然因素引起产品质量的偶然波动也是不可避免

的,故对于偶然因素不必予以特别处理。

异常因素则不然,它对于产品质量影响较大,可造成产品质量过大的异常波动,以致产品质量不合格,同时它也不难加以消除。因此,在生产过程中异常因素是控制的对象。只要发现产品质量有异常波动,就要尽快找出其异常因素,采取措施加以排除。

在实际生产中,产品质量的偶然波动与异常波动总是交织在一起的,如何区分并非易事。理论分析表明:当生产过程只有偶然波动时,产品质量特性值将形成典型的分布,如果除了偶然波动还有异常波动,产品质量的分布必将偏离原来的典型分布。因此,根据典型分布是否偏离就能判断出过程是否存在异常波动,控制图就是按照这个原理设计的。

二、质量数据的收集及其描述

(一)质量数据的分类

不同种类的数据,其统计性质不同,相应的处理方法也就不同,因此,要正确对数据进行分类。食品质量管理中的数据可分为以下两类。

1. 计量数据

计量数据是指可连续取值的数据。计量数据一般是用量具、仪器进行测量取得的,其特点是在某一范围内可以连续取值。在食品质量管理中会遇到大量的计量数据,如长度、体积、重量、温度、时间、营养素含量等。计量数据大多服从正态分布。

2. 计数数据

计数数据是指不能连续取值的,只能以个数计算的数据。计数数据的取得是通过计数的方法获得的,它们只能取非负的整数。计数数据还可以进一步分为计件数据和计点数据。计件数据表示具有某一质量标准的产品个数,如总体中合格品数、一级品数;计点数据表示个体(单件产品、单位长度、单位面积、单位体积等)上的缺陷数、质量问题点数等,如检验食品包装袋的印刷质量时,包装袋表面的色斑、套色错误等。需要注意的是,计件数据变换成比率后的数据依然是计件数据,如产品的不合格品率。

(二)质量数据的特征值

质量数据的特征值是数据分布趋势的一种度量。数据特征值可分为两类:一类描述数据分布的集中趋势,如平均值、中位数等;另一类描述数据分布的离散程度,如极差、方差、标准差等。

1. 表示数据集中趋势的特征值

(1)算术平均值:将所有数据之和为分子,数据的总个数为分母的商。

(2)中位数:把数据按大小顺序排列,当有相同数值时应重复排列,排在中间位置的那个数据即为中位数;当数据的个数为偶数时,中间位置的两个数据的平均值为中位数。

(3)频数:把杂乱的数据按照一定的方式整理出各个不同值出现的次数,称为该值出现的频数。

(4)众数:一组测量数据中出现次数最多的那个数。

2. 表示数据离散程度的特征值

（1）极差：一组测量数据中的最大值与最小值之差，通常用符号 R 表示。

（2）方差：样本数据所有观测值的离差平方和的"平均值"，记为 S^2。

$$S^2 = \frac{1}{n-1}\sum_{i=1}^{n}(x_i - \bar{x})^2$$

方差以均值为中心，提取了全部样本数据中的离差信息，这就使得它在反映离散程度方面更加全面，而且均值具有各个样本数据与其离差平方和为最小的性质，也保证了方差在说明均值代表性方面的良好性质。一般地，样本方差 S^2 越大，则样本数据的分散程度越高。

（3）样本标准差。样本方差的量纲与原始数据的量纲不同，它是原始数据量纲的平方，所以在实际应用时常用其算术平方根，称为样本标准差，记为 S。

$$S = \sqrt{\frac{1}{n-1}\sum_{i=1}^{n}(x_i - \bar{x})^2}$$

（三）质量数据的概率分布

1. 正态分布

在质量管理中，常见的、应用最广的连续变量的分布为正态分布。例如，某一种加工食品的重量、营养成分含量等质量特性值都服从正态分布。若 x 为一正态随机变量，则 x 的概率密度为：

$$f(x) = \frac{1}{\sigma\sqrt{2\pi}}e^{-(x-\mu)^2/2\sigma^2}, \quad -\infty < x < +\infty$$

式中：$\mu(-\infty < \mu < +\infty)$ 为总体均值，$\sigma(\sigma > 0)$ 为总体标准差。

正态分布常常记为 $x \sim N(\mu, \sigma^2)$，其图形参见图 5-1，由图可以看出以下两个方面。

①正态分布是对称的、单峰的钟形曲线。

②任一正态分布仅由 μ 和 σ 两个参数完全确定。μ 也称分布的位置参数，σ 称分布的形状参数；σ 值越小，曲线越陡，数据离散程度越小，σ 值越大，曲线越扁平，数据的离散程度越大。

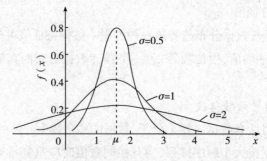

图 5-1　μ 相同、σ 不同的三条正态分布曲线

图 5-2 给出了正态分布曲线下不同面积所包含的概率大小。例如，总体数值有 68.26% 落于 $\mu \pm \sigma$ 界线的范围内，有 95.46% 落于 $\mu \pm 2\sigma$ 界线的范围内，有 99.73% 落于 $\mu \pm 3\sigma$ 界线的范围内。上述结论是质量管理中经常要用到的。

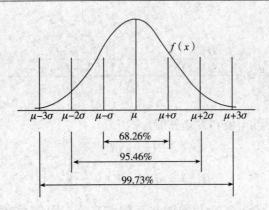

图5-2 正态分布曲线下不同面积所包含的概率

累积正态分布定义为:正态变量 x 小于或等于某一数值 c 的概率,即

$$P\{x \leqslant c\} = F(c) = \int_{-\infty}^{c} \frac{1}{\sigma \sqrt{2\pi}} e^{-\frac{1}{2}(\frac{x-\mu}{\sigma})^2} dx$$

为使上述积分的计算与 μ 以及 σ^2 的具体数值无关,引入标准变换

$$Z = \frac{x-\mu}{\sigma}$$

于是

$$P\{x \leqslant c\} = P\left\{\frac{x-\mu}{\sigma} \leqslant \frac{c-\mu}{\sigma}\right\} = P\left\{Z \leqslant \frac{c-\mu}{\sigma}\right\} = \Phi\left(\frac{c-\mu}{\sigma}\right)$$

其中,函数 Φ 为标准正态分布 $N(0,1)$ 的累积分布函数。它的计算结果见附录附表1:《标准正态分布表》。表中仅给出正值 Z 左侧的概率。若考虑其他情况,则可利用正态分布的对称性来计算。例如,可应用下列几个公式:$P\{Z \geqslant c\} = 1 - P\{Z \leqslant c\} = 1 - \Phi(c)$;$P\{Z \leqslant -c\} = P\{Z \geqslant c\}$;$P\{Z \geqslant -c\} = P\{Z \leqslant c\}$;$P\{c_1 < Z \leqslant c_2\} = \Phi(c_2) - \Phi(c_1)$;其中 c,c_1,$c_2 > 0$。

【例5-1】 包装纸的抗拉强度是一个重要的质量特性。假定包装纸抗拉强度服从正态分布,其均值为 $\mu = 3.0 \text{kg/cm}^2$,方差为 $\sigma^2 = 0.2 \text{kg/cm}^2$。现购买厂家要求包装纸抗拉强度不低于 2.5kg/cm^2,问购买该种包装纸能满足厂家要求的概率为多少?

解:满足厂家要求的概率为 $P\{x \geqslant 2.5\} = 1 - P\{x \leqslant 2.5\}$。应用标准变换,可求得 $P\{x \leqslant 2.5\} = P\{Z \leqslant (2.5 - 3.0)/0.2\} = P\{Z \leqslant -2.5\} = 1 - \Phi(2.5)$。

故 $P = \{x \geqslant 2.5\} = 1 - [1 - \Phi(2.5)] = 0.99379$。

2. 超几何分布

设有一批产品,批量大小为 N,假定其中含有 D 件不合格品,则该批产品不合格品率 P 为:

$$P = (D/N) \times 100\%$$

当检验该批产品时,从该批产品中随机每次抽取一件产品共抽 n 次,而抽出每一件后均不放回到这批产品中去。那么,共抽取 n 件产品时恰好有 x 件不合格品的概率服从超几

何分布,即

$$P(x) = \frac{C_D^x \cdot C_{N-D}^{n-x}}{C_N^n} = \frac{\dfrac{D!}{x! \ (D-x)!} \cdot \dfrac{(N-D)!}{(n-x)! \ (N-D-n+x)!}}{\dfrac{N!}{n! \ (N-n)!}}, x = 0,1,2,\cdots,n$$

超几何分布的数学期望值和方差分别为:

$$E(x) = nP$$

$$D(x) = nP(1-P) \times \frac{N-n}{N-1}$$

图 5 – 3 给出了 N、D、n 不全相同的超几何概率分布图形。离散概率分布的图形应由横坐标上孤立点的垂直线条表示,为便于比较而将其顶点用折线相连。

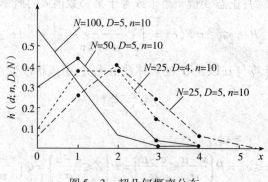

图 5 – 3　超几何概率分布

【例 5 – 2】　一批产品,批量为 100 件。已知批不合格品率为 0.01,从批中随机抽取 5 件,求其中含有 1 件不合格品的概率和不超过 1 件不合格品的概率。

解:设样本中含有的不合格品个数为 x,$D = 100 \times 0.01 = 1$,$n = 5$。

$$P(x = 0) = \frac{C_1^0 \cdot C_5^{5-0}}{C_{100}^5} = 0.95$$

$$P(x = 1) = \frac{C_1^1 \cdot C_5^{5-1}}{C_{100}^5} = 0.05$$

$$P(x \leqslant 1) = P(x = 0) + P(x = 1) = 0.95 + 0.05 = 1$$

3. 二项分布

当一个随机事件的发生只有两种可能的状态或结果时,可以用二项概率分布来描述。如果某一随机事件在 n 次独立试验的每一次试验中出现的概率都是 P,它不出现的概率是 $1 - P$,那么该事件在 n 次试验中出现 x 次的概率为:

$$P(x) = C_n^x p^x (1-P)^{n-x}$$

$$P(x) = C_n^x p^x (1-P)^{n-x}, x = 0,1,2,\cdots,n$$

二项分布的均值与方差分别为:

$$\mu = nP$$

$$\sigma^2 = nP(1-P)$$

在质量管理中,二项分布是常见的。对于从无限总体中抽样而以 P 表示总体不合格品率的情况,二项分布是适宜的概率模型。

在二项分布中,给定 n 和 P 后,$P(x)$ 是 x 的函数,x 的可能取值为 $1,2,\cdots,n$。所以,二项分布的图形由 $(n+1)$ 个离散点构成。图 5-4 和图 5-5 分别给出了 n 的值不全相同和 P 不全相同的二项分布图形。由图 5-4 知,当 n 充分大时,二项分布趋于对称,近似趋于正态分布。由图 5-5 知,当 $P=0.50$ 时,图形关于 $x=nP=5$ 左右对称;而当 $P\neq0.50$ 时,图形就发生偏移,当 $P=0.25<0.50$ 时,向左偏,当 $P=0.75>0.50$ 时,向右偏。

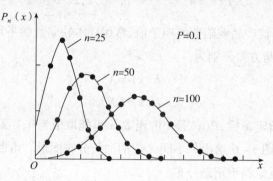

图 5-4　二项分布的图形随 n 的变化

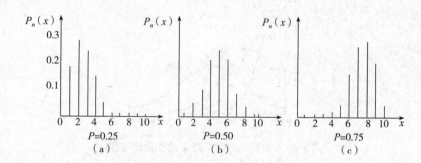

图 5-5　二项分布的图形随 P 的变化

【例 5-3】　某种产品的日产量很大,批不合格品率为 0.01。把日产量看作一批,从中随机抽取 3 个单位产品,求样本中含有不合格品个数的概率分布。

解:$N=\infty$,$n=3$,$P=0.01$

$P(x=0)=C_3^0(0.01)^0(0.99)^3=0.970229$

$P(x=1)=C_3^1(0.01)^1(0.99)^2=0.029403$

$P(x=2)=C_3^2(0.01)^2(0.99)^1=0.000297$

$P(x=3)=C_3^3(0.01)^3(0.99)^0=0.000001$

4. 泊松分布

在质量管理中,泊松分布的典型用途是用作单位产品上所发生的缺陷数的数学模型。

如果单位产品的缺陷数满足以下 3 条假定,则说明单位产品的缺陷数服从泊松分布。

(1)在单位产品很小的面积上(长度或体积等),出现两个或两个以上缺陷的概率很小,在极限状态下可以略去不计。

(2)在任一很小的面积上,出现一个缺陷的概率仅与面积成正比。

(3)在任一很小面积上是否出现缺陷,与另一很小的面积上是否出现缺陷相互独立。

用 x 表示缺陷数,则 x 为随机变量,可取任意一个自然数 $0,1,2,\cdots$,缺陷数恰好等于 x 的概率服从泊松分布。即

$$P(x=k)=\frac{e^{-\lambda}\lambda^k}{k!},k=0,1,2,\cdots,n$$

式中,参数 $\lambda>0$,为单位产品缺陷数的期望值,常用样本缺陷数的平均值估计。

泊松分布的均值与方差分别为:

$$E(x)=\lambda$$
$$D(x)=\lambda$$

在泊松分布中,给定 λ 后,$P(x)$ 是 x 的函数,x 可能取值为 $0,1,2,\cdots$ 所以泊松分布由无穷多个离散点构成。图 5-6 给出了不同 λ 值的泊松分布图形。由图可见,当 λ 充分大时,泊松分布趋于对称,近似趋于正态分布。

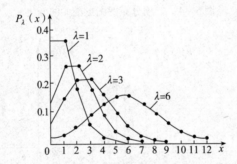

图 5-6 泊松分布图形随 λ 的变化而变化

【例 5-4】 在产品的加工过程中,观察产品在装配中发现的缺陷,经统计每台产品的平均装配缺陷数 $\lambda=0.5$,试求在检验中发现恰有 1 个缺陷的概率。

解:由题意可知:$\lambda=0.5$

$$P(x=k)=\frac{e^{-\lambda}\lambda^k}{k!}=\frac{e^{-0.5}0.5^1}{1!}=0.303$$

在实际应用中,常常通过查《泊松分布表》(附表 2),计算其概率值。

$$P(x=1)=P(x\leqslant1)-P(x=0)=0.909-0.606=0.303$$

三、过程质量的抽样分布与统计推断

总体与从中抽取的样本之间的关系是统计学的中心内容。对这种关系的研究可从两方面着手:一是从总体到样本,这就是研究抽样分布的问题;二是从样本到总体,这就

是统计推断问题。统计推断是以总体分布和样本抽样分布的理论关系为基础的。为了能正确地利用样本去推断总体,并能正确地理解统计推断的结论,须对样本的抽样分布有所了解。

由总体中随机地抽取若干个体组成样本,即使每次抽取的样本含量相等,其统计量(如 $\bar{x}$, S)也将随样本的不同而不同,因此样本统计量也是随机变量,也有概率分布。我们把统计量的概率分布称为抽样分布。

由总体随机抽样的方法可分为有返置抽样和不返置抽样两种。前者指每次抽出一个个体后,这个个体应返置回原总体;后者指每次抽出的个体不返置回原总体。对于无限总体,返置与否关系不大,都可保证各个体被抽到的机会均等。对于有限总体,要保证随机抽样,就应该采取返置抽样,否则各个体被抽到的机会就不均等。

在质量管理中,常用的是样本均值的抽样分布,下面重点介绍。

设有一个总体,总体均数为 μ,方差为 σ^2,总体中各变数为 x,将此总体称为原总体。现从这个总体中随机抽取含量为 n 的样本,样本平均数记为 $\bar{x}$。由这些样本算得的平均数有大有小,不尽相同,与原总体均数 μ 相比往往表现出不同程度的差异。这种差异是由随机抽样造成的,称为抽样误差。显然,样本平均数也是一个随机变量,其概率分布叫作样本平均数的抽样分布。由样本平均数 $\bar{x}$ 构成的总体称为样本平均数的抽样总体,其平均数和标准差分别记为 $\mu_{\bar{x}}$ 和 $\sigma_{\bar{x}}$。$\sigma_{\bar{x}}$ 是样本均数总体的标准差,简称样本标准误。统计学上已证明 $\bar{x}$ 总体的两个参数与 x 原总体的两个参数有如下的关系:

$$\mu_{\bar{x}} = \mu, \sigma_{\bar{x}} = \frac{\sigma}{\sqrt{n}}$$

x 变量与 $\bar{x}$ 变量的概率分布间的关系可由下面的定理说明。

(1)若随机变量 x 服从正态分布 $N(\mu, \sigma^2)$,则随机样本 $x_1, x_2, \cdots, x_n$ 的统计量 $\bar{x}$ 的概率分布服从 $N(\mu, \sigma^2/n)$ 的正态分布。

(2)若随机变量 x 服从平均值为 μ 和方差为 σ^2 的非正态分布,则随机样本 $x_1, x_2, \cdots, x_n$ 的统计量 $\bar{x}$ 的概率分布,当 n 相当大时,逼近 $N(\mu, \sigma^2/n)$ 的正态分布。这就是中心极限定理。

上面的两个定理说明样本平均值的分布服从或逼近正态分布。

中心极限定理告诉我们,不论 x 服从何种分布,一般只要 $n > 30$,就可以认为 $\bar{x}$ 的分布是正态的。若 x 的分布不是很偏斜,在 $n > 20$ 时,$\bar{x}$ 的分布就近似正态了。这就是正态分布较其他分布应用广泛的原因。

在实际工作中,总体标准差 σ 往往是未知的,因而 $\sigma_{\bar{x}}$ 无法求得。此时,可用样本标准差 S 估计 σ。于是以 $S/\sqrt{n}$ 估计 $\sigma_{\bar{x}}$。记 $S/\sqrt{n}$ 为 $S_{\bar{x}}$,称作样本标准误或均数标准误。$S_{\bar{x}}$ 是平均数抽样误差的估计值。若样本中各观察值为 $x_1, x_2, \cdots, x_n$,则

$$S_{\bar{x}} = \frac{S}{\sqrt{n}} = \sqrt{\frac{\sum(x - \bar{x})^2}{n(n-1)}} = \sqrt{\frac{\sum x^2 - (\sum x)^2/n}{n(n-1)}}$$

第二节　控制图

一、控制图原理

(一)控制图的基本格式

控制图是判别生产过程是否处于控制状态的一种手段,利用它可以区分质量波动究竟是由随机因素还是系统因素造成的。控制图的种类很多,本节主要介绍常规控制图,也称休哈特控制图。

控制图的基本形式见图5-7,它由纵横坐标轴和三条横线组成。横坐标是按时间先后排列的抽样子组号,纵坐标表示质量特性值,三条横线分别为上控制限(upper control limit,UCL)、中心线(central line,CL)和下控制限(lower control limit,LCL)。

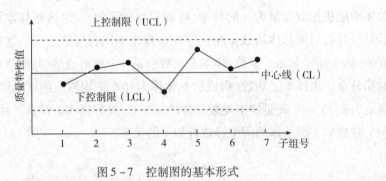

图5-7　控制图的基本形式

控制图的基本思想:在生产过程中定期抽取样本进行检测,把测量结果(质量特性值)按时间先后顺序点描在图上,根据点的排列情况来判断过程是否异常。

(二)控制图的统计学原理

1.控制界限的原理

控制图控制界限的计算公式为:$UCL = \mu + 3\sigma$;$CL = \mu$;$UCL = \mu - 3\sigma$。控制图控制界限的这种确定方式称为"3σ原理",或者称为"千分之三原理"。

当过程处于稳定状态时,产品质量特性值 X 服从某种确定的典型分布,当出现系统性原因时,X 就会偏离原来的典型分布。可以利用统计学中的假设检验的方法及时发现这种偏离,从而判断系统性原因是否存在。下面以 X 服从正态分布为例进行说明。

如果生产过程处于稳定状态,则有 $X \sim N(\mu, \sigma^2)$,$P(\mu - 3\sigma < X < \mu + 3\sigma) = 0.9973$。也就是说,从生产过程中随机抽取 1000 个样品,平均约有 997 个样品数据落在($\mu - 3\sigma, \mu + 3\sigma$)之内,只有 3 个超出分布范围。根据小概率事件不可发生原理,现从生产过程中任意抽取一件产品 X,认为 X 一定在分布范围($\mu - 3\sigma, \mu + 3\sigma$)之内,出现在分布之外是不可能的,这就是 3σ 原理。这种错判的概率只有 3‰,因此,控制界限的这种原理也叫"千分之三原理"。

现在按加工次序每隔一定的时间间隔抽取一个样本,如果生产过程处于稳定状态,那么被抽取的产品质量特性仍处于原来的正态分布,该产品质量特性值落在$(\mu - 3\sigma, \mu + 3\sigma)$之外几乎是不可能的,因为小概率事件在一次试验中是不可发生的。如果发生了,说明原来的分布出现了较大的变化。分布之所以发生较大的变化,是由于生产过程出现了系统原因。这时,超过上、下限的面积不再是0.27%,可能是百分之几或者更大,点落在界外的可能性大大增加了。因此可以认为,当点落在上、下界限外时,表明生产过程出现了系统问题,已处于失控状态,必须追查具体的原因,采取措施,使生产恢复到控制状态。

2. 两类错误

用控制图判断生产过程是否稳定,实际上是进行统计推断。既然是统计推断,就可能出现两类错误。

第Ⅰ类错误:将正常判为异常,即生产过程仍处于统计控制状态,但由于随机因素的影响,点超出了控制限,其发生的概率为α。

第Ⅱ类错误:将异常判为正常,即生产已经变化为非统计控制状态,但点没有超出控制限,而将生产判为正常,其发生的概率为β,如图5-8所示。

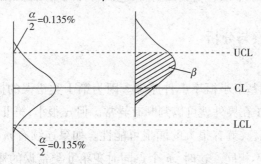

图5-8　控制图判断过程质量的两类错误

孤立地看,两类错误都可以缩小,甚至避免,但同时要避免两类错误是不可能的。一般来说,当样本大小为固定时,α越小则β越大,反之,β越小则α越大。如图5-8所示,如果上下控制线间的距离窄,则出现第一种错误的可能性大,出现第二种错误的可能性小;反之,距离宽,则出现第一种错误的可能性小,而出现第二种错误的可能性大。

要使α和β同时减小只有不断增加样本量n,这在实际中是很难实现的。另外,β的计算与失控状态时总体的分布有关。失控状态的总体分布多种多样,我们很难对β做出确切的估计。因此,常规控制图仅考虑第一类错误的概率α。实践证明,能使两类错误总损失最小的控制界限幅度大致为3σ。因此,选取$\mu \pm 3\sigma$作为上、下控制界限是经济合理的。

(三)初始控制图与控制用控制图

统计过程控制的目的是当过程处于统计受控状态时对该过程进行监控,让生产过程持续稳定进行下去。但是,一道工序开始应用控制图时,几乎总不会恰巧处于稳态。如果就以这种非稳态状态下的参数来建立控制图,控制图界限之间的间隔一定较宽,以这样的控制图来控制未来过程,将会导致错误的结论。因此,一开始,总需要将非稳态的过程调整到稳态,这就是初始控制图的阶段。等到过程调整到稳态后,才能延长控制图的控制线作为控制用控制图,这就是控制用控制图的阶段。

1. 初始控制图

初始控制图用来分析过程是否处于统计稳态及过程能力是否适宜。由于 C_p 值必须在稳定状态下计算,所以,如发现过程失控,应找出原因,采取措施,使过程达到稳态。过程达到稳态后,再计算过程能力指数,当过程能力适宜时,才可将初始控制图的控制线延长作为控制用控制图。

2. 控制用控制图

控制用控制图用于监视过程是否稳定,预防不合格的产生。控制用控制图的应用原则是,按规定的取样方法获得数据,通过打点观察,控制异常原因的出现。当点子分布异常,说明工序质量不稳定,此时应及时找出原因,消除异常原因,使过程恢复到正常的控制状态。

控制用控制图由初始控制图转化而来,其控制限不必随时计算。当影响过程质量波动的因素发生变化或质量水平已有明显提高时,应及时再用初始控制图计算出新的控制线。

二、控制图的观察与分析

(一)判稳准则

控制图的判稳准则基于小概率事件原理。因为第 I 类错误的概率 $\alpha = 0.27\%$ 取得很小,所以只要有一个点子在界外就可以判断有异常。但 α 很小,第 II 类错误的概率 β 就大,即利用一点在界内来判稳,就有很大的漏报可能性。如果连续有 $m(m \gg 1)$ 个点全部都在控制界限内,情况就大不相同。这时,m 个点同时犯第 II 类错误的概率为 β^m。因为 $\beta < 1$,$m \gg 1$,所以 β^m 非常小,也就是说漏判的可能性极小。当 m 非常大时,则即使有个别点出界,过程仍可看作是稳态的,这就是判稳准则的思路。

判稳准则:在控制图上点子排列随机的情况下,符合下列情况之一就认为过程处于稳态:

(1)连续 25 个点,界外的点数 $d = 0$;

(2)连续 35 个点,界外的点数 $d \leqslant 1$;

(3)连续 100 个点,界外的点数 $d \leqslant 2$。

关于控制图上点的排列随机,指的是控制图上点的分布没有异常准则所列的各种情况。另外,凡是点恰在控制限上的,均作为超出控制限处理。

对判稳准则(1),过程处于统计受控状态的概率 $P(连续 25 点, d = 0) = C_{25}^0 0.9973^{25} = 0.9346$,过程处于失控状态的概率仅为 $\alpha_1 = 0.0654$。

对判稳准则(2),$P(连续 35 点, d \leqslant 1) = C_{35}^0 0.9973^{35} + C_{35}^1 0.0027^1 \times 0.9973^{34} = 0.9959$,过程处于失控状态的概率仅为 $\alpha_2 = 0.0041$。

同理,对判稳准则(3),过程处于失控状态的概率为 $\alpha_3 = 0.0026$。

这三种情况均为小概率事件,在一次试验中实际上不可能发生,若发生则判断过程失控。根据上述 α_1、α_2、α_3 的数值,可见它们依次递减,也即这三条判稳准则判断的可靠性依次递增。

从经济的角度看,对于初始控制图,首先应利用判稳准则(1),对于 25 个点,若全部落在控制限内,则判稳,可以利用该图进行后续生产过程的控制;反之则不能判稳,需要寻找点出界的原因,如果是系统异因造成的点出界,则要采取措施消除系统异因,废弃当前的抽样数据,重新根据抽样方案进行抽样;如果是偶然因素导致的点出界,则需要补充抽样点,利用判稳准则(2)进行判稳,依次类推。

(二)判异准则

1. 两类判异准则

(1)点出界就判异。前面讲述控制图原理时已提到控制图的两类错误,休哈特控制图采用了 3σ 原则,使得犯第 I 类错误的概率很小($\alpha = 0.0027$)。

(2)界内点排列不随机判异。如果仅根据"点出界则判异"这一条判异规则来判异,则犯第 II 类错误的概率 β 会比较大,会使生产过程产生大量不合格品,给企业带来较大的经济损失。为降低犯第 II 类错误的概率 β,休哈特增加了"界内点排列不随机就判异"的准则,这些判异准则的依据均是统计学中的小概率事件原理。

由于对点子的数目未加限制,故上述的第二种模式原则上可以有无穷多种,但现场能够保留下来继续使用的只有具有明显物理意义的若干种,在控制图的判断中要注意对这些模式加以识别。

2. 常规控制图的国家标准

GB/T 4091—2001《常规控制图》引用了西方电气公司统计质量控制手册,规定了 8 种判异准则。为了应用这些准则,将控制图等分为 6 个区域 A,B,C,C,B,A,每个区宽 σ,见图 5 - 9 ~ 图 5 - 16。

(1)准则 1:1 点落在 A 区以外(图 5 - 9)。

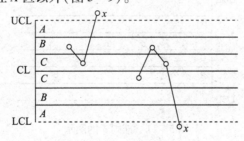

图 5 - 9　准则 1 的图示

在许多应用中,准则 1 甚至是唯一的判异准则。准则 1 可对参数 μ 的变化或参数 σ 的变化给出信号,变化越大,则给出信号越快。准则 1 还可对过程中的单个失控做出反应,如计算错误、测量误差、原材料不合格、设备故障等。在 3σ 原则下,准则 1 犯第一类错误的概率为 $\alpha = 0.0027$。

(2)准则2:连续9点落在中心线同一侧(图5-10)。

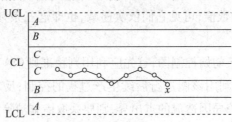

图5-10　准则2的图示

此准则是为了补充准则1而设计的,以便改进控制图的灵敏度,减少犯第Ⅱ类错误的可能性。选择9点是为了使其犯第Ⅰ类错误的概率 α 与准则1的 $\alpha = 0.0027$ 大体相仿,同时不至于增加过多的点从而降低灵敏度。在控制图中心线一侧连续出现的点称为链,其中包含的点数目称为链长。若过程正常,则下列事件发生的概率分别为

$$P(\text{中心线一侧出现长为 7 的链}) = 2 \times \left(\frac{0.9973}{2}\right)^7 = 0.0153 = \alpha_7$$

$$P(\text{中心线一侧出现长为 8 的链}) = 2 \times \left(\frac{0.9973}{2}\right)^8 = 0.0076 = \alpha_8$$

$$P(\text{中心线一侧出现长为 9 的链}) = 2 \times \left(\frac{0.9973}{2}\right)^9 = 0.0038 = \alpha_9$$

$$P(\text{中心线一侧出现长为 10 的链}) = 2 \times \left(\frac{0.9973}{2}\right)^{10} = 0.0019 = \alpha_{10}$$

根据判异灵敏度适度的原则,如果灵敏度太高,则判异的概率大,可能带来不必要的纠错成本;如果灵敏度过小,则不容易发现系统变异。从上面的计算可知,选择9点是比较合适的,其犯第Ⅰ类错误的概率 α 与准则1的 α 相近。

(3)准则3:连续6点递增或递减(图5-11)。

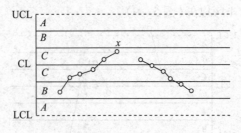

图5-11　准则3的图示

此准则是针对过程平均值的趋势(增大或减小)而设计的,它判定过程平均值的趋势变化要比准则2更为灵敏。产生趋势的原因可能是工具逐渐磨损、维修水平逐渐降低等,从而使得参数随着时间而变化。若过程正常,则出现这种趋势的概率为:

$$P(\text{6 点趋势}) = \frac{2}{6!} \times 0.9973^6 = 0.00273$$

（4）准则4：连续14点相邻点上下交替（图5－12）。

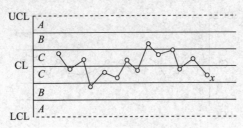

图5－12　准则4的图示

出现本准则的原因是轮流使用两台设备，或由两位操作者轮流进行操作而引起的系统效应。实际上，这就是一个数据分层不够的问题。选择14点是通过统计模拟试验而得出的，也是为使其 α 大体上与准则1的 $\alpha = 0.0027$ 相当。

（5）准则5：连续3点中有2点落在中心线同一侧的 A 区（图5－13）。

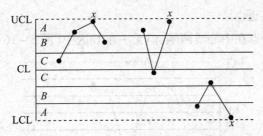

图5－13　准则5的图示

过程平均值的变化通常由本准则判定。若过程正常，则点落在中心线同一侧 A 区的概率为：$\Phi(3) - \Phi(2) = (0.9973 - 0.9545)/2 = 0.0214$，则3点中有2点落在中心线同一侧的 A 区，另一点落在控制界限内任何位置的概率 α 为 $2 \times C_3^2 \times 0.0214^2 \times 0.9973 = 0.00274$，与准则1的 $\alpha = 0.0027$ 接近。

（6）准则6：连续5点中有4点落在中心线同一侧的 C 区以外（图5－14）。

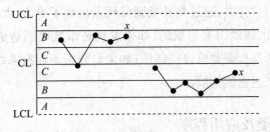

图5－14　准则6的图示

出现本准则的现象也是由于过程平均值发生了变化，本准则对过程平均值的偏移也是较灵敏的。点落在 $A + B$ 区内的概率为 $\Phi(3) - \Phi(1) = (0.9973 - 0.6827)/2 = 0.1573$，则5点中有4点落在中心线同一侧的 $A + B$ 区，另一点落在控制界限内任何位置的概率 α 为 $2 \times C_5^4 \times 0.1573^4 \times 0.9973 = 0.0061$，与准则1的 $\alpha = 0.0027$ 接近。

（7）准则 7：连续 15 点在 C 区中心线上下（图 5 - 15）。

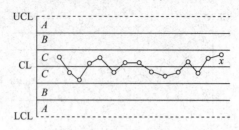

图 5 - 15　准则 7 的图示

出现本准则的现象是由于参数 σ 变小。对于这种现象不要被它的良好"外貌"所迷惑，而应该注意到它的非随机性。造成这种现象的原因可能是有数据虚假或数据分层不够。当然也可能是工序能力水平变高所致，但只有在排除了上述两种可能性之后，才能总结现场减少标准差 σ 的先进经验。连续 15 点在 C 区的概率 α 为 $0.68268^{15} = 0.00326$，与准则 1 的 $\alpha = 0.0027$ 接近。

（8）准则 8：连续 6 点在中心线两侧，但无一在 C 区中（图 5 - 16）。

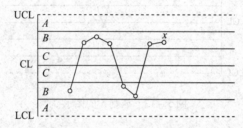

图 5 - 16　准则 8 的图示

造成本现象的原因是数据分层不够。若过程正常，则点落在 $A + B$ 区的概率是 $(0.9973 - 0.6827)$，则连续 6 点在 $A + B$ 区的概率 α 为 $(0.9973 - 0.6827)^6 = 0.00097$，与准则 1 的 $\alpha = 0.0027$ 接近。

若在控制图的使用过程中，通过判异准则发现点出现了异常，此时需要分析异常是由系统异因造成的，还是由偶然因素造成的，如果发现是系统异因造成的，则要消除系统异因，转入下一步，即判断是否需要修改控制图；如果经分析不存在系统异因，则继续使用初始控制图进行后续生产过程的控制。

三、控制图的分类及应用程序

（一）控制图的分类

根据质量数据的性质，控制图分为计量控制图和计数控制图大类，如表 5 - 2 所示。计量控制图包括：均值—极差控制图、均值—标准差控制图、中位数—极差控制图和单值—移动极差控制图。计数值控制图包括不合格品率控制图、不合格品数控制图、不合格数控制图、单位不合格数控制图。

我们已经知道,休哈特控制图的控制限为产品质量特性值均值加(减)3 倍标准差。但在制作各种控制图时,3 倍标准差并不容易求得,质量管理专家按统计理论计算出一些近似系数,这就方便了各种控制图的使用,如表 5 - 2 所示。

表 5 - 2 控制图类型

数据种类	控制图名称及代号		计算公式			备注
			中心线	上控制限	下控制限	
计算值	均值—极差控制图 ($\bar{x}$—R 图)	$\bar{x}$图	$\bar{\bar{x}}$	$\bar{\bar{x}} + A_2 \bar{R}$	$\bar{\bar{x}} - A_2 \bar{R}$	下面各式中,n 为样本容量,k 为样本组数。 $\bar{\bar{x}} = \dfrac{\sum \bar{x}}{k}$, $\bar{x} = \dfrac{\sum_{i=1}^{n} x_i}{n}$ $\bar{R} = \dfrac{\sum_{i=1}^{k} R_i}{n}$, $\bar{S} = \dfrac{\sum S}{k}$ $\bar{\tilde{x}} = \dfrac{\sum \tilde{x}}{k}$, $\bar{R}_S = \dfrac{\sum R_S}{k-1}$
		R 图	$\bar{R}$	$D_4 \bar{R}$	$D_3 \bar{R}$	
	均值—标准差控制图 ($\bar{x}$—S 图)	$\bar{x}$图	$\bar{\bar{x}}$	$\bar{\bar{x}} + A_3 \bar{S}$	$\bar{\bar{x}} - A_3 \bar{S}$	
		S 图	$\bar{S}$	$B_4 \bar{S}$	$B_3 \bar{S}$	
	中位数—极差控制图 ($\tilde{x}$—R 图)	$\tilde{x}$图	$\bar{\tilde{x}}$	$\bar{\tilde{x}} + m_3 A_2 \bar{R}$	$\bar{\tilde{x}} - m_3 A_2 \bar{R}$	
		R 图	$\bar{R}$	$D_4 \bar{R}$	$D_3 \bar{R}$	
	单值—移动极差控制图 (x—R_S 图)	x图	$\bar{x}$	$\bar{x} + E_2 \bar{R}_S$	$\bar{x} - E_2 \bar{R}_S$	
		R_S 图	$\bar{R}_S$	$D_4 \bar{R}_S$	$D_3 \bar{R}_S$	
计数值	计件 不合格品数控制图(nP 图)		$n\bar{P}$	$n\bar{P} + 3\sqrt{n\bar{P}(1-\bar{P})}$	$n\bar{P} - 3\sqrt{n\bar{P}(1-\bar{P})}$	$n\bar{P} = \dfrac{\sum nP}{k}$
	不合格品率控制图(P 图)		$\bar{P}$	$\bar{P} + 3\sqrt{\dfrac{\bar{P}(1-\bar{P})}{n}}$	$\bar{P} - 3\sqrt{\dfrac{\bar{P}(1-\bar{P})}{n}}$	$\bar{P} = \dfrac{\sum nP}{\sum n}$
	计点 不合格数控制图(c 图)		$\bar{c}$	$\bar{c} + 3\sqrt{\bar{c}}$	$\bar{c} - 3\sqrt{\bar{c}}$	$\bar{c} = \dfrac{\sum c}{k}$
	单位不合格数控制图(u 图)		$\bar{u}$	$\bar{u} + 3\sqrt{\bar{u}/n}$	$\bar{u} - 3\sqrt{\bar{u}/n}$	$\bar{u} = \dfrac{\sum c}{\sum n}$

在表 5 - 2 中,系数 $A_2, A_3, B_3, B_4, D_3, D_4, E_2, m_3$ 的取值与样本容量大小 n 有关,可查表 5 - 3 得到。

表 5 - 3 计量值控制图计算公式中的系数表

n	系数								
	A_2	A_3	B_3	B_4	$m_3 A_2$	d_2	D_3	D_4	E_2
2	1.880	2.659	0.000	3.267	1.880	1.128	0.000	3.267	2.660
3	1.023	1.954	0.000	2.568	1.187	1.693	0.000	2.574	1.772
4	0.729	1.628	0.000	3.266	0.796	2.059	0.000	2.282	1.457
5	0.577	1.427	0.000	2.089	0.691	2.326	0.000	2.114	1.290
6	0.483	1.287	0.030	1.970	0.549	2.534	0.000	2.004	1.184
7	0.419	1.182	0.118	1.882	0.509	2.704	0.076	1.924	1.109

n	系数								
	A_2	A_3	B_3	B_4	m_3A_2	d_2	D_3	D_4	E_2
8	0.373	1.099	0.185	1.815	0.432	2.847	0.136	1.864	1.054
9	0.337	1.032	0.239	1.761	0.412	2.970	0.184	1.816	1.010
10	0.308	0.975	0.284	1.716	0.363	3.078	0.223	1.777	0.975

1. 各种控制图的应用说明

(1) $\bar{x}$—R 控制图:对于计量数据而言,这是最常用、最基本的控制图。它用于控制对象为长度、质量、强度、纯度、时间、效率和生产量等计量值的场合。

$\bar{x}$ 控制图主要用于观察正态分布的均值的变化,R 控制图用于观察正态分布的分散情况或变异度的变化,而 $\bar{x}$—R 控制图则将二者联合运用,用于观察正态分布的变化。

(2) $\bar{x}$—S 控制图:与 $\bar{x}$—R 图相似,只是用标准差 S 图代替极差 R 图而已。极差计算简便,故 R 图得到广泛应用,但当样本大小 $n>10$ 时,这时应用极差估计总体标准差的效率降低,需要用 S 图来代替 R 图。

(3) $\tilde{x}$—R 控制图:与 $\bar{x}$—R 图也很相似,只是用中位数 $\tilde{x}$ 图代替均值 $\bar{x}$ 图。中位数图多用于现场需要把测定数据直接记入控制图进行控制的场合。为了简便,一般规定为奇数个数据。

(4) x—R_S 控制图:多用于下列场合:对每一个产品都进行检验,采用自动化检查和测量的场合;取样费时、昂贵的场合;产品均匀,多抽样也无太大意义的场合,如发酵液。由于它不像前三种控制图那样取得较多的信息,所以它判断过程变化的灵敏度也要差一些。

(5) nP 控制图:用于控制对象为不合格品数的场合。设 n 为样本大小,P 为不合格品率,则 nP 为不合格品数,故取 nP 作为不合格品数控制图的简记记号。由于当本大小 n 变化时,nP 控制图的控制线全都成为凹凸状,应用起来极不方便,故只用于样本大小 n 相同的场合。

(6) P 控制图:用于控制对象为不合格品率或合格品率等计数质量指标的场合。例如,用于控制不合格品率、废品率、交货延迟率、缺勤率,邮电、铁道部门的各种差错率等。这里需要注意的是,在根据多种检查项目综合起来确定不合格品率的情况,当控制图显示异常后难以找出异常的原因。因此,使用 P 图时应选择重要的检查项目作为判断不合格品率的依据。

(7) c 控制图:用于控制一部机器、一个部件、一定的长度、一定的面积或任何一定的单位中所出现的不合格数目,如布匹上的疵点数、铸件上的砂眼数、机器设备的故障次数,电子设备的焊接不良数、每页印刷错误数等。当样本大小 n 变化时,c 控制图的控制线全部成为凹凸状,应用起来难度极大,故 c 图只用于样本大小 n 相同的场合。

(8) u 控制图:当样品的大小保持不变时可以应用 c 控制图,而当样品的大小变化时,则应换算为平均每单位的不合格数后再使用 u 控制图。

2. 计量控制图与计数控制图的比较

计量值因包含更多的信息而具有较高的灵敏度,容易检查出现异常波动的原因。尤其是,能在真正形成不合格品之前,及时发现异常,以便采取纠正措施。有些质量特性无法定量,只能用计数值控制图。用多种指标来衡量的场合,只要其中一项指标达不到要求,就认为是产品不合格,此时应用计数值控制图就比较简单。计数值控制图最大的缺陷是:当样本量 n 变化时,p 图与 u 图的 UCL、LCL 随着样本量 n 变化而变,呈凹凸状,如同两道城墙。不但作图不方便,而且无法对界内点判异与判稳。计数值控制图抽取的样本量大,控制成本高,所以一般情况下,除非万不得已,应先选择计量值控制图进行控制。

(二)控制图的运用程序

(1)明确运用目的。运用控制图,首先要明确目的,充分理解各种控制图的功能。运用控制图的主要目的有:①运用控制图使重要工序保持稳定状态;②运用控制图发现工序异常,追查原因,排除系统性因素,使工序达到稳定;③增强质量意识,作为质量教育、管理监督、检查与调节等手段。

(2)决定控制的质量特性。根据运用目的,决定控制的质量特性及其收集方法。

(3)选定控制图。根据质量特性的种类和收集数据的方法来选定控制图。

(4)绘制初始控制图。确定控制图之后,先按过去统计资料绘制分析用控制图,运用专业技术知识和质量控制方法,分析、了解工序是否处于控制状态。如果失控,则追查原因,采取措施,修订工艺标准,使工序处于稳定状态。

(5)确定控制用控制图及控制标准。当初始控制图表示出控制状态之后,调整控制界限,就可作为日常生产中的控制用控制图。

(6)重新计算控制界限。工序 5M1E 发生变化时,应重新计算控制界限,以使其符合工序现状。

四、控制图的应用举例

(一)计量控制图

在计量控制图中,常用的典型控制图有均值—极差控制图、均值—标准差控制图和单值—移动极差控制图。下面重点介绍它们的使用方法。

1. 均值—极差控制图

$\bar{x}$—R 控制图是计量控制图中最常用、最重要的控制图,$\bar{x}$—R 控制图具有以下两个特点。

(1)适用范围广。$\bar{x}$ 图:若 x 服从正态分布,则 $\bar{x}$ 也服从正态分布;若 x 非正态分布,则根据中心极限定理,当样本量充分大时,$\bar{x}$ 近似服从正态分布。关键是这后一点才使得 $\bar{x}$ 图得以广为应用。因此,可以说只要是计量值数据,应用 $\bar{x}$ 总是没有问题的。R 图:通过在计算机上的统计模拟试验证实:只要 x 不是非常不对称的,则 R 的分布无大的变化,故适用范围也比较广。

(2) $\bar{x}$ 图灵敏度高。由于正常波动的存在,一个样本组的各个 x 的数值通常不会都相等,有的偏大,有的偏小,这样把它们加起来求平均值,正常波动就会抵消一部分;但对于异常波动,由于一般异常波动所产生的变异往往是同一个方向的,故求平均值的操作对其并无影响。因此,当异常时,描点出界就更加容易了,也即灵敏度高。

【例 5 - 5】 某植物油生产厂,采用灌装机灌装,每桶标称重量为 5000g,要求溢出量为 0 ~ 50g。采用 $\bar{x}$—R 控制图对灌装过程进行质量控制。控制对象为溢出量,单位为 g。

解:第 1 步,取得预备数据。取样分组的原则是尽量使样本组内的变异小(由正常波动造成),样本组间的变异大(由异常波动造成),这样控制图才能有效发挥作用。因此,取样时,组内样本必须连续抽取,而样本组间则间隔一定时间。本例每间隔 30min 在灌装生产线连续抽取 $n = 5$ 的样本计量溢出量。共抽取 25 组样本,将数据记入数据表(表 5 - 4)。

表 5 - 4   溢出量控制图数据表

组号	测定值					$\bar{x}$	R	组号	测定值					$\bar{x}$	R
	x_1	x_2	x_3	x_4	x_5				x_1	x_2	x_3	x_4	x_5		
1	47	32	44	35	20	35.6	27	3	19	11	16	11	44	20.2	33
2	19	37	31	25	34	29.2	18	4	29	29	42	59	38	39.4	30
5	28	12	45	36	25	29.2	33	16	7	31	23	18	32	22.2	25
6	40	35	11	38	33	31.4	29	17	38	0	41	40	37	3l.2	41
7	15	30	12	33	26	23.2	21	18	35	12	29	48	20	28.8	36
8	35	44	32	11	38	32.0	33	19	31	20	35	24	47	31.4	27
9	27	37	26	20	35	29.0	17	20	12	27	38	40	31	29.6	28
10	23	45	26	37	32	32.6	22	21	52	42	52	24	25	39.0	28
11	28	44	40	31	18	32.2	26	22	20	31	24	3	28	19.4	28
12	31	25	24	32	22	26.8	10	23	29	47	41	32	22	34.2	25
13	22	37	19	47	14	27.8	33	24	20	28	27	22	54	32.6	32
14	37	32	12	38	30	29.8	26	25	42	34	15	29	21	28.2	27
15	25	40	24	50	19	31.6	31	合计						746.6	386

第 2 步,计算每一组数据的平均值 $\bar{x}$ 和极差 R,记入表 5 - 4 中。

第 3 步,计算 25 组数据的总平均值 $\bar{\bar{x}}$ 和极差平均值 $\bar{R}$。

$$\bar{\bar{x}} = \frac{\bar{x}_1 + \bar{x}_2 + \cdots + \bar{x}_k}{k} = \frac{35.6 + 29.2 + \cdots + 28.2}{25} = 29.86$$

$$\bar{R} = \frac{R_1 + R_2 + \cdots + R_k}{k} = \frac{27 + 18 + \cdots + 27}{25} = 27.44$$

第 4 步,计算控制界限。根据表 5 - 2 可知,R 图的控制限为:

$\mathrm{CL}_R = \bar{R} = 27.44$,$\mathrm{UCL}_R = D_4 \bar{R} = 2.114 \times 27.44 = 58.01$;$\mathrm{LCL}_R = D_3 \bar{R} = 0 \times 27.44 = 0$。

$\bar{x}$ 图的控制限为:$\mathrm{CL}_{\bar{x}} = \bar{\bar{x}} = 29.86$,$\mathrm{UCL}_{\bar{x}} = \bar{\bar{x}} + A_2 \bar{R} = 29.86 + 0.58 \times 27.44 = 45.78$,

$$\mathrm{LCL}_{\bar{x}} = \bar{\bar{x}} - A_2 \bar{R} = 29.86 - 0.58 \times 27.44 = 13.94。$$

第5步,作图并判断过程的稳定性。根据以上参数作 R 控制图(图5-17)和 $\bar{x}$ 控制图(图5-18),并将表5-4中的数据在相应控制图上打点。

对照常规控制图的判异准则,可判 R 图和 $\bar{x}$ 图均处于稳态。

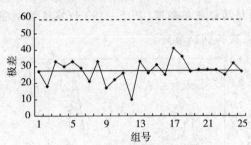

图5-17　分析用溢出量极差控制图

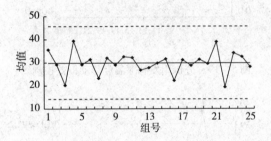

图5-18　分析用溢出量平均值控制图

第6步,计算过程能力指数(过程能力指数的概念与计算方法详见本章第三节)。

$$\mu = \bar{\bar{x}} = 29.86\mathrm{g}, M = 25\mathrm{g}, T = 50\mathrm{g}, k = \frac{2\varepsilon}{T} = 2 \times |\mu - M| \div T = 0.1944, d_2 = 2.326$$

$$\sigma = \frac{\bar{R}}{d_2} = 27.44 \div 2.326 = 11.80, C_{pk} = (1-k)C_p = (1-k) \times \frac{T}{6\sigma} = 0.57。$$

因此,过程能力差,不合格品率高,需提高成能力,减少不合格品率。

2. 单值—移动极差控制图

【例5-6】　某发酵厂每半小时对发酵醪进行温度测定,结果如表5-5所示。表中 x 表示测定的温度值,R_S 代表移动极差。请制作控制图并对过程进行判定。

表5-5　发酵醪温度测定值及统计表

序号	1	2	3	4	5	6	7	8	9	10	11	12	13
x	36.8	36.9	37.5	37.8	39.6	38.0	37.4	37.1	36.9	36.5	36.0	36.9	36.8
R_S		0.1	0.6	0.3	1.8	1.6	0.6	0.3	0.2	0.4	0.5	0.4	0.4

序号	14	15	16	17	18	19	20	21	22	23	24	25	平均
x	36.9	37.5	37.8	37.3	37.7	36.8	36.0	34.0	36.8	37.6	38.0	37.5	37.10
R_S	0.1	0.6	0.3	0.5	0.4	0.9	0.8	2.0	2.8	0.8	0.4	0.5	0.72

解:根据单值—移动极差控制图计算公式(表5-2),得到:

$CL_R = \overline{R}_s = 0.72$;$UCL_R = 3.27\overline{R}_s = 3.27 \times 0.72 = 2.354$;$LCL_R = 0$;$CL_x = \mu_x = x = 37.10$;

$UCL_x = \overline{x} + 2.66\overline{R}_s = 37.10 + 2.66 \times 0.72 = 39.02$;$LCL_x = \overline{x} - 2.66\overline{R}_s = 37.10 - 2.66 \times 0.72 = 35.18$。

按照作图程序,得到移动极差控制图(图5-19)和单值控制图(图5-20),图中样本点数字表示该点为异常点及其判断准则)。

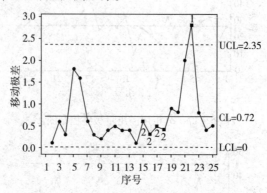

图5-19 分析用发酵醪温度移动极差控制图

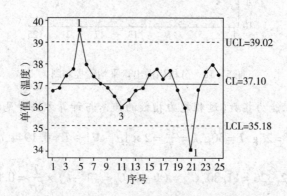

图5-20 分析用发酵醪温度单值控制图

从图5-19中可见,从第6点开始直到第14点,连续9点落在中心线的同一侧,依据判异准则的准则2,属于异常链;第22点超出上控制限,属于异常。从图5-20中可见,第5点和第21点分别超出上、下控制限,属于异常;第6点至第11点连续6点递减,符合判异准则的准则3,属于异常链。综合以上判断,发酵醪温度控制过程出现异常,应尽快查找异常原因并加以消除;然后再重新收集25个数据制作控制图,以判定过程的稳定性。

(二)计件控制图

在计件值控制图中,常用的典型控制图是不合格品数控制图(nP图)和不合格品率控制图(P图)。计件值通常服从二项分布,故在计算计件值控制图的控制界限时,要用到二项分布的性质。

1. 不合格品数控制图（nP 图）

nP 图用于不合格品数的控制，通过观察产品不合格品数 nP 的变化来控制产品质量。由于当样本量 n 变化时 nP 控制图的控制线都成为凹凸状，不但作图难，而且无法判异、判稳，故只在样本量相同的情况下，方才应用此图。

由概率论知道，不合格品数服从二项分布，其总体特征参数为：

$$\begin{cases} \mu = nP \\ \sigma^2 = nP(1-P) \end{cases}$$

由于 P 通常不知道，一般用 k 个样本不合格品数的平均值 $\overline{P} = \frac{1}{nk}\sum_{i=1}^{k} n_i p_i$（$n_i p_i$ 为第 i 组样本中的不合格品数）来估计。当 nP≥5 时，二项分布近似正态分布（故使用 nP 图时，n 往往都比较大，一般取 n≥50），根据正态分布的 3σ 原则，nP 图的控制界限为：

$$CL = n\overline{P}$$
$$UCL = n\overline{P} + 3\sqrt{nP(1-P)}$$
$$LCL = n\overline{P} - 3\sqrt{nP(1-P)}$$

【例 5-7】 某食品厂计划对糖果单粒包装机的包装质量进行控制。现每半小时取 100 粒糖果进行包装外观检验，结果见表 5-6。请作 nP 图并判定过程是否处于统计控制状态。

表 5-6 某食品厂糖果单粒包装产品的质量状况

样本号	样本容量 n	不合格品数 nP	样本号	样本容量 n	不合格品数 nP	样本号	样本容量 n	不合格品数 nP
1	100	2	10	100	6	19	100	1
2	100	5	11	100	2	20	100	3
3	100	1	12	100	1	21	100	3
4	100	2	13	100	1	22	100	6
5	100	5	14	100	4	23	100	1
6	100	1	15	100	1	24	100	2
7	100	4	16	100	3	25	100	3
8	100	3	17	100		合计	2500	68
9	100	2	18	100	5			

第 1 步，收集数据，从过程中随机抽样 25 组，每组 100 个，记录其中的不合格品数，填入表 5-6。

第 2 步，计算样本平均不合格品率：

$$\overline{P} = \frac{1}{nk}\sum_{i=1}^{k} n_i P_i = \frac{68}{2500} = 2.72\%$$

计算样本平均不合格品数：$n\overline{P} = 100 \times 2.72\% = 2.72$

第3步,计算控制界限:

$$CL = n\overline{P} = 2.72$$

$$UCL = n\overline{P} + 3\sqrt{n\overline{P}(1-\overline{P})} = 2.72 + 3\sqrt{2.72(1-0.0272)} = 7.6$$

$$LCL = n\overline{P} - 3\sqrt{n\overline{P}(1-\overline{P})} = 2.72 - 3\sqrt{2.72(1-0.0272)} = -2.2(通常取0)$$

第4步,根据以上数据作图并打点,见图5-21。

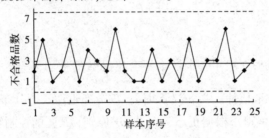

图5-21 糖果包装不合格品数控制图

图5-21显示,糖果单粒包装机工作过程处于统计控制状态。

2. 不合格品率控制图(P图)

P图用于不合格品率的控制,通过观察产品不合格品率P的变化来控制产品质量。P图主要使用在样本数量不相等的情况(当然,样本数量相等也可使用)。

由概率论知道,不合格品率服从二项分布,其总体特征参数为:

$$\begin{cases} \mu = P \\ \sigma^2 = \dfrac{1}{n}P(1-P) \end{cases}$$

由于P通常不知道,一般用k个样本不合格品数的平均值$\overline{P}$来近似。根据正态分布的3σ原则,P图的控制界限为:

$$CL = \overline{P}$$

$$UCL = \overline{P} + 3\sqrt{\frac{1}{n}\overline{P}(1-\overline{P})}$$

$$LCL = \overline{P} - 3\sqrt{\frac{1}{n}\overline{P}(1-\overline{P})}$$

式中,$\overline{P}$表示样本平均不合格品率,$\overline{P} = \dfrac{\sum\limits_{i=1}^{k}(nP)_i}{\sum\limits_{i=1}^{k}n_i}$。

使用P图的注意事项:若P很小,则样本量n应充分大,使得$nP \geq 1$,以免经常出现不合格品数为零,造成过程正常的误解。故通常取$\dfrac{1}{P} < n < \dfrac{5}{P}$。从数学的观点来看,样本量n要取到25/P方能认为二项分布是充分近似常态分布的。但这样做,样本量要比5/P大5倍,太不经济,故休哈特控制图的国标规定按照式$\dfrac{1}{P} < n < \dfrac{5}{P}$进行。这说明我们在现场要推行的是SPC与SPD工程,而非SPC与SPD数学。

【例5-8】　某食品厂4月份某种产品质量的检测结果如表5-7所示。根据以往的记录知,稳态下的过程平均不合格品率$\overline{P}=0.0389$,试设计P控制图对其进行控制。

表5-7　某种产品质量的检测结果

样本序号	样本大小 n	不合格品数 d	不合格品率 P	UCL	LCL
1	85	2	0.024	0.102	0
2	83	5	0.060	0.103	0
3	63	1	0.016	0.112	0
4	60	3	0.050	0.114	0
5	90	2	0.022	0.100	0
6	80	1	0.013	0.104	0
7	97	3	0.031	0.098	0
8	91	1	0.011	0.100	0
9	94	2	0.021	0.099	0
10	85	1	0.012	0.102	0
11	55	0	0.000	0.117	0
12	92	1	0.011	0.099	0
13	94	0	0.000	0.099	0
14	95	3	0.032	0.098	0
15	81	0	0.000	0.103	0
16	82	7	0.085	0.103	0
17	75	3	0.040	0.106	0
18	57	1	0.018	0.116	0
19	91	6	0.066	0.100	0
20	67	2	0.030	0.110	0
21	86	3	0.035	0.101	0
22	99	8	0.081	0.097	0
23	76	1	0.013	0.105	0
24	93	8	0.086	0.099	0
25	72	5	0.069	0.107	0
26	97	9	0.093	0.098	0
27	99	10	0.101	0.097	0
28	76	2	0.026	0.105	0
合计	2315	90			

第1步,收集数据,样本数不少于25组,本例从过程中随机抽样28组数据。

第2步,计算每组的不合格品数,填入表5-7第(3)栏。

第3步,计算每组样本不合格品率,列于表5-7第(4)栏。

第4步,计算过程平均不合格品率:

$$\bar{P} = \frac{\sum\limits_{i=1}^{k}(nP)_i}{\sum\limits_{i=1}^{k}n_i} = \frac{90}{2315} = 0.0389$$

第5步,计算控制限:

$$CL = \bar{P} = 0.0389$$

$$UCL = \bar{P} + 3\sqrt{\frac{1}{n_i}\bar{P}(1-\bar{P})} = 0.0389 + \frac{3}{\sqrt{n_i}}\sqrt{0.0389(1-0.0389)}$$

$$LCL = \bar{P} - 3\sqrt{\frac{1}{n_i}\bar{P}(1-\bar{P})} = 0.0389 - \frac{3}{\sqrt{n_i}}\sqrt{0.0389(1-0.0389)}$$

由于每个样本的大小 n_i 不相等,所以必须对每个样本分别求出其控制界限,列于表5-7第(5)栏和第(6)栏。

第6步,画控制图。以样本序号为横坐标,样本不合格品率为纵坐标作 P 图,并根据每个样本的不合格品率 P_i,在控制图上描点,如图5-22所示。

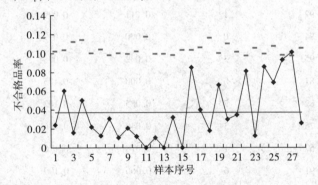

图5-22 某产品不合格品率控制图

第7步,判稳。由图5-22知,第27个样本的点子出界,所以过程失控,需要找出异常因素并采取措施保证它不再出现。由于图5-21中,UCL呈凹凸状,故对界内点不能判异、判稳,必须采用通用不合格品数控制图,方能进行判异、判稳(参见后面的通用控制图)。

(三)计点控制图

在计点值控制图中,常用的典型控制图是不合格数控制图(c 图)和单位不合格数控制图(u 图)。当样本大小固定不变时,常用 c 图;当各个样本的检验单位无法固定时,就需要将各个样本的不合格数折算成标准单位的不合格数来进行控制,这时就只能使用 u 图。通常计点值服从泊松分布,故在计算计点值控制图的控制界限时,会用到泊松分布的性质。下面以 c 图为例来说明计点值控制图的设计。

由概率论知道,泊松分布的一个显著特性就是:均值与方差相等,即 $\mu = \sigma^2 = \lambda$。若 λ 未知,可用样本的平均不合格数 $\bar{c}$ 进行估计。根据 3σ 原则,c 图的控制界限为:

$$CL = \bar{c}$$
$$UCL = \bar{c} + 3\sqrt{c}$$
$$LCL = \bar{c} - 3\sqrt{c}$$

【例 5 - 9】　已知某铸件一定面积($n = 10\text{cm}^2$)的不合格数的统计数据如表 5 - 8 所示,试绘制 c 图。

表 5 - 8　某铸件单位面积不合格数统计表

样本序号	不合格数	LCL	CL	UCL	样本序号	不合格数	LCL	CL	UCL
1	4	0	4.6	11.03	14	5	0	4.6	11.03
2	6	0	4.6	11.03	15	6	0	4.6	11.03
3	5	0	4.6	11.03	16	3	0	4.6	11.03
4	8	0	4.6	11.03	17	4	0	4.6	11.03
5	2	0	4.6	11.03	18	5	0	4.6	11.03
6	4	0	4.6	11.03	19	3	0	4.6	11.03
7	4	0	4.6	11.03	20	7	0	4.6	11.03
8	5	0	4.6	11.03	21	5	0	4.6	11.03
9	3	0	4.6	11.03	22	4	0	4.6	11.03
10	6	0	4.6	11.03	23	5	0	4.6	11.03
11	2	0	4.6	11.03	24	4	0	4.6	11.03
12	4	0	4.6	11.03	25	3	0	4.6	11.03
13	8	0	4.6	11.03	合计	115			

第 1 步,计算平均不合格数,$\bar{c} = \dfrac{\sum c_i}{m} = \dfrac{115}{25} = 4.6$。

第 2 步,计算控制界限:
$$CL = \bar{c} = 4.6$$
$$UCL = \bar{c} + 3\sqrt{c} = 4.6 + 3\sqrt{4.6} = 11.03$$
$$LCL = \bar{c} - 3\sqrt{c} = 4.6 - 3\sqrt{4.6} = -$$

第 3 步,画控制图(图 5 - 23)。

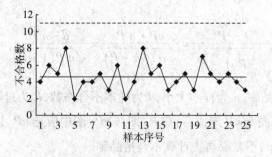

图 5 - 23　铸件不合格数控制图

(四)通用控制图

世界各国的控制图大多采用3σ方式。在应用控制图时,需要计算控制图的控制界限并根据实测数据计算出所控制的统计量,在控制图中描点。这两项都需要一定的工作量,尤其是P图、u图,由于控制界限计算公式中含有样本大小n,控制界线随着n的变化而呈凹凸状,作图十分不便,也难以判稳、判异。

1981年,我国张公绪教授与阎育苏教授提出的通用控制图解决了上述问题。在通用控制图上,控制界线是直线,而且判断异常的结果也是精确的。

1. 通用控制图的原理

所谓随机变量的标准变换是指经过变换后随机变量的平均值变成0、方差变成1的变换,即变换后的随机变量=(随机变量$-\mu$)$/\sigma$。

这是可以理解的。随机变量减去其平均值后的平均值应为0;分母为标准差,也就是说用标准差作尺度,这样,变换后的标准差应为1。

现在,对控制图控制限的3σ方式进行标准变换,于是得到:

$$UCL_T = \frac{UCL - \mu}{\sigma} = \frac{\mu + 3\sigma - \mu}{\sigma} = 3$$

$$CL_T = \frac{CL - \mu}{\sigma} = \frac{\mu - \mu}{\sigma} = 0$$

$$LCL_T = \frac{LCL - \mu}{\sigma} = \frac{\mu - 3\sigma - \mu}{\sigma} = -3$$

式中,下标"T"表示通用的"通"。

这样,任何3σ控制图都统一变换成上下控制限分别为$+3$、-3,中心线为0的通用控制图。通用图的优点是控制界限统一成3、0、-3,可以事先印好,简化控制图,节省管理费用,在图上容易判断稳态和判断异常。

通用图的缺点是在图中打(描)点也需要经过标准变换,计算要麻烦些。

2. 标准变换

(1)均值—极差控制图。$\bar{x} - R$控制图常采用的变量是$\bar{x}$,可引入以下标准变换:

$$\bar{x}_T = \frac{\bar{x} - \mu}{\sigma / \sqrt{n}}$$

(2)不合格品率控制图和不合格品数控制图。在通用图上,P图与nP图恒等,证明如下:

$$P_T = \frac{P - \bar{P}}{\sqrt{\frac{1}{n}\bar{P}(1 - \bar{P})}} = \frac{nP - n\bar{P}}{\sqrt{n\bar{P}(1 - \bar{P})}} = \frac{d - n\bar{P}}{\sqrt{n\bar{P}(1 - \bar{P})}} = nP_T$$

式中,P为样本不合格品率,n为样本大小,d为样本不合格数,$\bar{P}$为过程不合格品率。

因此,对休哈特P图与nP图而言,在P_T图与nP_T图中应选nP_T图来做,这样可直接利用现场的不合格品数据,不需要再去计算不合格品率。

（3）不合格数控制图和单位不合格数控制图。在通用图上，c 图与 u 图恒等，证明如下：

$$u_T = \frac{u - \bar{u}}{\sqrt{\bar{u}/n}} = \frac{nu - n\bar{u}}{\sqrt{n\bar{u}}} = \frac{c - \bar{c}}{\sqrt{\bar{c}}} = c_T$$

式中，u 为样本的单位不合格数，$\bar{u}$ 为样本平均单位不合格数，n 为样本检查单位，c 为样本不合格数，$\bar{c}$ 为过程平均不合格数。

因此，对休哈特 c 图与 u 图而言，在 c_T 图与 u_T 图中应选 c_T 图来做，这样可直接利用现场的不合格数数据，不需要再去计算平均单位不合格数。

【例5-10】　同【例5-8】，请利用通用控制图对其过程进行控制，并比较通用图的优缺点。

解：P_T 图与 nP_T 图恒等，所以，我们选择 nP_T 图来作图。用 Excel 对不合格品数进行标准化转换，以 3、-3 为上、下限，转换结果如表 5-9 所示，绘制标准化控制图如图 5-24 所示。

表 5-9　标准化转换结果

样本序号	样本大小 n	不合格品数 d	标准化不合格品数	UCL	CL	LCL
1	85	2	-0.733	3	0	-3
2	83	5	1.006	3	0	-3
3	63	1	-0.945	3	0	-3
4	60	3	0.445	3	0	-3
5	90	2	-0.818	3	0	-3
6	80	1	-1.221	3	0	-3
7	97	3	-0.406	3	0	-3
8	91	1	-1.377	3	0	-3
9	94	2	-0.884	3	0	-3
10	85	1	-1.294	3	0	-3
11	55	0	-1.492	3	0	-3
12	92	1	-1.390	3	0	-3
13	94	0	-1.951	3	0	-3
14	95	3	-0.369	3	0	-3
15	81	0	-1.811	3	0	-3
16	82	7	2.176	3	0	-3
17	75	3	0.049	3	0	-3
18	57	1	-0.834	3	0	-3
19	91	6	1.334	3	0	-3
20	67	2	-0.383	3	0	-3
21	86	3	-0.193	3	0	-3

样本序号	样本大小 n	不合格品数 d	标准化不合格品数	UCL	CL	LCL
22	99	8	2.157	3	0	−3
23	76	1	−1.161	3	0	−3
24	93	8	2.350	3	0	−3
25	72	5	1.340	3	0	−3
26	97	9	2.745	3	0	−3
27	99	10	3.196	3	0	−3
28	76	2	−0.567	3	0	−3

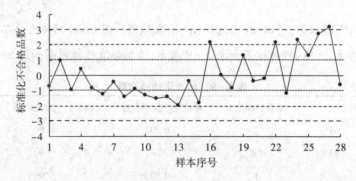

图 5-24　某产品 nP_T 控制图

将本例 nP_T 图与【例 5-8】P 图对比,可见二者的形态是相同的。但应用通用图要方便得多。从图 5-24,还可看出下列判异之处:

(1)第 27 点出界,见判异准则 1——1 点落在 A 区以外;

(2)第 22、24 点在 A 区,第 24、26 点在 A 区,见判异准则 5——连续 3 点中 2 点在 A 区;

(3)第 5 至第 15 点为 11 点链,见判异准则 2——连续 9 点在中心线一侧;

(4)第 9 至第 13 点,见判异准则 6——连续 5 点中 4 点在 B 区。

第三节　过程能力分析

一、过程能力

产品的制造质量一定要符合其设计质量,这是过程质量控制的基本要求。而此项基本要求能否满足和满足的程度,则取决于过程能力的高低。如果过程能力高,产品质量特性值的波动就小;反之,如果过程能力低,产品质量特性值的波动就大。所谓过程能力,是指过程在受控状态下的实际加工能力,是一种衡量质量波动大小的重要指标。一般情况下,过程能力和产品质量的实际波动成反比,即质量波动越小,过程能力越高,过程质量越容易得到保证。因此,常用质量特性值波动的统计学规律来描述过程能力。

当过程处于稳定状态时,计量质量特性值服从正态分布 $N(\mu, \sigma^2)$,如图 5-1 所示。根据正态分布的性质,平均值 μ 反映了质量特性值的集中程度,标准偏差 σ 反映了质量特性值的分散程度。σ 越大,过程能力越低;σ 越小,过程能力越高。可见,σ 是表征过程能力的一个关键参数。图 5-1 中的三条曲线分别代表了三种不同生产过程的状态,其中,加工精度以质量特征值标准差为 $\sigma=0.5$ 的过程能力为最高,$\sigma=1$ 对应的过程能力次之,$\sigma=2$ 对应的过程能力最差。提高过程能力的重要途径之一就是尽可能缩小 σ,使质量特征值的离散程度变小,在实际中就是提高加工的精度。

一般情况下,对于计量值数据加工过程,我们用 6σ 来定量描述过程能力,记过程能力为 B,则 $B=6\sigma$。

那么为什么用 6σ 来描述过程能力呢? 这是由于生产过程处于控制状态条件下,在 $\pm 3\sigma$ 范围内,能以 99.73% 的概率保证产品符合质量要求,它几乎包括了全部产品。因而可以认为过程具有足够的质量保证能力。当然若用 $\mu \pm 4\sigma$ 范围,则能以 99.994% 的概率保证产品符合质量要求;若用 $\mu \pm 5\sigma$ 范围,可使过程的质量保证能力达到更高水平,为99.999 994%。但从 6σ 增到 8σ 和 10σ,其对应的质量保证能力只增加 0.264% 和0.269 9%,经济性欠佳。因此,一般用 6σ 来表示过程能力。

由上述可知,过程能力 $B=6\sigma$ 是有前提条件的,首先,质量特性值必须服从正态分布;其次,控制的结果,产品的合格率可以达到 99.73%。因此,上述过程能力的概念只能应用于一般质量控制中。对于粗加工或精密加工等特殊过程,不看前提条件,机械地套用 $B=6\sigma$ 来衡量过程能力,将会有较大的误差。

那么为什么要进行过程能力分析呢? 原因有 4 个:①过程能力本身是反映过程加工质量的客观指标,许多高水平的企业在选择供应商时愿意选择质量水平高的企业,依据的重要衡量指标就是过程能力;②对过程能力进行分析,可使我们随时掌握制造过程中各过程质量的保证能力,从而为保证和提高产品质量提供必要的信息和依据;③通过过程能力分析的过程,可以发现一些系统性变异,并采取措施加以处理,确保产品的质量;④过程能力分析是企业进行质量控制的前提条件之一,即质量控制只控制高水平生产过程,而不控制低水平生产过程,如果一个生产过程能力很差,则必须采取措施改进过程能力后才能进行控制,而不能盲目地进行控制。

二、过程能力指数

(一)过程能力指数的概念

过程能力仅表示过程固有的实际加工能力,即过程达到的质量水平,而与产品的技术要求无关。产品的技术要求是指产品质量指标的允许波动范围或公差范围,一般用符号 T 表示,它是判断产品合格与否的标准依据。为了反映过程能力能否满足客观的技术要求,需要引入过程能力指数的概念。

过程能力指数表示过程能力满足产品技术标准的程度,常用 C_p 来表示。C_p 可由下式来表示:

$$C_p = \frac{T}{B}$$

由上式看出:过程能力指数越大,说明过程能力越能满足技术标准,产品质量越易保证;反之,过程能力指数越小,说明过程能力满足技术标准的程度越低,产品质量越不易保证。

(二)过程能力指数的计算

过程能力指数的计算是在稳定的前提下,用过程能力与技术要求做比较,分析过程能力满足技术要求的程度。根据所采用数据类型的不同和技术要求的不同,过程能力指数的计算又可以分为以下几种情况。

1. 双侧公差且分布中心和标准中心重合的情况

这仅是实际生产中的一种理想状态。在实际生产过程中往往很难保证标准中心与分布中心重合,而且有的质量标准只有单侧界限,因此在计算过程能力指数时要把这些情况都考虑进去。

过程分布中心 μ 和标准中心 M 重合的情况如图 5-25 所示。这时,可直接用 C_p 的定义进行计算,即

$$C_p = \frac{T}{6\sigma} = \frac{T_U - T_L}{6\sigma} \approx \frac{T_U - T_L}{6S}$$

式中,T_U 为质量标准的上限值,T_L 为质量标准的下限值。

通常情况下总体标准差 σ 是未知的。当过程稳定,样本足够大时,σ 常用抽取样本实测值的标准差 S 来估计。

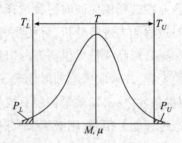

图 5-25　双侧公差且分布中心和标准中心重合

【例 5-11】　国标对某罐头的净质量要求是 300 ± 3.0(g),随机抽取 100 个样本,测得样本平均值 $\bar{x} = 300$g,样本标准差 $S = 0.69$g,求 C_p。

解:因为 $\mu = \bar{x} = M = 300$g,所以 $C_p = \frac{T}{6\sigma} = \frac{T_U - T_L}{6S} = \frac{303 - 297}{6 \times 0.69} = 1.45$

2. 只规定公差上限

技术要求以不大于某一标准值的形式表示,这种质量标准就是只规定公差上限的情

况,如食品中某种农药残留的含量就只规定上限的质量特性。只规定公差上限时,如图 5-26 所示,这时过程能力指数常用 C_{pu} 表示,其计算公式为:

$$C_{pu} = \frac{T_U - \mu}{3\sigma} \approx \frac{T_U - \overline{X}}{3S}$$

当 $\mu \geqslant T_U$ 时,分布中心已超过标准上限,$T_U - \mu$ 为负值,故认为 $C_{pu} = 0$,这时过程可能出现的不合格品率高达 50% ~ 100%,过程能力严重不足。

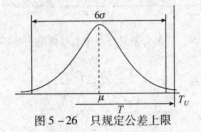

图 5-26　只规定公差上限

【例 5-12】　生产某种果蔬汁饮料,规定其菌落总数不能超过 500 000CFU/L,随机抽取 50 个样本,测得样本平均值 $\overline{x} = 300\,000$CFU/L,样本标准差 $S = 50\,700$CFU/L,求过程能力指数。

解:因为 $T_u = 500\,000$CFU/L,$\overline{x} = 300\,000$CFU/L,$S = 50\,700$CFU/L

所以 $C_{pu} = \frac{T_u - \mu}{3\sigma} = \frac{T_u - \overline{x}}{3S} = \frac{500\,000 - 300\,000}{3 \times 50\,700} = 1.31$

3. 只规定公差下限

技术要求以不小于某一标准值的形式表示,这种质量标准就是只规定公差下限的情况,如食品中某种营养素的添加量只规定下限值,对上限值标准却不作规定。只规定公差上限时如图 5-27 所示,这时过程能力指数常用 C_{pl} 表示,其计算公式为:

$$C_{pl} = \frac{\mu - T_L}{3\sigma}$$

同理,当 $\mu \leqslant T_L$ 时,也认为 $C_{pl} = 0$,这时过程可能出现的不合格品率高达 50% 以上。

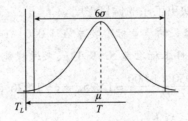

图 5-27　只规定标准下限

4. 双侧公差且分布中心和标准中心不重合的情况

过程分布中心 μ 和标准中心 M 不重合的情况,如图 5-28 所示。

从图 5-28 中可以看出,因为分布中心 μ 和标准中心 M 不重合,所以实际有效的标准范围就不能完全利用。如分布中心 μ 对标准中心 M 的绝对偏移量为 ε,则分布中心右侧的过程能力指数为:

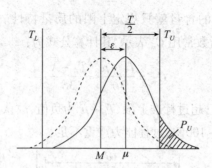

图 5 - 28 双侧公差且分布中心与标准中心不重合

$$C_{pu} = \frac{T_U - \mu}{3\sigma} = \frac{T/2 - \varepsilon}{3\sigma}$$

分布中心左侧的过程能力指数为：

$$C_{pl} = \frac{\mu - T_L}{3\sigma} = \frac{T/2 + \varepsilon}{3\sigma}$$

我们知道,左侧过程能力的增加不能补偿右侧过程能力的损失,所以在有偏移值时,只能以两者之间较小的值来计算过程能力指数,这个过程能力指数称为修正过程能力指数,记作 C_{pk}。

$$C_{pk} = \min(C_{pu}, C_{pl}) = \frac{T/2 - \varepsilon}{3\sigma} = \frac{T}{6\sigma}\left(1 - \frac{2\varepsilon}{T}\right) = \frac{T}{6\sigma}(1 - K)$$

式中,K 为相对偏移量或者相对偏移系数。

计算公式如下:

$$K = \frac{\varepsilon}{T/2} = \frac{|M - \mu|}{T/2} = \frac{\left|\frac{1}{2}(T_U + T_L) - \mu\right|}{\frac{1}{2}(T_U - T_L)}$$

由 C_{pk} 的计算公式,我们得出以下两个结论:①当 $K = 0$ 时,即无偏时,$C_{pk} = C_p$;②当 K 增大时,C_{pk} 减小。故 C_{pk} 能反映出工序的偏移程度。

【例 5 - 13】 某种火腿罐头的质量标准要求在 1 000 ~ 1 050g,随机抽取 100 个样本,测得样本平均值 $\bar{x} = 1\ 026.6$g,样本标准差 $S = 9.14$g,求过程能力指数。

解:因为 $M = \dfrac{T_U + T_L}{2} = \dfrac{1\ 050 + 1\ 000}{2} = 1\ 025g \neq \bar{x} = 1\ 026.6$

所以,首先计算相对偏移系数 K,

$$K = \frac{\varepsilon}{T/2} = \frac{|M - \mu|}{T/2} = \frac{|1\ 026.6 - 1\ 025|}{50/2} = 0.064$$

所以 $C_{pk} = \dfrac{T}{6\sigma}(1 - K) = \dfrac{50}{6 \times 9.14}(1 - 0.064) = 0.85$

三、过程能力指数与过程不合格品率间的关系

过程能力指数与过程不合格品率之间存在着极其密切的关系。当过程处于稳定状态

时,一定的过程能力指数值与一定的不合格品率相对应。因此,过程能力指数的大小能够反映出产品质量水平的高低。下面分几种情况来讨论它们之间的关系。

(一)双侧公差,分布中心与公差中心重合

如图 5-25 所示,由概率分布函数的计算公式可知,过程合格品率为在 T_L 和 T_U 之间的面积,即

$$P(T_L \leqslant x \leqslant T_U) = \int_{\frac{T_L-\mu}{\sigma}}^{\frac{T_U-\mu}{\sigma}} \frac{1}{\sqrt{2\pi}} e^{-\frac{t^2}{2}} dt = \Phi\left(\frac{T_U-\mu}{\sigma}\right) - \Phi\left(\frac{T_L-\mu}{\sigma}\right) = \Phi\left(\frac{T}{2\sigma}\right) - \Phi\left(-\frac{T}{2\sigma}\right)$$

$$= \Phi(3C_p) - \Phi(-3C_p)$$

$$= 2\Phi(3C_p) - 1$$

所以,不合格品率为:

$$P = 1 - P(T_L \leqslant x \leqslant T_U) = 2 - 2\Phi(3C_p)$$

因此,只要知道 C_p 值就可以求出该过程的不合格品率。

【例 5-14】 某过程的过程能力指数 $C_p = 1.16$,求该过程的不合格品率。

解:
$$P = 2 - 2\Phi(3C_p)$$
$$= 2 - 2\Phi(3 \times 1.16)$$
$$= 2 - 2\Phi(3.48) \quad (查标准正态分布表)$$
$$= 2 - 2 \times 0.99975$$
$$= 0.05\%$$

(二)单侧公差

如图 5-26 所示,当只要求公差上限时,过程不合格品率为:

$$P(x > T_U) = 1 - P(x < T_U) = 1 - P\left(\frac{x-\mu}{\sigma} < \frac{T_U-\mu}{\sigma}\right) = 1 - \Phi\left(\frac{T_U-\mu}{\sigma}\right)$$

$$= 1 - \Phi\left(\frac{T_U-M}{\sigma}\right) = 1 - \Phi\left(\frac{T}{2\sigma}\right) = 1 - \Phi(3C_{pU})$$

如图 5-27 所示,当只要求公差上限时,过程不合格品率为:

$$P(x < T_L) = P\left(\frac{x-\mu}{\sigma} < \frac{T_L-\mu}{\sigma}\right) = \Phi\left(\frac{T_L-\mu}{\sigma}\right) = \Phi\left(\frac{T_L-M}{\sigma}\right) = \Phi\left(-\frac{T}{2\sigma}\right)$$

$$= \Phi(-3C_{pl}) = 1 - \Phi(3C_{pl})$$

(三)双侧公测,分布中心与公差中心不重合

如图 5-28 所示,同样先计算合格品率:

$$P(T_L \leqslant x \leqslant T_U) = \int_{\frac{T_L-\mu}{\sigma}}^{\frac{T_U-\mu}{\sigma}} \frac{1}{\sqrt{2\pi}} e^{-\frac{t^2}{2}} dt = \Phi\left(\frac{T_U-\mu}{\sigma}\right) - \Phi\left(\frac{T_L-\mu}{\sigma}\right)$$

$$= \Phi\left(\frac{T_U-M}{\sigma} - \frac{\mu-M}{\sigma}\right) - \Phi\left(\frac{T_L-M}{\sigma} - \frac{\mu-M}{\sigma}\right)$$

$$= \Phi\left(\frac{T}{2\sigma} - \frac{\varepsilon}{\sigma}\right) - \Phi\left(-\frac{T}{2\sigma} - \frac{\varepsilon}{\sigma}\right)$$

$$= \Phi(3C_p - 3KC_p) - \Phi(-3C_p - 3KC_p)$$

$$= \Phi[3C_p(1 - K)] - \Phi[-3C_p(1 + K)]$$

所以,不合格品率为:

$$P = 1 - P(T_L \leqslant x \leqslant T_U) = 1 - \Phi[3C_p(1 - K)] + \Phi[-3C_p(1 + K)]$$

【例 5 - 15】 某零件直径尺寸要求为 40mm ± 0.012mm,加工数量为 100 件的一批零件后,经检测,得 $\overline{x} = 39.9952$mm,$S = 0.004$mm,试求不合格品率。

解:因为

$$K = \frac{\varepsilon}{T/2} = \frac{|40 - 39.9952|}{0.024/2} = 0.4$$

$$C_p = \frac{T}{6\sigma} \approx \frac{T}{6S} = \frac{0.024}{6 \times 0.004} = 1$$

所以

$$P = 1 - P(T_L \leqslant x \leqslant T_U)$$

$$= 1 - \Phi[3C_p(1 - K)] + \Phi[-3C_p(1 + K)]$$

$$= 1 - \Phi[3 \times 1 \times (1 - 0.4)] + \Phi[-3 \times 1 \times (1 + 0.4)]$$

$$= 1 - \Phi[1.8] + \Phi[-4.2] \qquad (查标准正态分布表)$$

$$= 1 - 0.96407 + 1 - 0.99998665$$

$$\approx 3.59\%$$

(四)查表法

以上介绍了根据过程能力指数 C_p 值和相对偏移系数 K 来计算不合格品率的方法。为了使用方便,可根据 C_p 和 K 查表 5 - 10 来求总体不合格品率 $P(C_p—K—P$ 数值表法)。

表 5 - 10　$C_p—K—P$ 数值表

C_p	K													
	0.00	0.04	0.08	0.12	0.16	0.20	0.24	0.28	0.32	0.36	0.40	0.44	0.48	0.52
0.50	13.36	13.34	13.64	13.99	14.48	15.10	15.86	16.75	17.77	18.92	20.19	21.58	23.09	24.71
0.60	7.19	7.26	7.48	7.85	8.37	9.03	9.85	10.81	11.92	13.18	14.59	16.51	17.85	19.69
0.70	3.57	3.64	3.83	4.16	4.63	5.24	5.99	6.89	7.94	9.16	10.55	12.10	13.84	15.74
0.80	1.64	1.66	1.89	2.09	2.46	2.94	3.55	4.31	5.21	6.28	7.53	8.98	10.62	12.48
0.90	0.69	0.73	0.83	1.00	1.25	1.60	2.05	2.62	3.34	4.21	5.27	6.53	8.02	9.75
1.00	0.27	0.29	0.35	0.45	0.61	0.84	1.14	1.55	2.07	2.75	3.59	4.65	5.94	7.49
1.10	0.10	0.11	0.14	0.20	0.29	0.42	0.61	0.88	1.24	1.40	2.39	3.23	4.31	5.66
1.20	0.03	0.04	0.05	0.08	0.13	0.20	0.31	0.48	0.72	1.06	1.54	2.19	3.06	4.20
1.30	0.01	0.01	0.02	0.03	0.05	0.09	0.15	0.25	0.40	0.63	0.96	1.45	2.13	3.06
1.40	0.00	0.00	0.01	0.01	0.01	0.04	0.07	0.13	0.22	0.36	0.59	0.93	1.45	2.19
1.50			0.00	0.00	0.01	0.02	0.03	0.06	0.11	0.20	0.35	0.59	0.96	1.54

续表

C_p	K													
	0.00	0.04	0.08	0.12	0.16	0.20	0.24	0.28	0.32	0.36	0.40	0.44	0.48	0.52
1.60				0.00	0.01	0.01	0.03	0.06	0.11	0.20	0.36	0.63	1.07
1.70					0.00	0.01	0.01	0.03	0.06	0.11	0.22	0.40	0.72
1.80						0.00	0.01	0.01	0.03	0.06	0.13	0.25	0.48
1.90							0.00	0.01	0.01	0.03	0.07	0.15	0.31
2.00								0.00	0.01	0.02	0.04	0.09	0.20
2.10									0.00	0.01	0.02	0.05	0.13
2.20										0.00	0.01	0.03	0.08

【例 5 – 16】　试用查表法求【例 5 – 15】不合格品率。

解：查表 5 – 11，从 $C_p = 1$ 和 $K = 0.4$ 的交汇处可直接得到不合格品率 P 为 3.59%。这与在【例 5 – 15】中计算出来的数值是完全相等的，故在实际工作中用直接查表法方便快捷。

四、过程能力分析、评价与处置

过程能力分析是一种研究过程质量状态的活动。计算出过程能力指数后，便可对过程进行客观、定量的分析和评价。所谓过程能力的分析与评价，就是判断过程能力指数为多大时，过程才能满足设计的要求。表 5 – 11 列出了过程能力指数分析与评价的判断标准（常用准则）以及不同级别过程能力的处置方法，此表对 C_{pK}、C_{pL} 和 C_{pU} 也同样适用。当工序有偏移时，相应的处置措施见表 5 – 12。

表 5 – 11　工序能力分析与处置表

等级	C_p	不合格品率 P/%	评价	处置
特级	$C_p > 1.67$	$P < 0.00006$	过程能力过剩	即使质量波动有些增大，也不必担心；可考虑放宽管理或降低成本，收缩标准范围，放宽检验
Ⅰ	$1.33 < C_p \leq 1.67$	$0.00006 < P \leq 0.006$	过程能力充分	允许小的外来干扰引起的波动；不重要的过程可放宽检验；过程控制抽样间隔可放宽一些
Ⅱ	$1.0 < C_p \leq 1.33$	$0.006 < P \leq 0.27$	过程能力尚可	应严格控制过程，否则容易出现不合格品；检验不能放宽
Ⅲ	$0.67 < C_p \leq 1.0$	$0.27 < P \leq 4.55$	过程能力不足	必须采取措施提高过程能力；已出现一些不合格品，要加强检验，必要时全检
Ⅳ	$C_p \leq 0.67$	$P \geq 4.55$	过程能力很差	立即追查原因，采取紧急措施，提高过程能力；可考虑增大标准范围；已出现较多不合格品，要加强检查，最好全检

表 5 – 12　过程有偏时对平均值采取的措施

过程能力指数	偏移系数 K	对平均值的处置
$C_p > 1.67$	$0 < K < 0.25$	不必调整
	$0.25 < K < 0.5$	要注意
$1.0 < C_p \leqslant 1.33$	$0 < K < 0.25$	要注意
	$0.25 < K < 0.5$	要采取措施

需要说明的是,不同行业的过程能力指数分级是不一样的,如对于机械行业,$C_p = 1$ 是需要改进的;但对于食品行业来说,$C_p = 1$ 经常可以认为是令人满意度级别。以上的处置方法是对一般情况而言,各个企业可根据具体情况灵活处理,主要根据产品的用途、价格和批量来考虑。

(一)过程能力指数过大的处置

过程能力指数太大意味着粗活细做,这样必然影响生产效率,提高产品成本。这时,应根据实际情况采取以下措施降低 C_p。

(1)降低过程能力,如改用精度较低但效率高、成本低的设备和原材料,合理地将过程能力指数降低到适当的水平。

(2)更改设计,提高产品的技术要求。

(3)采取合并或减少工序等方法。

(二)过程能力指数过小的处置

过程能力指数过小时,要暂停加工,立即追查原因,采取措施。

(1)努力提高设备精度,并使工艺更为合理和有效,进一步提高操作技能与质量意识,改善原材料质量及提高加工性能,使过程能力得到适当的提高。

(2)修订标准,若设计上允许,可降低技术要求,即用放宽公差的方法处理。

(3)为了保证出厂产品的质量,在过程能力不足时,一般应通过全检后剔除不合格品,或实行分级筛选来提高产品质量。

(三)过程能力指数适宜

此时,应进行过程控制,使生产过程处于受控或稳定状态,以保持过程能力不发生显著变化,从而保证加工质量。

复习思考题

1.控制图的原理是什么?试用简洁的语言加以描述。

2.控制图的两类错误是什么?如何减少两类错误造成的损失?

3.控制图有什么作用?如何使用控制图?

4.试述过程能力与过程能力指数的基本概念。

5.怎样理解正常波动与异常波动?

第六章　食品质量改进

第一节　质量改进概述

一、质量改进的意义

所谓质量改进,是指消除系统性的问题,对现有的质量水平在控制的基础上加以提高,使质量达到一个新水平、新高度。质量改进是质量管理的重要内容,开展质量改进活动的意义表现在以下几个方面。

(1)质量改进具有很高的回报率。通过质量改进能够减少质量损失。

(2)可以促进新产品开发,改进产品性能,延长产品的寿命周期。

(3)通过对产品设计和生产工艺的改进,更加合理、有效地使用资金和技术力量,充分挖掘企业的潜力。

(4)提高产品的制造质量,减少不合格品的产生,实现增产增效的目的。

(5)有利于发挥企业各部门的质量职能,提高工作质量,为产品质量提供强有力的保证。

因此,不断开展质量改进活动,是改善企业经营、推动企业技术进步、提高企业管理水平、提高企业素质和提高产品竞争能力的客观需要和有效措施。

二、质量改进与质量控制

组织的质量管理活动,按其对产品质量水平所起的作用不同,可分为两类:一类是质量"维持",是为保持现有质量水平稳定的活动,通常通过质量控制来实现;另一类是质量"改进",是在维持现有质量水平的基础上,加以改进和提高,使产品质量水平迈上一个新的台阶的活动。质量改进与质量控制有着紧密的关系。两者的关系如表 6 - 1 所示。

表 6 - 1　质量控制与质量改进的区别与联系

项目	质量控制	质量改进
定义	是质量管理的一部分,致力于满足质量要求	是质量管理的一部分,致力于增强满足质量要求的能力
目的	消除偶发性问题,使产品质量保持在规定的水平	消除系统性问题,使产品质量达到一个新水平
实现手段	通过日常的检验、试验调整和配备必要的资源,使产品质量维持在一定的水平	不断采取纠正和预防措施增强企业质量管理水平,使产品质量不断提高
侧重点	防止差错和问题发生,充分发挥现有的能力	提高质量保证能力
联系	首先要搞好质量控制,使全过程处于受控状态,在控制的基础上进行质量改进,使产品从设计、制造、服务到最终满足顾客要求,达到一个新水平。没有稳定的质量控制,质量改进的效果也无法保持	

著名质量专家朱兰的三部曲(质量策划、质量控制和质量改进)表现了质量控制与质量改进的关系,如图 6 -1 所示。

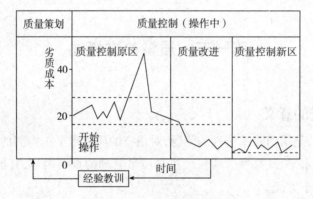

图 6 -1　朱兰三部曲示意图

三、质量改进的工作原理——PDCA 循环

(一)PDCA 循环的工作程序

PDCA 循环是全面质量管理的基本工作方法,是产品质量改进活动的基本过程。PDCA 循环是由美国质量管理专家戴明(W. E. Deming)于 20 世纪 60 年代初创立的,也称戴明循环。

PDCA 循环反映了质量改进和完成各项工作必须经过的 4 个阶段,即计划(Plan)、执行(Do)、检查(Check)、处理(Action)。图 6 -2 为 PDCA 循环示意图,每个阶段的含义分别如下所述。

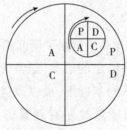

图 6 -2　PDCA 循环

（1）P阶段：计划，这一阶段的总体任务是确定质量目标,制定质量计划,拟定实施措施。

（2）D阶段：执行,按照计划的要求去做。

（3）C阶段：检查,根据计划的要求,对实际执行情况进行检查,分析哪些对了,哪些错了。

（4）A阶段：处理,对总结检查的结果进行处理,成功的经验加以肯定,并予以标准化,或制定作业指导书,以便以后工作时遵循;对于失败的教训也要总结,以免重现。对于没有解决的问题,应提出来转入下一个PDCA循环加以解决。

（二）PDCA循环的特点

1.周而复始

PDCA循环的4个过程不是运行一次就结束,而是周而复始地进行。一个循环结束了,解决了一部分问题,可能还有问题没有解决,或者又出现了新的问题,再进行下一个PDCA循环,以此类推。

2.大环带小环,小环保大环,推动大循环

如果把整个企业的工作作为一个大的PDCA循环,那么各个部门、小组还应有各自小的PDCA循环。大环是小环的母体和依据,小环是大环的分解和保证。各级部门的小环都围绕着企业的总目标朝着同一方向转动。通过循环把企业上下或工程项目的各项工作有机地联系起来,彼此协同,互相促进。

3.阶梯式上升

如图6-3所示,PDCA循环不是在同一水平上循环,每循环一次,就解决一部分问题,取得一部分成果,工作就前进一步,水平就提高一步。到了下一次循环,又有了新的目标和内容,更上一层楼。

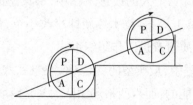

图6-3　不断上升的循环

4.科学管理方法的综合应用

PDCA循环应用以QC 7种工具为主的统计处理方法及工业工程中工作研究的方法,作为进行工作和发现、解决问题的工具。

PDCA循环的4个阶段又可细分为8个步骤,每个步骤的具体内容和所用的方法如表6-2所述。

表6-2 PDCA循环的步骤和方法

阶段	步骤	主要方法
P	对质量现状进行分析,找出存在的质量问题	排列图、直方图、控制图
	分析造成产品质量问题的各种原因和影响因素	因果图
	从各种原因中找出影响质量的主要原因	排列图、因果图
	针对影响质量问题的主要原因制定对策,拟定相应的管理和技术组织措施,提出执行计划	回答"5W1H",即,为什么制定该措施(why)？达到什么目标(what)？在何处执行(where)？由谁完成(who)？什么时间完成(when)？如何完成(How)？
D	执行,按照计划的要求去做	
C	根据计划的要求,对实际执行情况进行检查,寻找和发现计划执行过程中的问题	排列图、直方图、控制图
A	总结成功经验,制定相应标准,防止问题再次发生	制定或修改工作规程、检查规程及其他规章制度
	提出本次循环尚未解决的问题,将其转到下一个PDCA循环中去解决	

第二节 质量改进的组织与推进

一、质量改进的组织形式

相对于自发的、随意的或非正式的改进工作而言,有组织的改进是正规化、制度化的改进。在有组织的质量改进工作中,依据质量改进工作的主体不同,可以分为员工个人的改进和团队改进。

(1)员工个人的改进:在员工个人的改进工作中,最典型的就是合理化建议和技术革新。员工合理化建议也称为员工提案,技术革新即小改小革,都是激励基层员工发挥聪明才智、对各类组织广泛适用的质量改进工作组织形式。

(2)团队改进:在团队改进中,最典型的就是QC小组和六西格玛团队。其中,QC小组有职能部门内部的,也有跨职能的;而六西格玛团队大多是跨职能的。

合理化建议、技术革新与QC小组等质量改进工作主要是以自下而上的方式推进的,又称为群众性的质量改进活动。而六西格玛团队等质量改进则是以自上而下的方式推进的,属于管理层推动的质量改进活动。组织应当利用多种形式,组织各层员工开展各种改进工作项目或活动,形成持续质量改进工作的有机整体。

二、质量改进的组织

质量改进的组织分为两个层次:一是从整体的角度为改进项目调动资源,这是管理层,即质量委员会;二是为了具体地开展工作项目,这是实施层,即质量改进团队,或称质量改进小组。

（一）质量委员会

质量改进组织工作的第一步是成立公司的质量委员会（或其他类似机构），质量委员会的基本职责是推动、协调质量改进工作并使其制度化。通常由高级管理层的部分成员组成，上层管理者亲自担任高层质量委员会的领导和成员时，委员会的工作最有效。质量委员会的主要职责为：

（1）制定质量改进方针；

（2）参与质量改进，使工资及奖励制度与改进成绩相结合等；

（3）为质量改进团队提供资源；

（4）对主要的质量改进成绩进行评估并给予公开认可。

（二）质量改进团队

质量改进团队不在公司的组织结构图中，是一个临时性组织，团队没有固定的领导。尽管质量改进团队在世界各国有各种名称，如 QC 小组、质量改进小组、提案活动小组等，但基本组织结构和方式大致相同，通常包括队长和成员。

1. 组长的职责

组长通常由质量委员会指定，或者经批准由团队自己选举。组长有以下几种不同的职责：

（1）与其他成员一起完成质量改进任务；

（2）保证会议准时开始、结束；

（3）做好会议日程、备忘录、报告等准备工作和公布；

（4）与质量委员会保持联系；

（5）编写质量改进成果报告。

2. 小组成员的职责

（1）分析问题原因并提出纠正措施；

（2）对其他团队成员提出的原因和纠正措施提出建设性建议；

（3）防止质量问题发生，提出预防措施；

（4）将纠正和预防措施标准化；

（5）准时参加各种活动。

三、质量改进的障碍

虽然质量改进有严密的组织，有一定的实施步骤，并在一些企业取得了成果，但不少企业的情况并不尽如人意，有的是企业不知道如何去改进，也有的是某些内在因素阻碍了企业将质量改进常年进行下去。在进行质量改进前，有必要先了解开展质量改进活动主要会有哪些障碍。

（一）对质量水平的错误认识

有些企业，尤其是质量管理搞得较好的企业，往往认为自己的产品质量已经不错了，在国内已经名列前茅,产品质量没有什么可改进的地方。即使有,投入产出比也太小,没有进行质量改进的必要。但实际情况是,它们与世界上质量管理搞得好的企业无论是实物水平还是质量管理水平都有很大差距。这种错误认识,成了质量改进的最大障碍。

(二)对失败缺乏正确的认识

有些人认为质量改进活动的某些内在因素决定了改进注定会失败,这一结论忽视了那些成功的企业所取得的成果(这些企业的成功证明了这些成果不是遥不可及的)。此外,成功的企业还公布了如何取得这些成果的过程,这就为其他企业提供了可吸取的经验和教训。

(三)"高质量意味着高成本"的错误认识

有些管理人员认为"提高质量要以增加成本为代价"。他们认为提高质量只能靠增强检验,或只能使用价格更昂贵的原材料,或只能购进精度更高的设备。如果质量的提高是基于产品指标水平的提高,那么质量水平的提高可能会造成成本的增加,但这并不一定会带来产品的增值和市场的扩大。如果质量的提高是基于长期浪费的减少,成本通常会降低。

(四)对权力下放的错误理解

在质量改进的推进过程中,部分企业对权力下放做得不够好。

一方面有些企业的管理者试图将自己在质量改进方面的职责全部交给下属来做,使自己能有更多的时间来处理其他的工作。

另一方面有些企业的管理者对下级或基层员工的能力信任度不够,从而在改进的支持和资源保障方面缺乏力度,使质量改进活动难以正常进行。

成功企业的管理者都负责改进相应的决策工作,并承担某些不能下放的职责。

管理者必须参与质量改进活动,只参与意识教育、制定目标而把其余的工作都留给下属是不够的。下述管理者的职责是"不宜下放的"。

(1)参与质量委员会的工作。这是上层管理者最基本的参与方式。

(2)批准质量方针和目标。越来越多的企业已经或者正在制定质量方针和目标,这些方针和目标在公布前必须获得上层管理者的批准。

(3)提供资源。只有为质量改进提供必要的资源,包括人、工作条件、环境等,才能保证质量改进的顺利实施。

(4)予以表彰。表彰通常包括某些庆祝活动,这类活动为管理者表示其对质量改进的支持提供了重要的机会。

(5)修改工资及奖励制度。目前大部分公司的工资及奖励方法不包含质量改进内容,或奖励的力度和合理性方面存在问题,所以要组织修改这些制度。

(五)员工的顾虑

进行质量改进会对企业文化产生深远的影响,远不止表面上精神所发生的变化。例如,会增添新的工种;岗位责任中会增添新的内容;企业管理中会增添团队精神这一概念;

质量的重要性得到承认,而其他工作的重要性相对降低;公司会要求为实施上述改变而进行培训等。总体来说,它是一种巨变,打破了企业原有的平静。

对员工而言,这一系列变化所带来的影响中,他们不愿意的莫过于使他们的工作和地位受到威胁。例如,降低长期浪费会减少返工的需要,这样,专门从事返工作业的人就会失去工作,而这类工作的取消又会对其主管人员的工作或地位构成威胁。

然而,质量改进是保持竞争力的关键所在。如果不前进,所有的人都保不住饭碗。因此,企业应该进行改进,只是在改进的同时要认识到员工的顾虑,需要和他们进行沟通,解释为什么要改进。同时,通过企业发展,事业的拓展,又会对员工的发展起到促进作用。

四、持续的质量改进

改进过程不是一次性事件,根据公司取得的进展和结果,持续进行质量活动是非常重要的。中国有个成语叫作"滴水穿石",公司要获得成功就要持续进行质量改进,这也是ISO 9000:2015 标准中所强调的。要做到持续改进,必须做好以下几方面的工作。

（一）使质量改进制度化

要使公司的质量改进活动制度化,必须做到以下几点。

（1）增加公司年度计划的内容,使其包括质量改进目标,使质量改进成为职工岗位职责的一部分。

（2）实施上层管理者审核制度,即 ISO 9000 质量管理体系中要求的管理评审,使质量改进进度成为审核内容之一。

（3）修改技术评定和工资、奖励制度,使其包括质量改进的成绩。

（4）对质量改进成果进行表彰。

（二）检查

上层管理者按计划、定期对质量改进的成果进行检查是持续进行年度质量改进的一个必要条件。否则,同那些受到检查的活动相比,质量改进活动就无法获得同样的重视。

（1）检查结果。根据不同的结果,应该安排不同的检查方式,有些项目非常重要,就要查得仔细些,其余的项目就查得粗略一些。

（2）检查内容。进度检查的大部分数据来自质量改进团队的报告,通常要求质量改进成果报告明确下列内容:①改进前的废品或其他如时间、效率的损失总量;②如果项目成功,预计可取得的成果;③实际取得的成果;④资本投入及利润;⑤其他方面的收获(如学习成果、团队凝聚力、工作满意度等)。

（3）成绩评定。检查的目的之一是对成绩进行评定,这种评定除针对项目外,还包括个人,而在组织的较高层次,评定范围扩大到主管和经理,此时评定必须将多个项目的成果考虑进来。

（三）表彰

通过表彰,使表彰的对象了解自己的努力得到了承认和赞赏,使他们以此为荣,也获得别人的尊重。

(四)报酬

质量改进不是一种短期行为,而是组织质量管理的一项新职能,对原有的文化模式造成了冲击,对公司保持其竞争力至关重要,因此必须反映到岗位责任和工资及奖励制度中去。报酬在以往主要取决于一些传统指标的实现,如成本、生产率、计划和质量等。而为了体现质量改进是岗位职责的一部分,评定中必须加进一项新指标,即持续质量改进指标。否则,员工工作表现的评定将仍根据其对传统目标的贡献,从而导致持续质量改进因得不到足够的重视而受挫。

(五)培训

培训的需求非常广泛,因为质量改进是公司的一项新职能,为所有的人提出了新的任务,要承担这些新的任务,就需要大量的知识和技能培训。

第三节　员工参与质量改进

人是生产要素中最活跃的因素,员工的工作态度决定着质量改进能否成功。生产一线的企业员工,最了解质量问题发生的原因,因此,员工参与质量改进可达到事半功倍的效果。

企业中,员工参与质量改进的常见方式是 QC 小组活动。通过 QC 小组活动,把广大职工群众发动和组织起来,不断发现问题、分析问题和解决问题,促进质量管理水平的不断提高。

一、质量管理小组的概念与特点

(一)QC 小组的概念

QC 小组是指在生产或工作岗位上从事各种劳动的职工,围绕企业的经营战略、方针目标和现场存在的问题,以改进质量、降低消耗、提高职工素质和经济效益为目的,运用质量管理的理论和方法开展活动的小组。QC 小组同企业中的行政班组、传统的技术革新小组有所不同。

1. QC 小组与行政班组的不同点

(1)组织原则不同。行政班组一般是企业根据专业分工与协作的要求,按照效率原则,自上而下地建立的,是基层的行政组织;QC 小组通常是根据活动课题涉及的范围,按照兴趣、感情的原则,自下而上或上下结合组建的群众性组织,带有非正式组织的特性。

(2)活动目的不同。行政班组活动的目的是组织职工完成上级下达的各项生产经营任务;而 QC 小组则是以提高人的素质,改进质量,降低消耗和提高经济效益为目的而组织起来开展活动的小组。

(3)活动方式不同。行政班组的日常活动通常是在本班组内进行的;而 QC 小组可以在行政班组内组织,也可以是跨班组,甚至跨部门、跨车间组织起来的多种组织形式,以便于开展活动。

2. QC 小组与传统的技术革新小组的不同点

传统的技术革新小组侧重于用专业技术进行攻关,而 QC 小组不仅活动的选题要比技术革新小组广泛得多,而且在活动中强调运用全面质量管理的理论和方法,强调活动程序的科学化。

(二)QC 小组的特点

1. 自主性

QC 小组以职工自愿参加为基础,实行自主管理,自我教育,互相启发,共同提高。

2. 群众性

QC 小组的成员不仅包括领导人员、技术人员,管理人员,而且注重吸引生产、服务工作第一线的员工参加。广大员工群众在 QC 小组活动中学管理、学技术,群策群力分析问题,解决问题。

3. 民主性

QC 小组组长可经民主推选产生,或由 QC 小组成员轮流担任。在 QC 小组内部讨论问题、解决问题时,小组成员是平等的,不分职务与技术等级高低,充分发扬民主,各抒己见,互相启发,集思广益,以保证既定目标的实现。

4. 科学性

QC 小组在活动中遵循科学的工作程序,步步深入地分析问题,解决问题;在活动中坚持用数据说明事实,用科学方法分析与解决问题,而不是想当然或凭个人经验。

二、质量管理小组的组建

(一)组建 QC 小组的原则

组建 QC 小组是启动 QC 小组活动的第一步。QC 小组的组建工作做得如何,将直接影响 QC 小组活动的效果。组建 QC 小组一般应遵循以下两个基本原则。

1. 自愿参加

自愿参加是指员工在深刻理解 QC 小组活动宗旨的基础上,产生了自觉参与质量管理,自愿结合在一起,自主地开展活动的要求。这样组建起来的 QC 小组,不是靠行政命令组建的,小组成员就不会有"被迫""义务"等感觉,在开展活动时能充分发挥员工的积极性、主动性和创造性。

2. 上下结合

强调自愿参加,并不意味着 QC 小组只能自发地产生,更不是说企业的管理者就可以放弃指导与领导的职责。这里讲的"上下结合",就是要把来自上面的管理者的组织、引导与启发职工群众的自觉自愿相结合,组建本企业的 QC 小组。

3. 实事求是

由于各个企业的特点不同,因此要求 QC 小组结合实际,以求实的精神去开展活动,扎扎实实,以务实的工作来解决问题,绝不能为了完成某项指标和应付上级检查而开展活动。当广大职工对 QC 小组活动的认识还不清楚,积极性还不高的时候,不要急于追求"普及率",而是先启发少数人的自觉自愿,组建少量的 QC 小组,指导他们卓有成效地开展活动,并取得成果。这就可以为广大职工群众参加 QC 小组活动起到典型引路的示范作用,让广大职工从身边的实例中增加对 QC 小组活动宗旨的感性认识,加深理解,逐步诱发其参与 QC 小组活动的愿望,使企业 QC 小组像滚雪球一样地扩展开来。

4. 灵活多样

灵活多样的组建原则有几种含义。第一,QC 小组的活动形式是灵活多样的。QC 小组之所以有凝聚力,是因为它活泼生动,不是一味地开会分析问题、研究解决问题,而是有意识改变枯燥的传统方式,调节生活,如组织员工去爬山、唱卡拉 OK、跳交谊舞,用诸如此类的方法来增加小组的凝聚力。第二,QC 小组的名称也可以多种多样,有的小组的名称比较乏味,如"某质量关键攻关小组",但也有小组的名称就比较别出心裁,如"毛毛虫小组",显得非常生动活泼。

(二)组建 QC 小组的程序

由于各个部门的情况、欲组建的 QC 小组的类型,以及选择的活动课题等不同,所以组建 QC 小组的程序也不尽相同,大致可以分为以下 3 种情况。

1. 自下而上的组建程序

由同一班组的几个人(或一个人),根据想要选择的课题内容,推举一位组长(或邀请几位同事),共同商定是否组成一个 QC 小组,给小组取个什么名字,先要选个什么课题。基本取得共识后,由经确认的 QC 小组组长向所在车间(或部门)申请注册登记,经主管部门审查认为具备建组条件后,即可发给小组注册登记表和课题注册登记表。组长按要求填好注册登记表,并交主管部门编录注册登记号,QC 小组组建工作即告完成。

这种组建程序,通常适用于那些由同一班组(或同一科室)内的部分成员组成的现场型、服务型,乃至一些管理型的 QC 小组。他们所选的课题一般都是自己身边的、力所能及的较小问题。这样组建的 QC 小组,成员的活动积极性、主动性很高,企业主管部门应给予支持和指导,包括对小组骨干成员的必要的培训,以使 QC 小组活动持续有效地发展。

2. 自上而下的组建程序

这是企业当前较普遍采用的。首先,由企业主管 QC 小组活动的部门,根据企业实际情况,提出全企业开展 QC 小组活动的设想方案,然后与车间(或部门)的领导协商,达成共识后,由车间(或部门)与 QC 小组活动的主管部门共同确定本单位应建几个 QC 小组,并提出组长人选,进而与组长一起物色每个 QC 小组所需的组员,所选的课题内容。然后由企业主管部门会同车间(或部门)领导发给 QC 小组注册登记。组长按要求填表(小组课题注册登记表),经企业主管部门审核同意,并编上注册号,小组组建工作即告完成。

这种组建程序较普遍地被"三结合"技术攻关型 QC 小组所采用。这类 QC 小组所选择的课题往往都是企业或车间(部门)急需解决的、有较大难度、牵涉面较广的技术、设备、工艺问题,需要企业或车间为 QC 小组活动提供一定的技术、资金条件。因此,难以自下而上组建。还有一些管理型 QC 小组,由于其活动课题也是自上而下确定的,并且是涉及部门较多的综合性管理课题,因此,通常也采取这种程序组建。这样,组建的 QC 小组,容易紧密结合企业的方针目标,抓住关键课题,给企业和 QC 小组成员会带来直接经济效益。又由于其有领导与技术人员的参与,活动易得到人力、物力、财力和时间的保证,利于取得成效。但易使成员产生"完成任务"感,影响活动的积极性、主动性。

3. 上下结合的组建程序

这是介于上面两种之间的一种。它通常是由上级推荐课题范围,以下级讨论认可,上下协商来组建。这主要涉及组长和组员人选的确定,课题内容的初步选择等问题,其他程序与前两种相同。这样组建小组,可取前两种情况所长,避其所短,应积极倡导。

(三)QC 小组的人数

《关于推进企业质量管理小组活动的意见》中指出:"为便于自主地开展现场改善活动,小组人数一般以 3 ~ 10 人为宜。"每个 QC 小组成员具体应该多少,应根据所选课题涉及的范围、难度等因素确定,不必强求一致。在课题变化或小组成员岗位变动后,成员数也可作相应调整。在小组成员人数可多可少的情况下,宜少不宜多,以便于每个小组成员都能在小组活动中充分发挥作用。

(四)QC 小组的注册登记

为了便于管理,组建 QC 小组应认真做好注册登记工作。注册登记表由企业 QC 小组活动主管部门负责发放、登记编号和统一保管。注册登记是 QC 小组组建的最后一步工作。QC 小组注册登记后,就被纳入企业年度 QC 小组活动管理计划之中,这样在随后开展的小组活动中,便于得到各级领导和有关部门的支持和服务,并可参加各级优秀 QC 小组的评选。

QC 小组的注册登记不是一劳永逸的,每年都要进行一次重新登记,以便确认该 QC 小组是否还存在,或有什么变动。这里要注意,QC 小组的注册登记每年进行一次;而 QC 小组活动课题的注册登记,则应是每选定一个活动课题,在开展活动之前都要进行一次课题的注册登记。两者不可混淆。在 QC 小组注册登记时,如果上一年度的活动课题没有结束,还不能注册登记新课题,应向主管部门书面说明情况。

三、质量管理小组的活动程序

质量管理小组开展质量改进活动,应按 PDCA 循环的思路进行。对于"问题解决型"QC 小组自选课题的活动程序一般包括以下 10 个步骤。对于"问题解决型"QC 小组上级指令性目标值(课题)而言,其活动程序与"问题解决型"的程序基本一致,只是第二步改为设定目标,第三步改为目标值的可行性分析。其他步骤都相同。

1. 选择课题

QC 小组组建后,就要开展活动。首先是选择,也就是"大家一起来改善什么?"

课题的来源一般有三个方面。一是指令性课题,即由上级主管部门根据企业(或部门)的实际需要,以行政指令的形式向 QC 小组下达的课题,这种课题通常是企业生产经营活动中迫切需要解决的重要技术攻关性的课题。二是指导性课题。通常由企业的质量管理部门根据企业实现经营战略、方针、目标的需要,推荐并公布一批可供 QC 小组选择的课题,每个小组则根据自身的条件选择力所能及的课题开展活动,这是一种上下结合的方式。三是由小组自行选择课题。

QC 小组自行选题要注意以下三个问题。

(1)课题宜小不宜大。这就是应尽量选择针对具体问题的课题。搞小课题有以下 4 个方面的好处。

①小课题易于取得成果,活动周期短,能更好地鼓舞小组成员的士气。

②小课题短小精干,大部分对策都能由本小组成员自己来实施,更能发挥本组成员的创造性。

③小课题大部分是在本小组的生产(工作)现场,是自己身边存在的问题,通过自己的努力,得到改进,取得的成果也是自己受益,能更好地调动小组成员的积极性。

④小课题容易总结成果,在发表成果的 15 分钟时间里,能把小组活动时所动的脑筋,所下的功夫,克服困难的毅力充分表达出来,因此可以发表得很生动、很精彩,对别的 QC 小组更有启发。

(2)课题的名称应一目了然地看出是要解决什么问题,不可抽象,如"降低××能耗指标""降低××不合格品率",简洁、明了、针对性强。

(3)选题理由,应直接写出选此课题的目的和必要性,不要长篇大论地陈述背景。为什么要选这个课题,在发表时是要交代清楚的,这对别的小组会有启发。要说清理由,只要把上级方针是什么,根据上级方针,本部门有什么要求,实现这个要求的症结是什么,差距有多大,用数据把这些事实表达出来,以说明只要把这个症结解决了,就可达到本部门的要求。这样,选题的目的及必要性就很充分了。

2. 现状调查

课题确定之后,就要掌握问题严重到什么程度,这就要对现状进行认真的调查。通过对调查所收集到的数据进行整理、分析,把症结找出来。现状调查在整个 QC 小组活动程序中起着承上启下的作用。现状调查清楚以后,就可以设定目标,分析原因等。现状调查要注意以下 3 个问题。

(1)数据说话。收集数据要注意 3 点。

①收集的数据要有客观性,避免只收集对自己有利的数据,或者从收集的数据中只挑选对自己有利的数据而忽略其他数据。

②收集的数据要有可比性。不可比的数据不能作为说明采取对策有效性的证据。

③收集数据的时间要有约束。要收集最近时间的数据,才能真实反映现状,因为情况是会随时间的变化而不断变化的,时间相隔长的数据就不能反映现状。用时间相隔长的数据进行分析,可能会将之后的活动引入歧途。

（2）对现状调查取得的数据要整理、分类，进行分层分析，以便找到问题的症结所在。对通过调查取得的客观数据，要从不同角度进行分类，并对分类数据进行分析。如从某个角度分类的数据看，没有发现异常情况，就可把在这个角度产生问题的可能予以排除；而从另一个角度分类的数据看，发现了异常，就说明在该角度上是存在问题的。如果从该角度上看确实存在着问题，但问题还不够明朗，则可以在这个基础上，到现场作进一步的分层调查，取得数据后再进行分析，直到找出问题的线索，即问题的症结所在为止。

（3）不仅收集已有记录的数据，更需亲自到现场去观察、测量、跟踪，直接掌握第一手资料，以掌握问题的实质。

综上所述，现状调查在整个 QC 小组活动程序中是很重要的一环，它的作用是为目标值的确定提供充足的依据。

3. 设定目标

设定目标是为了确定小组活动要把问题解决到什么程度。也是为检查活动的效果提供依据。设定目标要注意以下三个问题。

（1）目标要与问题相对应。例如，通过现状调查分析，找出问题由不合格所造成，A 工序不合格率降下来，整个工艺过程的废品率也就可大幅度下降。然后，分析原因、制订对策都针对解决 A 工序不合格率来进行。可先设定 A 工序的不合格率由目前的多少降到多少，再设定整个工艺过程的废品率由目前的多少降到多少的目标。目标不要设定得太多，以免把问题复杂化，通常以 1 个为宜，最多不要超过 2 个。

（2）目标要明确表示。所谓明确表示，就是要用数据来表达目标值。没有量化的目标，在对策实施后无法证明它是否已实现。不能量化的目标就不能设为目标。

（3）要说明制定目标的依据。制定目标，既要是有一定的挑战性的，又要是经过努力可以实现的。小组应该陈述清楚制定这个目标的理由，如目前国内同行业先进水平达到什么程度，而我们在设备条件、人员条件、原材料等方面都相同的情况下，也应达到这个水平。

对于指令性的课题，由于课题和目标者是指令性的，不一定要进行现状调查，可以对目标的可行性进行分析。

4. 分析原因

问题明确了，目标也已设定，接下来就可以针对问题进行分析，找出造成这个问题的原因。如果是指令性课题和目标，而现存问题不明确，则在分析原因之前，先要把现状与目标值之间的差距调查分析清楚。

在分析原因时，应让 QC 小组成员充分开阔思路，从可能设想的所有角度收集可能产生问题的全部原因。在分析原因时要注意以下 4 个问题。

（1）要针对所存在的问题分析原因。若在现状调查时，已经分析出问题的症结所在，把这个症结解决了，整个问题就可迎刃而解，就应针对这个症结来分析原因。如果已经找到症结所在而弃之不管，又回到课题的总问题来分析原因，则会导致逻辑上的混乱，也会使分析的原因针对性不强。

（2）分析原因要展示问题的全貌。分析原因要从各种角度把有影响的原因都找出来，避免遗漏。一般从5MIE这6个角度来展开分析。如果要分析的是管理问题，则应常从影响它的各管理系统开展分析。

（3）分析原因要彻底。分析原因常用的方法是针对某一方面的原因，通过反复思考"为什么"，把它一层一层地剖析下去，从原因类别开展到第一层原因，再开展到第二层原因，再到第三层原因。所谓"分析彻底"就是展开分析到直接采取对策的具体因素为止。原因分析越彻底，就越能使后续对策的制定简单、明确、针对性强。

（4）要正确、恰当地应用统计方法。分析原因常用的方法有因果图、系统图与关联图。各小组在活动过程中，可根据所存在问题的情况以及对方法的熟悉、掌握的程度来选用。

5. 确定主要原因

通过分析原因，分析出有可能影响问题的原因有多少条，其中有的确实是影响问题的主要原因，有的则不是。这一步骤就是要对诸多原因进行鉴别，把确实影响问题的主要原因找出来，以便为制订对策提供依据。确定主要原因可按以下3个步骤进行。

（1）把因果图、系统图或关联图中的末端因素收集起来，因为末端因素是问题的根源，所以主要原因一般要在末端因素中选取。

（2）在末端因素中确认是否有不可抗的因素，若有，要剔除他们，不作为确定主要因素的对象。

（3）在末端因素逐条确认，找出真正影响问题的主要原因。确认，就是要找出影响该问题的证据，证据要以客观事实为依据，用数据说话。数据表明该因素确实对问题有影响，就"承认"它是主要原因；如数据表明该因素确实对问题影响不大，就"不承认"该因素为主要原因，并予以排除。个别因素一次调查得到的数据尚不能充分判定时，就要再调查、再确认。

主要原因确认常用的方法有3种。①现场验证。现场验证是到现场通过试验，取得数据来证明。这种方法对各类因素进行确认常常是很有效的。如确认某一个参数制定得合不合适时，就需要到现场做一些试验，变动一下该参数，看它的结果有无明显的差异，来确定它是不是真正影响问题的主要原因。②现场测试、测量。现场测试、测量是到现场通过亲自测试、测量，取得数据，与标准进行比较，看其符合程度来证明。这对机器、材料、环境类因素进行确认时，常常是很有效的。③调查、分析。对于人的方面的有些因素，不能用试验或测量的方法来取得数据，则可设计调查表，到现场进行调查、分析，以取得数据来进行确认。

总之，确认必须要小组成员亲到现场，亲自去观察、调查、测量、试验，从而取得数据，为确定主要原因提供依据。只凭印象、感觉来确认，是依据不足的。

确定主要原因为制定对策提供了依据，为此"确认"做得好，就可为制定对策打下好的基础。

6. 制定对策

确定主要原因后，就可分别针对所确定的每条主要原因制定对策。制定对策可以分3

个步骤进行。

（1）提出对策。首先针对每一条主要原因,让小组全体成员开动脑筋,敞开思想、独立思考,相互启发,从各个角度提出改进的想法,如针对"工具不好用"这一主要原因,是在原有基础上改进,或者重新设计制造一个新的工具,还是用别的工具替代,对策提得越具体越好。这样,每条原因都可提出若干个对策。这里可先不必考虑提出的对策是否可行,只要是可能解决这一条主要原因的对策都提出来,这样才能尽量做到不遗漏真正有效的对策,才能集思广益。

（2）研究、确定所采取的对策。从针对每一条主要原因所提出的若干个对策中分析研究,究竟选用什么样的对策和解决到什么程度,要考虑以下几点。

①分析研究对策的有效性。首先就要分析研究对策能不能控制或消除产生问题的主要原因,如果感到没有把握或该对策不能彻底解决问题,则不宜采用,而要另谋良策。

②分析研究对策的可实施性。选用的对策起码是可以实施的,不可实施的对策就不能采用,如对策需要某一手段,而企业没有,目前企业又不能拿出这么多资金购买,所以就无法实施;又如该对策实施后会使环境保护指标严重超标,所以,涉及违反国家法规法令的对策也不可采用。除此之外,还要从经济性、技术性、难易度等方面综合考虑确定。必要时做多方案的可行性分析之后再确定。

③避免采用临时性的应急措施作为对策。一些临时应急措施不宜作对策来采用,如修理行业常用的"垫块铜皮"来消除间隙的应急措施就属于这种性质,因为这种临时应急措施不能从根本上防止问题再发生。

④尽量采用依靠小组自己的力量,自己动手能够做到的对策。依靠小组自身的力量实施对策,能更好地调动小组成员的积极性、创造性,能提高小组成员解决问题的能力。

（3）制定对策表。针对每一条主要原因采用什么对策确定之后,就可制定对策表。把对策内容落实到对策表中去。对策表要按"5W1H"［What（对策）、Why（目标）、Who（负责人）、Where（地点）、When（时间）、How（措施）］的原则来制定。

7. 实施对策

对策制定完毕,小组成员就可以严格按照对策表列出的改进措施计划加以实施。在实施过程中,组长除了完成自己负责的对策外,要多做一些工作,定期检查实施的进程。

在实施过程中,如遇到困难无法进行下去,应及时由小组成员讨论,如果确实无法克服,可以修改对策,再按新对策实施。

每条对策实施完毕,要再次收集数据,与对策表中所定的目标比较,以检查对策是否已彻底实施并达到了要求。

在实施过程中应做好活动记录,把每条对策的具体实施时间、参加人员、活动地点与具体怎么做的,遇到什么困难,如何克服的,花了多少费用都加以记录,以便为最后整理成果报告提供依据。

8. 检查效果

对策表中所有对策全部实施完毕后,即所有的问题都得到了解决或改进,就要按新的情况进行试生产,并从试生产中,收集数据,以检查所取得的效果。

(1)把对策实施后的数据与对策实施前的现状以及小组制定的目标进行比较。与对策实施前的现状比较,是要明确改善的程度。更主要的是要与小组制定的目标值进行比较,看是否达到了预定的目标。这时可能出现两种情况,一种是达到了小组制定的目标,说明问题已得到解决,就可进入下一步骤,巩固取得的成果,防止问题的再次发生。另一种是未达到小组制定的目标,说明问题没有彻底解决,可能是主要原因尚未完全找到,也可能是对策制定得不妥,不能有效地解决问题,所以就要回到第四步骤,重新开始分析原因,再往下进行直至达到目标。这说明这个 PDCA 循环没有转完,在 C 阶段中还要进行一个小 PDCA 循环。这正是本章开始时所介绍的 PDCA 循环的特点之一,即大环套小环。

(2)计算经济效益。解决了问题,取得了成果,就可以计算解决这个问题能为企业带来多少经济效益,这样能更好地鼓舞士气,增加自豪感,调动积极性。一般计算时间不超过一年。计算出的效益还应减去本课题活动中的耗费,才能得出预计一年可以给企业创造出多少经济效益。

9. 巩固措施

取得效果后,就要把效果维持下去,并防止问题的再次发生。为此,要制定巩固措施。

(1)把对策表中通过实施已证明了的有效对策(如操作标准、变更的有关参数、规章制度等)初步纳入有关标准,报经有关主管部门认可、批准后,制定或修订有关的标准和管理办法、制度。

(2)再到现场确认,是否按新的方法操作和执行了新的标准。

(3)在取得效果后的一段时期内(巩固期一般以 2 ~ 3 个月为宜)要做好记录,进行统计,用数据说明成果的巩固状况。

10. 总结回顾及今后打算

俗话说"没有总结,就没有提高"。成果完成后,小组成员要坐在一起围绕以下内容认真进行总结。

(1)通过此次活动,除了解决本课题外还解决了哪些相关问题,需要抓住哪些还没有解决的问题。

(2)检查在活动程序方面,在以事实为依据用数据说话方面,在方法的应用方面,明确哪些方面是成功的,用得好,哪些方面还不大成功,尚有不足需要改进,还有哪些心得体会。

(3)认真总结通过此次活动所取得的无形效果。可从"四个意识(质量意识、问题意识、改进意识、参与意识)"的提高,个人能力的提高、团队精神的增强等方面来总结,这些效果虽然不直接产生经济效益,但却是非常宝贵的精神财富。

(4)在做到以上几点的基础上,提出下次活动要解决的课题,以便把 QC 小组活动持续地开展下去。

上述 QC 小组活动的程序是国内外 QC 小组活动经验的总结。按此程序进行活动,就能一步一个脚印,一环扣一环进行下去,从而少走弯路。熟练地掌握程序和方法,并重视用数据说明事实,就能提高解决问题的能力,从而提高小组成员的素质。

四、质量管理小组的评价与奖励

1. 评价

QC 小组的评价以活动评价与成果评价相结合,并以活动评价为主。活动评价贯穿于QC 小组活动的全过程,以其经常性、持久性、全员性、科学性和有效性为主要依据。活动评价既是评价过程又是管理过程。而成果评价主要是评价 QC 小组活动的效果、成果总结和发表的水平,以推动活动的深化。要注意的是优秀 QC 小组评价和优秀成果评价应有区别,因为有的优秀 QC 小组不一定每年都有显著成果。因此,评价的重点应放在小组活动的持久性、全员性和科学性以及活动的方式上。

2. 奖励

对 QC 小组的活动和成果进行评价之后,应进行奖励和表彰。这是激励人们奋发进取和推动 QC 小组活动的重要手段。奖励的透明度要高,要把奖励纳入正常的管理工作之中,要做到技术性成果与管理性成果并重,成果奖与活动奖并重,明确规定以课题注册登记、活动记录、成果报告书作为奖励的凭证,体现成果的有效性。奖励与表彰可分为 QC 成果发表奖和授予优秀 QC 小组光荣称号两大类,奖励可同时施以物质奖励与精神奖励。

第四节　质量改进的支持工具

一、质量改进老 7 种工具

(一) 调查表

1. 调查表的概念

调查表,也叫检查表或核对表,是用于收集整理数据并对数据进行粗略的分析以确定质量原因的一种规范化表格。其格式多种多样,可根据调查目的的不同,使用不同的调查表。调查表把产品可能出现的情况及其分类预先列成统计表,在检查产品时只需在相应分类中进行统计,并可对其进行粗略的整理和简单的原因分析,为下一步的统计分析与判断质量创造良好条件。

2. 常用的几种调查表

为了能够获得良好的效果、可比性和准确性,调查表的设计应简单明了,突出重点;应填写方便,符号好记;填写好的调查表要定时、准确更换并保存,数据要便于加工整理,分析整理后及时反馈。常用的调查表有以下 4 类。

(1)质量分布调查表:又称工序分布调查表,是对计量值数据进行现场调查的有效工具。它是根据以往的资料,将某一质量特性项目的数据分布范围分成若干区间而制成的表格,用以记录和统计每一质量特性数据落在某一区间的频数(表 6 – 3)。从表格形式看,质量分布调查表与直方图的频数分布表相似。所不同的是,质量分布调查表的区间范围是根据以往资料,首先划分区间范围,然后制成表格,以供现场调查记录数据;而频数分布表则是首先收集数据,再适当划分区间,然后制成图表,以供分析现场质量分布状况之用。

表6-3　产品重量实测值分布调查表

产品名称:糖水菠萝罐头　　　生产线:A　　　调查者:张三　　　日期:2021-5-2

重量/g	频数							小计
	5	10	15	20	25	30	35	
495.5~500.5								
500.5~505.5	/							1
505.5~510.5	//							2
510.5~515.5	/// /	/// /						8
515.5~520.5	/// /	/// //						10
520.5~525.5	//// /	//// /	//// /	/				21
525.5~530.5	//// /	//// /	//// /	//// /	//// //			29
530.5~535.5	//// /	//// /	//// /					15
535.5~540.5	//// /	//// /						8
540.5~545.5	////							4
545.5~550.5	//							2
550.5~555.5								
合计								100

应该注意的是,如果数据有随时间变化的倾向性,仅看调查表还发现不了,这时可按时间分层作表或用不同的颜色符号在表中予以标记。

(2)不合格项目调查表:不合格项目调查表主要用来调查生产现场不合格项目频数和不合格品率,以便继而用于排列图等分析研究。表6-4是某食品企业在某月玻璃瓶装酱油抽样检验中的外观不合格项目调查记录表。从外观不合格项目的频次可以看出,标签歪和标签擦伤的问题较为突出,说明贴标机工作不正常,需要调整、修理。

表6-4　玻璃瓶装酱油外观不合格项目调查表

调查者:李四　　　地点:包装车间　　　日期:2021-3-19

批次	产品规格	批量/箱	抽样数/瓶	不合格品数/瓶	批不合格品率/%	外观不合格项目					
						封口不严	液高不符	标签歪	标签擦伤	沉淀	批号模糊
1	生抽	100	50	1	2			1	1		
2	生抽	100	50	0	0						

续表

批次	产品规格	批量/箱	抽样数/瓶	不合格品数/瓶	批不合格品率/%	外观不合格项目					
						封口不严	液高不符	标签歪	标签擦伤	沉淀	批号模糊
3	生抽	100	50	2	4			2	1		
4	生抽	100	50	0	0						
…	…	…	…	…	…	…	…	…	…	…	…
250	生抽	100	50	1	2		1		1		
合计		25000	125000	175	14	5	10	75	65	10	10

（3）不合格位置调查表：或称缺陷位置调查表，就是先画出产品平面示意图，把图面划分成若干小区域，并规定不同外观质量缺陷的表示符号。调查时，按照产品的缺陷位置在平面图的相应小区域内打记号，最后统计记号，可以得出某一缺陷比较集中在哪一个部位上的规律，这就能为进一步调查或找出解决办法提供可靠的依据。

现以麦乳精包装袋的印刷质量缺陷位置调查为例说明，结果见表6-5。调查结果表明色斑最严重，而且集中在E、F和H区；条状纹其次，主要集中在A区；排在第三位的是套色错位，集中在B、C、D区。接下去就可以用因果图首先对色斑问题进行分析，找出原因，制定改进措施；然后依次对条状纹和套色错位进行分析。

表6-5　麦乳精包装袋印刷质量缺陷位置调查表

品名	工序	调查目的	调查者	调查件数	调查日期
麦乳精包装袋	印刷	彩印质量	王五	500	3月10—20日

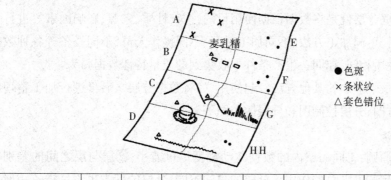

区域		A	B	C	D	E	F	G	H	合计
缺陷	色斑					34	40		20	94
	条状纹	30		7						37
	套色错位		16	12	7					35

（4）不合格品原因调查表：为了调查不合格品原因，通常把有关原因的数据与其结果的数据——对应地收集起来。记录前应明确检验内容和抽查间隔，由操作者、检查员、班组长

共同执行抽检的标准和规定。以下是某车生产的 PET 瓶外观不合格原因调查表,如表6-6所示。从表中可以看出:1#机发生的外观质量缺陷较多,操作工 B 生产出的产品不合格最多。

表6-6　PET 瓶外观不合格原因调查表

设备	操作者	2月1日		2月2日		2月3日		2月4日		2月5日	
		上午	下午	上午	下午	上午	下午	上午	下午	上午	下午
1#	A	○○◆	○××□	○×◆	○○□	○○◆ ○○×	○○○	○○××	○×□	○×△ △	×◆□
	B	○◆×× ××□	○○◆ □◆△	○○○ ○○○ ◆××	○××	○○○ ○○○ ◆××	○○○ ○○× ○××	○◆◆ ○×× ×	○○◆ ◆×× △	○○○ ×□△	○××
2#	C	○× □	○×	◆		○○○ ○○○	○×	○△	◆×	○	○
	D	○□	○◆×	○	○△	○○○ ×□	○○	○◆□	○×	○	○

注:○气孔;△裂纹;◆疵点;×变形;□其他。

(二)分层法

1.分层法的概念

引起质量波动的原因是多种多样的,因此收集到的质量数据往往带有综合性。为了能真实地反映产品质量波动的实质原因和变化规律,就必须对质量数据进行适当归类和整理。分层法是分析产品质量原因的一种常用的统计方法,它能使杂乱无章的数据和错综复杂的因素系统化和条理化,有利于找出主要的质量原因和采取相应的技术措施。

质量管理中的数据分层就是将数据根据使用目的,按其性质、来源、影响因素等进行分类的方法,把不同材料、不同加工方法、不同加工时间、不同操作人员、不同设备等各种数据加以分类,也就是把性质相同、在同一生产条件下收集到的质量特性数据归为一类。

分层法经常同质量管理中的其他方法一起使用,如将数据分层之后再进行加工整理成分层排列图、分层直方图、分层控制图和分层散布图等。

2.常用的分层方法

分层有两个重要原则:①同一层内的数据波动幅度尽可能小;②层与层之间的差别尽可能大。否则就起不到归类汇总的作用。分层的目的不同,分层的标志也不一样。一般来说,分层可采用以下标志。

(1)操作人员。可按年龄、工级和性别等分层。

(2)机器。可按不同的工艺设备类型、新旧程度、不同的生产线等进行分层。

(3)材料。可按产地、批号、制造厂、成分等分层。

(4)方法。可按不同的工艺要求、操作参数、操作方法和生产速度等进行分层。

(5)时间。可按不同的班次、日期等分层。

当分层分得不好时,会使数据的真实规律性隐蔽起来,造成假象。若作直方图分层不好时,就会出现双峰型和平顶型;排列图分层不好时,矩形高度差不多,无法区分主要因素和次要因素;散布图分层不好时,会出现几簇互不关联的散点群;控制图分层不好时,无法反映工序的真实变化,不能找出数据异常的原因;因果图分层不好时,不能搞清大原因、中原因、小原因之间的真实传递途径。

3. 分层法示例

【例6-1】　某食品厂的糖水水果旋盖玻璃罐头经常发生漏气,造成产品变质。为解决这一质量问题,对该工序进行现场统计。被调查的100瓶罐头,有19瓶漏气,漏气率为38%。通过分析,认为造成漏气的原因有两个:一是由于A、B、C 3台封罐机的生产厂家不同,二是所使用的罐盖是由甲、乙两个罐盖生产厂家提供的。

为了弄清究竟是什么原因造成漏气或找到降低漏气率的方法,他们将数据进行分层。先按封罐机生产厂家进行分层,得到的统计情况如表6-7所示。然后按罐盖生产厂家进行分层,得到的统计情况如表6-8所示。

表6-7　按封罐机生产厂家进行分层统计表

封罐机生产厂家	漏气	不漏气	漏气率/%
A	12	26	32
B	6	18	25
C	20	18	53
合计	38	62	38

表6-8　按罐盖生产厂家进行分层统计表

罐盖生产厂家	漏气	不漏气	漏气率/%
甲	18	28	39
乙	20	34	37
合计	38	62	38

由上面两个表格可以得出这样的结论:为降低漏气率,应采用B厂的封罐机和采用乙厂的罐盖。实际情况并非如此,采用此方法后的漏气率反而高达43%(6/14,见表6-9)。因此这样简单的分层是有问题的。正确的方法应该是:

(1)当采用甲厂生产的罐盖时,应推广采用B厂的封罐机;

(2)当采用乙厂生产的罐盖时,应推广采用A厂的封罐机。

这时它们的漏气率平均为0。因此运用分层法时,不宜简单地按单一因素分层,必须考虑各因素的综合影响效果。

表 6-9 综合分层的统计表

| 封罐机生产厂家 | 漏气情况 | 罐盖生产厂家 | | 合计 |
		甲厂	乙厂	
A	漏气	12	0	12
	不漏气	4	22	26
B	漏气	0	6	6
	不漏气	10	8	18
C	漏气	6	14	20
	不漏气	14	4	18
小计	漏气	18	20	38
	不漏气	28	34	62
合计		46	54	100

【例 6-2】 某饮料公司在月底将本月产品的质量损失进行统计分析,依损失项目分层统计如表 6-10 所示。

表 6-10 某饮料公司产品质量损失统计表

序号	损失项目	损失额/万元	损失百分比/%
1	破损	11.4	50.2
2	变质	4.2	18.5
3	滞销	3.2	14.1
4	包材	2.7	11.9
5	其他	1.2	5.3
6	合计	22.7	100

由表 6-10 看出,其中仅第一项损失就占了总损失的 50% 多,解决破损问题是下一个月质量改进的重点。

(三)排列图

1.排列图的概念

排列图,又叫帕累托(pareto)图,全称是主次因素分析图。它是将质量改进项目从最重要到最次要进行排列而采用的一种简单的图示技术。排列图建立在帕累托原理的基础上,帕累托原理是 19 世纪意大利经济学家在分析社会财富的分布状况时发现的:国家财富的 80% 掌握在 20% 的人的手中,这种 80% 与 20% 的关系,即是帕累托原理。我们可以从生活中的许多事件上得到印证:生产线上 80% 的故障,发生在 20% 的机器上;企业中由员工引起的问题当中 80% 是由 20% 的员工所引起的;80% 的结果,归结于 20% 的原因。这就是所谓的"关键的少数和次要的多数"关系。如果我们能够知道,产生 80% 收获的,究竟是哪 20% 的关键付出,那么我们就能事半功倍了。

在质量管理中运用排列图,就是根据"关键的少数和次要的多数"的原理,对有关产品质量的数据进行分类排列,用图形表明影响产品质量的关键所在,从而便可知道哪个因素对质量的影响最大,改善质量的工作应从哪里入手解决问题最为有效,经济效果最好。

2. 排列图的图形

排列图由两个纵坐标、一个横坐标、几个直方图和一条曲线组成。如图6-4所示,左边的纵坐标表示频数,右边的纵坐标表示累计频率(以百分比表示),横坐标表示影响产品质量的各个因素,按影响程度的大小从左至右排列;直方形的高度表示某个因素影响的大小;曲线表示各因素影响大小的累计百分数,这条曲线称为帕累托曲线。

图6-4　排列图的格式

通常将累计百分数分为3类:累计百分数在0~80%的因素为A类,显然它是主要因素;累计百分数在80%~90%的因素为B类,是次要因素;累计百分数在90%~100%的为C类,在这一区间的因素为一般因素。

3. 排列图的制作步骤

下面举例说明排列图的具体做法。

【例6-3】　对某种食品进行质量检验,并对其中的不合格品进行原因分析,共检查了7批,对每一件不合格品进行原因分析,结果如表6-11所示。

表6-11　不合格品原因调查表

批号	检查数	不合格品数	产生不合格品的原因					
			操作	设备	工具	工艺	材料	其他
1	5000	16	7	6	0	3	0	0
2	5000	88	36	8	16	14	9	5
3	5000	71	25	11	21	4	8	2
4	5000	12	9	3	0	0	0	0
5	5000	17	13	1	1	1	1	0
6	5000	23	9	6	5	1	0	2
7	5000	19	6	0	13	0	0	0
合计	频数	246	105	35	56	23	18	9
	频率	1.000	0.427	0.142	0.228	0.093	0.073	0.037

从表6-11中给出的数据可以看出各种原因造成的不合格品的比例。为了找出产生不合格品的主要原因,需要通过排列图进行分析,具体步骤如下。

(1)列频数统计表。将表6-11中的数据按频数或频率大小顺序从上到下重新进行排列,"其他"排在最后,然后再加上一列"累积频率",便得到频数统计表,如表6-12所示。

表6-12 排序后的频数统计表

原因	频数	频率	累积频率(%)
操作	105	0.427	42.7
工具	56	0.228	65.5
设备	35	0.142	79.7
工艺	23	0.093	89
材料	18	0.073	96.3
其他	9	0.037	3.7
合计	246	1.000	100

（2）做图。画两根纵轴和一根横轴。将横轴等分成6段,从左到右依次标出各个原因,"其他"这一项放在最后;在左纵轴上标上频数,最大刻度为总频数,在右纵轴的相应位置上标出频率,最大刻度为100%;然后在图上每个原因项的上方画一个矩形,其高度等于相应的频数,宽度相等且不留间隙,并在矩形上面写上频数;最后在每一矩形的上方中间位置上点上一个点,其高度为到该原因为止的累积频数,在这个点附近写上相应累积频率,并从原点开始把这些点连成一条折线,这条折线称为累积频率折线,也称帕累托曲线,如图6-5所示。

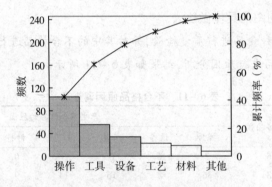

图6-5 不合格品原因分析的排列图

（3）确定主要原因。在频率为80%处画一条水平线,在该水平线以下的折线部分对应的原因便是主要因素。从图6-5可以看出,造成不合格品的主要原因是操作、工具与设备,要减少不合格品应该首先从这3个方面着手。

4. 应用排列图的注意事项

（1）排列图的制作要点。

①主要因素不能过多,一般以1~2个为宜,最多不超过3个,过多就失去了画排列图找主要问题的意义。如果出现主要因素过多的情况,则应考虑重新分层。

②分类方法不同,得到的排列图不同。通过不同的角度观察问题,把握问题的实质,需

要用不同的分类方法进行分类,以确定"关键的少数",这也是排列图分析方法的目的。

③如果"其他"项所占的百分比很大,是因为调查的项目分类不当,把许多项目归在了一起,这时应考虑采用另外的分类方法。

(2)使用排列图的注意事项。

①如果希望问题能简单地得到解决,必须掌握正确的方法。排列图可用来确定优先改进的问题顺序,做排列图后,应跟上措施。

②排列图的目的在于有效解决问题,基本点就是只要抓住"关键的少数"就可以了。如果某项问题相对来说不是"关键的",建议采取简单的措施解决即可。

③排列图可用来确定采取措施的顺序。一般地,把发生率高的项目减低一半要比将发生问题项目完全消除更容易。因此,对排列图中矩形柱高的项目采取措施可事半功倍。

④对照采取措施前后的排列图,研究组成各个项目的变化,可以对措施的效果进行验证。如果改进措施有效,排列图在横轴上的项目顺序应有变化。当项目的顺序有变化而总的不合格品数仍没有什么变化时,可认为是作业过程仍不稳定,未得到控制,应继续寻找原因。通过连续使用,找出复杂问题的最终原因。

(四)因果图

1. 因果图的概念

任何一项质量问题的发生或存在都是有原因的,而且经常是多种复杂因素平行或交错地共同作用所致。要有效地解决质量问题,首先要从不遗漏地找出这些原因入手,而且要从粗到细地追究到最原始的因素,因果图正是解决这一问题的有效工具。

因果图是一种用于分析质量特性(结果)与影响质量特性的因素(原因)之间关系的图。该图由日本质量管理专家石川馨于1943年提出,也称石川图,其形状如鱼刺,故又称鱼刺图。

通过对影响质量特性的因素进行全面系统的观察和分析,可以找出质量因素与质量特性的因果关系,最终找出解决问题的办法。由于它使用起来简便有效,在质量管理活动中应用广泛。

2. 因果图的格式

因果图是由以下几部分组成的,见图6-6。

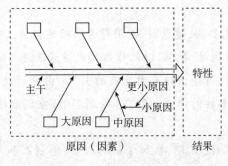

图6-6　因果图示意图

（1）特性：生产过程或工作过程中出现的结果，一般指尺寸、重量、强度等与质量有关的特性，以及工时、产量、机器的开动率、不合格率、不合格数、事故件数、成本等与工作质量有关的特性。因果图中所提出的特性，是指要通过管理工作和技术措施予以解决并能够解决的问题。

（2）原因：对质量特性产生影响的主要因素，一般是导致质量特性发生分散的几个主要来源。原因通常又分为大原因、中原因、小原因等。一般可以从人、机、料、法、环及测量等多个方面去寻找原因。在一个具体的问题中，不一定每一个方面的原因都要具备。

（3）枝干：表示特性（结果）与原因关系或原因与原因关系的各种箭头。其中，把全部原因同质量特性联系起来的是主干；把个别原因同主干联系起来的是大枝；把逐层细分的因素（一直细分到可以采取具体措施的程度为止）同各个要因联系起来的是中枝、小枝和细枝。

利用因果图可以找出影响质量问题的大原因，寻找到大原因背后的中原因，再从中原因找到小原因和更小的原因，最终查明主要的直接原因。这样顺藤摸瓜、步步深入进行有条理的分析，可以很清楚地看出"原因—结果"之间的关系，使问题的脉络完全显示出来。

3. 因果图的作图步骤

下面通过实例来介绍因果图的具体画法。

【例6-4】 某乳品厂裱花蛋糕微生物超标，请用因果图进行分析，找出微生物超标的原因，以便采取针对性措施加以解决。

（1）确定待分析的质量问题，将其写在右侧的方框内，并画出主干，指向右端。裱花蛋糕微生物超标是该问题的特性，将它填写在右侧的方框内，并在左侧画一个自左向右的粗箭头。

（2）确定造成这个质量问题的因素分类项目，画出大枝。作图时，大枝相互平行箭头指向主干，箭尾端记上分类项目，并加方框表示。常按影响工序质量的因素分5大类：人、机、料、法、环。造成裱花蛋糕微生物超标的原因可以具体分成原料、机器、操作者、环境和测量5大类，用大枝表示。

（3）将大枝所代表的分类项目分别展开为中枝，每个中枝表示各项目中造成质量问题的一个原因。作图时，中枝平行于主干指向大枝，将原因记在中枝上下方。

（4）将中枝原因再展开，分别画小枝，小枝是造成中枝的原因，以此类推，依次展开，直至细到能采取措施为止。

（5）确定因果图中的主要、关键原因，并用符号明确地标出，再去现场调查研究，验证所确定的主要、关键原因是否找对、找准，以此作为制定质量改进措施的重点项目。一般情况下，主要、关键原因不应超过所提出的原因总数的1/3。由分析结果可以找出，使产品微生物偏高的主要问题是机器未按时消毒、操作者培训不够、空调制冷能力差。应考虑采取措施予以改进。

（6）注明本因果图的名称、日期、参加分析的人员、绘制人和参考查询事项，如图6-7所示。

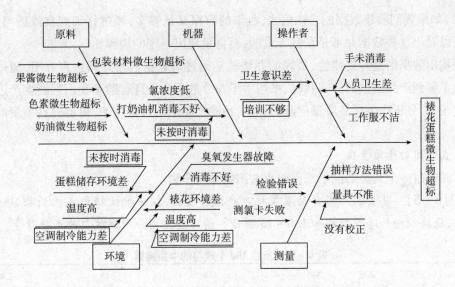

图 6 - 7　裱花蛋糕微生物超标因果图

4. 因果图应用注意事项

（1）画因果图时要充分发扬民主，畅所欲言，把各种意见都记录、整理入图。

（2）因果图只能用于单一目的的研究分析。例如，同一批产品的长度和重量都存在问题，必须用两张因果图分别分析长度问题原因和重量问题原因。

（3）主要或关键原因越具体，改进措施的针对性越强。主要或关键原因确定后，应到现场去落实、验证主要原因，再制定切实可行的措施去解决。

（4）不要过分追究个人责任，而要从组织上、管理上找原因。实事求是地提供质量数据和信息，不相互推脱责任。

（5）尽可能用数据反映、说明问题。

（6）画出因果图后，就要针对主要原因列出对策表，包括原因、改进项目、措施、负责人、进度要求、效果检查和存在问题等。

（五）直方图

1. 直方图的概念

直方图亦称频数分布图，是适用于对大量计量数据进行整理加工，找出其统计规律，即分析数据分布的形态，以便对其总体的分布特征进行推断，从而对工序或批质量水平进行分析的方法。

直方图的基本图形为直角坐标系下若干依照顺序排列的矩形，各矩形底边相等称为数据区间，矩形的高为数据落入各相应区间的频数。

在生产实践中，尽管我们收集到的各种数据含义不同、种类有别，但都满足以下两个基本特征。

（1）这些数据毫无例外地都具有分散性。例如，同一批机加工零件的几何尺寸不可能完全相等。

（2）如果我们收集数据的方法恰当,收集的数据又足够多,经过仔细观察或适当整理,我们可以看出这些数据并不是杂乱无章的,而是呈现出一定的规律性。

要找出数据的这种规律性,最好的办法就是通过对数据的整理做出直方图,通过直方图可以了解到产品质量的分布状况、平均水平和分散程度。这有助于我们判断生产过程是否稳定正常,分析产生产品质量问题的原因,预测产品的不合格品率,提出提高质量的改进措施。

2. 直方图的作图步骤

下面通过一个具体的例子来说明直方图的作图步骤。

【例6-5】 某食品厂用自动灌装机生产饮料食品,从一批饮料中随机抽取100个进行称量,获得饮料的净重数据如表6-13所示。请用直方图分析灌装机的工序质量。

表6-13 所称100个饮料的净重数据 单位:g

340	350	347	336	341	349	346	348	342	346
347	346	346	345	344	350	348	352	340	356
339	348	338	342	347	347	344	343	349	341
342	352	346	344	343	339	336	342	347	340
348	341	340	347	342	337	344	344	344	346
342	344	345	338	351	348	345	339	343	345
346	344	344	343	344	345	350	353	345
352	350	345	343	347	354	350	343	350	344
351	348	352	344	345	349	332	343	340	346
342	335	349	348	344	347	341	346	341	342

（1）收集数据。收集数据就是随机抽取50个以上的质量特性数据。数据越多,作的直方图效果越好,数据太少,所反映的分布及随后的各种计算结果误差会很大。本例收集100个数据,见表6-13。

（2）计算数据的极差。找出所有数据中的最大值和最小值,求出全体数据的分布范围,即极差 R。本例最大值是356,最小值是332,极差 $R = X_{max} - X_{min} = 356 - 332 = 24$。

（3）确定组数和组距。组数一般用 k 表示,组距一般用 h 表示。一批数据究竟分多少组,通常根据样本量 n 的多少而定,表6-14是可以参考的分组数。选择 k 的原则是要能显示出数据中所隐藏的规律,组数不能过多,但也不能太少。一般情况下,正态分布为对称形,故常取 k 为奇数,本例可分为9组,即 $k = 9$。

表6-14 组数选用表

样本量(n)	组数(k)	样本量(n)	组数(k)
50 以内	5～7	100～250	7～12
50～100	6～10	250 以上	10～20

每一组的区间长度,称为组距,组距等于极差除以组数。在本例中,$n = 100$,取 $k = 9$,$h = R/k = 24/9 = 2.7$,为简便计算,取 $h = 3$。

(4)确定组限。组限即每个组区间的端点。由全部数据的最小值开始,每加一次组距就可以构成一个组的组限。但在划分组限前,必须明确端点的归属。只要组限比原始数据的有效数字多取一位,就不会存在端点数据的归属问题。本例最小值为 332,则第一组的组限值应该为 (331.5, 334.5);第 2 组的下限值是第一组的上限值,第 2 组的上限值是第 2 组的下限值加上组距;以此类推,可计算每组的组距,见表 6 – 15。

(5)作频数分布表,统计各组频数和频率。频数就是实测数据中处于各组中的个数,频率就是各组频数占样本大小的比重。统计结果见表 6 – 15。

表 6 – 15 频数(率)分布表

组号	组限值	组中值	频数	累计频数	累计频率
1	(331.5, 334.5)	333	1	1	0.01
2	(334.5, 337.5)	336	4	5	0.05
3	(337.5, 340.5)	339	11	16	0.16
4	(340.5, 343.5)	342	20	36	0.36
5	(343.5, 346.5)	345	30	66	0.66
6	(346.5, 349.5)	348	19	85	0.85
7	(349.5, 352.5)	351	12	97	0.97
8	(352.5, 355.5)	354	2	99	0.99
9	(355.5, 358.5)	357	1	100	0.10

(6)画直方图。以各组的序号为横坐标,频数为纵坐标,建立直角坐标系。以各组的频数为高度做一系列矩形,即可得到如图 6 – 8 所示的直方图。

(7)分析。该图中间高,两边低,左右基本对称。这说明样本可能取自某正态总体,即呈正态分布的过程。

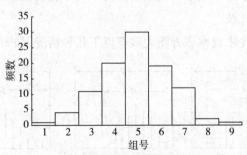

图 6 – 8 灌装饮料净重直方图

3. 直方图的几种典型形状

直方图可有各种形状,图 6 – 8 所显示的直方图是在质量管理中较常见的一种,还可能出现图 6 – 9 中所列的一些直方图。分析这些直方图出现的原因是一件很有意义的工作,找到原因,就可采取对策,提高产品及过程的质量。下面对图 6 – 9 上的若干直方图产生原因作进一步分析。

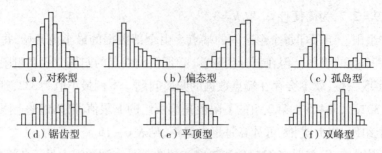

图 6-9　常见直方图的形状

（1）对称型，如图 6-9（a）所示。即上面提到的中间高、两边低、左右基本对称的情况，符合正态分布。这是从稳定正常的工序中得到的数据做成的直方图，表明过程处于稳定状态。

（2）偏态型，如图 6-9（b）所示。常见的有两种形状：一种是峰偏在左边，而右面的尾巴较长；另一种是峰偏在右边，而左面的尾巴较长。造成这种图的原因是多方面的，有时是剔除了不合格品后作的图形，也有的是质量特性值的单侧控制造成的，如加工孔的时候习惯于孔径"宁小勿大"，而加工轴的时候习惯于轴径"宁大勿小"等。

（3）孤岛型，如图 6-9（c）所示。出现这种情况说明短时间内有异常因素在起作用，如原料发生变化、设备故障、测量错误或短时间内有不熟练的工人替班等。

（4）锯齿型，如图 6-9（d）所示。直方图呈现凸凹不平的形状。这多是测量方法或读数有问题，也可能是因分组不当引起的。

（5）平顶型，如图 6-9（e）所示。直方图没有突出的顶峰。这可能是由于多种分布混合在一起，或生产过程中有某种缓慢变化的因素造成的，如刀具磨损、操作者疲劳等。

（6）双峰型，如图 6-9（f）所示。直方图出现两个峰。原因通常是将两台不同机器生产的或两个不同操作水平的工人生产的或由两批不同原材料生产的产品的数据混合所致。

4. 直方图与公差的比较

将直方图和公差对比来观察直方图大致有以下几种情况，如图 6-10 所示。

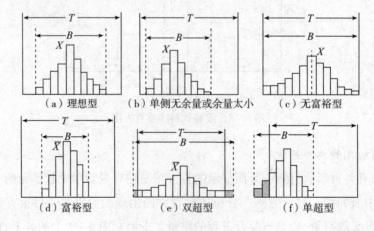

图 6-10　直方图与公差比较图

（1）理想型，如图 6 – 10（a）所示。直方图的分布范围 B 位于公差范围 T 内且略有余量，直方图的分布中心（平均值）与公差中心近似重合。这是一种理想的直方图。此时，全部产品合格，工序处于控制状态。

（2）单侧无余量或余量太小，如图 6 – 10（b）所示。直方图的分布范围 B 虽然也位于公差范围 T 内，且也是略有余量，但是分布中心偏移公差中心。此时，若工序状态稍有变化，产品就可能超差，出现不合格品。因此，需要采取措施，使得分布中心尽量与公差中心重合。

（3）无富裕型，如图 6 – 10（c）所示。直方图的分布范围 B 位于公差范围 T 之内，中心也重合，但是完全没有余地，此时平均值稍有偏移便会出现不合格品，应及时采取措施减少分散。

（4）富裕型，如图 6 – 10（d）所示。还可能有一种情况，直方图的分布范围 B 位于公差范围 T 之内，且中心重合，但是两者相差太多，也不是很适宜。此时，可以对原材料、设备、工艺等适当放宽要求或缩小公差范围，以提高生产速度，降低生产成本。

（5）双超型，如图 6 – 10（e）所示。直方图的分布范围 B 超出公差范围 T，两边产生了超差。此时已出现不合格品，应该采取技术措施，提高加工精度，缩小产品质量分散。如属标准定得不合理，又为质量要求所允许，可以放宽标准范围，以减少经济损失。

（6）单超型，如图 6 – 10（f）所示。直方图的分布范围 B 过分地偏离公差范围 T，已明显看出超差。此时应该调整分布中心，使其接近公差中心。

5. 直方图的定量描述

如果画出的直方图比较典型，我们对照以上各种典型图，便可以作出判断。但是实践活动中画出来的图形多少有些参差不齐，或者不那么典型。而且，由于日常的生产条件变化不太大，因此画出的图形较相似，往往从外形上难以观察分析，得出结论。例如，图 6 – 11 是用连续 2 个月生产数据画出的直方图，其公差中心为 10.25，从外形上观察很难分清哪个图表示的生产状况更好些。如果能用数据对直方图进行定量的描述，那么分析直方图就会更有把握些。描述直方图的关键参数有两个：一是平均值 $\overline{X}$，另一个是标准偏差 S。

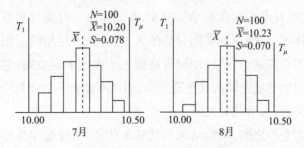

图 6 – 11　生产数据直方图

在直方图中，平均值 $\overline{X}$ 表示数据的分布中心位置，它与规格中心 M 越靠近越好。标准偏差 S 表示数据的分散程度。标准偏差 S 决定了直方图图形的"胖瘦"，S 越大，图形越

"胖",表示数据的分散程度越大,说明这批产品的加工精度越差。

据此,再观察图 6－11,我们就可以轻易地注意到 7 月和 8 月这两个月的生产状况是有差异的:$\overline{X}_8$ 比 $\overline{X}_7$ 更靠近公差中心 10.25,表明控制得更合理;$\overline{X}_8$ 比 $\overline{X}_7$ 小,说明控制更严格,质量波动小。因此,8 月份生产的产品质量要更好些。

6. 直方图的局限性

直方图的一个主要缺点是不能反映生产过程中质量随时间的变化情况。如果存在时间倾向,如机具的磨损或存在其他非随机排列,则直方图会掩盖这种信息,如图 6－12 所示,在时间进程中存在着趋向性异常变化,但从直方图图形来看,却属于正常型,就掩盖了这种信息。

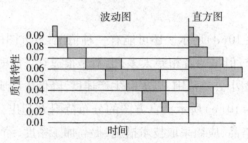

图 6－12　直方图的局限性

(六)散布图

1. 相关关系

一切客观事物总是相互联系的,每一事物都与它周围的其他事物相互联系,互相影响。产品质量特性与影响质量特性的诸因素之间,一种特性与另一种特性之间也是相互联系,相互制约的。反映到数量上,就是变量之间存在着一定的关系。这种关系一般说来可分为确定性关系和非确定性关系。

所谓确定性关系,是指变量之间可以用数学公式确切地表示出来,也就是由一个自变量可以确切地计算出唯一的一个因变量,这种关系就是确定性关系。但是,在另外一些情况下,变量之间的关系并没有这么简单。例如,人的体重与身高之间有一定的关系。不同身高的人有不同的体重,但即使是相同身高的人,体重又不尽相同。原来身高与体重还受年龄、性别、体质等因素的制约,所以相同身高的人体重也不尽相同,它们之间不存在确定性的函数关系。我们把变量之间的这种既有关,但又不能由一个或几个变量去完全或唯一确定另一个变量的关系,称为相关关系。

产品特性与工艺条件之间,试验结果与试验条件之间,普遍存在着这种非确定的相关关系。

2. 散布图的概念

两种对应数据之间有无相关性、相关关系是一种什么状态,只从数据表中观察很难得出正确的结论。如果借助于图形就能直观地反映数据之间的关系,散布图具有这种功能。

散布图,又称相关图,是描绘两种质量特性值之间相关关系的分布状态的图形,即将一对数据看成直角坐标系中的一个点,多对数据得到多个点组成的图形即为散布图,如图6-13所示。

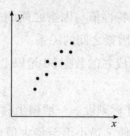

图6-13　散布图示意图

3.散布图的类型

散布图的类型主要是看点的分布状态,判断自变量 x 与因变量 y 有无相关性。两个变量之间的散布图的图形形状多种多样,归纳起来有6种类型,如图6-14所示。

(1)强正相关:如图6-14(a)所示,其特点是 x 增加,导致 y 明显增加。说明 x 是影响 y 的显著因素, x、y 相关关系明显。

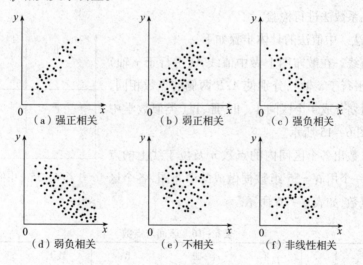

图6-14　散布图的类型

(2)弱正相关:如图6-14(b)所示,其特点是 x 增加,也导致 y 增加,但不显著。说明 x 是影响 y 的因素,但不是唯一因素, x、y 之间有一定的相关关系。

(3)强负相关:如图6-14(c)所示,其特点是 x 增加,导致 y 减少,说明 x 是影响 y 的显著因素, x、y 之间相关关系明显。

(4)弱负相关:如图6-14(d)所示,其特点是 x 增加,也导致 y 减少,但不显著。说明 x 是影响 y 的因素,但不是唯一因素, x、y 之间有一定的相关关系。

(5)不相关:如图6-14(e)所示,其特点是 x、y 之间不存在相关关系,说明 x 不是影响 y 的因素,要控制 y,应寻求其他因素。

（6）非线性相关：如图6－14（f）所示，其特点是x、y之间虽然没有通常所指的那种线性关系，却存在着某种非线性关系。说明x仍是影响y的显著因素。

4. 散布图的作图步骤

（1）选定对象。可以选择质量特性值与因素之间的关系，也可以选择质量特性与质量特性值之间的关系，或者是因素与因素之间的关系。

（2）收集数据。一般需要收集成对的数据30组以上。数据必须是一一对应的，没有对应关系的数据不能用来作相关图。

（3）画横坐标x与纵坐标y，并标刻度。一般横坐标表示原因特性，纵坐标表示结果特性。坐标轴刻度划分的原则是：应使x最小值至最大值（在x轴上的）的距离，大致等于y最小值至最大值（在y轴上的）的距离。其目的是为了防止判断的错误。

（4）描点。把数据对对应的点在图上描出来。如果有两组数据完全相同，则在点子上加一个圆圈（○）表示；如果有三组数据完全相同，则在点子上加两重圆圈（◎）表示。

5. 散布图的相关性检验

两个变量是否存在着线性相关关系，通过画散布图，大致可以做出初步的估计。但实际工作中，由于数据较多，常常会做出误判。因此，还需要相应的检验判断方法。通常采用中值法和相关系数法进行检验。

（1）中值法。中值法的具体步骤如下。

①作中值线。在散布图上做中值线A（平行于y轴）和中值线B（平行于x轴），分别使A、B两侧的点数相同，A、B将散布图划分成4个区间Ⅰ、Ⅱ、Ⅲ、Ⅳ（类似数学中的象限），如图6－15所示。

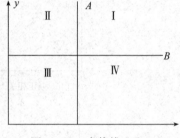

图6－15　中值线A和B

②数点。数出各个区间内的点数n及位于线上的点数。例如，有一个用$N=55$组数据做成的散布图，各个区间及线上的点数，如表6－16所示。

表6－16　区间与点数

区间	Ⅰ	Ⅱ	Ⅲ	Ⅳ	线上	合计
点数	22	5	20	6	2	55

③计算。分别计算两个对角区间的点数和，然后找出两者之间的最小值，作为判定值。$n_1+n_3=42$，$n_2+n_4=11$。因此，判定值为11。

④查表判定。将计算结果与检定表比较，如果判定值小于临界值，应判为相关，否则为无关。相关检定表如表6－17所示。本例中，由于$N=55$，落在线上2点，因此查$N=43$时的临界值。当显著性为1%时，临界值为16；显著性为5%时，临界值为18。上面计算得出的判定值11均小于临界值，因此判定这两个变量具有相关关系。

表 6-17　相关检定表

N	临界值		N	临界值	
	1%	5%		1%	5%
…	…	…	40(41)	11	13
25	5	7	42(43)	12	14
26(27)	6	7	44(45)	13	15
28	6	8	46	13	15
29	7	8	47(48)	14	16
30(31)	7	9	49(50)	15	17
32	8	9	51	15	18
33	8	10	52(53)	16	18
34	9	10	54/55	17	19
35(36)	9	11	56	17	20
37(38)	10	12	57	18	20
39	11	12	…	…	…

（2）相关系数法。

①相关系数的概念。相关系数是衡量变量之间相关性的特定指标,用 r 表示,它是一个绝对值在 $0 \sim 1$ 的系数,其值大小反映两个变量相关的密切程度。相关系数有正负号,正号表示正相关,负号表示负相关。

当 x 增加 y 亦随之增加时,$r > 0$,是正相关;在 x 增加 y 随之减小时,$r < 0$,是负相关。当 r 的绝对值愈接近于 1 时,表明 x 与 y 愈接近线性关系。如果 r 接近于 0 甚至等于 0,只能认为 x 与 y 之间没有线性关系,不能确定 x 与 y 之间是否存在其他关系。

②相关系数的计算公式。

$$r = \frac{\sum (x - \bar{x})(y - \bar{y})}{\sqrt{\sum (x - \bar{x})^2 (y - \bar{y})^2}}$$

可以分别令:

$$L_{xx} = \sum (x - \bar{x})^2 = \sum x^2 - \frac{1}{n} (\sum x)^2$$

$$L_{yy} = \sum (y - \bar{y})^2 = \sum y^2 - \frac{1}{n} (\sum y)^2$$

$$L_{xy} = \sum (x - \bar{x})(y - \bar{y}) = \sum xy - \frac{1}{n} (\sum x)(\sum y)$$

则相关系数 r 的简化计算公式为:

$$r = \frac{L_{xy}}{\sqrt{L_{xx} L_{yy}}}$$

【例 6-6】　有数据如表 6-18 所示,试计算相关系数。

表 6 – 18　数据表

序号	x	y	x^2	y^2	xy
1	49.2	16.7	2420.64	278.89	821.64
2	50.0	17.0	2500.00	289.00	850.00
3	49.3	16.8	2430.49	282.24	828.24
4	49.0	16.6	2401.00	275.56	831.40
5	49.0	16.7	2401.00	278.89	818.30
6	49.5	16.8	2450.25	282.24	831.60
7	49.8	16.9	2480.04	285.61	841.62
8	49.9	17.0	2490.01	289.00	848.30
9	50.2	17.1	2520.04	289.00	858.42
10	50.2	17.1	2520.04	292.41	858.42
和	496.1	168.6	24613.51	2842.84	8364.92
平均值	49.61	16.86			

将表 6 – 18 中的相关数据代入上面的计算公式,即可得 $r = 0.97$。

③相关系数检验。计算出相关系数以后就可以查相关系数检验表,对计算出的相关系数进行检验。表 6 – 19 为相关系数检验表,表中 $n-2$ 为自由度,5% 和 1% 为显著性水平。

表 6 – 19　相关系数检验表

$n-2$	相关系数 r		$n-2$	相关系数 r	
	$r(5\%)$	$r(1\%)$		$r(5\%)$	$r(1\%)$
…	…	…	11	0.553	0.684
6	0.707	0.834	12	0.532	0.661
7	0.666	0.794	13	0.514	0.641
8	0.632	0.765	14	0.494	0.623
9	0.602	0.735	15	0.482	0.606
10	0.576	0.708	16	0.468	0.590
17	0.456	0.575	29	0.355	0.456
18	0.444	0.561	30	0.349	0.499
19	0.433	0.549	35	0.325	0.418
20	0.423	0.537	40	0.304	0.393
21	0.413	0.526	45	0.288	0.372
22	0.404	0.515	50	0.273	0.354
23	0.396	0.505	60	0.250	0.325
24	0.388	0.496	70	0.232	0.302
25	0.381	0.487	80	0.217	0.283
26	0.374	0.478	90	0.205	0.267
27	0.367	0.470	100	0.195	0.254
28	0.361	0.463	…	…	…

对【例6-6】,共有10对数据,则从表6-19中查出 $n-2=8$ 时,相关系数的临界值 $r_{0.05(8)}=0.632$,因为 $|r|>0.97>0.632$,所以,x 与 y 之间存在着线性相关关系。

6.散布图的应用

散布图的应用分两步:一是作图观察,初步判断是否具有相关关系;二是若有相关关系则进一步判断相关程度如何,如果两个因素的相关程度很高,可用一个变量预测另一个变量或进行变量控制。下面通过具体例子说明散布图的应用步骤。

【例6-7】　已知某发酵食品中 CO_2 体积分数与 CO 体积分数有一定关系,收集的检测数据见表6-20,请根据 CO_2 体积分数控制 CO 体积分数。

表6-20　某发酵食品中 CO_2 体积分数与 CO 体积分数数据表

序号	$x(CO_2)/\%$	$y(CO)/\%$	序号	$x(CO_2)/\%$	$y(CO)/\%$
1	6.2	0.283	26	6.5	0.282
2	7.9	0.281	27	6.0	0.284
3	6.7	0.282	28	6.7	0.281
4	6.7	0.281	29	6.5	0.282
5	7.0	0.280	30	6.5	0.280
6	7.2	0.279	31	6.9	0.280
7	6.5	0.282	32	6.6	0.283
8	6.5	0.281	33	6.2	0.282
9	6.4	0.281	34	6.8	0.280
10	6.4	0.283	35	6.8	0.282
11	6.8	0.280	36	6.1	0.282
12	6.3	0.281	37	6.3	0.284
13	6.0	0.283	38	6.1	0.284
14	6.6	0.281	39	6.2	0.284
15	6.3	0.283	40	6.4	0.284
16	6.5	0.283	41	6.9	0.279
17	6.4	0.282	42	5.8	0.285
18	5.9	0.284	43	6.6	0.280
19	6.9	0.281	44	5.9	0.283
20	6.5	0.281	45	7.1	0.279
21	7.0	0.279	46	6.4	0.282
22	6.6	0.280	47	6.0	0.285
23	6.3	0.283	48	6.8	0.281
24	6.3	0.282	49	6.1	0.283
25	7.1	0.280	50	6.4	0.281

（1）做散布图。根据检测的 50 对数据做散布图，如图 6 - 16 所示。

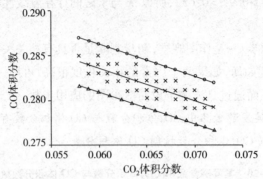

图 6 - 16 某发酵食品中 CO_2 体积分数与 CO 体积分数散布图

（2）散布图的观察与分析。由图 6 - 16 可以看出，CO 体积分数随着 CO_2 体积分数的增加而减少，初步判断 CO_2 体积分数 x 与 CO 体积分数 y 之间存在负相关，若要进一步判断相关程度如何，可通过相关系数 r 的计算做定量分析。

（3）计算相关系数，并进行显著性检验。根据相关系数 r 的计算公式，$r = -0.82$，自由度为 48 时，相关系数的临界值 $r_{0.05(48)} = 0.2732 < |r|$，可以认为有 95% 的把握判定 CO_2 体积分数 x 与 CO 的体积分数 y 之间存在显著的负相关。

（4）计算回归方程。经相关性检验，变量 x 和 y 的关系在统计上显著相关时，可求得回归直线方程。回归直线方程参数 a、b 的计算如下：

$$b = \frac{L_{xy}}{L_{xx}}, a = y - bx$$

本例计算结果为 $a = 30.58$，$b = 0.37$，则回归直线方程为：

$$y = 30.58 - 0.37x$$

（5）应用。回归直线方程用于质量控制，可实现以下两方面的质量问题。

①预报问题：指对任何一个给定的观测点 x_0，推断 y_0 的大致范围。

一般来说，对于给定 x_0 处的观测值，y_0 越靠近回归直线的地方出现的机会越大，离回归直线越远的地方出现的机会越少，而且 y_0 的取值范围与回归直线标准差 S 之间有以下关系：y_0 落在 $y_0 \pm 3S$ 范围内的可能性为 99.73%。

回归直线标准差的计算公式为：

$$S = \sqrt{\frac{(1 - r^2)L_{yy}}{n - 2}}$$

利用 y_0 的取值范围与回归直线标准差 S 之间的关系，对于给定的 x_0，就可预测在 $x = x_0$ 处的实际观测值 y_0 的分布范围及其可能性有多大，可通过在散布图上作两条与回归直线平行且等距的直线及回归直线控制图表示（图 6 - 16）。本例中，当测得 CO_2 体积分数为 6.6% 时，若取 $3S$，则 CO 的分布范围为：$a + bx - 3S < y_0 < a + bx + 3S$，即 27.87% < y_0 < 28.41%，且其可能性为 99.73%。

②控制问题:指要求观测值 y_0 在一定的范围 $(y_1 < y_0 < y_2)$ 内取值,应将变量 x 控制在什么地方。

控制问题可以看作预报的反问题。若要求观测值 y_0 在 $y_1 \sim y_2$ 取值,则可从 $y_1 = a + bx_1 - 3S$ 及 $y_2 = a + bx_2 + 3S$ 中分别解出 x_1、x_2,只要将 x 的取值控制在 x_1 与 x_2 之间,就有 99.73% 的把握保证 y_0 在 $y_1 \sim y_2$ 取值。

7. 注意事项

(1)应将不同性质的数据分层后作散布图,否则将会导致判断错误。

(2)散布图相关性规律的适用范围一般局限于观测值数据范围之内,不能任意扩大相关性判断范围。

(3)散布图中出现的个别偏离分布趋势的异常点,应在查明原因后剔除。

(七)控制图

第五章第二节已有详细介绍。

二、质量改进新 7 种工具

质量改进"新 7 种工具"是指:关联图、亲和图、系统图、矩阵图、矩阵数据分析、过程决策程序图及网络图。7 种新工具于 20 世纪 70 年代形成和发展于日本,它是随着企业生产的不断发展以及科学技术的进步,将运筹学、系统工程、行为科学等更多、更广的方法结合起来以解决质量问题的质量管理方法。新 7 种工具的提出不是对"老 7 种工具"的替代而是对它的补充和丰富。

一般说来,"老 7 种工具"的特点是强调用数据说话,重视对制造过程的质量控制;而"新 7 种工具"则基本是整理、分析语言文字资料(非数据)的方法,着重用来解决全面质量管理中 PDCA 循环的 P(计划)阶段的有关问题。

(一)关联图

1. 概念

关联图也称关系图,是把关系复杂而相互纠缠的问题及其因素用箭头连接起来,从而找出主要因素和项目的一种图示分析工具。关联图中箭头的指向原则是:原因结果型,从原因指向结果;目的手段型,从手段指向目的。

2. 关联图的使用方法

关联图法解决问题的一般步骤如下。

(1)以所要解决的产品质量问题为中心展开讨论,通过头脑风暴法列出所有因素(原因)。

(2)用简明通俗的语言表示主要原因,并用□或○圈起。

(3)把因果关系用箭头连接起来。

(4)通观全局,确认这些因果关系,如有遗漏,还可以进行补充修改。

(5)进一步归纳出重点问题或因素,并标示出来。

(6)针对重要问题或因素制定相应的措施。

3.关联图的类型

(1)中央集中型关联图,即把应解决的问题或重要的项目安排在中央位置,从和它最近的因素开始,把有关系的各因素排列在它的周围,并逐层展开,如图 6 – 17 所示。

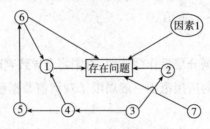

图 6 – 17　中央集中型关联图

(2)单向汇集型关联图,即把需要解决的问题或重要项目安排在右(或左)侧,与其相关联的各因素,按主要因果关系和层次顺序从右(或左)侧向左(或右)侧排列,如图 6 – 18 所示。

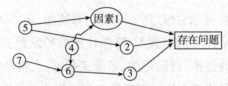

图 6 – 18　单向汇集型关联图

(3)关系表示型关联图,主要用来表示各因素之间的因果关系,在排列方式和层次上比较自由灵活,如图 6 – 19 所示。

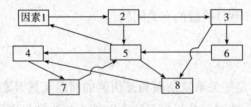

图 6 – 19　关系表示型关联图

4.主因和问题的判别

关联图的判别方法如下。

(1)在图中,箭头只进不出的是问题。

(2)在图中,箭头只出不进的是主因,也称末端因素,是解决问题的关键。

(3)在图中,箭头有进有出的是中间因素;出多于进的中间因素成为关键中间因素,在某些情况下也可作为主因对待。

5.关联图绘图注意事项

(1)绘图应该尽可能地广泛听取多方意见,集思广益,抓住主要问题。

（2）为了找出重点因素,需要反复修改图形,这项工作最好由质量管理人员来承担。

（3）重点因素要用特殊标记来表示。

（4）要全面彻底地分析原因,找出最基本的因素。

【例6-8】 某车间照明耗电量大,QC 小组针对此情况运用关联图进行原因分析,其结果如图6-20所示。由图可清晰地找到照明耗电量大的4个主要原因:开关集中控制、管理不严、责任不明和缺乏节电教育。

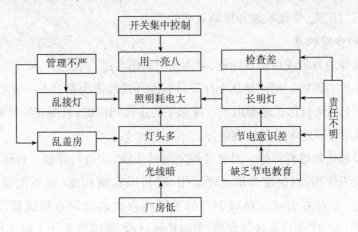

图6-20 照明耗电大的关联图

（二）系统图

1. 概念

系统图就是把要实现的目的与需要采取的措施或手段,系统地展开,并绘制成图,以明确问题的重点,寻求最佳手段或措施的一种图示分析工具。为了达到某个目的,就要采取某种手段。为了实现这一手段,又必须考虑下一级水平的目的。这样,上一级水平的手段,就成为下一级水平的目的。如此,可以把达到某一目的所需的手段层层展开,总览问题的全貌,明确问题的重点,合理地寻找出达到预定目的的最佳手段或策略,如图6-21所示。

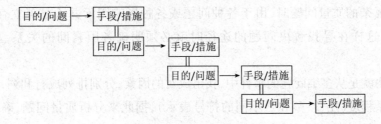

图6-21 系统图的基本形式

2. 系统图的分类

（1）构成因素展开型:把以组成事项的展开作为目的的手段加以系统的展开,绘制成的系统图。

（2）措施展开型:把为了解决问题或达到目的的手段和措施加以系统的展开,绘制成的系统图。

3. 系统图的主要用途

(1)在新产品研制过程中对设计质量的展开。

(2)建立质量保证体系,对质量保证活动的展开。

(3)用以解决企业内质量、成本、产量等各种问题的新设想的展开。

(4)目标、方针、实施事项的展开。

(5)探求部门职能、管理职能和提高效率的方法。

4. 系统图的作图程序

(1)确定具体的目的或目标或问题,并用简明的语言进行表达。

(2)提出手段和措施。无论是从上往下目标展开式地依次提出下一级水平的手段和措施,还是从下向上达到目标式地提出上一级水平的手段和措施,只要能够针对具体目标,依靠集体智慧,做出有效的手段和措施就行。

(3)对手段和措施进行评价。对展开到末端的手段,应进行评价。评价所采取的手段(方法、措施)是否恰当,以决定舍取。评价用○(可以实施)、△(尚不能确定是否可以实施)、×(不可行)等符号表示。对属于△的手段应再次通过调查和试验,将其转化为○或×。评价时应注意:①不可肤浅地评价,要有论证过程,说清楚为什么取舍;②越是离奇的思想和手段,越容易被否定,但是,实践证明,当离奇的思想和手段实现后,效果往往更好,因此离奇的手段要慎重考虑;③评价过程中产生的新设想,要补充到原有项目之中去,使其更加完善。

(4)使手段和措施系统化,即制成相互连接、顺序排列的系统图。

(5)制订实施计划。根据上述方案,逐项制定实施计划,确定具体内容、日程进度、责任者等。

(三)矩阵图

1. 概念

在解决复杂的质量问题时,由于各种问题或各种影响因素并不是孤立存在的,而是相互关联的,这样在寻找解决问题的途径时就必须明确各因素间的关系,从中确定关键点。

矩阵图法就是从多维问题的事件中,找出成对的因素,分别排列成行和列,在其交叉点处表示其关系程度(用◎、○和△不同的符号表示),据此来分析质量问题,确定关键点的方法。它是一种通过多因素综合思考,探索问题的好方法。

2. 矩阵图的类型

(1)L型矩阵图。它是一种最基本的矩阵图,它将一组对应数据用行和列排列成二元表格形式,图 6-22 是 A、B 因素对应的矩阵图。

(2)T型矩阵图。它是由 A 因素和 B 因素、A 因素和 C 因素的两个 L 型矩阵图组合起来的,如图 6-23 所示。

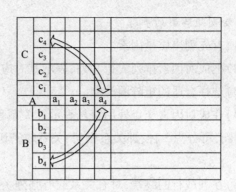

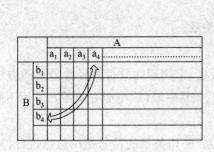

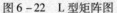

图 6 – 22　L 型矩阵图　　　　　　　图 6 – 23　T 型矩阵图

（3）X 型矩阵图。把 A 与 B、B 与 C、C 与 D、D 与 A4 个 L 型矩阵图组合在一起的矩阵图，如图 6 – 24 所示。

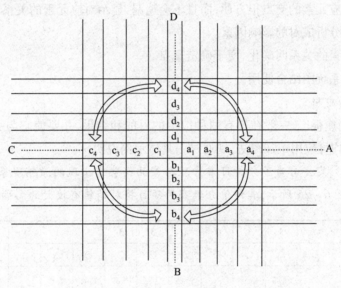

图 6 – 24　X 型矩阵图

（4）Y 型矩阵图。由 A 与 B、B 与 C、C 与 A 3 个 L 型矩阵图组合而成，如图 6 – 25 所示。

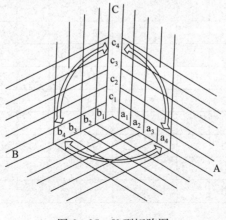

图 6 – 25　Y 型矩阵图

3. 绘制矩阵图的步骤

(1) 首先列出质量因素。

(2) 把成对因素排列成行和列, 表示其对应关系。

(3) 选择合适的矩阵图类型。

(4) 在成对因素交点处用符号表示其关系程度, 常用理性分析和经验分析的方法进行定性判断, 可分为3种, 即关系密切、关系较密切、关系一般(或可能有关系), 并用不同符号表示。

(5) 在列或行的终端, 对有关系或有强烈关系、密切关系的符号做出数据统计, 确定必须控制的关键因素。

(6) 针对重点问题做对策表。

4. 矩阵图法的特点

(1) 寻找对应元素的交点很方便, 而且不会遗漏, 显示对应元素的关系也很清楚。

(2) 可用于分析成对的影响因素。

(3) 能使因素的关系明确化, 便于确定重点。

(4) 便于与系统图结合使用。

5. 矩阵图的应用

矩阵图的用途很广, 一般在具有两种以上的目的和结果, 并要使它与手段和原因相应展开的情况下, 均可应用矩阵图法, 现通过一具体示例说明。

【例6-9】 某公司为了分析日常管理与产品销售中出现的滞销现象的原因, 制作了T型矩阵图, 如图6-26所示, 其评价分数高的项目将对销售有较大的影响。

评价得分	5	3	3	1	3	3	3	1	1	3	5	31
产品滞销	◎	○	○	△	○	○	○	△	△	○	◎	
现象↑ 管理现状↓ 原因→	商品信息差	销售手续复杂	运输不便	产销地太远	提货不便	产品规格不全	销售作风不好	交货时间长	工作拖拉	对用户不了解	不能按时交货	评价得分
行政管理 层次复杂	◎	○			○		◎				◎	27
对车间管得太死		○		△	○	△	○					14
手续太烦琐	◎					○						17
生产销售脱节	○				○	○	△	△				15
原材料供应不及时	◎	○	○					◎	△		○	22
原材料质量不合格	○											16
计划不准确	◎											5
信息管理 没有信息中心	◎		△	○	○			△	◎	◎	◎	31
没有信息网络	◎							○	○		○	26
不了解市场	◎					○	○	△				12

续表

服务管理	组织技术服务差	◎				△	◎					11
	宣传产品差	○			△							4
	服务工作认识不够	○	△	△			○	○		○		△	15
	上门服务制度不全	◎					○	△				9
技术管理	操作规程不全									○		3
	技术交流少	◎						△		○		9
	检查考核差									△		1
	技术教育差									△		1
	质量意识差						△			△	○	○	8
	评价得分	62	7	6	10	11	22	29	24	28	22	25	246

图 6-26　日常管理与销售及评价得分 T 型矩阵图

(四)过程决策程序图

1. 概念

在质量管理中,为了达到预定目标和解决问题,事先要进行必要的计划或设计,并希望按计划推进原定的实施步骤。但是,事物往往并不是一成不变的,随着各方面情况的变化,当初拟定的计划不一定能完全行得通,常常需要因势利导,临时改变计划。特别是解决难度大的质量问题,修改计划的情况更是屡屡发生。为应对这种意外事件,日本学者于1976年提出了一种有助于使事态向理想方向发展的解决问题的方法,即 PDPC 法。

PDPC 是指 process decision program chart,因此又叫过程决策程序图,是运筹学中的一种方法。所谓 PDPC 法,就是为了完成某个任务或达到某个目标,在制定行动计划或进行方案设计时,预测可能出现的障碍和结果,并相应地提出多种应变计划的一种方法。这样在计划执行过程中遇到不利情况时,仍能按第二、第三或其他计划方案进行,以便达到预定的计划目标。

2. PDPC 法的特征

(1) PDPC 法是一种动态展开方法。PDPC 法不是一成不变的,而是根据具体情况,每隔一段时间修订一次的动态方法,因为未来发生的问题往往具有不确定性,这样在制定计划时,不可能也没必要将所有可能发生的问题全部考虑进去,而在实施时,随着工作的进展,原来没有考虑的因素、问题会逐渐暴露出来,或原来没有想到的办法、方案逐步形成。这样根据新的问题、新的情况再重新考虑新的措施,增加新的方案或活动。

(2) PDPC 法兼有预见性和随机应变性。它是以事件或现象为中心,掌握系统的输入和输出的关系,故可较为准确地提出可能导致的"不良状态",找到其发生的原因,事先予以消除,而且它所采取的是沿多方向发展的方式,便于指出意料之外的重要问题。

3. 应用 PDPC 的步骤

PDPC 是一种动态展开方法,一般可分为两个阶段,下面通过实例说明。如图 6-27 所示,目前 A_0 点不合格率很高,欲降到不合格率较低的理想状态 Z。

第一阶段,即计划阶段。此阶段要根据现有资料提出可能会发生的各种问题,在此基础上,考虑达到目标的多个系列,提高实现目标的可靠程度。在实施时可按难易、费用大小、效果好坏等排出优先次序,逐个实施。在交货期紧迫时,也可考虑几个系列同时进行。本例初步设计制定出 A_0 到 Z 的手段为 A_1,A_2,A_3,$\cdots$,A_p 的一系列活动,希望此系列能够顺利实现。但是,经过相关人员集体讨论,认为无论从技术上或管理上看,实现 A_3 有很大困难。则考虑从 A_2 转经 B_1,B_2,$\cdots$,B_q 到达 Z 的第二手段系列。如果上述两个系列都行不通,就要考虑费用高但能达到目标的系列 C_1,C_2,C_3,$\cdots$,C_r 或系列 D_1,D_2,$\cdots$,D_s。

第二阶段,执行或进一步采取措施阶段。对于潜在的质量问题,第一阶段的所有判断未必适用,可能会出现意想不到的问题。假定上述系列并行推进,达到 A_3、B_1、C_3 等阶段,这时如果课题开始后已过了 2~3 个月,就可以比较明确地估计出经过 A_p、B_q、C_r、D_s 达到 Z 的各系列成功的可能性以及存在的问题。可能上述所有系列都行不通,这时就要综合各种信息,判断是否需要补充另外的系列,如再增加一个 E 系列或 F 系列等。也就是说,第二阶段就是每隔一定时间,以所得信息为基础,为提高达到目标 Z 的成功的可能性而采取进一步措施的阶段。

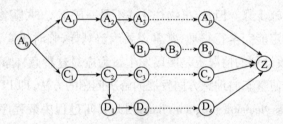

图 6 - 27　过程决策程序图

4. PDPC 的作图程序

(1)首先确定课题,然后召集有关人员讨论问题的所在。

(2)从讨论中提出实施过程中各种可能出现的问题,并一一记录下来。

(3)确定每一个问题的对策或具体方案。对提出的手段和措施,要列举出预测的结果,以及当提出的措施方案行不通,或难以实施时,应采取的措施和方案。

(4)把方案按照其紧迫程度、难易情况、可能性、工时、费用等分类,确定各方案的优先程序及有关途径,用箭头向理想状态连接。特别是对当前要着手进行的方案、措施,应根据预测的结果,明确首先应该做什么。

(5)在实施过程中,根据情况研究修正路线。

(6)落实实施负责人及实施期限。

(7)在实施过程中收集信息,随时修正。按绘制的 PDPC 法实施,在实施过程中可能会出现新的情况和问题,需要定期召开有关人员会议,检查 PDPC 图的执行情况,并按照新的情况和问题重新修改 PDPC 图。

(五)网络图

1.概念

质量管理活动中,常常涉及产品研制计划、产品改进计划、试制日程的安排、设备维修保养等管理活动计划,为了按预定的时间生产所需质量的产品,日程计划和进度管理是必不可少的。网络图法就是安排和编制最佳日程计划,有效地实施进度管理的一种科学的管理方法。

网络图主要是由圆圈和箭头构成的,故又称矢线图或箭头图。它有利于从全局出发、统筹安排、抓住关键线路,集中力量,按时和提前完成计划。

在日程计划和进度管理方面,长期以来习惯于采用甘特图(见图6-28,它虽然有直观、简单、方便等优点,但不能反映整个工作的全貌和各项工作环节之间的复杂联系以及某项作业对整个系统的影响程度,从而不易找出关键之所在。为了弥补甘特图之不足,20世纪50年代以来,先后出现了更有效的计划管理方法,即PERT(program evaluation and review technique,计划协调技术)和CPM(critical path method,关键路线法),用于表示进度计划的网络图。网络图法是这两种方法的结合。

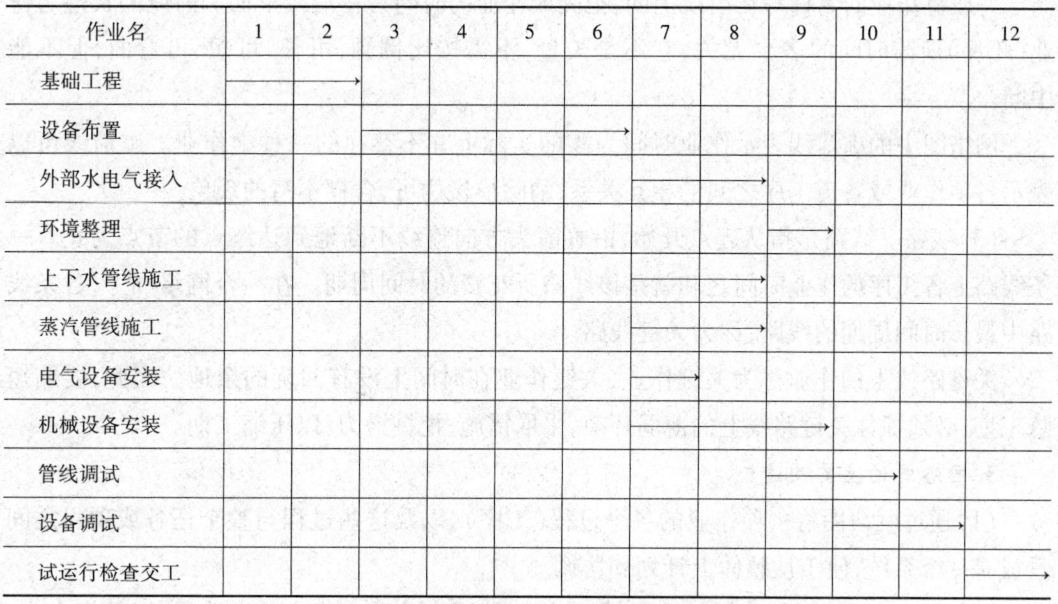

作业名	1	2	3	4	5	6	7	8	9	10	11	12
基础工程		→										
设备布置						→						
外部水电气接入								→				
环境整理									→			
上下水管线施工												
蒸汽管线施工												
电气设备安装								→				
机械设备安装									→			
管线调试										→		
设备调试										→		
试运行检查交工												→

图6-28　某食品车间建设安排甘特图

2.网络图的构成

网络图是一张有向五环图,由节点和箭条(作业活动)组成,如图6-29所示。

(1)节点。网络图中的圆圈是两条或两条以上箭头的结合点,故称结点(节点),一般是指作业的起点和终点。节点不消耗资源,也不占用时间,只是表示某项作业(或工序)应当开始或结束的符号,1、2、3代表节点顺序号。网络图中第一个圆圈和最后一个圆圈分别代表一项任务或项目的开始和完成,中间的圆圈代表中间各项作业的完成或开始。

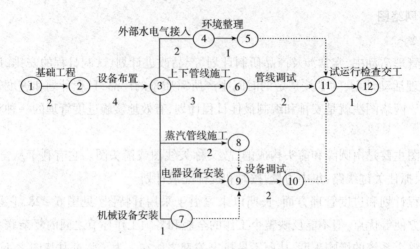

图 6 - 29　某食品车间建设安排的网络图

（2）箭条。网络图中的箭条表示作业，即一项活动的具体过程。箭条由箭头和箭尾组成：箭头表示一项作业的结束，箭尾表示一项作业的开始，箭条所指方向为作业前进的方向。一般将作业的名称写在箭线上面，把完成作业的时间写在箭线下面。箭线的长短与作业（工序）所需时间的多少无关，它不是矢量，不需按比例画，可长、可短、可弯曲，但不能中断。

网络图中的虚箭线表示作业时间为零的实际上并不存在的一种虚作业。虚箭线可以表示各项作业或各道工序之间的相互关系，消除模棱两可，含糊不清的现象。

（3）线路。线路是指从起点开始，沿着箭头方向连续不断地到达终点的节点为止。一条线路上各工序的作业时间之和就是该线路所花费的时间周期。在一个网络图上，各条线路中最长时间周期的线路，称为关键线路。

关键路线上的作业称为关键作业，关键作业在时间上没有回旋的余地。因此，要缩短总工期，必须抓住关键路线上的薄弱环节，采取措施、挖掘潜力，以压缩工期。

3．网络图的主要用途

（1）通过网络图将一项作业的各个过程（工序），以及这些过程与整个任务或项目之间看成是一个系统，便于从整体上计划和协调。

（2）通过对网络图的分析和计算，能从复杂的网络关系中找出关键路径，以便在人力、物力上给予优先保证。

（3）提示有关人员在非关键过程上挖潜，以支持关键过程或减轻关键过程的压力。

（4）分析平行作业的可能性，以缩短任务的周期。

4．网络图的绘制规则

（1）网络图中每一项作业都应有自己的节点编号，编号从小到大，不能重复。

（2）网络图中不能出现闭环。也就是说，箭条不能从某一节点出发，最后又回到该节点。

（3）相邻两个节点之间，只能有一项作业，也就是只能有一个箭条。

（4）网络图只能有一个起始节点和一个终点节点。

（5）网络图绘制时，不能有缺口。否则就会出现多起点或多终点的现象。

这些是绘制网络图必须遵循的基本规则，违背了这些规则，就不可能应用网络图法正确地解决问题。

【例6-10】　泡茶由买茶叶、洗茶具、烧开水和泡茶4个过程组成，用一个箭条代表一道工序，将工序所需时间（min）记录在箭条下方，将这些箭条首尾相接，便形成一个泡茶流程，见图6-30（a）。可以简单地计算出各工序需要的总时间：5+10+30+3=48（min）。

因烧开水的时间很长，所以若在烧水的同时考虑进行其他工序，可画出另一种具有逻辑关系的网络图，见图6-30（b）。这样计算完成整个泡茶过程的时间是33 min，节省了15 min，节约了资源，提高了效率。由图6-30（b）可以看出，应尽量采用平行作业以缩短时间。并且在平行线路中，烧水是关键路线上的作业，称为关键作业，若急需喝茶，应在烧水工序上下功夫。

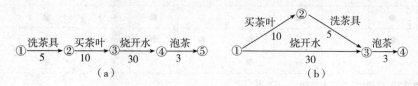

图6-30　泡茶网络图

（六）亲和图

1. 概念

亲和图法又称KJ法，是由日本川喜田二郎提出的一种属于创造性思考的开发方法。

亲和图就是把收集到大量的各种数据、资料，甚至工作中的事实、意见、构思等信息，按它们之间的相互亲和性（相近性）加以归纳整理的一种图示工具，其基本形式如图6-31所示。

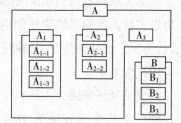

图6-31　亲和图的基本形式

2. KJ法的主要用途

（1）认识事物。对未知的事物或领域，认真收集实际资料，并从杂乱无章的资料中整理出事物的相互关系和脉络，就某件事情达成一致。

（2）打破现状，提出新的方针。以往的经验容易让人形成一种固有的观念，而经验有时是不可靠的。因此，就要打破旧框框，创造新思想。固有的观念体系一经破坏、崩溃，思想观念就会处于混沌状态，这时，可以用亲和图法重新确立自己的思想，提出新的方针。

（3）促进协调、统一思想。不同观点的人们集中在一起，很难统一意见。最好能由相互理解的人员组成计划小组，为着共同的目标，小组成员提出自己的经验、意见和想法，然后将这些资料编成卡片并利用亲和图法进行整理。

（4）贯彻方针。向下级贯彻管理人员的想法,靠强迫命令不会取得好结果。亲和图可以帮助人们举行讲座,充分讨论,集思广益,从而将方针自然地贯彻下去。

3. KJ 法的主要步骤

（1）确定课题。KJ 法适用于解决那种非解决不可,且又允许用一定时间去解决的问题。

（2）收集语言、文字资料。在亲和图的使用过程中,资料的收集是重要的一环,应按照客观事实,找出原始资料。资料收集方法及资料的形式的选择根据亲和图的用途与目的不同而有所不同,可参考表 6 - 21。

表 6 - 21　语言文字资料的收集方法及形式的选择

目的	资料收集方法						资料形式		
	直接观察法	文献调查法	面谈阅读法	头脑风暴法	回忆法	内省法	事实资料	意见资料	设想资料
认清事物	●	○	○	○	◎	×	●	×	×
归纳思想	●	◎	●	◎	○	●	●	◎	●
打破常规	●	◎	◎	●	●	●	○	◎	●
贯彻方针	×	×	×	●	◎	◎	○	●	◎

符号说明:●常用;◎使用;○不大使用;×不使用

①直接观察法。直接观察法是指亲自到现场去听、去看、亲手去摸,直接掌握情况,增强感性认识。质量管理是根据事实进行管理,十分重视掌握实际情况。而亲和图更强调掌握事实的重要性,所以用直接观察法收集语言资料是非常重要的。

②文献调查法和面谈阅读法。这两种方法包括查阅文献资料、直接征求别人的意见及启发多数人新构思的集体创造性思考方法。因为直接到现场去接触实物是有限度的,所以,为了广泛收集情况,这种间接调查方法也是有效的,并且征求别人的意见或新构思也只有用这个方法。

③头脑风暴法。头脑风暴法是采用会议的方式,引导每个参加会议的人围绕某个中心议题广开言路,激发灵感,在自己的头脑中掀起思想风暴,毫无顾忌、畅所欲言地发表独立见解的一种集体创造思维的办法。

④回忆法和内省法。这两种方法是个人对自己过去的经验进行回忆,探索自己内心的状态的方法。采用这种方法时,要边思考、边把想到的东西记在笔记本上,然后再反复阅读所记的笔记,以它作为扩展思路的触媒。

（3）语言资料卡片化。将收集到的语言资料按内容逐个分类,并用简明的文字制成卡片。每张卡片只记录一条意见、一个观点和一种想法。

（4）汇合卡片。将卡片混匀,反复阅读每一张卡片。在阅读卡片的过程中,要将那些内容相似或比较接近的卡片汇总在一起,编成一组。整理卡片时,对无法归入任何一组的卡片,可以独立地编为一组。

(5)做标题卡。把各组的本质用精练的语言归纳出来,做成标题卡,并把标题卡放在最上面。

(6)制图。将各组卡片展开,根据其相互关系确定适当的位置,并将这些卡片固定在纸上,再以适当的符号画出卡片之间的相互关系。

【例6-11】　图6-32为某企业在整理醪液浓度和蒸汽用量的关系时使用的亲和图,有助于整理思想,把握现状,寻求突破。

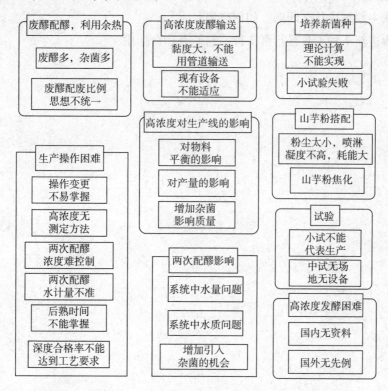

图6-32　某企业在整理醪液浓度和蒸汽用量关系时的亲和图

(七)矩阵数据分析

矩阵数据分析是多变量质量分析的一种方法。矩阵数据分析法与矩阵图法类似,它与矩阵图法的区别是:不是在矩阵图上填符号,而是填数据,形成一个分析数据的矩阵。在QC新7种工具中,数据矩阵分析法是唯一 一种利用数据分析问题的方法,但其结果仍要以图形表示。

矩阵数据分析法的主要方法为主成分分析法,其基本思路是通过收集大量数据,组成相关矩阵,通过变量变换的方法,将众多的线性相关指标转换为少数线性无关的指标,这样就找出了进行研究攻关的主要目标或因素。

矩阵数据分析法是一种计算工作量相对较大的质量管理方法,应用这种方法,往往需借助计算机来求解。目前,矩阵数据分析法尚未广泛应用,只是作为一种“储备工具”提出来的。

复习思考题

1. 什么是戴明循环？简述其主要过程步骤。

2. 什么是 QC 小组？叙述 QC 小组的活动程序。

3. 排列图、因果图的作用是什么？二者的异同点是什么？

4. 什么是直方图？其作用如何？怎样观察和使用直方图？

5. 分层法主要解决什么问题？如何应用？

6. 质量改进新 7 种工具是指哪 7 种？它们有什么作用？

第七章　食品安全管理体系

本章学习重点

1. GMP 的概念及主要内容
2. SSOP 的概念及主要内容
3. HACCP 的概念及 7 个基本原理
4. 实施 HACCP 的步骤
5. GMP、SSOP、HACCP 和 ISO 22000 之间的关系

第一节　食品安全管理体系概述

一、食品安全管理体系的产生

随着全球经济一体化进程的加快与世界人民对提高生活质量的不懈追求,人们对食品安全卫生要求越来越严格。然而,在社会不断进步、科技迅速发展的背景下,食品却面临着越来越多的不安全因素,如疯牛病、二噁英等。多年来人们不断发现,绝大多数食品安全事故原本是可以通过实行合理有效的管理而避免的,纯技术因素只占事故的很小一部分。因此,通过建立行之有效的食品安全管理体系来保障食品安全是世界各国都在努力探索的科学方法。

在这样的背景下,20 世纪 50 年代,美国国家航空航天局(NASA)和食品生产企业共同开发了食品安全管理体系——HACCP。HACCP 不是依赖对最终产品的检测来确保食品的安全,而是将食品安全建立在对加工过程的控制上,以防止食品产品中的可知危害或将其减少到一个可接受的程度。目前,HACCP 已经被多个国家和地区的政府、标准化组织或行业集团采用,成为国际上公认的食品安全保障体系。为了确保本国的食品安全,已有越来越多的国家要求出口国食品企业开展基于 HACCP 的食品安全管理体系认证。

然而,不同国家的 HACCP 计划模式不尽相同。为了贸易和第三方认证的需要,急需制定一项全球统一、整合现有的与食品安全相关的管理体系,以作为既适用于食品链中的各类组织开展食品安全管理活动,又可用于审核与认证的食品安全管理体系国际标准。基于上述迫切需要,考虑到食品安全管理体系的重要性,ISO/TC 34 于 2000 年成立了第 8 工作组,开始制定食品安全管理体系国际标准,并于 2005 年 9 月 1 日正式发布了 ISO 22000：2005《食品安全管理体系——食品链中各类组织的要求》。

二、食品安全管理体系概况

随着科学技术的飞跃发展,食品安全管理体系标准不断与时俱进。主要的食品安全管理体系有:良好操作规范(GMP)、卫生标准操作程序(SSOP)、危害分析与关键控制点(HACCP)、ISO 9000 和 ISO 22000。

(一)食品良好操作规范

食品良好操作规范(good manufacturing practice,GMP)是一种政府制定并颁布的强制性食品生产、包装、储存的卫生法规,也是食品行业的作业规范。其主要内容是要求生产企业具备合理的生产过程、良好的生产设备、正确的生产知识和严格的操作规范,以及完善的质量控制与管理体系。GMP 要求从原料接收直到成品出厂的整个过程中,进行完善的质量控制和管理,防止出现质量低劣的产品,保证产品的质量。GMP 的特点是以科学为基础,将各项技术性标准规定得非常具体。

(二)卫生标准操作程序

卫生标准操作程序(sanitation standard operation procedure,SSOP)是食品加工企业为了保证达到 GMP 所规定的要求,确保加工过程中消除不良的人为因素,使其加工的食品符合卫生要求而制定的指导食品生产加工过程中如何实施清洗、消毒和卫生保持的作业指导文件。

现代食品加工企业必须建立和实施 SSOP,以强调加工前、加工中和加工后的卫生状况和卫生行为。卫生标准操作程序描述了控制工厂各项卫生要求所使用的程序,提供一个日常卫生监测的基础,对可能出现的不合格状况提前做出计划,以保证必要时采取纠正措施,为雇员提供了一种连续培训的工具。应确保每个人,从管理层到生产工人都了解与之相关的卫生标准操作程序要求。

(三)危害分析与关键控制点

危害分析与关键控制点(hazard analysis critical control point,HACCP)是一个以预防食品安全问题为基础的防止食品引起疾病的有效的食品安全保证系统。HACCP 通过预计生产过程中哪些环节最可能出现问题,来建立防止这些问题出现的有效措施以保证食品的安全,即通过对食品全过程的各个环节进行危害分析,找出关键控制点(CCP),采用有效的预防措施和监控手段,使危害因素降到最低程度,并采取必要的验证措施,使产品达到预期的要求。它主要通过科学和系统的方法,分析和查找食品生产过程的危害,确定具体的预防控制措施和关键控制点,并实施有效的监控,从而确保产品的安全卫生质量。

HACCP 体系这种管理手段提供了比传统的检验和质量控制程序更为良好的方法,它可以鉴别出还未发生过问题的潜在领域。通过使用 HACCP 体系,控制方法从仅仅是最终产品检验(检验不合格)转变为对食品设计和生产的控制(预防不合格)。

(四)ISO 22000

ISO 22000 即 food safety management system—requirement for any organization in food chain,中文名为"食品安全管理体系——食品链中各类组织的要求"。

ISO 22000 采用了 ISO 9000 标准体系结构,将 HACCP 原理作为方法应用于整个体系,明确了危害分析作为安全食品实现策划的核心,并将国际食品法典委员会(CAC)所制定的预备步骤中的产品特性、预期用途、流程图、加工步骤、控制措施和沟通作为危害分析及其更新的输入,同时将 HACCP 计划及其前提条件——前提方案动态、均衡地结合。

ISO 22000 是国际标准化组织制定的,国际上通用的食品安全管理体系标准。它克服了不同国家在应用 HACCP 原理时认识上的差异,为全球提供了一个统一的、有效的控制食品安全危害的科学标准。

三、各种食品安全管理体系之间的关系

(一)GMP 与 SSOP 的关系

GMP 是 SSOP 的法律基础,制订 SSOP 计划的依据是 GMP。GMP 是政府食品卫生主管部门用法规或强制性标准的形式发布的。食品生产企业必须达到 GMP 规定的卫生要求,否则该企业不得生产加工食品或出口食品,或其加工的食品不得上市销售或出口。SSOP 则是企业为了达到 GMP 所规定的卫生要求而制订的企业内部的卫生控制文件。使企业达到 GMP 的要求,生产出安全卫生的食品是制订和执行 SSOP 的最终目的。

GMP 的规定是原则性的,SSOP 的规定是具体的。SSOP 相当于 ISO 9000 质量管理体系中的"程序文件和作业指导书",主要目的是指导卫生操作和卫生管理的具体实施。GMP 法规中涉及卫生方面的每一项要求,企业均应该制订出相应的保证措施,如《出口食品生产企业卫生要求》第十一条(五)规定"加工用水(冰)应当符合国家《生活饮用水标准》"等必要的标准",为了达到这一目标,企业应该从水源、供水设备、输水管道、水的处理、防虹吸以及水的卫生质量的日常监测等方面建立制度,规定具体的要求,如方法、频率、执行人、监督制度等。

(二)SSOP 与 HACCP 体系的关系

完整的食品安全控制体系必须包括 HACCP 计划及作为前提条件的 GMP 和卫生标准操作程序(SSOP)。卫生标准操作程序及 HACCP 计划中关键控制点监控两个部分均需要实施监视测量、纠正、保持记录并验证。然而它们仍存在一定的区别。

HACCP 计划是建立在危害分析的基础上的,特定的关键控制点必须被监测,以确保该步骤或工序处于受控状态,使任何潜在的食品安全危害得以预防、消除或降低到一个可接受的水平。书面的 HACCP 计划规定具体加工过程的各个关键控制点,同时具体描述了关键限值、监测方法、纠偏措施、验证程序和记录保持,以此确保关键控制点得到有效控制,从而保证食品的安全。

SSOP 是维持卫生状况的程序,一般与整个加工设施或一个区域有关,不仅限于某一特定的加工步骤或关键控制点,一些危害可以通过 SSOP 得到最好的控制。将某一危害的控

制交给 SSOP,而非 HACCP 计划,并不是降低其重要性,而是由 SSOP 来控制更合适一些。有时同一个危害可能由 HACCP 计划和 SSOP 共同来控制,如由 HACCP 计划控制病原微生物的杀灭,由 SSOP 控制病原微生物的二次污染。

需要特别注意的是,有时某种危害究竟是用关键控制点控制(CCP)还是用卫生标准操作程序(SSOP)控制,并没有十分明显的区分。通常,已经鉴别的危害是与产品本身或某一个单独的加工步骤有关的,则由 HACCP 计划来控制;已鉴别的危害是与环境或人员有关的危害,一般由 SSOP 控制较为适宜。

(三)GMP、SSOP 与 HACCP 的关系

根据 CAC/RCPl—1969,Rev4(2003)《食品卫生通用规范》附录《HACCP 体系及其应用准则》(1999 年修改)和美国 FDA 的 HACCP 体系应用指南中的论述,GMP、SSOP 是制订和实施 HACCP 计划的基础和前提条件。也就是说,如果企业达不到 GMP 法规的要求或没有制订并实施有效的、具有可操作性的 SSOP,则实施 HACCP 计划将成为一句空话。各国的实践也证明了这一点。因此,从传统意义上来讲,GMP、SSOP 和 HACCP 的关系可以用一个图来表示,见图 7-1。

图 7-1　传统意义上的 GMP、SSOP 和 HACCP 的关系

图 7-1 中的整个三角形代表一个食品安全控制体系的主要组成部分。从中可以看出,GMP 是整个食品安全控制体系的基础;SSOP 是根据 GMP 中有关卫生方面的要求制订的卫生控制程序,是执行 HACCP 计划的前提之一;HACCP 计划则是控制食品安全的关键程序。

但是,从 CAC/RCP1—1969,Rev4(2003)《食品卫生通则》和我国的《出口食品生产企业卫生要求》等 GMP 法规看,GMP 中包括了 HACCP 计划。因此,从现代意义上讲,GMP、SSOP、HACCP 应具有以下关系,见图 7-2。

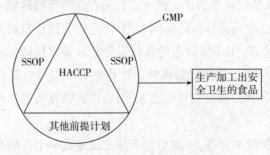

图 7-2　现代意义上的 GMP、SSOP 和 HACCP 的关系

国家颁布 GMP 法规的目的是要求所有的食品生产企业确保生产加工出的食品是安全卫生的。HACCP 体系的前提条件以及 HACCP 体系本身的制订和实施共同组成了企业的 GMP 体系。HACCP 是执行 GMP 法规的关键和核心,SSOP 和其他前提计划是建立和实施 HACCP 计划的基础。简而言之,执行 GMP 法规的核心是 HACCP,基础是 SSOP 等前提计划,实质是确保食品安全卫生。

(四) ISO 22000 与 HACCP 体系之间的关系

ISO 22000 标准是一个组织自愿遵循的管理要求,它为食品链中的任何企业提供一个连贯一致、综合完整和重点更加突出的食品安全管理体系。ISO 22000 的条款编排形式与 ISO 9001:2015《质量管理体系——要求》相同,并符合 ISO 指南 72——关于管理体系标准起草和证明的指南(ISO guide 72 on justification and drafting of management system srandards)的要求,是一个可用于审核的标准。ISO 22000 为食品企业提供了一个系统化的食品安全管理体系框架,强调企业人员的全员参与,并将其融入企业整个管理活动中。ISO 22000 可以独立于其他管理体系标准之外单独使用,也可结合现有的相关管理体系要求,建立一个符合 ISO 22000 标准的食品安全管理体系,有助于企业建立整合新的管理体系。

ISO 22000 整合了危害分析与关键控制点(HACCP)原理和国际食品法典委员会制定的实施步骤,并明确提出与必要的前提方案动态地结合,所以,食品安全管理体系的关键是 HACCP 体系与前提方案等控制措施形成的有效组合。ISO 22000 可应用于食品链内的各类组织,从饲料生产者、初级生产者,到食品制造者、运输和仓储经营者,直至零售分包商和餐饮经营者,以及与其关联的组织,如设备、包装材料、清洁剂、添加剂和辅料的生产者。其目的是企业将其终产品交付到食品链下一段时,已通过控制将其中已确定的危害消除或降低到可接受水平。ISO 22000 特别关注并强调相互沟通,包括企业内部和外部的信息交流,在系统的危害分析并获取信息的基础上,确保在食品链每个环节中所有相关的食品危害均得到识别和充分控制。因此可以说 ISO 22000 是从以 HACCP 为核心的控制体系发展到食品安全管理体系。

ISO 22000 和 HACCP 体系都是一种风险管理工具,能使实施者合理地识别将要发生的危害,并制定一套全面有效的计划,以防止和控制危害的发生。但 HACCP 体系是源于企业内部对某一产品安全性的控制体系,以生产全过程的监控为主,适用范围较狭窄。而 ISO 22000 是适用于整个食品链的食品安全管理体系,不仅包含了 HACCP 体系的全部内容,并将其融入企业的整个管理活动中,逻辑性强,体系更为完整。

第二节　食品良好操作规范(GMP)

一、GMP 概述

(一) GMP 的由来和发展

GMP 是从药品生产中获取的经验教训的总结。第二次世界大战后,在经历了数次较大的药物灾难,特别是 20 世纪出现了最大的药物灾难"反应停"事件后,人们逐渐认识到以成品抽样分析检验结果为依据的质量控制方法有一定缺陷,不能保证药品的安全需要。因此,美国于 1962 年修改了《联邦食品、药品和化妆品法》,将药品质量管理和质量保证的概念以法律形式固定下来。美国食品与药品管理局(FDA)根据上述法案的规定,由美国坦布尔大学 6 名教授编写制定了世界上第一部药品 GMP,于 1963 年通过美国国会第一次颁布成法令,并于第二年开始实施。1969 年,世界卫生组织(WHO)也颁发了自己的药品 GMP,并向各成员推荐,以保证药品的质量安全。同年,FDA 将药品 GMP 的观点引用到食品的生产法规中,制定了《食品制造、加工、包装与储藏的现行良好操作规范》,简称 CGMP 或 MP,即食品 GMP 基本法(21CFR Part 110)。CGMP 很快被 FAO/WHO 的国际食品法典委员会(CAC)采纳,后者于 1969 年公布了《食品卫生通则》(CAC/RCP1—1969)并推荐给 CAC 各成员。在 1969—1999 年期间,CAC 公布了 41 个各类食品的卫生操作规范供各成员参考应用,从而促进了 GMP 的快速发展。世界上许多国家根据这些 GMP 的要求,相继制订了自己的 GMP,并将其作为食品生产加工企业的质量安全法规实施。到目前为止,世界上已有100 多个国家和地区实施了 GMP 或准备实施 GMP。

(二)GMP 的基本内容

从法规体系的角度,GMP 法规包括通用的食品良好操作规范和适用于各种特定食品的加工卫生规范。例如,美国的 21CFR Part 110 适用于一切食品加工和储存,21CFR Part 106(婴儿食品)、21CFR Part 113(低酸罐头)等则适用于各类食品;我国的《出口食品生产企业卫生要求》是通用要求,在此基础上制定了《出口罐头生产企业注册卫生规范》等 9 个专业卫生规范;国际食品法典委员会(CAC)的《食品卫生通则》是通用要求,同时,CAC 发布了一系列特定食品生产卫生实施准则。

从 GMP 的具体内容看,各成员的 GMP 虽不尽相同,但一般都涉及人员卫生、厂房卫生及维护、卫生设施及设备、生产设备和工具、器具卫生、生产加工控制、存储卫生、产品检验要求、产品标志、可追溯性以及培训等。我国《出口食品生产企业卫生要求》就规定了生产质量管理人员、环境卫生、车间及设施卫生、原料、辅料卫生、生产加工卫生、包装储存、运输卫生、有毒有害物品控制、产品检验等要求。

企业建立自身的 GMP 时,必须在广度上至少包括 GMP 的基本内容,在深度上达到GMP 法规的要求。

二、国内外 GMP 的实施情况

(一)美国

美国是最早将 GMP 用于食品工业生产的国家。20 世纪 70 年代初期,美国食品与药品管理局(FDA)为了加强对食品的监管,根据《联邦食品、药品和化妆品法》402(a)条,"凡在不卫生的条件下生产、包装或储藏的食品或不符合食品生产条件下生产的食品视为不卫生、不安全的"的规定,制定了《食品生产、包装和储藏的现行良好操作规范》

（current good manufacturing practice in manufacturing，processing，packing or holding human food，code of federal reguation，简称 CGMP，21CFR part 110）。在美国食品工业中，21CFR part 110 为基本指导性文件，它对食品生产、加工、包装、储存，企业的厂房、建筑、设施、设备、人员的卫生要求，生产和加工控制管理等都做出了详细的要求和规定，这一法规包括食品加工和处理的各个方面，适用于一切食品的加工生产和储存，一般称该规范为"食品 GMP 基本规范"。

以 21CFR Part 110 为基础，美国 FDA 相继制定了各类食品的操作规范，主要包括：

21CFR Part 106《婴儿食品的营养品质控制规范》；

21CFR Part 112《熏鱼的良好操作规范》；

21CFR Part 113《低酸性罐头食品良好操作规范》；

21CFR Part 114《酸性食品良好操作规范》；

21CFR Part 123《冻结原虾（处理过）良好操作规范》；

21CFR Part 129《瓶装饮用水的加工与灌装良好操作规范》；

21CFR Part 179《辐射在食品生产、加工、管理中的良好操作规范》。

这些法规（包括 21CFR part 110）根据食品工业及相关技术的发展状况，以及人们对食品安全的认识要求，仍在不断地修改和完善。

（二）加拿大

加拿大卫生部（HPB）根据《食品和药物法》制定了《食品良好制造法规》（GMRF），规定了加拿大食品加工企业最低健康与安全标准，提出了实施 GMP 的基础计划，并将基础计划定义为一个食品加工企业为在良好的环境条件下加工生产安全卫生的食品所采取的基本控制步骤或程序。实施 GMP 的基础计划包括厂房、运输和储藏、设备、人员、卫生和虫害的控制、回收 6 个方面的内容。

加拿大农业部以 HACCP（危害分析与关键控制点）原理为基础建立了《食品安全促进计划（FSEP）》，其内容相当于 GMP 的内容，其目的是作为食品安全控制的预防体系，确保所有加工的农产品以及这些产品的加工条件是安全卫生的。

（三）欧盟

欧盟对食品生产、进口和投放市场的卫生规范与要求包括以下 6 类：

（1）对疾病实施控制的规定；

（2）对农药残留、兽药残留实施控制的规定；

（3）对食品生产、投放市场的卫生规定；

（4）对检验实施控制的规定；

（5）对第三国食品准入的控制规定；

（6）对出口国当局卫生证书的规定。

其中对食品生产、投放市场的卫生规定即属于 GMP 法规的性质，如 91/493/EEC 法令对海产品的生产和销售的卫生条件做出了一般规定；91/492/EEC 法令对活的双壳软体动物的生产和销售做出的规定。

（四）日本

日本制定了 5 项食品卫生 GMP，称为"卫生规范"，这 5 项规范如下：

（1）《盒饭与饭菜卫生规范》（1979）；

（2）《酱菜卫生规范》（1980）；

（3）《糕点卫生规范》（1983）；

（4）《中央厨房传销零售餐馆体系卫生规范》（1987）；

（5）《生面食品类卫生规范》（1991）。

日本的卫生规范包括目的和适用范围，定义了设施管理、食品处理、经销人员及从原料到成品全过程的卫生要求等 30 项内容。日本的卫生规范是指导性而非强制性的标准，达不到规范要求不属违法，以终产品是否合格为准。

（五）我国食品 GMP 的发展状况

随着对外开放和医药经济的发展，我国首先在药品行业引入了 GMP 的概念，于 1982 年制定了《药品生产质量管理规范》（试行稿），后经实践修改，于 1985 年正式颁布《药品生产管理规范》，作为医药行业的 GMP 正式执行。之后，为改善食品企业的卫生条件和卫生管理的落后状况，我国开始制定食品企业良好操作规范。

我国原卫生部从 1988 年开始颁布食品 GMP 国家标准，在 1994 年颁布《食品企业通用卫生规范》（GB 14881—1994）。在 2009 年《食品安全法》颁布以前，原卫生部颁布了近 20 项各类"卫生规范"或"良好生产规范"。有关主管部门也制定和发布了本行业的"良好生产规范""技术操作规范"等 400 多项生产标准。这些标准对规范我国食品生产企业加工环境，提高从业人员食品卫生意识，保证食品产品的卫生安全方面起到了积极作用。

近些年来，随着食品加工工艺、新材料、新品种以及生产环境的不断变化，食品企业生产技术的进一步提高，对食品生产过程提出了新的要求，原标准的许多内容已经不能适应食品行业的实际需求。2010 年以来，原卫生部做了大量工作，陆续废止、修订、新增了一批新的 GMP，并在 2013 年组织修订了新版《食品企业通用卫生规范》（GB 14881—2013）。

目前，国家卫生和计划生育委员会制定和颁布的国家 GMP 标准（现行有效或即将生效）如表 7-1 所示，包括 1 个食品 GMP 通用标准和 32 个食品 GMP 专用标准。通用标准《食品企业通用卫生规范》规定了食品企业的食品加工过程、原料采购、运输、贮存、工厂设计与设施的基本卫生要求及管理准则，是各类食品厂制定专业卫生规范的依据。专用标准适用于相应的食品企业。表 7-1 列出了我国各类食品 GMP 的名称及相应标准代号。

表7－1　我国的现行食品良好操作规范

序号	标准名称	标准号	序号	标准名称	标准号
1	食品企业通用卫生规范	GB 14881—2013	18	食品安全国家标准 食品辐照加工卫生规范	GB 18524—2016
2	食品安全国家标准 罐头食品生产卫生规范	GB 8950—2016	19	熟肉制品企业生产卫生规范	GB 19303—2003
3	食品安全国家标准 蒸馏酒及其配制酒生产卫生规范	GB 8951—2016	20	食品安全国家标准 包装饮用水生产卫生规范	GB 19304—2018
4	食品安全国家标准 啤酒生产卫生规范	GB 8952—2016	21	食品安全国家标准 水产制品生产卫生规范	GB 20941—2016
5	食品安全国家标准 酱油生产卫生规范	GB 8953—2018	22	食品安全国家标准 蛋与蛋制品生产卫生规范	GB 21710—2016
6	食品安全国家标准 食醋生产卫生规范	GB 8954—2016	23	食品安全国家标准 原粮储运卫生规范	GB 22508—2016
7	食品安全国家标准 食用植物油及其制品生产卫生规范	GB 8955—2016	24	食品安全国家标准 粉状婴幼儿配方食品良好生产规范	GB 23790—2010
8	食品安全国家标准 蜜饯生产卫生规范	GB 8956—2016	25	食品安全国家标准 特殊医学用途配方食品良好生产规范	GB 29923—2013
9	食品安全国家标准 糕点、面包卫生规范	GB 8957—2016	26	食品安全国家标准 食品接触材料及制品生产通用卫生规范	GB 31603—2015
10	食品安全国家标准 乳制品良好生产规范	GB 12693—2010	27	食品安全国家标准 食品经营过程卫生规范	GB 31621—2014
11	食品安全国家标准 畜禽屠宰加工卫生规范	GB 12694—2016	28	食品安全国家标准 航空食品卫生规范	GB 31641—2016
12	食品安全国家标准 饮料生产卫生规范	GB 12695—2016	29	食品安全国家标准 原粮储运卫生规范	GB 22508—2016
13	食品安全国家标准 发酵酒及其配制酒生产卫生规范	GB 12696—2016	30	食品安全国家标准 速冻食品生产和经营卫生规范	GB 31646—2018
14	食品安全国家标准 谷物加工卫生规范	GB 13122—2016	31	食品安全国家标准 餐饮服务通用卫生规范	GB 31654—2021
15	食品安全国家标准 糖果巧克力生产卫生规范	GB 17403—2016	32	食品安全国家标准 即食鲜切果蔬加工卫生规范	GB 31652—2021
16	食品安全国家标准 膨化食品生产卫生规范	GB 17404—2016	33	食品安全国家标准 餐(饮)具集中消毒卫生规范	GB 31651—2021
17	保健食品良好生产规范	GB17405—1998			

另外,原农业部颁布了《水产品加工质量管理规范》(SC/T 3009—1999),规定了水产品加工企业的基本条件、水产品加工卫生控制要点以及以危害分析与关键控制点

（HACCP）原则为基础建立质量保证体系的程序与要求。国家环境保护总局颁布了《有机食品技术规范》（HJ/T 80—2001），主要规定了有机食品原料生产规范、有机食品加工规范、贮藏和运输规范、包装和标识规范等内容。

国家认证认可监督管理委员会于 2011 年 9 月发布了《出口食品生产企业备案管理规定》，该规定包括 3 个附件，其中附件 2《出口食品生产企业安全卫生要求》是我国现行出口食品企业 GMP 的通用要求。

除通用要求外，还有各类出口食品的卫生规范，如 GB/Z 21722—2008《出口茶叶质量安全控制规范》、GB/Z 21702—2008《出口水产品质量安全控制规范》、GB/Z 21724—2008《出口蔬菜质量安全控制规范》、GB/Z 21701—2008《出口禽肉及制品质量安全控制规范》、GB/Z 21700—2008《出口鳗鱼制品质量安全控制规范》等。另外，还有一些进出口行业标准或地方标准，如 SN/T 2907—2011《出口速冻食品质量安全控制规范》、SN/T 2633—2010《出口坚果与籽仁质量安全控制规范》、SN/T 3254—2012《出口调味品质量安全控制规范》、SN/T 4255—2015《出口蘑菇罐头质量安全控制规范》、SN/T 3259—2012《出口油脂质量安全控制规范》、SN/T 2905—2011《出口粮谷质量安全控制规范》、DB21/T 2624—2016《出口板栗区域化基地质量安全控制规范》。以上共同构成了我国出口食品的 GMP 体系。

三、食品良好操作规范的主要内容

四、食品良好操作规范的认证

（一）食品 GMP 的认证程序

食品 GMP 认证工作程序包括申请、资料审查、现场评审、产品检验、确认、签约、授证、追踪管理等步骤。

1. 申请

食品企业申请食品 GMP 认证，应向食品 GMP 现场评审小组提交申请书。申请书包括产品类别、名称、成分规格、包装形式、质量、性能，并附公司注册登记复印件、企业厂房配置图、机械设备配置图等。

同时，还应向认证执行机构提交各种专门技术人员的学历证件与相关培训结业证书复印件，以及申请认证产品有关专则所规定的各类标准书，标准书主要包括以下内容：

（1）质量管理标准书：包括质量管理机构的组成和职责、原材料的规格和质量验收标准、过程质量管理标准书和控制图、成品规格及出厂抽样标准、验收控制点和检验方法、异常处理办法、食品添加剂管理办法、员工教育培训计划和实施记录、食品良好操作规范考核制度和记录、仪器校验管理办法等。

（2）制造作业标准书：包括产品加工流程图、作业标准、机械操作及维护制度、配方材料标准、仓库标准和管理办法、运输标准和管理办法等。

（3）卫生管理标准书：包括环境卫生管理标准、人员卫生管理标准、厂房设施卫生管理标准、机械设备卫生管理标准、清洁和消毒用品管理标准。

2. 资料审查

认证执行机构应于接受申请日起两星期内审查完毕，并将资料审查结果通知申请企业。审查未通过者，认证执行机构应以书面形式通知申请企业补正或驳回。审查通过者，由认证执行机构报请推行委员会安排现场评审作业。

3. 现场评审

现场评审小组由主管部门相关领导、食品 GMP 认证执行机构代表和行业专家共同组成。现场评审主要从两方面对企业进行考查：企业与 GMP 有关的书面作业程序、标准、生产报表、记录报告等书面资料和企业 GMP 的实施状况。现场评审结束后，由现场评审小组行文告知评审结果，并告知认证执行机构。

现场评审通过者，当天由认证执行机构进行产品抽样。现场评审未通过者，申请企业应在改善后提出改善报告书，方可申请复核，如超过 6 个月未申请复核者，应重新办理资料审查。复核仍未通过者，申请企业于驳回通知发出当日起 3 个月后，重新提出申请，且应备案，由资料审查重新办理。

4. 产品检验

由认证执行机构人员到企业进行抽样检验。各类产品的检验项目由食品 GMP 技术委员会拟定。取样数量以申请认证产品每单位包装净重为依据，200kg 以下者抽 10 件，201～500kg 抽 7 件，超过 500kg 抽 5 件。

抽样检验未通过者，由认证执行机构以书面形式通知改善，申请厂商应于改善后提出改善报告书，经认证执行机构确认改善完成后，方可申请复查检验，复查检验以 1 次为限。复查检验未通过者，从申请驳回通知 3 个月后才可重新申请，且应由资料审查重新办理。

申请新增产品认证时，应备齐相关资料报请认证执行机构办理资料审查及产品检验。

5. 确认

申请认证企业通过现场评审及产品检验，并将认证产品之包装标签样稿送请认证执行机构核备后，由认证执行机构编定认证产品编号，并附相关资料报请推行委员会确认。认证执行机构应将推行委员会确认结果告知推广倡导执行机构及申请认证企业。

6. 签约

推广倡导执行机构于接获推行委员会通知申请新增认证企业通过确认函后 3 天内，函请申请认证企业于 1 个月内办妥认证合约书签约，企业逾期视同放弃认证资格。

食品 GMP 认证企业申请新增产品认证，应向认证执行机构申办，经产品检验合格及确认产品标签后，通知推广倡导执行机构办理签约手续，推广倡导执行机构接到通知的 3 天内，函请申请认证企业于 1 个月内办妥认证合约书签约，企业逾期视同放弃认证资格。

7. 授证

申请食品 GMP 认证工厂在完成签约手续后，由推广倡导执行机构代理推行委员会核发"食品 GMP 认证书"。

8. 追踪管理

认证企业应于签约日起，依据"食品 GMP 追踪管理要点"接受认证执行机构的追踪查验。依认证企业的追踪查验结果，按食品 GMP 推行方案及本规章的相关规定，对表现优秀者给予适当的鼓励，对严重违规者，则取消认证。

（二）食品 GMP 认证标志

食品 GMP 认证标志如图 7 - 3 所示。图中"OK"手势表示"安心"，代表消费者对认证产品的安全、卫生相当"安心"。笑颜表示"满意"，代表消费者对认证产品的品质相当"满意"。

图 7 - 3　食品 GMP 认证标志

食品 GMP 认证的编号是由 9 位数字组成，1 ~ 2 位代表认证产品的产品类别，3 ~ 5 位代表认证企业序号，后 4 位为产品序号，代表认证产品的序号。凡通过食品 GMP 认证之产品，皆会赋予唯一的食品 GMP 认证编号，并将编号放置于微笑标章内，申请企业可将获得的食品 GMP 微笑标章放置在取得食品 GMP 认证的产品标签上，让消费者作为识别认证的依据。

第三节　卫生标准操作程序（SSOP）

一、SSOP 概述

（一）SSOP 的起源

20 世纪 90 年代，美国频繁爆发食源性疾病，造成每年大约 700 万人次感染和 7000 人死亡。调查数据显示，其中有大半感染或死亡的原因与肉、禽产品有关。这一结果促使美国农业部（USDA）不得不重视肉、禽产品的生产状况，并决心建立一套涵盖生产、加工、运输、销售所有环节在内的肉禽产品生产安全措施，从而保障公众的健康。1995 年 2 月颁布的《美国肉、禽产品 HACCP 法规》(9 CFR Part 304) 中第一次提出了要求建立一种书面的常规可行程序——卫生标准操作程序(SSOP),确保生产出安全、无掺杂的食品。同年 12 月,美国 FDA 颁布的《美国水产品的 HACCP 法规》(21CFR Part 123,1240)中进一步明确了 SSOP 必须包括的 8 个方面及验证等相关程序,从而建立了 SSOP 的完整体系。

从此,SSOP 一直作为 GMP 和 HACCP 的基础程序加以实施,成为完成 HACCP 体系的重要前提条件。

(二)制定 SSOP 的要求

为了保证卫生要求的实施,企业需起草本企业的卫生标准操作程序,即 SSOP 计划。SSOP 计划应由食品生产企业根据卫生规范及企业实际情况编写,尤其应充分考虑到其实用性和可操作性,注意对执行人所执行的任务提供足够详细的内容。SSOP 计划一般应包含:监控对象、监控方法、监控频率、监控人员、纠偏措施及监控、纠偏结果的记录要求等内容。

书面 SSOP 计划的建立会受到官方执法部门或第三方认证机构的鼓励和督促。SSOP 计划从文件组成上讲,一般包括以下 3 方面。

第一方面,明确 8 个(或更多)方面的要求和程序。①明确每一个方面应达到的要求或目标;②达到目标和要求所需的硬件设施和物资;③实现目标的责任部门和人员,以及执行情况的检查、纠正、记录和分工;④实施的时间;⑤实施指南。

第二方面,对每一个环节制定作业指导书。例如,CIP 系统的清洗,内包装物的杀菌和消毒,消毒剂种类的选择,消毒剂的配制。在作业指导书中应写明所针对具体过程的实现目标,需要的物资、责任人、实施的具体步骤、如何检查、如何纠正、如何记录。作业指导书编写的目的是让每一位责任人看到作业指导书后,就知道自己应该干什么,执行的时机,如何执行,所应达到的要求。

第三方面,执行、检查和纠正记录。记录必须包括预先设计好的各种表格,包括执行记录表、监控和检查记录表、纠正记录表、员工培训记录表。记录格式的设计必须符合操作实际,即具有可操作性;记录栏目的内容必须能反映出事情的客观实际,有具体数据的地方应记录具体数据。

二、我国 SSOP 的主要内容

(一)水和冰的安全

生产用水(冰)的卫生质量是影响食品卫生的关键因素。对任何食品加工企业,首先要考虑的就是确保与食品接触或与食品接触面接触用水的安全卫生,并考虑非生产用水和污水处理的交叉污染问题。

1. 水源

(1)使用城市公共用水,要符合国家饮用水标准。

(2)使用自备水源要考虑:

①井水:周围环境、井深度、污水等因素对水的污染;②海水:周围环境、季节变化、污水

排放等因素对水的污染;③对两种供水系统并存的企业应采用不同颜色管道,防止生产用水和非生产用水混淆。

2. 标准

国家生活饮用水卫生标准 GB 5749—2006 对水的要求有 106 项,其中水质常规微生物指标及限制为:总大肠菌群(MPN/100mL 或 CFU/100mL)不得检出,耐热大肠菌群(MPN/100mL 或 CFU/100mL)不得检出,大肠埃希氏菌(MPN/100mL 或 CFU/100mL)不得检出,菌落总数(CFU/mL)100,游离余氯,水管末端不低于 0.05mg/L。

欧盟指标 80/778/EEC:62 项。其中微生物指标:细菌总数(< 10 个/mL,37℃ 培养 48h; < 100 个/mL,22℃ 培养 72h);总大肠菌群(MPN < 1/100mL);粪大肠菌群(MPN < 1/100mL);粪链球菌(MPN < 1/100mL);致病菌不得检出。

3. 监控

无论城市公用水还是自备水源都必须充分有效地加以监控,有官方合格的证明后方可使用。

(1)监控项目:余氯,微生物(总大肠菌群、耐热大肠菌群、大肠埃希氏菌、菌落总数)。

(2)监测频率:①企业对水余氯监测每天 1 次,每次取样必须包括总出水口,一年内做完所有的出水口;②企业对水的微生物至少每月 1 次;③当地卫生部门对城市公共用水全项目每年至少 1 次,并有报告正本;④对自备水源检测频率要增加,每年至少 2 次。

(3)取样方法:先对出水口进行消毒,放水 5min 后取样。

4. 设施

供水设施要完好,一旦损坏后就能立即维修好,管道的设计要防止冷凝水集聚下滴污染裸露的加工食品。

(1)防虹吸设备:水管离水面距离 2 倍水管直径,水管龙头应有真空排气阀,水管管道不应有死水区。

(2)洗手消毒水龙头为非手动开关。

(3)加工案台等工具有将废水直接导入下水道的装置。

(4)备有高压水枪。

(5)使用软水管要求为浅色、不易发霉的材料制成。

(6)有蓄水池(塔)的工厂,水池要有完善的防尘、防虫鼠措施,并进行定期清洗消毒。

5. 操作

(1)清洗、解冻用流动水,清洗时防止污水飞溅。

(2)软水管使用不能拖在地面上,不能直接浸入水槽中。

6. 供水网络

工厂应保持详细的供水网络图,以便日常对生产供水系统管理与维护。供水网络是质量管理的基础资料。

7. 污水排放

(1)污水的处理:应符合国家环保部门的规定,符合防疫的要求,处理池地点的选择应远离生产车间。

（2）废水排放设置：地面坡度1%～1.5%；案台等及下脚料盒（直接入沟）；清洗消毒槽废水直接入沟；废水流向由清洁区向非清洁区；地沟加不锈钢箅子，与外界接口有水封防虫装置。

8. 生产用冰

直接与产品接触的冰必须采用符合饮用水标准的水制造，制冰设备和盛装冰块的器具，必须保持良好的清洁卫生状况，冰的存放、粉碎、运输、盛装等都必须在卫生条件下进行。防止冰与地面接触造成污染，食品生产用冰必须进行微生物检测。

9. 纠正措施

监控时发现加工用水存在问题，应终止使用这种水源，直到问题得到解决，另外必须对在这种不利条件下生产的所有产品进行隔离、评估。

10. 记录

水的监控、维护及其他问题处理都要记录、保持。

（二）食品接触面表面的清洁度

食品接触面是指接触人类食品的那些表面，以及在正常加工过程中会将水滴溅在食品或食品接触的表面上的那些表面。根据潜在的食品污染的可能来源途径，通常把食品接触面分为直接接触面和间接接触面。

常见的直接接触面：加工设备，工器具和台案，加工者的手/手套/工作服，包装材料。

常见的间接接触面：未经清洗消毒的冷库，车间、卫生间等门的把手，车间内电灯开关、垃圾箱，操作设备的按钮。

1. 食品接触面的材料要求

食品接触面的材料应：无毒（无化学渗出物）、不吸水、抗腐蚀、不生锈、表面光滑易清洗、不与清洁剂和消毒剂产生化学反应。不锈钢是最常用的较好的食品接触面。

通常应避免作为食品接触面的材料有：木材（考虑到微生物问题），含铁金属（考虑到腐蚀问题），黄铜（考虑到不耐腐蚀和产品质量问题），镀锌金属（考虑到腐蚀和化学渗出问题）。注意：可能某些国家法规禁止在加工操作中使用这些材料作为食品接触面。

2. 设计、安装要求

食品接触面应设计和制造得易于清洁和消毒，表面光滑，无粗糙焊缝、破裂、凹陷；排水通畅且不易积累污物；始终保持完好的维修状态；在加工人员犯错误情况下不至造成严重后果；设备距墙面、地面、屋顶的空间适当。

3. 清洗消毒

食品接触面的清洁和消毒是控制病原微生物污染的基础。食品接触表面在加工前和加工后都应彻底清洁，并在必要时消毒。

清洗：去掉设备、工器具表面污物（微生物生长的营养物质）。

消毒：指消除或杀灭病原微生物及其他有害微生物。

（1）加工设备与工器具。通常包括 5~6 个步骤：

清除（扫）→预冲洗→使用清洁剂（可能包括擦洗）→再冲洗→消毒→最后冲洗（如果使用化学方法消毒）。

①清扫。用刷子、扫帚等清除设备、工器具表面的食品颗粒和污物。

②预冲洗。用洁净的水冲洗被清洗器具的表面，除去清洗后遗留的微小颗粒。

③使用清洁剂。清洁剂的类型主要有普通清洁剂、碱、含氯清洁剂、酸、酶等。根据清洁对象的不同，选用不同类型的清洁剂。目前多数工厂使用普通清洁剂（用于手）和含氯清洁剂（用于工、器具）。

清洁剂的清洁效果与接触的时间、温度、物理擦洗等因素有关。一般来讲，清洁剂与清洁对象接触时间越长，温度越高，清洁对象表面擦洗得越干净，水中 Ca^{2+}、Mg^{2+} 离子越低，清洁的效果越好。如果擦洗不干净，残留有机物首先与清洁剂发生反应，进而降低其效力。水中 Ca^{2+}、Mg^{2+} 也可以与清洁剂发生反应，产生矿物质复合物的残留沉淀能固化食品污物，变得更加难以除去，进而影响清洁效果。

④再冲洗：用流动的洁净的水冲去食品接触面上清洁剂和污物，要求接触面要冲洗干净，不残留清洁剂和污物，为消毒提供良好的表面。

⑤消毒：应用允许使用的消毒剂，杀灭和清除物品上存在的病原微生物。在食品接触面清洁以后，必须进行消毒，除去潜在的病原微生物。消毒剂的种类很多，有含氯消毒剂、过氧乙酸、醋酸、乳酸等。目前，食品加工厂常用的是含氯消毒剂，如次氯酸钠溶液（表 7-2）。

消毒的方法通常为：浸泡、喷洒等。消毒的效果与食品接触表面的清洁度、温度、pH、消毒剂的浓度和时间有关。

表 7-2　食品加工厂中常用的消毒剂及其浓度　　　　　　　　　　　　单位：mg/kg

消毒剂	食品接触面	非食品接触面	工厂用水
氯	100~200[①]	400	3~10
碘	25[①]	25	
季铵盐化合物	200[①]	400~800	
二氧化氯	100~200[①②]	100~200[②]	1~3[②]
过氧乙酸	200[①]	200~315	

资料来源：21CFR178、1010。
①在列出范围的高点表示不需冲洗所允许的最高浓度（表面需排净水）；
②包括氧化氯化合物。

⑥最后清洗：消毒结束后，应用符合卫生要求的水对被消毒对象进行清洗，尽可能减少消毒剂的残留。

（2）工作服、手套的消毒。工作服应由专用的洗衣房清洗和消毒（设施与生产能力相适应），不同清洁区域的工作服要分开清洗，存放工作服的房间设有臭氧、紫外线等设备，且干净、干燥和清洁。工作服每天必须清洗消毒，一般每个工人至少配备两套工作服。需要注意的是:工作服是用来保护产品的,而不是用来保护加工工人自己的衣服的。工人出车间、去卫生间必须脱下工作服、工作帽和工作鞋。更衣室和卫生间的位置应设计合理。

手套一般在一个班次结束后或中间休息时更换。手套不得使用线手套,手套清洗消毒后应储存在清洁的密闭容器中送到更衣室。

(3)空气消毒。紫外线照射法:每10~15m² 安装一盏30W 紫外线灯,消毒时间不少于30min。温度低于20℃,高于40℃,湿度大于60%时,要延长消毒时间。紫外线灯由于所产生的紫外线穿透能力差,车间内一般不使用紫外线灯,紫外线灯主要适用于更衣室、厕所等。

臭氧消毒法:用臭氧发生器产生的臭氧进行消毒,一般消毒1h。适用于加工车间、更衣室等。

药物熏蒸法:用过氧乙酸、甲醛,每平方米10mL。适用于冷库,保温车。

(4)频率。

①大型设备:每班加工结束之后。

②工器具:根据不同产品而定。

③被污染后立即进行。

4.监控

(1)监测的内容。加工设备和工具的状态是否适合卫生操作,设备和工具是否被适当地清洁和消毒,使用消毒剂的类型和浓度是否符合要求,可能接触食品的手套和外衣是否清洁并且状况良好。

(2)监测的方法。

①感官检查:检查接触表面是否清洁卫生,有无残留物;工作服是否清洁卫生,有无卫生死角等。

②化学检查:主要检查消毒剂的浓度,消毒后的残留浓度,如用试纸测试 NaClO 消毒液的浓度等。

③表面微生物的检查:推荐使用平板计数,一般检查时间较长,可用来对消毒效果进行检查和评估。

(3)监测的频率。取决于被监测的对象,如设备是否锈蚀,设计是否合理,应每月检查1次,消毒剂的浓度应在使用前检查。感官检查应在每天上班前(工作服、手套)、下班后清洗消毒后进行。实验室监测按实验室制订的抽样计划进行,一般每周1~2次。

5.纠正措施

在检查发现问题时应采取适当的方法及时纠正,如再清洁、消毒、检查消毒剂浓度、培训员工等。

6.记录

卫生监控记录的目的是提供证据,证实工厂消毒计划充分,并已执行,此外发现问题能及时纠正。记录的种类:卫生消毒记录、个人卫生记录、微生物检测报告、臭氧消毒记录、员工消毒记录和检查、纠偏记录等。

（三）防止交叉污染

交叉污染是通过生的食品、食品加工者或食品加工环境把生物或化学的污染物转移到食品的过程。

1.造成交叉污染的来源

工厂选址、设备设计、车间布局不合理；加工人员个人卫生不良；清洁消毒不当；卫生操作不当；生、熟产品未分开；原料和成品未隔离等。

2.交叉污染的控制措施

（1）工厂选址、设计。工厂选址和设计时，要注意：周围环境不会造成污染；厂区内不会造成污染；按有关规定（提前请有关部门审图纸）进行选址和设计工作。

（2）车间布局。车间的布局过程中，应注意：工艺流程布局合理；初加工、精加工、成品包装区分开；生、熟加工分开；清洗消毒与加工车间分开；所用材料易于清洗消毒。

特别需要明确人流、物流、水流、气流方向。要求人流只能从高清洁区到低清洁区；物流需利用时间、空间进行分隔，以防造成污染；水流必须从高清洁区流向低清洁区；气流须注意入气控制、正压排气等。

（3）防止加工中的交叉污染。在加工过程中还应确保：车间内使用的工器具、设备应及时清洗；食品和盛放食品的容器不能落地，不同区域使用的工器具、容器，工作服应用显著的标识（如颜色、形状等）加以区分，并保证不随意流动；内包装材料使用前应进行必要的消毒处理；保持重复使用的水及各种食品组分的清洁；直接加入成品（特别是熟的成品）的辅料必须事先经过处理。

（4）加工人员的卫生控制。加工人员是造成交叉污染的主要来源。所以，生产加工人员应具有良好的卫生习惯，进入车间、如厕后应严格按照洗手消毒程序进行洗手消毒。所有与食品及食品接触面接触的人员都应遵守卫生规范，工作中尽可能地避免食品污染。

保持食品清洁的方法包括以下的方面，但并不局限于此。

①开工前、离开车间后或每当手被弄脏或污染时，都要在指定的洗手设施彻底洗手（如果有必要，手要消毒以清除不良的微生物）。

②摘掉所有不安全的首饰及其他可能落入食品、设备或容器中的物品；摘掉手上戴的首饰，因为这些首饰在用手工操作加工食品期间不能被充分地消毒。

③穿戴。在任何必要的地方，应保持适当的着装方式，戴发网、发带、帽子、胡子遮盖物及其他可有效遮盖头发的东西。食品中的头发既可以是微生物污染的来源也可以是自身污染的来源。食品加工者需要保持头发清洁，留长度适中的头发和胡须。

④因为鞋可能把污物传到员工的手上或带到加工区域。理想的状态是员工在开工前换上靴子。在一些工厂里，员工在厂内、厂外环境穿同样的鞋子。在这种状况下，加工熟食品的加工者必须采取预防措施，强调使用消毒剂消毒鞋靴。当工厂中有来访者时，来访者也须遵守同样的卫生控制程序。通常可使用处理过的棉靴或橡胶鞋达到上述程序的要求。

⑤不应该在食品暴露处,设备、工器具清洗处吃东西、嚼口香糖、喝饮料或吸烟,因为健康的人的口腔或呼吸道中经常暗藏致病菌。当吃东西、喝饮料或吸烟时都涉及手与口的接触,致病菌便会传染到员工的手上,然后通过整理食品传播到食品上。这些活动不应该在食品加工区域中进行,当员工在进行这些活动后重新工作时应洗手。

3. 交叉污染的监测

为了有效地控制交叉污染,需要评估和监测各个加工环节和食品加工环境,从而确保生的产品在整理、储存或加工过程中不会污染熟的、即食的或需进一步煮熟加热的半成品。

(1)指定人员应在开工时或交班时进行检查。确保所有卫生控制计划中的加工整理活动,包括生的产品加工区域与熟制或即食食品的分离,而且该员工在工作期间还应定期检查,从而确保这些活动的独立性。

(2)如果员工在生的加工区域活动,那么他们在加工熟制或即食食品前,必须对手进行清洗和消毒。

(3)当员工由一个区域到另一个区域时,还应当清洗靴鞋或进行其他的控制措施。

(4)当移动的设备、工器具或运输工器具由生的产品加工区移向熟制的或即食食品的加工区域时,也应被清洁、消毒。

(5)产品储存区域如冷库应每日检查,以确保煮熟和即食食品与生的产品完全分开。通常可在生产过程中或收工后进行检查。

(6)卫生监督员应在开工时或交班时以及工作期间定期地监测员工的卫生,确保员工个人清洁卫生,衣着适当,戴发罩。不得戴珠宝或可能污染产品的其他装饰品。在加工期间应该定时地监测员工操作以确保不发生交叉污染。监测员工操作应该包括:恰当使用手套;严格手部清洗和消毒过程;在食品加工区域不得饮酒、吃饭和吸烟;生产品的加工员工不能随意去或把移动设备到加工熟制或即食产品的区域。

员工常见的不良操作范例:整理生的产品,然后整理熟制的产品;靠近或在地板上工作,然后整理产品:处理完垃圾桶,然后整理产品;从休息室返回,没有洗手;用来处理地面废弃物的铲子,也用来整理产品;擦完脸,然后去整理产品;接触不清洁的冷库门,然后整理产品。

4. 纠正措施

(1)如果有必要,停产,直到问题被纠正。

(2)采取步骤防止再发生污染。

(3)评估产品的安全性,如有必要,改用、再加工或弃用受影响的产品。

(4)记录采取的改正措施。

(5)加强员工的培训。

5. 记录

记录包括培训记录、员工卫生检查记录、纠正措施记录。

(四)手的清洗消毒和厕所设备的维护与卫生保持

食品加工过程通常需要大量的手工操作处理人员。员工在整理即食食品、食品包装材料及即食食品的食品接触面时,进行手部清洗和消毒是必须的。如果手在处理食品前没经过清洗、消毒,那么它们很有可能成为致病微生物主要来源或者对成品造成化学污染。食品加工厂必须建立一套行之有效的手部清洗程序。为防止工厂里污物和致病微生物的传播,厕所设施的维护是手部清洗程序的必要部分。

1. 洗手消毒设施

(1)洗手消毒的设施。

①洗手消毒设施位置要合适。一般将洗手设施设置在更衣间和生产车间之间的过道内。必要时使用流动消毒车,但它们与产品不能离得太近,不应构成产品污染的风险。

②合适、满足需要的洗手消毒设施。每 10~15 人设一个水龙头为宜。

③非手动开关的水龙头。

④有温水供应,冬季洗手消毒效果好。

⑤配备皂液,消毒液,干手设备或一次性毛巾、纸巾。

(2)洗手消毒方法。

进入车间时良好的洗手程序为:更换工作服→换鞋→清水洗手→用皂液或无菌皂洗手→清水冲净皂液→50mg/L 次氯酸钠溶液浸泡 30s→清水冲洗→干手(干手器或一次性纸巾)→75% 食用酒精喷。

良好的入厕程序为:更换工作服→换鞋→入厕→冲厕→皂液洗手→清水洗手→消毒→清水洗手→干手→消毒→换工作服→换鞋→洗手消毒→进入车间。

(3)洗手消毒的频率。

①每次进入车间开始工作前(打电话、吃东西、喝水、便后)。

②在以下行为之后:上卫生间;接触嘴、鼻子及头皮(发),抽烟,倒垃圾,清洁污物,打电话,系鞋带,接触地面污物或其他污染过的区域。

③加工期间根据不同产品规定,一般每 1~2h 进行 1 次。

2. 厕所设施与要求

包括所有的厂区、车间和办公楼的厕所。

(1)厕所设施。与车间相连接的厕所,门不得直接朝向车间,有更衣换鞋设备;数量要与加工人员相适应,每 15~20 人设一个为宜;有手纸和纸篓,并保持清洁卫生;设有洗手设施和消毒设施,有防蚊蝇设施。

(2)要求。通风良好,地面干燥,保持清洁卫生;进入厕所前要脱下工作服和换鞋;设有洗手消毒设施、非手动开关的水龙头,以便如厕之后进行洗手和消毒。

3. 监测

每天至少检查 1 次设施的清洁与完好,卫生监控人员巡回监督,化验室定期做表面样品微生物检验,检查消毒液的浓度。

4. 纠正措施

纠偏检查发现不符合时应立即纠正。可能的纠正包括:修理或补充厕所和洗手处的洗手用品;若手部消毒液浓度不适宜,则将其倒掉并配置新的消毒液;当发现有令人不满意的条件出现时,记录所进行的纠正措施;修理不能正常使用的厕所。

5.记录

洗手间、洗手池及厕所设施的状况;消毒液浓度记录;纠正措施记录。

(五)防止食品被外部污染物污染

在食品加工过程中,经常要用到杀虫剂、清洁剂、消毒剂等有毒化合物,除此之外,食品所有接触表面的微生物、化学品及物理的物质污染,统称为外部污染物。如何避免食品被外部污染物污染是一项十分重要的工作。

1.污染物的来源

(1)物理性污染物:包括无保护装置的照明设备的碎片、天花板和墙壁的脱落物,工器具上脱落的漆片、铁锈,竹木器具上脱落的硬质纤维,头发等。

(2)化学性污染物:润滑剂、清洁剂、杀虫剂、燃料、消毒剂等。

(3)微生物污染物:被污染的水滴和冷凝水、空气中的灰尘、颗粒、外来物质、地面污物、不卫生的包装材料、唾液、喷嚏等。

2.防止与控制

(1)包装材料的控制:包装材料库应干燥洁净、通风、防霉、防鼠;内外包装材料分开存放,上有盖布下有垫板。每批内包装材料进场后要进行微生物检验,细菌数 <100 个/cm^2,致病菌不得检出。

(2)水滴和冷凝水的控制:水滴和冷凝水较常见,且难以控制,易形成霉变。一般采取的控制措施有:保持车间的通风,进风量要大于排风量,防止管道形成冷凝水;车间顶棚呈圆弧形,使水滴顺壁流下,防止滴落;控制温度稳定或提前降温,减少冷凝水的形成;有蒸汽产生的车间安装排气装置,防止形成水滴;将空调风道与操作台错开,防止冷凝水滴落到产品上。

(3)物理性外来杂质的控制:天花板、墙壁使用耐腐蚀、易清洗、不易脱落的材料;生产线上方的灯具应装有防护罩;加工器具、设备、操作台使用耐腐蚀、易清洗、不易脱落的材料;禁用竹木器具;工人禁戴耳环、戒指,不使用化妆品,头发不得外露。

(4)化学性外来杂质的控制:加工设备上使用的润滑油必须是食用级润滑油;有毒化学物的正确标识、保管和使用。

(5)食品的储存库保持卫生:不同产品、原料、成品分别存放,设有防虫鼠设施。

3.监控

监控任何可能污染食品或食品接触面的掺杂物,如潜在的有毒化合物、不卫生的水(包括不流动的水)和不卫生的表面所形成的冷凝物,建议在开始生产时及工作过程中每 4h 检查 1 次。

4.纠正措施

除去不卫生表面的冷凝物;调节空气流通和车间温度以减少凝结;安装遮盖物,防止冷凝物落到食品、包装材料及食品接触面上；清除地面积水、污物、清洗化合物残留；评估被污染的食品；加强对员工的培训，纠正不正确的操作；丢弃没有标签的化学品。

5.记录

每日卫生控制记录。

（六）有毒化学物质的标记、储存和使用

食品加工企业使用的化学物质包括洗涤剂、消毒剂、杀虫剂、润滑剂、实验室药品、食品添加剂等，它们是工厂正常运转所必需的，但在使用中必须做到按照产品说明书使用，正确标记、安全储存，否则会使企业加工的食品有被污染的风险。

1.有毒化合物的种类、标记、储存和使用

（1）常见的有毒化合物：

①洗涤剂、消毒剂：如洗洁净、次氯酸钠、过氧乙酸；

②灭鼠剂、杀虫剂：如1605、灭害灵、一步倒等；

③试验室药品：如甲醇、氰化钾；

④食品添加剂：如亚硝酸钠等。

（2）有害有毒化合物标记、储存：

①编写有毒有害化学物质一览表，以便检查；

②所使用的化合物要有主管部门批准生产、销售、使用说明的证明，以及其主要成分、毒性、使用剂量和注意事项，正确使用方法等；

③单独的区域储存，带锁的柜子，防止随意乱拿，同时设有警告标识，如食品级化学品与非食品级化学品分开存放，清洗剂、消毒剂、杀虫剂分开存放，一般化学品与剧毒化学品分开存放；

④化合物的正确标识，标识清楚、标明有效期、使用登记记录；

⑤由经过培训的人员管理。

（3）有毒化合物的使用管理：

①制定化学物品进厂验收制度和标准，建立化学物品进厂验收记录；

②建立化学物品台账（入库记录），以一览表的形式标明库存化学物品的名称、有效期、毒性、用途、进货日期等；

③工作容器的标签应标明：容器中的化学品名称、浓度、使用说明和注意事项；

④建立化学物品领用、核销记录；

⑤建立化学物品使用登记记录，如配制记录、用途、实际用量、剩余配置液的处理等；

⑥制定化学物品包装容器的回收、处理制度，不得将盛放过化学物品的容器用来包装食品；

⑦对化学物品的保管、配制、使用人员进行必要的培训；

⑧加强对化学物品标识、储存和使用情况的监督检查，发现问题及时纠正。

2.监控

监控内容应包括标识、储藏及使用过程。应经常检查确保符合要求，建议1天至少检查 1 次,全天都应注意。

3.纠正措施

(1)转移存放不正确的有毒有害化合物。

(2)标签不全的化学物质应退还供应商。

(3)对于不能正确辨认内容物的工作容器应重新标识。

(4)不适合或已损坏的工作容器弃之不用或销毁。

(5)评价不正确使用有毒有害化学物质所造成的影响,并采取相应措施,包括销毁食品。

(6)加强员工培训以纠正不正确的操作。

4.记录

设有进货、领用、配制记录及化学物质批准使用证明、产品合格证。

(七)雇员的健康卫生控制

食品生产企业的生产人员(包括检验人员)是直接接触食品的人,其身体健康及卫生状况直接影响产品卫生质量。根据食品卫生管理法规定,凡从事食品生产的人员必须经过体检合格获有健康证方能上岗,并每年进行 1 次体检。

1.雇员健康卫生的日常管理

(1)员工上岗前应进行健康检查,发现有患病症状的员工,应立即调离食品工作岗位,并进行治疗,待症状完全消失,并确认不会对食品造成污染后才可恢复正常工作。

(2)食品加工人员不能患有以下疾病,如病毒性肝炎、活动性肺结核、肠伤寒及其带菌者、细菌性痢疾及其带菌者、化脓性或渗出性脱屑皮肤病患者、受外伤未愈合者等。

(3)对加工人员应定期进行健康检查,每年进行一次体检,并取得县级以上卫生防疫部门的健康证明。此外食品生产企业应制定有体检计划,并设有健康档案。

(4)生产人员要养成良好的个人卫生习惯,按照卫生规定从事食品加工,进入加工车间更换清洁的工作服、帽、口罩、鞋等,不得化妆、戴首饰、手表等。

(5)食品生产企业应制定卫生培训计划,定期对加工人员进行培训,并记录存档。应教育员工认识到疾病对食品卫生带来的危害,并主动向管理人员汇报自己和他人的健康状况。

2.监控

卫生监督员应在开工前或换班时,观察员工是否患病或有伤口感染的迹象。

3.纠正措施

安置此员工到非食品区工作,或回家休养直至痊愈。

4.记录

健康检查记录;每日卫生检查记录;出现不满意状况和相应纠正措施记录。

(八)虫害防治

昆虫、鸟、鼠等会带有一定种类病原菌,还会直接消耗、破坏食品并在食品中留下令人厌恶的东西,如粪便或毛发。因此虫害的防治对食品加工厂来说是至关重要的。

1. 防治计划

应编制灭鼠分布图、清扫消毒执行规定。防治范围包括全厂范围甚至包括厂区周围。防治重点:厕所,下脚料出口,垃圾箱、原料和成品库周围和食堂。

2. 防治措施

一般来说,虫害防治分以下3个阶段。

(1)清除虫害滋生地及诱饵。

(2)防止进入车间。采用风幕、水幕、纱窗、黄色门帘、挡鼠板、翻水弯等预防虫、鼠进入车间。

(3)消灭进入厂区的虫害。厂区采用杀虫剂,车间入口用灭蝇灯,防鼠用粘鼠胶、鼠笼,不能用灭鼠药。

3. 检查和处理

害虫控制检查内容通常包括以下几个方面。

(1)是否已清除地面杂草、灌木丛、垃圾等,以减少害虫接近和进入工厂的保护物。

(2)地面是否有吸引害虫的脏水。

(3)是否有足够的"捕虫器",是否进行了良好的保护和维护。

(4)有没有家养或大的野生动物存在的痕迹(包括但不限于狗、猫)。

(5)门窗是否关闭且密封并能阻止害虫或污染物的入侵。

(6)窗户有没有防止害虫进入的帘子,并维护良好。

(7)是否存在超过0.6cm的可使啮齿类动物和昆虫进入的洞口。

(8)排水道是否清洁干净,且没有吸引啮齿类动物和其他害虫的杂物。

(9)有没有充足的干净空间以限制啮齿类动物的活动(从墙到设备之间至少为15cm)。

(10)排水道的盖子是否保养良好并正确安装。

(11)机器、设备和工器具是否正确进行清洗和消毒处理,从而消除了那些可能吸引害虫的食品或固态物。

(12)生产线旁是否有适当的空间以便于进行清洁工作。

(13)是否存在能存积食品或其他杂物的、可作为害虫引诱物和藏身地的卫生死角。

(14)黑光灯安装是否合适,是否有合适的光强度来吸引飞虫。

(15)黑光灯捕捉器装置是否定期清洁。

(16)垃圾、废物、杂物等害虫藏身之处是否已清除。

(17)工人橱柜室和休息室是否经过清洗和消毒,不会吸引啮齿类动物和其他害虫。

(18)是否有啮齿类动物、昆虫、鸟类的迹象,如粪便、毛发、羽毛、啃咬痕迹、啮齿类动物沿墙活动的油迹、尿/氨味。

(19)已观察到的害虫居留处的标记是否已清扫干净,以便于观察害虫新的活动迹象。

（20）是否正确收集、储存和处理废物，以防其吸引啮齿类动物和害虫。

（21）垃圾桶、盆、箱等是否经过正确清洗、消毒，以防其吸引啮齿类动物和害虫。

4. 监控

监控频率根据检查对象的不同而异。对于工厂内害虫可能入侵点的检查，可每月或每星期检查 1 次；对工厂内害虫遗留痕迹的检查，应按照相应 GMP 法规或 HACCP 计划的规定检查，通常为每天检查：也可根据经验来调整监控的频率。

5. 纠正措施

根据实际情况，及时调整灭鼠、除虫方案。

6. 记录

虫害检查记录，纠正记录。

三、卫生监控与记录

在食品加工企业建立了卫生标准操作程序之后，还必须设定监控程序，实施检查、记录并实施纠正措施。企业设定监控程序时应描述如何对 SSOP 的卫生操作实施监控。它们必须指定何人、何时及如何监控。对监控计划要实施，对监控结果要检查，对检查结果不合格者还必须采取措施加以纠正。对以上所有的监控行动、检查结果和纠正措施都要记录，通过这些记录说明企业遵守了 SSOP，实施了适当的卫生控制。

食品加工企业日常的卫生监控记录是工厂重要的质量记录和管理资料，应使用统一的表格，并归档保存，一般记录审核后存档，保留 2 年。

1. 水的监控记录

生产用水应具备以下几种记录证明：

（1）每年 1～2 次由当地卫生部门进行的水质检验报告的正本；

（2）自备水源的水池、水塔、储存罐等有清洗消毒计划和监控记录；

（3）食品加工企业每月一次对生产用水进行细菌总数、大肠菌群的检验记录；

（4）每日对生产用水的余氯检验；

（5）生产用直接接触食品的冰，自行生产者，应具有生产记录，记录生产用水和工器具卫生状况，如是向冰厂采购，冰厂应具备生产冰的卫生证明；

（6）加工用水（冰）加氯处理记录；

（7）水的中间暂存设备清洗消毒记录；

（8）申请向国外注册的食品卫生加工企业需根据注册国家要求项目进行监控检测并加以记录；

（9）工厂供水网络图（不同供水系统或不同用途供水系统应采用不同颜色表示）。

2. 表面样品的检测记录

表面样品是指与食品接触的表面，如加工设备、工器具、包装材料、加工人员的工作服、手套等。这些与食品接触的表面的清洁度直接影响食品的安全与卫生，也是验证清洁消毒

的效果,表面样品检测记录包括:

（1）加工人员的手（手套、工作服）；

（2）加工用案台桌面、刀、筐、案板；

（3）加工设备如去皮机、单冻机等；

（4）加工车间地面、墙面；

（5）加工车间、更衣室的空气；

（6）内包装物料。

检测项目为细菌总数、沙门菌及金黄色葡萄球菌。

经过清洁消毒的设备和工器具食品接触面细菌总数应以低于 100 个/cm² 为宜,对卫生要求严格的工序,应低于 10 个/cm²,沙门菌及金黄色葡萄球菌等致病菌不得检出。

对车间空气的洁净程度,可通过空气暴露法进行检验。以下是采用普通肉琼脂,直径为 9cm 的平板在空气中暴露 5min 后,经 37℃ 培养的方法进行检测,对室内空气污染程度进行分级的参考数据（表 7-3）。

表 7-3　室内空气污染程度分级参考数据

落下菌数/（个/cm²）	空气污染程度	评价
30 以下	清洁	安全
30~50	中等清洁	比较安全
50~70	低等清洁	应加注意
70~100	高度污染	对空气要进行消毒
100 以上	严重污染	禁止加工

3. 防止交叉污染的卫生检查记录

卫生知识是员工进入工厂必须接受的培训,员工应了解洗手、更衣、消毒等卫生操作方面的基本知识。相关的检查记录包括:

（1）与生产有关人员的卫生培训记录；

（2）生产车间设备、工器具、地面、空间、墙壁的清洗、消毒记录；

（3）开工前的个人卫生检查记录；

（4）每日的卫生检查记录,包括设备、灯具、玻璃器皿、窗户等。

4. 手的清洁消毒和厕所设施的维护与卫生检查记录

企业应使员工了解详细的洗手、消毒程序,并在洗手、消毒处明确标示。相关的卫生检查记录包括:

（1）每日的卫生检查记录,包括更衣、洗手消毒和厕所设施的完好；

（2）员工是否按正确的洗手、消毒程序执行,如手部的棉签实验；

（3）每天水的余氯测定；

（4）消毒剂的使用及配制记录。

5.防止食品被外部污染物污染

防止食品、食品包装材料和食品接触面被微生物、化学品及物理污染物污染的相关记录有：

(1)每日的卫生检查记录,包括原、辅料库的卫生检查;

(2)生产车间的消毒记录;

(3)生产车间的空气菌落沉降实验记录;

(4)包装材料的人、出库记录;

(5)包装材料的领用记录;

(6)食品的微生物检验记录。

6.化学药品购置、储存和使用记录

食品加工企业使用的化学药品有消毒剂、灭虫药物、食品添加剂、化验室使用化学药品及润滑油等。

消毒剂有氯与氯制剂(漂白剂、次氯酸钠、二氧化氯),碘类(有效碘含量为 25 ~ 50mg/L);季铵化合物(新洁尔灭),两性表面活性剂,65% ~ 78%的酒精,强酸、强碱等。

使用这些化学药品必须具备以下证明及记录:购置化学药品具备卫生部门批准的允许使用证明;储存保管登记;领用记录;配制使用记录;监控及纠正记录。

7.雇员的健康与卫生检查记录

食品加工企业的雇员,尤其是生产人员,是食品加工的直接操作者,其身体健康与卫生状况,直接关系到产品的卫生质量。因此食品加工企业必须严格对生产人员,包括从事质量检验工作人员的卫生管理。对其检查记录包括以下几项。

(1)生产人员进入车间前的卫生点检记录。例如,检查生产人员工作服、鞋帽是否穿戴正确;检查是否化妆、头发外露、手指甲修剪等;检查个人卫生是否清洁,有无外伤,是否患病等;检查是否按程序进行洗手消毒等。

(2)食品加工企业必须具备生产人员健康检查合格证明及档案。

(3)食品加工企业必须具备卫生培训计划及培训记录。

8.虫害的防治记录

食品加工企业应为生产创造一个良好的卫生环境,才能保证产品是在适合食品生产条件下及卫生条件下生产的。为此,食品加工企业应做好以下几个方面的工作。

(1)保持工厂道路的清洁,经常打扫和清洗路面,可有效减少厂区内飞扬的尘土;

(2)清除厂区内一切可能积聚、滋生蚊蝇的场所,生产废料、垃圾要用密封的容器运送,做到当日废料、垃圾当日及时清除出厂;

(3)实施有效的灭鼠措施,绘制灭鼠图,不宜采用药物灭鼠。

食品加工企业的卫生执行与检查纠偏记录包括:

(1)工厂灭虫灭鼠及检查纠偏记录(包括生活区);

(2)厂区的清扫及检查、纠偏记录(包括生产区);

(3)车间、更衣室、消毒间、厕所等清扫及检查纠偏记录。

第四节　食品安全控制体系(HACCP)

一、HACCP 概述

(一)HACCP 体系的起源与发展

最早提出 HACCP 体系的是 1959 年美国皮尔斯伯利(Pillsbury)公司与美国国家航空航天局(NASA)纳蒂克(Natick)实验室,他们在联合开发航天食品时形成了 HACCP 食品安全管理体系。皮尔斯伯利公司检查了 NASA 的"无缺陷计划"(zero-defect program),发现这种非破坏性检测系统对食品安全性采取的是一种全新的监测控制体系,这种非破坏性检验并没有直接针对食品与食品成分,而是将其延伸到整个生产过程(从原材料和工厂环境开始至生产过程和产品消费)的控制。皮尔斯伯利公司因此提出新的概念——HACCP 体系,专门用于控制生产过程中可能出现危害的位置或加工点,而这个控制过程应包括原材料生产、储运过程直至食品消费。HACCP 体系被纳蒂克实验室采用及修改后,用于太空食品生产。

1971 年,皮尔斯伯利公司在美国第一次国家食品安全保护会议上提出了 HACCP 管理概念。食品与药物管理局(FDA)对此十分感兴趣,并决定在低酸性罐头食品生产中应用。1972 年 FDA 对食品卫生监管人员进行了 3 周的 HACCP 研讨会,并由接受特殊培训的监管人员在罐头厂进行了周密的调查。在此基础上,FDA 于 1974 年公布了将 HACCP 原理引入低酸性罐头食品的 GMP。这是有关食品生产的联邦法规中首先采用 HACCP 原理的,也是国际上首部有关 HACCP 的立法。

1985 年美国国家科学院(NAS)认为对最终产品的检验并不是保护消费者和保证食品中不含有影响公众健康的微生物危害的有效手段,HACCP 在控制微生物危害方面提供了比传统的检验和质量控制更具体和更严格的手段,并正式向政府推荐 HACCP 体系,这一推荐直接推动了 1988 年美国微生物标准咨询委员会(NACMCF)的成立。NACMCF 分别于 1989 年和 1992 年进一步提出和更新了 HACCP 原理,把 HACCP 原理由原来的 3 条增加到 7 条,并把标准化的 HACCP 原理应用到食品工业和立法机构上。

1991 年,美国食品安全检验署(FSIS)提出了《HACCP 评价程序》;1993 年,FAO/WHO 的国际食品法典委员会批准了《HACCP 体系应用准则》;1994 年,FSIS 公布了《冷冻食品 HACCP 一般规则》。1995 年 FDA 颁布实施了《水产品管理条例》(21 CFR 123),并且对进口美国的水产品企业强制要求实施 HACCP 体系,否则其产品不能进入美国市场。1997 年 FAO/WHO 的国际食品法典委员会颁发了新版法典指南《HACCP 体系及其应用准则》,该指南已被广泛地接受并得到了国际上的普遍采纳,HACCP 概念已被认可为世界范围内生产安全食品的准则。

　　1998 年美国农业部建立了肉和家禽生产企业的 HACCP 体系(21CFR 304,417),并要求从 1999 年 1 月起应用 HACCP,小的企业放宽至 2000 年。2001 年美国 FDA 建立了 HACCP(果汁)的指南,该指南已于 2002 年 1 月 22 日在大、中型企业生效,并于 2003 年 1 月 21 日对小企业生效,对特别小的企业将延迟至 2004 年 1 月 20 日。美国 FDA 现在正考虑建立覆盖整个食品工业的 HACCP 标准,用于指导本国食品的加工和进口,并已选择了奶酪、沙拉、面包、面粉等行业进行试点。

　　HACCP 体系在美国的成功应用和发展,特别是对进口食品的 HACCP 体系要求,对国际食品工业产生了深远的影响。各国纷纷开始实施 HACCP 体系。目前对 HACCP 体系接受和推广较好的国家有:加拿大、英国、法国、澳大利亚、新西兰、丹麦等,这些国家大部分颁布了相应的法规,强制推行采用 HACCP 体系。

　　(二)实施 HACCP 体系的意义

　　HACCP 体系是涉及食品安全的所有方面(从原材料、种植、收获和购买到最终产品使用)的一种体系化方法,使用 HACCP 体系可将一个公司食品安全控制方法从滞后型的最终产品检验方法转变为预防型的质量保证方法。HACCP 体系提供了对食品引起的危害的控制方法,正确应用 HACCP 体系研究,能鉴别出所有现今能想到的危害,包括那些实际预见到可发生的危害;使用 HACCP 体系这样的预防性方法可降低产品损耗,HACCP 体系是对其他质量管理体系的补充。

　　总之,实施 HACCP 体系可以防患于未然,对于可能发生的问题便于采取预防措施;可以根据实际情况采取简单、直观、可操作性强的检验方法,如外观、温度和时间等进行控制。与传统的理化、微生物检验相比,HACCP 具有实用性强,成本低等特点;HACCP 体系可减少不合格品的产出,最大限度地减少了产品损耗。HACCP 体系的实施要求全员参与,有利于生产厂家食品安全卫生保障意识的提高。

　　(三)HACCP 体系的特点

　　(1)HACCP 体系是预防型的食品安全控制体系,要对所有潜在的生物的、物理的、化学的危害进行分析,确定预防措施,防止危害发生。

　　(2)HACCP 体系强调关键控制点的控制,在对所有潜在的生物的、物理的、化学的危害进行分析的基础上来确定哪些是显著危害,找出关键控制点,在食品生产中将精力集中在解决关键问题上,而不是面面俱到。

　　(3)HACCP 体系是根据不同食品加工过程来确定的,要反映出某一种食品从原材料到成品、从加工场到加工设施、从加工人员到消费者方式等各方面的特性,其原则是具体问题具体分析,实事求是。

　　(4)HACCP 体系不是一个孤立的体系,而是建立在企业良好的食品卫生管理传统的基础上的管理体系,如 GMP、SSOP、职工培训、设备维护保养、产品标识、批次管理等都是 HACCP 体系实施的基础。如果企业的卫生条件很差,那么便不适应实施 HACCP 管理体系,而首先需要建立良好的卫生管理规范。

（5）HACCP 体系是一个基于科学分析建立的体系,需要强有力的技术支持,当然也可以寻找外援,吸收和利用他人的科学研究成果,但最重要的还是企业根据自身情况所做的实验和数据分析。

（6）HACCP 体系不是一种僵硬的、一成不变的、理论教条的、一劳永逸的模式,而是与实际工作密切相关的发展变化的体系。

（7）HACCP 体系是一个应该认认真真进行实践—认识—再实践—再认识的过程。企业在制订 HACCP 体系计划后,要积极推行,认真实施,不断对其有效性进行验证,在实践中加以完善和提高。

（8）HACCP 体系并不是没有风险,只是能够减少或者降低食品安全中的风险。作为企业,只有 HACCP 体系是不够的,还要有具备相关检验、卫生管理等的手段来配合共同控制食品生产安全。

二、HACCP 七项基本原理

（一）原理1:进行危害分析并建立预防措施

1.危害及其分类

危害是指导致食品不安全消费的生物、化学和物理性的因素。食品中的危害的分类如图 7 - 4 所示。

（1）生物危害。生物危害主要指生物(尤指微生物)本身及其代谢过程、代谢产物(如毒素)对食品原料、加工过程、储运、销售直到使用中的污染,危害人体健康。按生物的种类来分有以下几种危害:病源性微生物(如沙门氏菌)、病毒(如疯牛病病毒)、寄生虫(如裂头绦虫)。

（2）化学危害。化学危害是指有毒的化学物质污染食物而引起的危害,包括常见的食物中毒。化学危害对人体可能造成急性中毒、慢性中毒,影响人体发育、致畸、致癌,甚至致死等后果。

化学危害按来源不同主要有以下几种。

①来自植物、动物和微生物的天然存在的化学物质。如霉菌毒素(如黄曲霉毒素)、鱼肉毒素、蕈类毒素、贝类毒素。

②有意加入的化学物质。如防腐剂、营养强化剂、色素等。

③食品添加剂的超量。如防腐剂的超量、营养强化剂的超量、色素的超量。

④无意或偶然加入的化学品。如农业养殖或种植所用化学物(农药、化肥、激素、兽药)、有毒元素和化合物(铅、砷、氰化物等)、清洁用药品(酸、腐蚀性物质)、设备用润滑剂、包装物(增塑剂、甲醇、苯乙烯等)。

⑤其他。食品包装材料、容器与设备,如塑料、橡胶、涂料及其他材料带来的危害;食品中的放射性污染,包括各种放射性同位素污染等;N - 亚硝基化合物、多环芳族化合物等。

（3）物理危害。物理危害指在食品中不正常出现的、可导致伤害的异物,如碎玻璃、木料、石块、金属、骨头、塑料等。当人们误食后可能造成身体外伤、窒息或其他健康问题。

物理危害的主要来源包括:植物收获过程中掺进玻璃、铁丝、铁钉、石头等;水产品捕捞过程中掺杂鱼钩、铅块等;食品加工设备上脱落的金属碎片、灯具及玻璃容器破碎造成的玻璃碎片等;畜禽在饲养过程中误食铁丝,畜禽肉和鱼剔骨时遗留的骨头碎片或鱼刺。

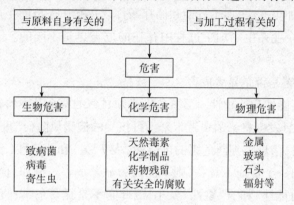

图 7 - 4　危害的分类

2.危害分析

危害分析:通过对某一产品或某一加工过程分析存在哪些危害,是否是显著危害,同时描述预防控制措施。

显著危害:极有可能发生,如不加控制有可能导致消费者不可接受的健康或安全风险的危害。HACCP 体系只把重点放在控制显著危害上。

（1）识别危害的方法。对流程图中的每一步骤进行分析,确定在这一步骤的操作引入的或可能增加的生物的、化学的或物理的潜在危害。

①利用参考资料。许多参考资料有助于识别和分析生产过程中的危害。HACCP 小组成员来自于企业不同部门,其本身所具有的各种学科方面的经验和知识就是重要的参考资料和知识资源。每个成员在 HACCP 研究中都将做出不同的贡献。例如,有些成员能指出原材料中可能发现何种危害;有些成员能指出在加工过程中易引入污染物的环节;还有些成员能决定最佳工艺路线等。HACCP 小组作为一个整体将会对这些个人看法的重要性加以讨论,并确定每一种危害存在的可能性。

当 HACCP 小组成员在某些领域中的知识有限时,可以从有关食品加工以及食品卫生学方面的一般书籍、流行病学报告和 HACCP 研究论文以及研究机构、高等教育机构、各级卫生防疫部门、质量技术监督管理部门和外部专家或顾问处获得帮助。

②通过广泛讨论进行危害分析。在深入进行 HACCP 研究之前,必须能识别所有的危害。这意味着不仅要了解常见的危害,而且还要了解可能会发生的潜在危害。因此,应开展广泛的讨论,了解生产流程图上每一加工步骤中可能产生的危害并找出导致这些危害的原因所在。具体工作方式可以是正式而有组织的首脑会议,也可以是非正式的自由讨论。

思维风暴是解决问题的好办法。实践证明,它可以成功地运用于 HACCP 研究中,特别适用于危害分析。在思维风暴后,HACCP 小组应逐项分析大家提出的所有危害。如果要否决某项危害,必须是小组全体人员一致认为其在研究的生产过程中确实不存在。

③需要注意的问题。在任何食品的加工操作过程中都不可避免地存在一些具体危害,这些危害与所用的原料、操作方法、储存及经营有关。即使生产同类产品的企业,由于原料、配方、工艺设备、加工方法、加工日期和储存条件以及操作人员的生产经验、知识水平和工作态度等不同,各企业在生产加工过程中存在的危害也是不同的。因此,危害分析需针对实际情况进行。

(2)分析潜在危害是否是显著危害。

①评价危害的可能性和严重性。显著危害必须具备的两个基本特征:一是极有可能发生(可能性),二是一旦发生将给消费者带来不可接受的健康风险(严重性)。

应通过分析资料、信息来判断危害的可能性(表 7-4)和严重性(表 7-5)。如果可能性和严重性其中任何一个特征不具备,则不能成为显著危害。例如:食品添加剂按规定的计量使用,危害的"可能性"和"严重性"就小,因此它不是显著危害;直接食用熟制品中的致病菌如不杀灭或不能有效的控制冷藏温度而使其大量繁殖,就极有可能导致人体生病,危及人身安全,危害的"风险性"和"严重性"高,符合显著危害的两个基本特征,因此熟制品在加工中致病菌是一种显著危害。

表 7-4 危害可能性评级表

等级	可能性	描述
A	频繁	经常发生,消费者持续接触或食用,发生概率50%
B	经常	发生几次,消费者经常接触或食用,发生概率15%~50%
C	偶尔	将会发生,零星发生,发生概率5%~15%
D	很少	可能发生,很少发生在消费者身上,发生概率1%~5%
E	不可能	极少发生在消费者身上,发生概率1%以下

表 7-5 危害严重性评级表

等级	严重性	描述
I	灾难性	食品污染导致消费者死亡
II	严重	食品污染导致消费者严重疾病
III	中度	食品污染导致消费者轻微疾病
IV	可忽略	食品污染对消费者产生的危害极其轻微

②按照风险评估表对风险进行评级。可采用风险评估表(表 7-6),对已识别的危害进行分类,确定风险的性质,然后根据风险评估表将危害按照风险评估表进行分析,从而确定组织需要控制的危害。

表 7 - 6　风险评估及风险分类表

严重性		可能性				
		频繁	经常	偶尔	很少	不可能
		A	B	C	D	E
灾难性	I	极高风险		6	8	12
		1	2			
严重性	II	3	高风险		11	15
			4	7		
中度	III	5	中等		低风险	
			9	10	14	16
可忽略	IV	13	17	18	19	20

注:灰度相同,风险等级相同;数字越小,风险越高。极高风险、某些高风险采用 HACCP 计划的 CCP 控制;中等风险采用 SSOP 控制,或采取几种控制措施的组合;低风险采用 GPM 控制。

食品危害的识别和分析一般由食品企业的 HACCP 体系负责小组来完成,也可聘请技术专家指导完成。

③注意:显著危害是可变的。不同的产品、不同的加工条件或同一种产品不同的加工条件其显著危害可能不同。某一种显著危害在必要加工过程或其条件改变时,其显著性可能发生变化。而不同的产品不同的加工过程,其显著危害可能不同。例如,直接食用熟制品致病菌就是显著危害,而熟制品是消费者经煮熟后食用,致病菌则不是显著危害。如用刀具加工的食品,刀具又易发生损坏,消费者难以发现,尽管是生制品,金属制品则成为显著危害。在不同的产品中,危害的显著性基本不会发生变化,但由于风险性的转变,使危害的显著性随之改变。因此,不同的条件,不同加工过程,显著危害可能不同。显著危害具有潜在性:加工中不会发生,它表现为以前或曾经发生过的消费中毒实例。在食品加工中只能依靠科学的知识和经验来分析判断,并加以控制。

HACCP 是食品安全危害的预防性控制体系,其主要任务是找出加工过程中存在的潜在危害,制定并实施预防控制措施,阻止潜在的食品危害向现实转变,并使其永远控制为潜在危害,此为 HACCP 的精髓所在。

3. 建立预防措施

预防措施:用来防止、消除食品安全危害或使其降低到可接受水平所采取的任何行为和活动。

生产中有许多预防措施,例如:利用蒸煮、冷冻、调整食品成分来控制病原体;限制使用添加剂、农兽药品的方法来控制化学危害;采用金属检测器,可杜绝金属碎片污染。

(1)3 种危害的预防措施。3 类危害的预防措施如表 7 - 7 所示。

表 7 - 7 3 种危害的预防措施

项目		措施
生物危害	有害细菌	①时间/温度控制:加热和蒸煮过程(杀死病原体);冷却和冷冻(延缓病原体的生长) ②发酵和/或 pH 值控制(发酵产生乳酸的细菌抑制一些病原体的生长) ③盐或其他防腐剂的添加(盐和其他防腐剂抑制一些病原体的生长) ④干燥(干燥可除去食品的水分来从而抑制致病菌的生长) ⑤来源控制(可以通过从非污染区域取得原料来控制)
	病毒	①原料来源控制:如对动物原料进行严格的宰前和宰后检验 ②生产过程控制:如严格执行卫生标准操作规程,确保加工人员的健康和各个环节的消毒效果 ③不同清洁区要求的区域严格隔离 ④对食品原料进行有效的消毒
	寄生虫	原料控制(如检疫)、动物饮食控制、环境控制、失活、人工剔除、加热、干燥、冷冻
化学危害		①来源控制(如产地证明和原料检测) ②生产控制(如食品添加剂合理的使用) ③标识控制(如成品合理标出配料和已知过敏物质)
物理危害		①来源控制(如销售证明和原料检测) ②生产控制(如磁铁、金属探测器、筛网、分选机、澄清器、空气干燥机、X - 射线设备的使用)

(2)建立预防措施的原则。生产中有许多预防措施,正确选择预防措施是十分有益的,一个好的预防措施有 4 项标准:有效、简易、及时、一致。

①有效:预防措施必须能有效控制潜在的显著危害。

②简易:在生产过程中简单易行,便于监控。

③及时:能及时了解监控效果,减少损失。

④一致:对全部控制的产品有同等效果,避免造成部分产品失控。

在实际生产中对同一显著危害可以有多种预防控制措施,哪一种措施满足以上 4 项标准程度越高,其实用性就越强。要注意两点:①同一种潜在的显著危害在多个工序存在时,尽量采用一种预防控制措施,在能控制危害的最后工序一次性控制;②尽可能采用同一种预防控制措施来控制多种危害。总之,正确选择预防控制措施有助于关键控制点的正确确定。

(二)原理 2:建立关键控制点

1. 关键控制点

关键控制点(CCP):食品加工过程中能预防、消除安全危害或使其减少到可接受水平的一点、步骤或过程。

关键控制点是 HACCP 控制活动将要发生过程中的点。对危害分析期间确定的每一个显著的危害,必须有一个或多个关键控制点来控制危害。只有这些点作为显著的食品安全卫生危害而被控制时,才认为是关键控制点。通常,关键控制点分 3 类:

（1）一类关键控制点（CCP1）：当危害能被预防时，这些点可以被认为是关键控制点。如能通过控制接受步骤来预防病原体或药物残留（如供应商的声明）；能通过在配方或添加配料步骤中的控制来预防化学危害；能通过在配方或添加配料步骤中的控制来预防病原体在成品中的生长（如 pH 调节或防腐剂的添加）；能通过冷冻储藏或冷却的控制来预防病原体的生长。

（2）二类关键控制点（CCP2）：能将危害消除的点可以确定为是关键控制点。如在蒸煮的过程中，病原体被杀死；金属碎片能通过金属探测器检出；通过从加工线上剔除污染的产品而消除；寄生虫能通过冷冻杀死。

（3）三类关键控制点（CCP3）：能将危害降低到可接受水平的点可以确定为是关键控制点。如通过人工挑虫和自动收集来使危害减少到最低限度；可以通过对贝类净化或暂养使某些微生物危害降低到可接受水平。

2. 控制点与关键控制点的关系

控制点（CP）是食品加工过程中，能控制生物的、物理的或化学因素的任何一点、步骤或工序。

关键控制点（CCP）是食品加工过程中，能够预防、消除显著危害或使显著危害降低到可接受水平的点或步骤。

在加工过程中，不被定位成关键控制点的许多点都是控制点，因为每一个控制点都需要控制。如对食品的风味和色泽的控制，这些关系到企业效益的工序都应该加以控制，但绝不是对人体有显著危害的关键控制点。两者的区别是关键控制点控制显著危害，控制点控制关键控制点以外的其他因素。而两者之间的关系是关键控制点肯定是控制点，控制点并不都是关键控制点。但应注意，设置太多的关键控制点就使监控失去重点，从而削弱对食品安全 CCP 的控制。因此，对于其他有关点可以通过 SSOP 来控制，不列入 HACCP 的计划中。

3. 关键控制点与显著危害的关系

关键控制点的控制对象必须是显著危害，显著危害必须通过 CCP 控制。但存在显著危害的工序不一定是关键控制点。关键控制点必须设置在最有效最易控制的步骤，如即食产品生产时都有可能被致病菌污染，最有效的控制应是杀菌工序。在实际控制中往往存在一个关键控制点可以控制多个危害，如加热可以破坏致病菌、寄生虫和杀死病毒。冷冻冷藏可以防止致病菌生长和化学危害组胺的生成。反之有些是一种危害需要多个关键控制点控制，如需要在原料收购、缓化和杀死等 3 个加工步骤来控制组胺的形成，这 3 个都是关键控制点。根据加工产品的不同，有时一个控制点可以控制多个显著危害，有时许多个关键控制点控制一个显著危害。

4. 关键控制点可随产品加工过程的不同而变化

关键控制点与企业的工厂布局和产品配方，以及加工过程、仪器设备、原料来源、卫生控制和其他的支持性文件均有关系，其中任何一项条件的改变都可能导致关键控制点的改变。因此不同产品的 CCP 不同,同一产品不同的生产线的 CCP 也可能不同,同一产品同一生产线其他条件如原材料、配方等改变时,关键控制点也可能改变。

5.如何确定 CCP

实践证明,CCP 判断树是正确设置 CCP 非常有用的工具(图 7-4)。在判断树中包括了加工过程中的每一种危害,并针对每一种危害设计了一系列逻辑问题。只要 HACCP 小组按顺序回答判断树中的问题,便能决定某一步骤是否是 CCP。

关于判断树的报道有许多,虽然使用的文字不同,但都阐明了确定 CCP 所用方法的原理是一致的。判断树由 5 个问题组成,见图 7-5。

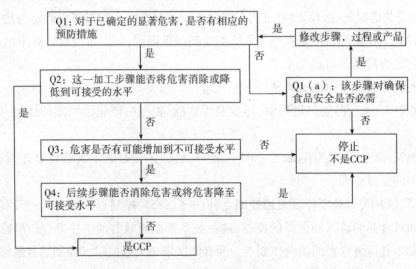

图 7-5　CCP 判断树

Q1:对于已确定的显著危害,是否有相应的预防措施?

这里,首先应该考虑的是已经采取的措施以及能够实施的措施,根据危害分析表可以很方便地解决这个问题。如果已采取了预防措施,那么应该直接进入问题 2。然而,如果回答没有或无法采取预防措施时,则进入 Q1(a)。

Q1(a):该步骤对确保食品安全是否必需?

如果没有必要,那么这点就不是 CCP,应该根据判断树考虑另一个危害。

如果 HACCP 小组成员确定在这一步骤中存在某一危害,但在这一步或后道工序中都无法采取任何预防措施,那么就必须改进这一步骤或整个生产工艺乃至产品本身,使控制措施具有可操作性,以便于确保产品的安全。例如,如果存在沙门氏菌,而加热过程不足以杀死该微生物,那么就需要延长加热时间或采用其他控制方法。如果需要对工艺或产品进行某些改进,那么就应该根据判断树,从 Q1 开始考虑。

需要说明的是:如果某一危害可以在后道工艺中得到控制,那么就没有必要在这一步控制它,应该确定后道工艺中的哪一步为 CCP,如金属的检测,尽管在早期生产过程中也可能存在金属危害,但没有必要在早期生产过程中设立 CCP,只需在生产终端采用一个金属探测器实施监控,作为该 CCP 的预防控制手段即可。

Q2:这一加工步骤能否将危害消除或降低到可接受的水平?

必须指出:提出该问题的目的是为了找出所分析的加工步骤能否有效控制食品安全。即看看是否有可能通过调节生产过程来控制某一危害。因此,这一问题的实质是这一加工步骤能否控制危害。如果在该步骤考虑的是控制措施,则答案永远是肯定的,因此该步骤会错误地被判定为 CCP。

例如,为了确保除去所有可能存活的致病菌,必须在一定温度下加热牛奶并保持一定时间。该巴氏杀菌步骤是专为降低可能发生的危害至可接受的水平而特别设计的,因此是 CCP。

如果对 Q2 的回答是肯定的,该加工步骤就是一个 CCP。然后再一次按照判断树重新开始对下一道工序或危害进行分析;如果对 Q2 的回答是否定的,进入 Q3。

Q3:危害是否有可能增加到不可接受水平?

为回答这个问题,HACCP 小组应该利用危害分析表上的信息,以及对生产过程和生产环境要有全面的了解。虽然从危害分析得到的答案是很明显的,但是还必须确保已全面考虑了下述问题。

(1)直接环境中是否存在危害?

(2)生产人员之间是否会产生交叉污染?

(3)其他产品或原料之间是否存在交叉污染?

(4)混合物放置的时间过长或温度过高是否会增加危险性?

(5)如果产品堆积于生产设备的死角是否会增加危险?

(6)这一步骤是否存在其他因素或条件可能会导致危害,并有可能使危害增加到不可接受的水平?

如果某一因素有可能增加食品的不安全性(有发展成危害的倾向),HACCP 小组在对其做出决定之前应广泛听取专家们的意见。如果研究的是一项新工艺,就可能得不到明确的答案,这时 HACCP 小组通常假设答案为"是",从而将研究继续进行下去。

在分析危害通过什么途径增加到不可接受的水平时,应综合考虑加工过程对每一特定因素可能产生的各种影响。这意味着不仅要考虑眼前这一步骤,而且要考虑后续步骤或各步骤间的辅助阶段是否存在促使危害进一步发展的因素。例如,在许多加工步骤中,在室温下少量的葡萄球菌有可能不断繁殖,产生毒素,最终成为危害。

如果对 Q3 的回答是肯定的,那么进入 Q4;如果回答是否定的,那么就开始对下一个危害或工序进行分析。

Q4:后续步骤能否消除危害或将危害降至可接受水平?

在某一加工步骤中是否可以存在某一些危害,取决于它们能否在后续步骤或消费过程中得到控制。这样做有利于将需要考虑的 CCP 减少到最低程度,使预防措施集中于真正影响食品安全性的加工步骤上。

如果对 Q4 的回答为"是",那么所讨论的步骤不是 CCP,后续步骤将成为 CCP。例如,微生物或金属危害可能与原料或早期加工过程有关,但不一定要在原料或早期加工过程中设置 CCP,后续步骤中正确的烹调过程能控制生肉原料中某些微生物危害,包装阶段对成品中的金属检测可控制金属危害。如果对 Q4 的回答为"否",那么这一步骤就是所讨论危害的 CCP。

虽然通过 Q4 可使 CCP 的总数减少,但它不一定适合所有的情况。在上述金属危害的控制中,对终产品检测绝对是唯一重要的 CCP。然而从商业的角度考虑,在最容易发生金属或其他危害的阶段进行早期检测或控制可能是最有利的。因此,可以在最有利的点建立一个附加的控制点。不过,必须明确建立附加控制的目的是减少产品损失,附加的控制点不是 CCP。有时,预防措施本身的费用非常昂贵,例如用 X 射线检测肉制品中的骨头时,如果只有 1 台 X 射线检测器,那么它必须放置在 CCP。这方面 CCP 比任何其他附加的控制点有优先权。

(三)原理 3:建立关键限值(CL)

确定了 CCP 之后,下一步就是决定如何控制了。首先必须建立控制 CCP 的指标,然后,对这些指标进行控制,使其在一定范围之内,这样便能保证生产出安全的产品。

1.关键限值

(1)关键限值的定义。关键限值是指 CCP 的绝对允许极限,即用来区分安全与不安全的分界点。只要将所有的 CCP 都控制在这个特定的关键限值内,产品的安全就有了保证。表 7 – 8 为某些食品关键限值的范例。

表 7 – 8   关键限值范例

食品名称	危害	CCP	关键限值(CL)
牛奶	致病菌	巴氏消毒	消毒温度 72℃,时间 15s
饼干	致病菌	干燥	干燥条件:温度 93℃;时间 120min;鼓风速度 2m³/min;水分活度 ≤ 0.85;产品厚度 1.2cm

(2)关键限值确定的有效性。因为关键限值是食品安全与不安全之间的控制界限,所以,确定的关键限值必须有效。这就要求 HACCP 小组对每一个 CCP 的安全控制标准有充分的理解,从而制定出合适的关键限值。

(3)关键限值并不一定要和现有的加工参数相同。每个 CCP 都需要控制许多不同的因素以保障产品安全性,其中每个因素都有相应的关键限值。例如,烹饪早就被设定为一个 CCP,用来杀死致病菌,与此有关的因素是温度和时间。工业上烹饪肉制品的关键限值是肉块的中心温度 >70 ℃,时间至少 2 h,这并不与加工的参数相同。

(4)确定关键限制的原则。确定关键限值,应注重 3 项原则:有效、简洁和经济。有效是指在此限制内,显著危害能够被预防、消除或降低到可接受水平;简洁是指易于操作,可在生产线不停顿的情况下快速监控;经济是指较少的人力财力的投入。因此,良好的 CL 值应该是:直观,易于监测,不能违背法规,不能打破常规方式。常用于关键限值的一些因素有温度、时间、pH、相对湿度或水分活度、盐浓度和可滴定酸度等。

设立微生物关键限值没有必要。可以通过温度、酸度、水活度、盐度等来控制微生物的污染。表 7-9 是一个关键限值的例子,由表 7-9 看出,最佳的关键限值选择是:油炸温度、油炸时间和油饼厚度。

表 7-9　油炸鸡饼选择关键限值的范例

方案	关键限值 CL	效果
1	致病菌不得检出	因微生物检验费时,故 CL 值不能及时监控;另外,微生物检验不敏感,需大量样品检测,结果方有意义
2	最低内部温度 66℃;油炸时间最少 1 min	比方案 1 灵敏、实用,但也存在着难以连续进行监控的缺陷
3	油温最低 170℃,油炸时间最少 1 min,饼最大厚度 0.635 cm	确保了鸡饼杀灭病菌的最低中心温度和维持时间,同时油温和时间能得到连续监控。显然,方案 3 是最快速、准确和方便的,是最佳的 CL 选择方案

(5)确定关键限值的信息来源。作为 HACCP 小组成员,应具有关于危害及其在加工中的控制机理等方面的知识,对食品安全界限有深刻的理解。然而,在许多情况下这些要求超出了公司内部专家的知识水平,因此,就需要从外界获取信息。可能的信息资源如下:

公布的数据——科学文献中公布的数据,公司和供应商的记录,工业和法规指南(如Codex,ICMSF,FDA,INFY)。

专家建议——来自于咨询机构、研究机构、工厂和设备生产商、化学清洁剂供应商、微生物专家、病理专家和生产工程师等。

实验数据——可能用于证实有关微生物危害的关键限值。实验数据来源于对产品被污染过程的研究或有关产品及其成分的特别微生物检验。

数学模型——通过计算机模拟危害微生物在食品体系中的生存和繁殖特性。

2.操作限值 OL

关键限值表示为食品安全而不能超过的标准。大家知道,在实际生产中,控制数据经常出现波动,按照关键限值来操作很难保证其不被超越。这就需要有一个比关键限值更加保险的数值供生产操作中使用,这就是操作限值,以避免操作中出现偏差。

操作限值——比关键限值更严格的限值,是操作人员为降低偏离关键限值风险而在作业过程中控制的操作标准。操作限值的选择一般是根据加工生产波动和安全系数来确定。设备稳定性差,波动较大,就应选择严于关键限值更大一些的数值。当然对于加工者来说,加热杀菌要最大限度地保持食品色、香、味,而最低限度是要杀死致病菌。因此无限度的加大保险数值并非是最佳选择,这仍是要根据加工情况而定。

加工调整——是加工回到操作限值内采取的措施。加工应在违反操作限值前进行调整,以避免超过关键限值造成产品失控或采取纠偏措施,及时发现可防止产品报废。

3.纠偏行动

当出现偏离关键限值时,必须使生产重新受控,采取的措施称为纠偏行动。此时,产品可能失控,必须确定被影响产品的批次并进行隔离,并记录所有纠偏采取的行动。如果批量大,尽管只有小部分产品偏离关键限值,而大批量的产品都必须隔离。因此,加工人员应当在生产过程中不断改变编号,将一日产品分成若干小批,并使监控频率与批号的变化相适应,可减少损失。

(四)原理4:建立合适的监控程序

监控:是实施一个有计划的连续观察和测量,以评估一个关键控制点(CCP)是否受控,并为验证提供准确记录的过程。

1.监控的目的

监控的目的主要有以下3个方面:①跟踪加工过程中的各项操作,及时发现可能偏离关键限值的趋势并迅速采取措施进行调整;②查明何时失控(查看监控记录,找出最后符合关键限值的时间);③提供加工控制系统的书面文件。

2.监控程序的内容

监控程序通常应包括以下4项内容:监控对象、监控方法和设备、监控频率和监控人员。

(1)监控对象。监控对象也就是监控什么,通常是对加工过程特性的观察和测量,确定其是否在关键限值内操作。CCP的每一个关键限值都是监控的对象,如前面所说,杀菌是CCP,关键限值是温度和时间,必须监控温度和时间。另外,根据不同产品CCP控制还可以是pH、水分活度、冷冻温度、原料供应商证书、捕捞海域证明以及动物原料来自非疫区的证明等,这些都是监控对象。

(2)监控方法和设备。对每个CCP的具体监控过程取决于关键限值以及监控设备和监测方法。选择的监控方法必须能检测CCP失控之处,即CCP偏离关键限值的地方,因为监控结果是决定采取何种预防/控制措施的基础。这里介绍两种基本监控方法:

①在线检测系统,即在加工过程中测量各临界因素,它可以是连续系统,将加工过程中各临界数据连续记录下来;它也可以是间歇系统,在加工过程中每隔一定时间进行观察和记录。

②终端检测系统,即不在生产过程中而是在其他地方抽样测定各临界因素。终端检测一般是不连续的,所抽取的样品有可能不能完全代表整个一批产品的实际情况。

最好的监控过程是连续在线检测系统,它能及时检测加工过程中CCP的状态,防止CCP发生失控现象。换句话说,该系统专用于检测和纠正对操作限值的偏移,从而可阻止对关键限值的偏离。

监控方法必须能迅速提供结果,在实际生产过程中往往没有时间去做冗长的分析实验,微生物试验也很少做。较好的监控方法是物理和化学测量方法,因为这些方法能很快地进行试验,如酸碱度(pH)、水分活度(A_w)、时间、温度等参数的测量。更重要的是这些参数能与微生物控制联系起来。食品中的酸碱度在4.6以下可控制肉毒梭状芽孢杆菌产生；限制水分活度(微生物赖以生长的水分量)可控制病原体的生长；在规定的温度和时间下加工食品可杀死其中的病原体。因此，以这些参数为监控对象实施监控能有效保证产品的安全性。

3.监控频率

监测的频率取决于CCP的性质以及监测过程的类型。HACCP小组为每个监测过程确定合适的频率是非常重要的。例如，对金属探测器，它的检测频率可能是每30min 1次，而对于一个季节性蔬菜作物，针对杀虫剂的CCP监控则是每个季节检测1次杀虫剂残留量。

监控可以是连续的或非连续的，如果可能应采用连续监控。连续监控对很多物理和化学参数是可行的，如可用温度记录仪连续监控巴氏消毒过程中的温度和时间。但是，一个连续记录监控值的监控仪器本身并不能控制危害，必须定期观察这些连续记录，确保必要时能迅速采取措施，这也是监控的一个组成部分，当发现偏离关键限值时，检查间隔的时间长度将直接影响到返工和产品损失的数量，在所有情况下，检查必须及时进行，以确保不正常产品不出厂。

当不可能连续监控一个CCP时，常常需要缩短监控的时间间隔，以便于及时发现对关键限值和操作限值的偏离情况。非连续性监控的频率常常根据生产和加工的经验和知识确定，可以从以下几方面考虑正确的监控频率：①监控参数的变化程度，如果变化较大，应提高监控频率；②监控参数的正常值与关键限值相差多少，如果两者很接近，应提高监控频率；③如果超过关键限值，企业能承担多少产品作废的危险，如果要减少损失，必须提高监控频率。

4.监控人员

明确监控责任是保证HACCP计划成功实施的重要手段。进行CCP监控的人员可以是：流水线上的人员、设备操作者、监督员、维修人员、质量保证人员。一般而言，由流水线上的人员和设备操作者进行监控比较合适，因为这些人需要连续观察产品和设备，能比较容易地从一般情况中发现问题，甚至是微小的变化。

负责监控CCP的人员必须具备一定的知识和能力，能够接受有关CCP监控技术的培训，充分理解CCP监控的重要性，能及时进行监控活动，准确报告每次监控结果，及时报告违反关键限值的情况，以保证纠偏措施的及时性。

监控人员的任务是随时报告所有不正常的突发事件和违反关键限值的情况，以便校正和合理地实施纠偏措施，所有与CCP监控有关的记录和文件必须由实施监控的人员签字或签名。

(五)原理5：建立纠偏行动程序

纠偏行动：当发生偏离或不符合关键限值时采取的步骤。

根据HACCP的原理与要求，当监测结果表明某一CCP发生偏离关键限值时，必须立即采取纠偏措施。虽然实施HACCP的主要目的是防患于未然，但仍应建立适当的纠偏措施以备 CCP 发生偏离的需要。

纠偏措施通常有两种类型,即阻止偏离和纠正偏离的措施。

1. 阻止偏离的措施

调整加工过程以维持控制,防止在 CCP 发生偏离的措施即为阻止偏离的措施。这种类型的纠偏措施通常发生在加工过程中某些参数接近、漂移或超过操作限值时,立刻将其调整至正常操作范围。

以自动调节加工过程的在线连续检测体系为例,在牛乳巴氏灭菌过程中采用了一种自动转向阀。当温度降低至操作限值以下时,此阀将自动打开将牛乳送回到杀菌的一边。

需要经常调整以维持控制的因素包括温度、时间、pH、配料浓度、流动速率、消毒剂浓度。具体例子如下:①长时间蒸煮以达到合适的中心温度;②添加更多的酸以获得合适的 pH;③快速冷冻以纠正储存温度;④配方中添加更多的盐。

2. 纠正偏离的措施

(1)纠偏行动的内容。当监控表明某一 CCP 发生偏离关键限值时,必须立即采取纠偏措施。纠偏措施包括两个方面的内容:①纠正和消除偏离的原因,确保关键控制点重新回到控制下;②确定、隔离和评估偏离期间的产品,并确定这些产品的处理方法。通过以下 4 个步骤对这些产品进行处置:

第一步,根据专家的评估和物理、化学及微生物的检测结果,确定这些产品是否存在危害。

第二步,如果以第一步评估为基础不存在危害,产品可被通过。

第三步,经评估确定存在潜在危害时,再确定这些产品能否重新加工、返工,或转为安全食品。

第四步,如果潜在的有危害的产品不能像第三步那样被处理,产品必须被销毁。这通常是最昂贵的选择,并且通常被认为是最后的处理方式。

(2)纠偏行动记录。所有采取的纠偏行动都应该加以记录,记录帮助公司确认再发生同样的问题时,HACCP 计划可被修改。另外,纠偏行动记录提供了产品处理的证明。纠偏行动记录应该包含以下内容:

①产品确认(如产品描述,持有产品的数量);

②偏离的描述;

③采取的纠偏行动,包括受影响产品的最终处理;

④采取纠偏行动的负责人的姓名和完成日期;

⑤必要时要有评估的结果。

3. 纠偏行动描述形式

纠偏行动通常采用"If(描述出现的问题)/then(叙述采取的纠正措施)"的描述形式。例如:如果发现产品有金属物,就扣留产品销毁,分析原因防止再次发生;如果金属检测器失效,停机调整,然后将上次检测后失控产品挑出并重新检测。

4.纠偏行动的要求

纠偏行动要求专人负责,负责编写和实施纠偏行动的人员必须要对产品加工过程和HACCP计划有全面的理解,并被授权能够对纠偏行动做出决定。确定一个好的纠偏行动措施,应该达到及时彻底两项要求,当发现关键控制点偏离时,应以最快速度采取措施避免产生更大的损失。另外,对受影响产品的处理要彻底,不能使其流入市场,并确定偏离起因,从根本上消除隐患,防止类似的问题再次发生。这还包括设备维护或增加必要的设备,以及对员工培训等。

(六)原理6:建立验证程序

验证:除了监控方法以外,用来确定 HACCP 体系是否按照 HACCP 计划运行或者HACCP 计划是否需要修改和重新确认生效使用的方法、程序、检测及审核手段。

验证的目的是通过严谨、科学、系统的方法确认 HACCP 计划是否有效(即 HACCP 计划中所采取的各项措施能否控制加工过程及产品中的潜在危害),是否被正确执行(因为有效的措施必须通过正确的实施过程才能发挥作用)。HACCP 产生了新的谚语:验证才足以置信。这句话表明了验证原理的核心所在。

利用验证程序不仅能确定 HACCP 体系是否按预定计划运作,还能确定 HACCP 计划是否需要修改和再确认。所以,验证是 HACCP 计划实施过程中最复杂的程序之一,也是必不可少的程序之一。验证程序的正确制定和执行是 HACCP 计划成功实施的基础。

验证活动包括 4 个方面的内容:①确认;②CCP 验证;③HACCP 体系的验证;④执法机构的验证。

1. 确认

确认:获取能表明 HACCP 计划诸要素行之有效的证据。

确认的目的:是提供客观的证据,这些证据能够表明 HACCP 计划的所有要素(危害分析、CCP 确定、CL 建立、监控程序、纠偏措施、记录等)都有科学的基础,从而有根据的证实只要有效实施 HACCP 计划,就可控制能影响食品安全的潜在危害。

确认活动包括以下 4 个方面:

(1)确认什么:确认的内容是 HACCP 计划的各个组成部分,由危害分析开始到最后的CCP 验证对策做出科学和技术上的复查。

(2)怎样确认:确认方法是运用科学原理和数据,借助专家意见以进行生产观察和检测等手段,对 HACCP 计划制定的步骤,逐项进行技术上的认可。如公司确认模拟鱼肉建立关键限值的数据是否科学时,他们通过查看有关技术资料,确认结果和现场观察证实鱼肉能否达到规定的89℃,50min,在这种温度下能否使产品内部温度达到80℃,3min,在这种条件下又能否杀死致病菌,一步步的进行技术上的查实,来对这一关键限值的确定做出技术上的评价。

(3)谁来确认:确认是技术性很强的工作,因此应该由 HACCP 小组内受过培训或经验丰富、有较高技术水平的人员来完成。

(4)何时确认:HACCP 计划制订后开始实施前要确认,以保证 HACCP 计划科学有效。在出现原料改变、产品和加工改变、验证数据与原数据不符、重复出现偏差、有关危害或控制手段出现新情况、生产观察有新问题、销售或食用方式改变时都需进行重新的确认,也就是说出现与 HACCP 计划不符的情况都应再次确认。HACCP 计划改变或重新制定后也需要再次确认。

2. CCP 的验证

为保证所有控制措施的有效性以及 HACCP 计划的实际实施过程与 HACCP 计划的一致性,必须对 CCP 制定相应的验证程序。CCP 验证包括以下 4 个方面的内容。

①监控设备的校准:CCP 验证首先要对监控设备进行校准。CCP 监控设备的校准是 HACCP 计划成功执行的基础,监控设备未经校准,监控结果将不可靠,如果发生这种情况就可以认为从记录中最后一次可记录的校准开始 CCP 就失去了控制。所以,在决定校准频率时,要考虑到这种情况,一般来说用于监控的小型设备应该每天上班前经校准后使用。

②校准记录的复查:校准记录的复查内容涉及校准日期、校准方法以及校准结果。校准的记录应妥善保存以备复查。

③针对性的取样检测:CCP 验证也包括针对性的取样检测。例如,当原料接收是 CCP,CL 是供应商的证明,这时应监控供应商的证明。为检查供应商言行是否一致,应通过针对性的取样来检测。

④CCP 记录的复查:每一个 CCP 至少有两种记录类型,即监控记录和纠偏行动记录。这些记录都是有用的管理工具,它们是 CCP 在要求的范围内运行及采用适宜方式处理发生偏差的书面记录资料,这些记录应该由有能力的管理人员定期复查,才能达到验证 HACCP 方案是否被执行的目的。

3. HACCP 体系的验证

HACCP 体系的验证就是检查 HACCP 计划所规定的各种控制措施是否被有效贯彻执行。验证的目的是确定企业 HACCP 体系的符合性和有效性。

审核是收集验证所需信息的一种有组织的过程,它对验证对象进行系统的评价,此评价包括现场的观察和记录复查。审核 HACCP 体系的验证活动包括以下内容:

(1)HACCP 计划有效运行的验证活动审核。内容主要包括:检查产品说明和生产流程图的准确性;检查 CCP 是否按 HACCP 计划要求被监控;检查工艺过程是否在既定的关键限值内操作;检查记录是否准确地按要求的时间间隔来完成。

(2)记录复查的审核。记录复查的审核内容包括:监控活动在 HACCP 计划规定的位置执行;监控活动按 HACCP 计划规定频率执行;当监控表明发生了偏离关键限值时执行了纠偏行动;监控设备按 HACCP 计划规定频率进行了校准。

(3)最终产品微生物(化学)检测。作为 HACCP 计划要控制的那些危害是否达到预期效果,对最终产品微生物(化学)检测是提供证据的一部分。例如,很多产品都把致病菌作为显著危害列入 HACCP 计划。微生物检测由于时间长,对日常的监控不适用,但在

HACCP 体系的验证中,微生物检测可直接评价那些日常通过温度时间控制危害的效果,因此它是验证不可缺少的一种手段。

对于毒素、农兽药残留、有害元素等,这些危害如作为 HACCP 计划的控制内容,也应进行最终产品分析检测。

审核的频率应以能确保 HACCP 计划被持续有效地执行为基准。该频率依赖若干条件,如工艺过程和产品的变化程度。正常情况下,HACCP 体系的验证的频率为每年一次,另外在产品或工艺过程显著改变,以及系统发生故障时都应及时进行验证。验证频率随时间的推移而变,例如历次检查表明过程在控制之中,能保证安全,就能减少验证频率;反之,则要增加验证频率。

4. 执法机构的验证

在 HACCP 体系中执法机构的主要作用,是验证 HACCP 计划是否有效以及是否得到有效实施。执法机构执法验证内容包括:①对 HACCP 计划及其修改的复查;②对 CCP 监控记录的复查;③对纠正记录的复查;④对验证记录的复查;⑤操作现场检查 HACCP 计划执行情况及记录保存情况;⑥随机抽样分析。

5. 确认、验证、审核的相互关系

本节原理6——验证程序,在验证要素中出现了确认、验证及审核 3 种评价体系的活动,因此必须弄清他们之间的相互关系和各自的作用,不能混淆。确认和审核都是验证程序中关键的因素。体系验证内容包括确认的执行,而确认和验证在 HACCP 体系中往往是前后关系。确认是在 HACCP 计划制定后开始实施以前或修改后重新实施以前,对有关技术数据管理体制等进行科学性的评价,经确认无误才能实施。而验证则是在 HACCP 计划运行一段时间后(或重新修改运行一段时间后)评价体系运行是否有效而进行的。

体系验证的内容也包括确认活动是否执行并科学合理。

审核则是验证中一种有组织收集信息的过程,是 HACCP 体系活动中对具有代表性控制过程或要素进行核查的一种方式。

(七) 原理7:记录保持程序

HACCP 需要建立有效的记录管理程序,以文件证明 HACCP 体系。

记录是采取措施的书面证据,包含了 CCP 在监控、偏差、纠偏措施(包括产品的处理)等过程中发生的历史性信息。记录提供关键限值得到满足或当偏离关键限值时采取的适宜的纠偏行动。此外,记录还提供了一个有效的监控手段,使企业及时发现并调整加工过程中偏离 CCP 的趋势,防止生产过程失去控制。所以,企业拥有正确填写、准确记录、系统归档的最新记录是绝对必要的。

HACCP 体系要求的记录有 5 种:HACCP 计划和支持文件;CCP 监控记录;纠偏行动记录;验证活动记录;附加记录。

1. HACCP 计划和支持文件

①制订 HACCP 计划的信息和资料。例如,书面危害分析工作单,用于进行危害分析和

建立关键限值的任何信息的记录。②各种有关数据。例如,建立商品安全货架寿命所使用的数据;制定抑制病原体生长方法时所使用的足够数据;确定杀死病原体细菌加热强度时所使用的数据等。③有关顾问和其他专家进行咨询的信件。④HACCP 小组名单和小组职责。⑤制订 HACCP 计划必须具备的程序及采取的预期步骤概要。

2. CCP 监控记录

CCP 监控记录是用于证明对 CCPs 实施了控制而保存。HACCP 记录提供了一个有用的途径来确定关键限值是否被违反,由管理者代表定期进行记录复查,保证关键控制点按 HACCP 计划而被控制。监控记录也提供了一种方法,审核人员可通过它来判断公司是否遵守了 HACCP 计划。

通过追踪记录,特别是监控记录上的值,操作者和管理人员可以确定该工序加工是否符合其关键限值。通过记录复查可以发现加工控制趋向,可及时进行必要的调整。如果在违反关键限值之前进行调整,则可减少或者消除由于采取纠偏行动而消耗的人力和物力。

所有的 CCP 监控记录应该包含下列信息的表格:①表头;②公司名称;③时间和日期;④产品确认(包括产品型号、包装规格、加工线和产品编码,可适用范围);⑤实际观察或测量情况;⑥关键限值;⑦操作者的签名;⑧复查者的签名;⑨复查的日期。表 7 – 10 是某食品公司的控制记录表。

表 7 – 10 某食品公司的控制记录表

日期:×年×月×日   关键限值:≥89℃;≥50min   生产线:××   产品名称:即食××   操纵者:×××

生产线	批号	检测时间	蒸汽温度(水银温度计)/℃	蒸汽温度记录仪/℃	蒸煮时间			关键限值是否符合	说明
					进锅时间	出锅时间	蒸煮时间/min		
1	034	9:23	94.1	94.1	9:31.8	10:22.0	50.2	是	

复查人: 复查日期:

3. 纠偏行动记录

原理 5 中已有详细描述。

4. 验证活动记录

验证记录应包括:①HACCP 计划的修改(如配料的改变,配方,加工、包装和销售的改变);②加工者审核记录以确保供货商的证明的有效性;③验证准确性,校准所有的监控仪器;④微生物质疑、检测的结果,表面样品微生物检测结果,定期生产线上的产品和成品微生物的、化学的和物理的试验结果;⑤室内、现场的检查结果;⑥设备评估试验的结果,如热加工中的温度分布检测结果。

5. 附加记录

除了以上 4 项记录,还应有一些附加记录:①雇员培训记录。在 HACCP 体系中应有培训计划,对于实施了的培训计划,就应有培训记录。②化验记录。记录成品实验室分析细菌总数,大肠菌群、大肠杆菌、金黄色葡萄球菌、沙门氏菌等的化验分析结果,以及其他需要分析的检测结果。③设备的校准和确认书。记录所使用设备的校准情况,确认设备是否正常运转,以便使监控结果有效。

以上 5 种记录是证实 HACCP 计划是否实施的依据。

三、制订 HACCP 计划的步骤

不同国家常常有不同的 HACCP 计划模式,即使在同一国家,不同管理部门在各种食品生产过程中推行的 HACCP 计划也不尽相同。例如,美国 FDA 提供的水产 HACCP 模式如下。

(1)制定 HACCP 计划的必备程序和预先步骤。①必备程序为 GMP 和 SSOP。②预先步骤包括:组建 HACCP 小组、描述食品和销售、确定预期用途和消费人群、建立流程图、验证流程图。③管理层的承诺。FDA 认为没有这些必备程序和预先步骤可能会导致 HACCP 计划的设计、实施和管理失效。

(2)进行危害分析。具体工作包括:建立危害分析工作单、确定潜在危害、分析潜在危害是否是显著危害、判断是否是显著危害的依据、显著危害的预防措施(原理 1)、确定是否是关键控制点(原理 2)。

(3)制定 HACCP 计划表。具体过程包括:填写 HACCP 计划表、建立关键限值(原理 3)、建立监控程序(原理 4)、建立纠偏措施(原理 5)、建立记录管理程序(原理 6)、建立验证程序(原理 7)。

(4)完成验证报告。具体工作包括:确认制定 HACCP 计划的科学依据、确认 CCP 点的控制情况、验证 HACCP 计划的实施情况。

(5)编制 HACCP 计划手册。具体内容包括:①封面(名称、版次、制定时间);②工厂背景材料(厂名、厂址、注册编号等);③厂长颁布令(厂长手签);④工厂简介(附厂区平面图);⑤工厂组织结构图;⑥HACCP 小组名单及职责;⑦产品加工说明;⑧产品加工工艺流程图;⑨危害分析工作单;⑩HACCP 计划表格;⑪验证报告;⑫记录空白表格;⑬培训计划;⑭培训记录;⑮SSOP 文本;⑯SSOP有关记录。

加拿大食品检验局(CFIA)在食品安全促进计划(FSEP)中将 HACCP 计划的建立过程分为 12 个连续步骤:①组建 HACCP 小组;②产品描述;③确定预期用途;④建立工艺流程图及工厂人流物流示意图;⑤现场验证工艺流程图及工厂人流物流示意图;⑥列出每一步骤的危害(原理 1);⑦运用 HACCP 判断树确定 CCP(原理 2);⑧建立关键限值(原理 3);⑨建立监控程序(原理 4);⑩建立纠偏程序(原理 5);⑪建立记录保持文件程序(原理 6);⑫建立验证程序(原理 7)。

国际食品法典委员会(CAC)HACCP 工作组承认上述两国的 HACCP 模式。实际工作中,只要制定的 HACCP 计划涵盖 HACCP 7 项基本原理,且为 HACCP 计划的实施提供了必

须的基础条件(如达到 GMP 要求)就行了。本节根据美国 FDA 提供的 HACCP 模式,介绍 HACCP 计划的研究步骤。

(一)实施 HACCP 计划的必备程序和预先步骤

1.必备程序

实施 HACCP 体系的目的是预防和控制所有与食品相关的安全危害,因此,HACCP 不是一个独立的程序,而是全面质量控制体系的一部分。HACCP 体系必须以良好操作规范(GMP)和卫生标准操作程序(SSOP)为基础,通过这两个程序的有效实施确保对食品生产环境的卫生控制。没有良好的卫生环境,就有可能导致不安全食品的生产,因此,没有 GMP 和 SSOP 的支持,HACCP 将成为空中楼阁,起不到预防和控制食品安全的作用。这方面的内容我们在本书第三章和第四章已作了充分的阐述。图 7-1 直观表示了 GMP、SSOP、HACCP 三者之间相辅相成的关系:GMP 和 SSOP 是实施 HACCP 的必备程序,是实施 HACCP 计划必须具备的基础。

2.预先步骤

(1)组成 HACCP 小组。组成 HACCP 小组是建立本企业 HACCP 计划的重要步骤。该小组应由具有不同专业的人员组成,如生产管理、质量控制、卫生控制、设备维修、化验人员等。HACCP 小组的职责是:制订 HACCP 计划;修改、验证 HACCP 计划;监督 HACCP 计划实施;撰写 SSOP 文本;对全体人员的培训等。当然,作为 HACCP 小组的成员首先自己要接受全面培训。

(2)描述食品和销售。在这一阶段,HACCP 小组必须正确说明产品的性能、用途以及使用方法(即食或加热后食用),其中包括相关的安全信息,如成分、物理/化学结构(包括 A_w、pH 等)、加工方式(如热处理、冷冻、盐渍、烟熏等)、包装(直接接触的包装材料,以及包装条件如 CO_2 气调、真空包装)、保质期、储存条件(如储藏的温度、湿度、环境条件)和装运方式(如冷藏车的温度、必须在干燥的运输工具中运输)。因为不同的产品、不同的生产方式,其存在的危害及预防措施也不同,对产品进行描述可帮助识别在产品形成过程中使用的原料成分,包括包装材料中可能存在的危害,便于考虑和决定人群中敏感个体能否消费该产品。

以 FG 食品公司真空包装冷冻煮熟模拟鱼肉为例,HACCP 小组对其说明如表 7-11 所示。

表 7-11 产品描述表

产品名称	预期消费者	销售方法	食用方法
冷冻煮熟即食鱼肉	一般公众	冷冻分发和销售	缓化或一般加热后食用

(3)确定预期用途和消费者。产品的预期用途应以用户和消费者为基础,HACCP 小组应详细说明产品的销售地点、目标群体,特别是能否供敏感人群使用。

之所以要确定预期用途和消费者,是因为对不同用途和不同消费者而言,食品安全的要求不同。例如,对即食食品而言,某些病原体的存在可能是显著危害;但对消费前需要加热的食品而言,这些病原体就不是显著危害了。又如,有的消费者对SO_2有过敏反应,有的则没有这种过敏反应,因此,如果食品中含有SO_2,就需要注明,以免具有过敏反应的消费者误食。

有5种敏感或易受伤害的人群:老人、婴儿、孕妇、病人以及免疫缺陷者。这些群体中的人对某些危害特别敏感,如李斯特菌可导致流产,如果产品中可能带有李斯特菌,就应在产品标签上注明"孕妇不宜食用"。

(4)建立产品流程图。产品流程图是对加工过程一个清晰、简明的和全面的说明,在制订HACCP计划时,按产品流程图的步骤进行危害分析。流程图包括所有原(辅)料的接收、加工直到储存步骤,应该是足够清楚和完全,覆盖进行加工过程的所有步骤。

(5)验证流程图。流程图的准确性对进行危害分析是关键,因此流程图绘制完毕后,HACCP各成员必须亲自观察生产过程,确保建立的流程图要和实际加工流程完全吻合。

3.管理层的支持

制订和实施HACCP计划必须得到管理层的理解和支持,特别是公司(或企业)最高管理层的重视,因为,加强员工安全卫生意识的最佳途径是各级管理者的表率作用。另外,管理层还应了解HACCP原理,只有这样,才能知道HACCP的内容及其所需要的资源,才能真正支持HACCP计划的实施。

总而言之,如果没有管理层对HACCP的支持和认识,没有最高管理者在HACCP启动后的全面授权,实施HACCP将会是一件非常困难的事,更谈不上最大限度预防和控制食品安全危害了。所以,建立HACCP体系与其他体系(如ISO 9000)的建立一样,需要高层管理者的承诺,从而使HACCP小组得到必要的资源,并明确其相应的职责权限。

管理层承诺的内容包括:批准开支,批准实施公司的HACCP计划,批准有关业务并确保该项工作的持续进行和有效性,任命项目经理和HACCP小组,确保HACCP小组所需的必要资源,建立一个报告程序,确保工作计划的现实性和可行性。

(二)建立危害分析工作单

对加工过程的每一步骤(从流程图开始)进行危害分析、确定是何种危害,找出危害来源及预防措施,确定是否是关键控制点。

1.建立危害分析工作单

进行危害分析记录方式有多种,可以由HACCP小组讨论分析危害后记录备案。美国FDA推荐的一份表格"危害分析工作单"是一份较为适用的危害分析记录表格,见表7-12。可以通过填写这份工作单进行危害分析,确定关键控制点。

表7-12是FG食品公司HACCP小组的危害分析过程。HACCP小组首先在表格纵行(1)中将流程图的每一步骤顺序填写上。

表7-12 危害分析工作单

名称:FG食品公司 　　地址:A市B路C号 　　产品说明:真空包装冷冻煮熟模拟鱼肉

用途和消费者:缓化即食,一般大众 　　　　　　分销及储存:冷冻分销与储存

签名:×××　　　　　　　　　　　　　　　　　日期:×年×月×日

(1)	(2)		(3)	(4)	(5)	(6)
配料及加工步骤	本步中引入的或增加的潜在危害		潜在的危害是否是显著危害	对第3列判断的依据	防止显著危害的预防措施	本步是CCP吗
原料	生物危害	致病菌、寄生虫	是	鱼体中存在致病菌、寄生虫	通过最后蒸煮控制	否
	化学危害	无				
	物理危害	金属碎片	是	刀具损坏	最后进行金属检测	
原料冷藏	生物危害	致病菌、寄生	否	冷冻可降低病原体生成或污染		否
	化学危害	无				
	物理危害	无				
解冻	生物危害	致病菌	是	温度高,致病菌生长	蒸煮控制危害	否
	化学危害	无				
	物理危害	无				
配料	生物危害	致病菌	是	配料中可能存在致病菌	通过蒸煮控制	否
	化学危害	有害化合物	是	配料过程中的食品添加剂超标等	按标准限量使用	
	物理危害	无	否			
混合斩拌	生物危害	致病菌	否	致病菌不生长		否
	化学危害	无				
	物理危害	金属碎片	是	斩拌过程中破碎的刀具等混入	最后进行全面检测	
蒸培冷却	生物危害	致病菌	否	加热,致病菌不生长		否
	化学危害	无				
	物理危害	无				
成型	生物危害	致病菌	否	机械化作业时间很短		否
	化学危害	无				
	物理危害	无				
着色	生物危害	致病菌	否	致病菌不生长		否
	化学危害	色素	是	色素是化学物质,过量使用对人体有害	按标准限量使用	
	物理危害	无				
切断	生物危害	致病菌	否	机械化作业时间很短		否
	化学危害	无				
	物理危害	金属碎片	是	切割刀更换	金属检测仪	

续表

(1)	(2)		(3)	(4)	(5)	(6)
包装抽真空	生物危害	致病菌	是	手与产品接触可能造成污染,密封不好会二次污染	后面控制危害用SSOP控制	否
	化学危害	无				
	物理危害	无				
金属探测	生物危害	致病菌	否	时间很短		是
	化学危害	无				
	物理危害	金属碎片	是	金属碎片来自刀具和机械	使用金属检测选出有问题的产品	
蒸煮	生物危害	致病菌	是	致病菌在原料加工中污染,必须正确蒸煮	控制蒸煮温度和时间	是
	化学危害	无				
	物理危害	无				
冷却	生物危害	致病菌	是	温度控制不当,残留芽孢可能生长		是
	化学危害	无				
	物理危害	无				
冻结	生物危害					
	化学危害	无	否	冷冻温度很低,可以控制微生物生长		否
	物理危害					
装箱	生物危害	残留芽孢	否	温度低,时间短		否
	化学危害	无				
	物理危害	无				
冷冻储存	生物危害	致病菌,芽孢	否	−18℃芽孢不会生长		否
	化学危害	无				
	物理危害	无				

2. 确定潜在的危害

在表中纵列(2)对每一流程的步骤进行分析,确定在这一步骤的操作引入的或可能增加的生物的、化学的或物理的潜在危害。

3. 分析潜在危害是否显著危害

根据以上确定的潜在危害,分析其是否显著的危害,填入纵列(3)中。因为HACCP预防的重点是显著危害,一旦显著危害发生,会给消费者造成不可接受的健康风险。例如,含贝毒的双壳贝类被消费者食用后,可能致病,贝毒是显著危害。

4. 判断是否显著危害的依据

对纵列(3)中判断的是否显著危害提出科学的依据填入纵列(4)中。例如,在收购步骤,双壳贝类的贝毒是显著危害,判断依据为双壳贝类原料可能来自污染的海区。

5. 显著危害的预防措施

对确定此步骤的显著危害采取什么预防措施予以预防,填入纵列(5)中。例如,拒收污染海区的双壳贝类原料预防贝毒危害;控制加热温度、时间预防病原体的残存。

6. 确定这些步骤是否为关键点(CCP)

根据以上的分析,使用 CCP 判断树来确定本步骤是否是 CCP,填入纵列(6)中。仍以 FG 食品公司真空包装冷冻煮熟模拟鱼肉为例,说明 CCP 判断树是如何使用的,见表 7-13。

表 7-13 以真空包装冻熟模拟鱼肉为例的 CCP 判断树表

加工步骤/显著危害	Q1	Q2	Q3	Q4	本步骤是否是 CCP
原料/致病菌、寄生虫、金属片	是	否	是	是	否
解冻/致病菌	是	否	是	是	否
配料/致病菌	是	否	是	是	否
混合斩拌/致病菌、金属片	是	否	是	是	否
蒸烤冷却/致病菌	是	否	是	是	否
切断/金属片	是	否	是	是	否
包装/致病菌	是	否	是	是	否
杀菌/致病菌	是	是	—	—	CCP
冷却/致病菌	是	是	—	—	CCP
金属检测/金属片	是	是	—	—	CCP

应该注意的是,一个工序存在几种潜在显著危害,应逐项判定关键控制点,然后再判定下一工序潜在的关键控制点。FG 公司经过对模拟鱼肉加工工序中存在的显著危害逐一判断后,最终确定了金属检测、蒸煮和冷却 3 个工序为关键控制点。

(三)制订 HACCP 计划表

1. 填写 HACCP 计划表格

HACCP 计划表的格式见表 7-11,表中包括需要制定的各个关键控制点的关键限值、监控程序、纠偏行动、记录及验证。可以通过填写 HACCP 计划表格完成 HACCP 计划的制订。

FG 公司 HACCP 小组首先将在"危害分析工作单"上确定的关键控制点和显著危害逐一填写在 HACCP 计划表 7-14 纵列(1)、(2)栏中。

表 7 – 14　HACCP 计划表

名称:FG 食品公司　　产品说明:真空包装冷冻煮熟模拟鱼肉　　分销及储存:冷冻分销与储存
地址:A 市 B 路 C 号　　用途和消费者:缓化即食,一般大众　　签名:×××　　日期:×年×月×日

关键控制点(CCP)	显著危害	每种预防措施的关键限值	监控				纠偏行动	记录	验证
			监控对象	监控方法	监控频率	监控人员			
蒸煮	致病菌,寄生虫	最低温度:89℃;最短时间:50min	蒸煮温度;蒸煮时间	自动温度记录仪;蒸煮机传送带;产品计时检测	连续性检测;员工每2h检测1次	操作人员;监督人员	温度下降:调整气阀,评估产品,重新蒸煮或销毁;时间不足:调整送带速度,重新蒸煮或销毁	蒸煮温度记录表;蒸煮监控记录表	每天用标准温度计校准;记录温度;主管每周内核查每天记录
冷却	致病菌	最低温度:9℃;最短时间:50min	冷却温度;冷却时间	自动温度记录仪;冷却机传送带;产品计时检测	连续性检测;员工每2h检测1次	操作人员;监督人员	温度升高:调整冷水机,评估,重新蒸煮冷却或销毁;时间不足:调整传送速度,评估产品重新蒸煮冷却或销毁	冷却温度记录图表;冷却监控记录表	每天用标准温度计校准记录温度;主管每周内核查每天记录
金属检测	金属碎片	0.8mm以上金属物	金属碎片	金属检测	连续性检测金属;每小时检测1次检测器	操作人员;监督人员	发现金属:产品被挑出,分析产生原因,防止再次发生,销毁产品;检测器失效:上次检测后的产品,重新检测	产品金属检测记录表;检查检测器记录表	每天用金属标样测灵敏度;主管每周内核查每天记录

2. 建立关键限值(CL)

对每一个关键控制点 CCP 要控制的危害必须确定控制加工工艺的最大或最小值,即设置关键值,一旦偏离就可能会导致不安全产品出现。关键限值(CL)如果过严格,结果会出现实际上没有发生影响安全的问题而却要采取纠偏行动。另一方面,关键限值(CL)过于宽松,会导致不安全的产品流入消费者手中。

FG 公司的 HACCP 小组对加工过程的 3 个关键控制点(金属探测、蒸煮、和冷却)建立了 5 个关键限值(表 7 – 15)。

表 7 – 15　关键限值表

关键控制点(CCP)	关键限值
CCP—蒸煮	蒸煮最低温度89℃;最短时间:50min
CCP—冷却	冷却最高温度:9℃;最短时间:50min
CCP—金属探测	金属物0.8mm以上(仪器性能)

以上 5 个关键限值是 HACCP 小组通过查阅资料并经大量实验证明是可靠的,查阅资

料和实验记录与结论都作为 HACCP 计划的支持性文件而保存。HACCP 小组分别将以上资料记录到 HACCP 计划表(表 7-11)中。

3.建立监控程序

一个好的监控程序包括:监控对象、监控方法、监控频率、监控人员。FG 公司模拟鱼肉监控对象是蒸煮温度和时间,冷却温度和时间及金属碎片;采用的监控方法是使用自动温度记录仪,对蒸煮、冷却温度的检测;监控频率采用连续性监控,每 2h 人工检查 1 次蒸煮和冷却时间,对于金属检测器人工检测每小时 1 次;监控人员是生产线上的操作人员和监督人员。HACCP 小组分别将以上内容分别记录到 HACCP 计划表(表 7-14)第(4)~(7)纵列。

4.建立纠偏行动程序

FG 公司制订的纠偏行动是:如果蒸煮温度或时间不符合要求,就调整气阀、输送带速度或停机调整维护,隔离评估偏离期间生产的产品,重新蒸煮或销毁;如果冷却温度或时间不符合要求,就调整冷却机或输送带速度,或停机调整,隔离评估偏离期间生产的产品,重新蒸煮或销毁;如果发现产品有金属物,就扣留产品销毁,分析原因防止再次发生;如果金属检测器失效,停机调整,然后将上次检测后失控产品挑出并重新检测。FG 公司 HACCP 小组这些内容填入 HACCP 计划表第(8)纵列。

5.建立记录保持程序

一般有监控记录、纠偏记录、仪器校正记录等。

6.建立验证程序

在 HACCP 计划表格中的验证程序是复查记录。制定复查记录时间,按规定复查记录时间不能超过 1 周。复查记录是为了确认 CCP 点按 HACCP 计划规定的监控程序在监控,CCP 点在 CL 内运行,当超过 CL 时采取了纠偏行动,按纠偏行动程序进行纠偏,记录按规定真实地记录。

(四)建立验证报告

企业的 HACCP 计划制定完毕,并实际运行至少 1 个月以后,由 HACCP 小组成员,按HACCP 原理 7 进行验证,并以书面形式附在 HACCP 计划的后面。验证报告包括:

1.确认

指获取制定 HACCP 计划的科学依据。

2.CCP 验证活动

监控设备校正记录复查,针对性取样检测,CCP 记录等复查。

3.HACCP 系统的验证

审核 HACCP 计划是否有效实施及对最终样品的微生物(化学)检测。

(五)编制 HACCP 计划手册

HACCP 手册的内容主要有:①封面(名称、版次、制定时间);②工厂背景材料(厂名、厂址、注册编号等);③厂长颁布令(厂长手签);④工厂简介;⑤工厂组织结构图;⑥HACCP 小组名单及职责；⑦产品加工说明；⑧产品加工工艺流程图；⑨危害分析工作单；⑩HACCP 计划表；⑪验证报告；⑫记录空白表格；⑬培训计划；⑭培训记录；⑮SSOP 文本；⑯SSOP 有关记录。

第五节　食品安全管理体系(ISO 22000)

一、ISO 22000:2018 概述

《ISO 22000:2018 食品安全管理体系—食品链中各类组织的要求》标准是国际标准化组织 ISO 下设的 ISO/TC34 食品技术委员会的第 8 工作组 WG8(负责食品安全管理体系)颁布的一项基础性、综合性管理标准。该标准覆盖了食品法典委员会 CAC(Codex Alimentarius Commission)关于 HACCP 体系的全部要求，并更关注对体系有效性的验证，以保证体系不断改进。

ISO 22000 的目的是让食物链中的各类组织执行食品安全管理体系，确保组织将其终产品交付到下一段食品链时，已通过控制将其中确定的危害消除和降低到可接受水平。

ISO 22000 适用于食品链内的各类组织，从饲料生产者、初级生产者到食品制造者、运输和仓储经营者，直至零售分包商和餐饮经营者，以及与其关联的组织，如设备、包装材料、清洁剂、添加剂和辅料的生产者。

(一)ISO 22000 的产生和发展

ISO 为了协调和统一国际食品安全管理体系，由 ISO/TC34 在总结了 HACCP 在世界上各国多年应用经验的基础上，借鉴了 ISO 9001 国际质量理体系的编写框架，制定的一套专用于食品链内的食品安全管理体系，并于 2005 年 9 月 1 日向全世界正式颁布。

ISO 22000 的整个产生过程经历了如下阶段：

(1)20 世纪 60 年代美国太空计划；

(2)1995 年美国水产品 HACCP 法规；

(3)1997 年国际食品法典委员会 HACCP 体系应用指南；

(4)2002 年质检总局出口食品厂应用；

(5)2004 年 6 月 ISO/TC34 国际标准草案(DIS)阶段；

(6)2005 年 5 月 ISO/TC34 最终国际标准草案(FDIS)阶段；

(7)2005 年 9 月 1 日 ISO 22000:2005 标准版；

(8)2018 年 ISO 22000:2018 标准版。

(二)ISO 22000 系列标准的构成

ISO 22000 系列标准除第一个标准 ISO 22000:2018 外，已发布的其他标准包括①ISO 22003:2013《食品安全管理体系对提供食品安全管理体系审核和认证机构的要求》；②ISO/TS 22002—1:2009《食品安全先决方案第 1 部分:食品制造》；③ISO/TS 22002—2:2013《食

品安全的先决方案第2部分:餐饮》;④ISO/TS 22002—3:2011《食品安全先决方案第3部分:农业》;⑤ISO/TS 22002—4:2019《食品安全先决方案第4部分:食品包装制造》;⑥ISO/TS 22002—5:2013《食品安全先决方案第5部分:运输和储存》;⑦ISO/TS 22002—6:2016《食品安全先决方案第6部分:饲料和动物食品生产》;⑧ISO 22005:2007《可追溯性在饲料和食品链体系设计和实施的一般原则和基本要求》。

二、ISO 22000:2018 的结构和主要内容

ISO 22000—2018 食品安全管理体系的内容结构如图 7 – 6 所示,包括引言、正文(第1～第10章)和附录3个组成部分。

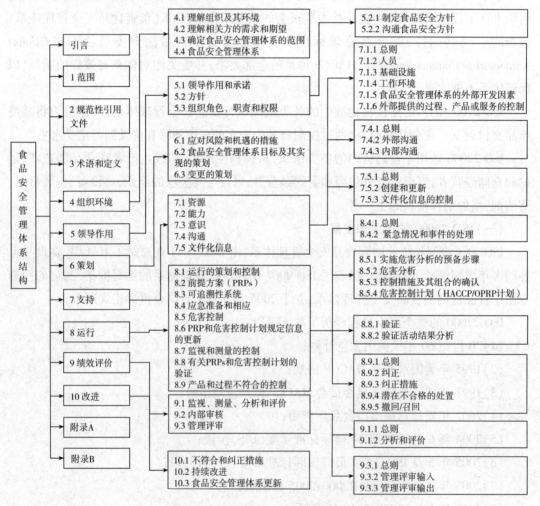

图 7 – 6   ISO 22000—2018 总体结构

(一)引言

引言部分主要明确了以下几个方面的内容:

1. 组织实施食品安全管理体系(FSMS)的好处

(1)稳定提供满足顾客要求以及适用法律法规要求的安全食品、产品和服务的能力;

(2)应对与组织目标相关的风险;

(3)证实符合规定的 FSMS 要求的能力。

2. 该标准文件采用了过程方法,该方法结合了"策划—实施—检查—处置"(PDCA) 循环和基于风险的思维

2018 版标准指出,在制定和实施 FSMS 和提高其有效性时鼓励采用过程方法 (图 7-6),以获得安全食品和服务的活动得以加强,并满足适用的要求。过程方法包括按照组织的食品安全方针和战略方向,对各过程及其相互作用,系统地进行规定和管理,从而实现预期结果。可通过采用 PDCA 循环以及基于风险的思维对过程和体系进行整体管理,从而有效利用机遇并防止发生非预期结果。

从图 7-7 可以看出,过程方法包括两个 PDCA 循环。一个循环包含 FSMS 的 4 大过程的总体框架,另一个循环包含标准第 8 章所述的食品安全管理体系内的各种运行过程。

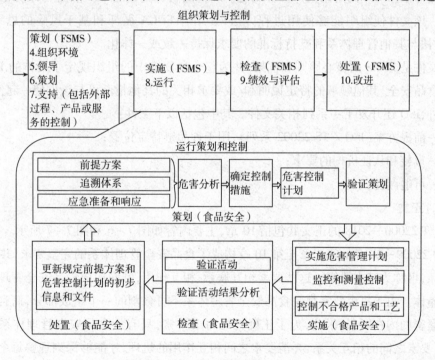

图 7-7　两个层析的 PDCA 循环图示

基于风险的思维使组织能够确定可能导致其过程及其 FSMS 偏离策划结果的各种因素,采取控制措施以预防和最大限度地降低不利影响。2018 版标准基于风险的思考分为两个层次,即组织管理层面和运行层面。运行层面的过程识别已包含在图 7-7 第二大过程(运行过程)中。组织层面的过程识别,可参照标准 ISO 22000:2018 的规定:"策划食品安全管理体系时,组织应考虑到 ISO 22000:2018 中涉及的事项"。同时,标准 ISO 22000:2018 指出:"考虑各种内外部因素,包括但不限于国际、国内、地区和当地的各种法律法规、技术、竞争、市场、文化、社会、经济因素、网络安全和食品掺假、食品防护和故意污染"。因此,还需识别非传统食品安全危害控制过程:食品防欺诈过程、预防人为破坏和蓄意污染过程。

3. FSMS 原则

食品安全与消费时(由消费者摄入)食品安全危害的存在状况有关。由于食品链的任何环节均可能引入食品安全危害。因此,应对整个食物链进行充分的控制。食品安全应通过食物链中所有参与方的共同努力来保证。本文件规定了 FSMS 的要求,该体系结合了下列普遍认同的关键要素:①相互沟通;②体系管理;③前提方案;④危害分析和关键控制点(HACCP)原理。

此外,本文件是在 ISO 管理体系标准通用原则的基础上制定的。管理原则是:以顾客为关注焦点;领导作用;全员积极参与;过程方法;改进;循证决策;关系管理。

4. 与其他管理体系标准的关系

本文件依据 ISO 高阶结构(HLS)制定。HLS 的目标是改善 ISO 管理体系标准之间的一致性。该文件使组织能够使用过程方法,并结合 PDCA 循环和基于风险的思维,使其 FSMS 方法与其他管理体系和支持标准的要求保持一致或一体化。

本文件是 FSMS 的核心原则和框架,并为整个食物链中的组织规定了具体的 FSMS 要求。与食品安全、其他领域的特定说明和/或要求相关的其他指南可与该框架一起使用。

此外,ISO 还开发了一系列相关文件。其中包括以下文件:

——前提方案(ISO / TS 22002 系列),用于食品链特定位置;

——审核和认证机构的要求;

——可追溯性。

(二)正文

GB/T 22000—2018 的正文共包括 10 章,主要内容如图 7-6 和图 7-7 所示。

ISO 22000—2018 的第 4 章至第 10 章构成了食品安全管理体系的完整要求,共包括 30 个二级条,可称为基本要素。这些要素相互联系、相互作用,共同构成食品安全管理体系这一有机整体。由于每个要素都是食品安全管理体系不可分割的一个组成部分,而且相互之间存在紧密的内在联系,因此,为了正确把握每个要素,只有从食品安全管理体系整体出发,剖析要素之间的相互关系,弄清要素之间相互作用的机理,才能够深刻理解每个要素在整个食品安全管理体系中的地位和作用,真正领会每个要素的本质内涵。

一般来说,在组织的食品安全管理体系中,食品安全方针是组织食品安全管理的总方向和宗旨。由于前提方案、操作性前提方案和 HACCP 计划是食品安全管理体系的核心主线,其过程和输出是整个食品安全管理体系的基础,而遵守食品安全法规和其他要求是组织食品安全管理最起码的要求,也是组织最基本的义务,因此,食品安全方针必须包含至少遵守食品安全法规和其他要求的承诺,体现组织自身在危害分析、危害评估和关键点控制方面的特点,并适合组织所面临的危害的性质和程度。同时,为了体现食品安全管理体系与时俱进的精神,食品安全方针还必须包含持续改进的承诺。

虽然食品安全方针统领和指导组织的一切食品安全管理活动,但还必须通过组织的食品安全目标和管理方案得到一一落实。目标是食品安全方针的具体化,是针对食品安全方针每一方面可测量的具体指标,而管理方案是为实现目标所做的具体部署和行动安排,是目标的实施计划。

对前提方案和 HACCP 计划的策划,是组织建立食品安全管理体系的开端,它为危害分析、危害评估和关键点控制与其他食品安全管理体系要素之间建立了明确而显著的联系。此外,对食品安全法规和其他要求的策划,是为了充分识别组织对食品安全法规和其他要求的需求及获取途径,是食品安全管理最重要的基础工作。食品安全法规和其他要求贯穿于整个食品安全管理体系,几乎与所有其他要素保持密切联系,尤其是危害分析、危害评估和关键点控制的重要依据。

食品安全管理体系最重要、最突出的特点是,它强调组织应确保食品链每个环节所有相关的食品危害均得到识别和充分控制。组织的食品安全管理涉及整个食品链中的各组织,因此,组织与其在食品链中的上游和下游组织之间均需要沟通。尤其对于已确定的危害和采取的控制措施,应与顾客和供方进行沟通,这将有助于明确顾客和供方的要求。

为确保食品安全管理体系有效实施和运行,组织需提供相应的资源包括基础设施和工作环境,并建立合适的组织结构,确定所有员工,特别是食品安全小组在食品安全管理体系中的作用、职责和权限。为了使员工能更好地履行其职责,组织还必须采用培训方式强化其食品安全意识和能力。另外,组织与员工和其他相关方就食品安全问题进行协商和沟通,可以充分调动广大员工和其他相关方参与组织食品安全管理的积极性,使食品安全管理变成全体员工共同的事业。

食品安全管理体系重要的信息流是文件、资料和记录。文件是为了使食品安全管理体系得到充分了解和有效运行,而记录是对食品安全管理体系符合性的证实,是审核证据,也是事故、事件和不符合调查和处理的重要线索和依据。为此,组织必须建立程序进行文件和资料控制的记录管理。

对于食品安全管理体系来说,具有好的食品安全方针、安全目标和管理方案并不意味着就一定具有好的结果。为此,组织需对与所认定的、需采取关键点控制措施的运行和活动实施运行控制,以确保这些运行和活动在规定的条件下执行。有时,尽管实施了一系列的危害控制措施,但可能还会出现危害失控和其他紧急情况,因此,为了最大限度地预防和减少随之引发的不合格项,组织还需建立并保持应急准备和响应的计划和程序,以及可追溯性系统,处理这些紧急情况。

在食品安全管理体系实施和运行过程中,组织需不断地进行绩效测量和监视,如果发现事故、事件、不符合,则应及时采取纠正和预防措施。

为了不断改善组织的食品安全管理绩效,组织应定期开展食品安全管理体系审核和验证,以评审和评估组织的食品安全管理体系的有效性。审核涉及食品安全管理体系所有要素,是对这些要素执行情况的总结和评价。

总之,组织的食品安全管理体系运行过程是一个动态循环并持续改进的过程,组织的最高管理者必须对食品安全管理体系定期执行管理评审,根据审核的结果、环境的变化和对持续改进的承诺,验证食品安全方针、目标及其他要素,以确保食品安全管理体系实现持续适宜性、充分性和有效性,达到持续改进的目的。

(三)附录

ISO 22000—2018 包括 2 个资料性附录,具体如下:

——附录 A(资料性附录) CODEX HACCP 与本文之间的对应关。

——附录 B(资料性附录)本文与 ISO 22000:2005 之间的对应关系。

复习思考题

1. 什么是 GMP? 叙述《食品卫生通则》的主要内容。

2. SSOP 主要包括哪些内容?

3. 试述 GMP、SSOP、HACCP 和 ISO 22000 之间的关系。

4. 叙述 HACCP 的 7 个基本原理。

5. 如何在食品企业中实施 HACCP?

第八章 食品质量检验

第一节 质量检验概述

一、食品质量检验的概念和程序

1. 概念

质量检验是指采用特定的检验测试手段和检查方法,对整个生产过程中的原料、中间产品和成品的质量特性进行测定,然后把测定的结果同规定的质量标准进行比较,从而对检验对象做出合格或不合格的判断,决定原料能否用于生产,中间产品能否用于下道工序,成品能否供应市场。

质量检验是对产品质量进行监督检查的重要手段,是保证产品质量的主要措施,是食品企业整个生产过程中不可缺少的中间环节。

2. 程序

(1)确定检验标准和方案。根据产品技术指标和考核指标,确定检验项目和各项目的质量标准;若采用抽样检验,应确定采用什么样的抽样方案;明确合格品或合格批的内涵。

(2)检测。应用特定的方法和手段对产品进行检测,得到产品的质量特性值和结果。

(3)比较。将测试结果同质量标准进行比较,确定产品是否符合质量要求。

(4)判定。根据比较的结果判定单个产品是否为合格品,批量产品是否为合格批。

(5)处理。根据判定结果提出处理意见,对单个产品是合格品的放行,对不合格品打上标记,另做处理;对批量产品决定是否接收、拒收、筛选或复检等。

(6)信息反馈。向上级或有关部门反馈检测数据和判定结果,以促进产品质量的改进,提高合格率。

二、质量检验的主要职能

1. 把关职能

依据检验标准,通过对生产过程中的原料、中间产品及成品的检验,确保不合格的原料不投产、不合格的中间产品不转入下道工序、不合格的成品不出厂。严格把关,保证质量,维护信誉。

2. 预防职能

在质量管理和质量控制过程中,通过质量检验获得质量信息,掌握质量动态,及早发现质量问题,及时采取措施,将质量问题消灭在萌芽状态,制止其不良后果的蔓延,防止同类问题再发生,预防大批不合格品的产生。

现代质量检验和传统的质量检验相比一个重要的区别就在于:传统的质量检验是一种单纯的事后把关,而现代质量检验在严格把关的同时,还要具有预防作用。随着生产自动化的不断提高,生产规模的不断扩大,质量检验的这一职能将会显得更加重要。

3. 报告职能

为了有利于企业领导和有关职能部门及时而准确地掌握生产过程中的质量状态,评价和分析质量管理的绩效,了解质量变化的情况,必须把在检验工作中搜集的质量信息做好记录,从中分析质量问题、质量动态、质量趋势等,并将分析和评价的结果及时向领导和有关部门反馈,以作为提高产品质量的决策依据。

4. 改进职能

充分发挥质检人员对整个生产过程非常熟悉的优势,积极参与质量改进工作,出主意,想办法,为保证产品质量的稳定和提高做出贡献。

质量检验的4项基本职能是不可分割的统一体。通过把关,保证不合格的原材料或半成品不流入下道工序,对产品来说,就等于预防不合格品的产生;在成品检验中,通过对质量检验取得的大量数据、资料进行综合分析,并及时向有关部门报告,就可以为企业提高产品质量、降低消耗提供依据,为改进产品设计、改革加工工艺提供必要的信息,为完善质量管理提供资料。

三、质量检验的分类

质量检验的方式可按不同的方法进行分类。

1. 按生产过程的顺序分类:进货检验、过程检验和最终检验

(1)进货检验。食品企业生产所需的原料、配料、包装材料等多由其他企业生产。进货检验是企业对所采购的原材料及半成品等在入库之前所进行的检验。其目的是防止不合格品进入仓库,防止由于使用不合格品而影响产品质量,打乱正常的生产秩序。

(2)过程检验。过程检验也称工序检验,是在产品形成过程中对各加工工序进行的检验。其目的在于保证各工序的不合格半成品不得流入下道工序,防止对不合格半成品的继

续加工和成批半成品不合格,以确保正常的生产秩序。过程检验一般由生产部门和质检部门分工协作共同完成。

(3)最终检验。最终检验是完工后的产品入库前或发到用户手中之前进行的一次全面检验,是关键的检验。因此必须根据合同规定(如有的话)及有关技术标准或技术要求,对产品实施最终检验。其目的在于保证不合格产品不出厂。最终检验不仅要管好出厂前的检验,而且还应对在此之前进行的进货检验、过程检验是否都符合要求进行核对。只有所有规定的进货检验、过程检验都已完成,各项检验结果满足规定要求后,才能进行最终检验。最终检验的形式一般有:成品(入库)检验、型式检验和出厂检验。

①成品检验。它是在生产结束后、产品入库前对产品进行的常规检验。成品的入库检验项目为常规检验项目,如感官指标、部分理化指标、非致病性微生物指标、包装等。

②型式检验。检验项目包括该产品标准对产品的全部要求,即包括常规检验项目和非常规检验项目。由于非常规检验(农药兽药残留、重金属、致病菌等)大多历时长、耗费大,不可能每批入库(或出厂)时都做。一般情况下,每个生产季度应进行一次型式检验。有下列情况之一者,亦应进行型式检验:新产品或老产品转厂生产时;长期停产,恢复生产时;正式生产后,当主要原辅材料、配方、工艺和关键生产设备有较大改变,可能影响产品质量时;国家质量监督机构提出进行型式检验要求时;出厂检验结果与上次型式检验有较大差异时。

③出厂检验。或称交收检验,是指在将仓库中的产品送交客户前进行的检验。虽然产品入库前已经进行了严格的检验,但由于食品有保质期,所以出厂检验是必要的。出厂检验的项目可以同入库检验一样,也可以从入库检验的项目中选择一部分进行。但要注意,只有型式检验在有效期内、出厂检验合格的产品,才有根据判定它符合质量要求。

2. 按检验地点划分:固定检验和流动检验

固定检验是指在固定的地点进行的检验。固定检验利用技术检验装备对关键工序的产品质量进行检查,其作用是保证产品的关键质量特性。由于技术检验装备不便移动,因此一般将这些装备放在固定地点(如检验室等),由操作工人将加工后的产品送检。

流动检验又称巡回检验,是专职检验员到生产者的工作场地所进行的检验。巡回检验时,检验员按一定的检验路线和巡回次数,对有关工序加工出的半成品、成品的质量,操作工人执行工艺的情况,工序控制图上检验点的情况,以及废次品的隔离情况进行检查。通过巡回检验可以及时发现生产过程中的不稳定因素并加以纠正,防止成批不合格品的产生,同时也便于专职检验员对生产者进行指导。

3. 按检验对象数量划分:全数检验、抽样检验和免检

全数检验是对提交检验的产品逐件进行的检验。全数检验的特点是检验结果的可靠程度高,能得到100%的合格品,但工作量大、时间长、成本高,容易对产品造成破坏。通常对于加工技术复杂、精度要求较高的产品,批量较小的产品,以及下道工序或成品质量影响较大的关键工序。它的检验对象是每个产品。

抽样检验是按照预先确定的抽样方案,在整批检验对象中抽取一定数量样品进行检验,并根据这部分产品的抽检结果对整批检验对象的质量进行判断、处理的检验方式。抽样检验可以减少检验工作量,但一般只适合于批量较大,工序相对稳定的产品的检验。对于需要进行破坏性试验的产品也可采用抽样检验。它的检验对象是整批产品。

免检是指对处于控制状态的工序、质量长期稳定产品免于检验。需要说明的是:"三鹿奶粉"事件后,考虑到食品的特殊性和导致食品安全事故因素的复杂性,为进一步加大食品生产企业的监管力度,确保食品安全,国家质量监督检验检疫总局研究决定,自2008年9月17日起停止所有食品类生产企业的国家免检。

4. 按质量特性的数据性质划分:计数检验和计量检验

计数检验是指对难以用数值表示的特性值,只记录不合格数,无具体测量数值的一种检验方法,如产品的外观、风味、色泽等。

计量检验是指对可以用数值表示的特性值进行检验的方法,如单个产品重、酸碱度、营养成分等。

5. 按检验的技术手段划分:感官检验、理化检验和微生物检验

感官检验也称为官能检验,是依靠人的感觉器官对产品的质量做出评价或判断,如对产品的形状、颜色、气味、伤痕、老化程度等。感官检验主要包括视觉检验、听觉检验、味觉检验、嗅觉检验、触觉检验等。

理化检验是依靠仪器、仪表、测量装置或化学方法对产品进行检验,获得检验结果的方法,理化检验包括物理检验和化学检验。

微生物检验是应用微生物学的基本理论和实验方法,根据卫生学的观点研究食品中微生物的种类、性质、活动规律等,来判断食品的卫生质量。

6. 按检验是否具有破坏性划分:破坏性检验和非破坏性检验

破坏性检验指将产品破坏后才能取得检验结果,检验后的产品丧失了原有的使用价值,因此抽样少,检验误判风险高。

非破坏性检验是指检验中产品不被损坏,因而不丧失原有的性能和使用价值。

7. 按检验项目性质划分:常规检验和非常规检验

(1)常规检验。每批产品必须进行的检验,如感官指标、净含量、部分理化指标、非致病性微生物指标、包装等。

(2)非常规检验。非逐批进行的检验,如农药兽药残留、重金属、致病菌等。

四、食品质量检验标准

食品质量检验就是依据一系列不同的标准,对食品质量进行检测、评价。食品质量检验标准是食品生产、检验和评定质量的技术依据。所谓食品质量标准是规定食品质量特性应达到的技术要求。食品质量检验标准的主要内容有:食品卫生标准、食品产品标准和食品其他标准。

1. 食品卫生标准

食品卫生标准主要包括感官指标、理化指标和微生物指标3部分。感官指标主要对食品的色泽、气味或滋味、组织状态等感官性状作了规定;理化指标对食品中可能对人体造成危害的金属离子(如铅、铜、汞等)、可能存在的农药残留、有害物质(如黄曲霉素数量)及放射性物质等作了明确的量化规定。微生物指标主要包括菌落数、大肠菌群和致病菌三部分,对有些食品还规定了霉菌指标。

2. 食品产品标准

产品标准是指对产品结构、规格、质量和检验方法所做的技术规定。它是产品生产、质量检验、选购验收、使用维护和洽谈贸易的技术依据。食品产品标准有国家标准、行业标准、地方标准及企业标准4个级别。

3. 食品其他标准

食品标准除卫生标准和产品标准外,还有食品工业基础(食品的名词术语、图形代号、产品的分类等)及相关标准、食品包装材料及容器标准、食品添加剂标准、食品检验方法标准等。

五、质量检验的形式

1. 查验原始质量凭证

在所供货物质量稳定,供货方有充分信誉的条件下,质量检验往往查验原始质量凭证,如质量证明书、合格证、检验或试验报告等以认定其质量状况。

2. 实物检验

对食品的安全性有决定性影响的质量指标必须进行实物质量检验。由本单位专职检验人员或委托外部检验单位按规定的程序和要求进行检验。

3. 派员进厂验收

采购方派员到供货方对其产品、产品的生产过程和质量控制进行现场查验,认定供货方产品生产过程质量受控,产品合格,给予认可接收。

第二节 抽样检验

一、抽样检验概述

(一)抽样检验的概念

抽样检验就是按照规定的抽样方案,随机地从群体中抽取少量个体(样本)进行检验,将检验结果与判定基准相比较,然后利用统计的方法来判断群体合格或不合格的检验过程。

抽样检验时,由于抽验的检验量少,因而检验费用低,较为经济,所需检验人员较少,管理也不复杂,有利于集中精力,抓好关键质量,适用于破坏性检验。由于是逐批判定,对供货方提供的产品可能是成批拒收,这样能够起到刺激供货方加强质量管理的作用。

(二)抽样检验的特点

产品的抽样检验是根据样本所检验的结果,判定产品批合格与否的过程。抽样检验有以下的特点。

（1）按事先确定的抽样方案，从产品批中抽取单位产品组成样本并进行检验，用样本检验结果与合格判定数 Ac（或 C）作比较，判断批产品合格或不合格。

（2）抽样检验存在错判风险。

（3）样本作为批的代表，应能按相等的概率从产品中抽取。

（4）应有明确的判定准则和抽样检查程序及方案，无论检查者是谁，都应以同样的方法进行。

（5）应允许经检查合格的批中仍可能存在不合格品，也应认识到经检查判为不合格的批中，合格品占有大多数。

（三）抽样检验的分类

1. 按产品特性值分类

可分为两类：计量型抽样检验和计数型抽样检验。

（1）计量型抽样检验。计量抽样检验方案是检验样本中每个单位产品质量特性值，并计算样本的平均质量特性值来判定批的质量水平的抽样方案。对那些质量不易过关、需作破坏性检验（如品评）以及检验费用极大的检验项目，由于希望尽量减少检验量，一般采用计量检验方法。

计量检验的特点：①只要随机抽取较少的单位产品组成样组，即可判断检验批的不合格品率，从而决定这个检验批能否被接收。在检验同样个数单位产品的条件下，计量检验的结果可靠性要比计数检验好。②对某些影响产品质量不能过关的关键质量特性，一般采用计量检验。③对计量检验来说，一般需事先假定质量特性值为正态分布。

（2）计数型抽样检验。计数抽样检验方案是指在检验产品质量时用计数的方法，即判定批质量时只用到样本中的不合格品数或缺陷数，而不管样本中各单位产品的质量特性值如何。对食品的成批成品抽样检验，常常采用计数检验方法。

计数检验的特点：①检验手续比较简便，费用比较节省，因为它仅仅把产品区分为合格或不合格品。尤其是当一种产品具有多种质量特性时，采用计数检验有可能只要通过一个抽验方案就能做出检验批应否被接收的结论。②有些产品仅能被区分为合格品或不合格品，那么只能采用计数检验。③对计数检验来说，不需要预先假定分布规律。

2. 按抽取样本的次数分类

可分为一次抽样、二次抽样、多次抽样以及序贯抽样等。

（1）一次抽样检验。一次抽样检验是根据一个检验批中一个样组的检验结果来判定该批是接收还是拒收的，一次抽样检验方案由 N、n、Ac、Re 4 个数决定，其中 N 是批量，n 是抽出的样本量，Ac（或 C）是合格判定数，Re 是不合格判定数。一次抽样检验中，$Ac+1=Re$。

一次抽样检验的操作过程如图 8-1 所示。一次抽样检验的特点是：方案的设计、培训与管理容易；抽样数是常数；有关批质量的信息能最大限度地被利用。其缺点是：抽验量一般比二次或多次抽验大，特别是当批不合格率 P 值极小或极大时，更为突出；在心理上，仅依据1次抽验结果就作判定缺乏安全感。

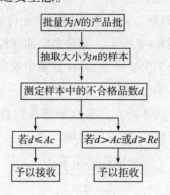

图8-1　一次抽样检验示意图

（2）二次抽样检验。二次抽样检验包括7个参数，即$N,n_1,n_2,Ac_1,Ac_2,Re_1,Re_2$。其中：

n_1——抽取第一样本的大小；

n_2——抽取第二样本的大小；

Ac_1——抽取第一样本时的合格判定数；

Ac_2——抽取第二样本时的合格判定数；

Re_1——抽取第一样本时的不合格判定数；

Re_2——抽取第二样本时的不合格判定数。

二次抽样检验的操作程序如图8-2所示。二次抽样检验的特点是平均抽验量为一次抽样检验量的67%~75%；人们从心理上认为安全能够接收。其缺点是抽验量不定，管理较复杂，抽样检验操作需作专门培训。

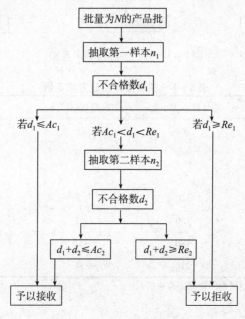

图8-2　二次抽样检验示意图

（3）多次抽样检验。如前所述,二次抽样是通过一次抽样或最多两次抽样就必须对交验的一批产品做出合格与否的判断。而多次抽样则是允许通过 3 次以上的抽样最终对一批产品合格与否做出判断,如图 8-3 所示。通常多次抽样检验所抽取的样品数 n 可相同,也可不同。表 8-1 列举了一个 7 次抽样方案,在方案中规定了合格判定数 Ac 和不合格判定数 Re,其操作程序如图 8-3 所示。图 8-3 中 $Re_i > Ac_i + 1$,至最后一样本时,$Re_k = Ac_k + 1$。当然抽验不一定要进行到 k 次才终止。多次抽样检验具有平均抽样量更少、心理上能被接收的优点,但其方案操作难度高,需专门培训。

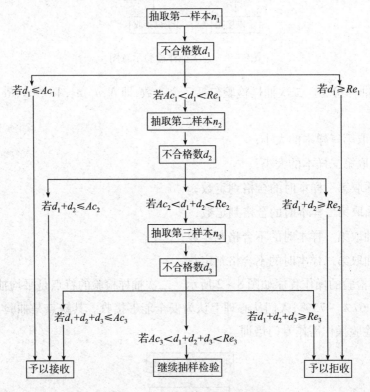

图 8-3　多次抽样检验示意图

表 8-1　多次抽样检验方案实例

样本号	样本大小 n_i	累计样本大小 $\sum n$	合格判定数 Ac_i	不合格判定数 Re_i
第 1 组	30	30	*	2
第 2 组	30	60	0	3
第 3 组	30	90	1	3
第 4 组	30	120	2	4
第 5 组	30	150	2	4
第 6 组	30	180	2	4
第 7 组	30	210	4	5

注:* 号表示仅从第 1 组的结果尚不能做出合格的判定。

（4）序贯抽样检验。序贯抽样检验又称逐项抽样检验或逐次抽样检验。这种方案不限制抽验次数，每次仅抽取 1 个单位产品进行测试，然后作出合格、不合格或继续抽验的判定，直到能作出批合格与否的判定为止。序贯抽验由于检验量少，特别适用于破坏性检验，优缺点与多次抽验基本相同。

（四）抽样检验常用术语

抽样检验中的常用术语如下。

（1）抽样（sampling）：从总体取出一部分个体的过程称为抽样。

（2）抽样方案：为实施抽样检验而确定的一组规则称为抽样方案，它包括如何抽取样本、样本大小以及为判定合格与否的判别标准等。通常用样本大小、合格判定数、不合格判定数 3 个参数来表征抽样方案。

（3）单位产品（item）：单位产品就是要实行检查的基本产品单位，或称为个体。单位产品的划分带有随意性，根据具体情况而决定，如 1 瓶奶粉、1 个月饼等，又称检验单位。

（4）样本（sample）和样本量（sample size）：从总体中抽取的，用以测试、判断总体质量的一部分基本单位称为样本，样本是由一个或多个单位产品构成的；样本量是指样本中产品的数量，通常记作 n。

（5）生产批：在一定条件下生产出来的一定数量的单位产品所构成的总体称为生产批，简称批。

（6）检验批：为判定质量而检验的且在同一条件下生产出来的一批单位产品称为检验批，又称交验批、受验批，有时混称为生产批，简称批。批的形式有稳定批和流动批两种。前者是将整批产品储放在一起，同时提交检验；后者的单位产品无须预先形成批而是逐个从检验点通过，由检验员直接进行检验。一般说来，成品检验采用稳定批的形式，工序检验采用流动批的形式。

（7）批量（lot size）：交验批中所包含的单位产品数量称为批量，通常记作 N。

（8）不合格：指单位产品的任何一个质量特性不满足规定要求。根据质量特性的重要性或不符合的严重程度，不合格分为以下 3 种。

A 类不合格：被认为应给予最高关注的一种类型的不合格，也可以认为单位产品的极重要的质量特性不符合规定，或单位产品的质量特性极不符合规定。

B 类不合格：关注程度稍低于 A 类的不合格，或者说单位产品的重要的质量特性不符合规定，或单位产品的质量特性不符合规定。

C 类不合格：单位产品的一般质量特性不符合规定，或单位产品的质量特性轻微不符合规定。

（9）不合格品：有 1 个或 1 个以上不合格的单位产品。通常不合格品分为以下 3 种。

A 类不合格品：有 1 个或 1 个以上 A 类不合格，也可能有 B 类和 C 类不合格的单位产品。

B 类不合格品：有 1 个或 1 个以上 B 类不合格，也可能有 C 类不合格，但没有 A 类不合格的单位产品。

C类不合格品:有1个或1个以上C类不合格,但没有A类和B类不合格的单位产品。

(10)随机抽样:每个单位产品都有同等被抽到的机会。

(五)抽样检验方法

1. 批的组成原则

实施抽样检验,首先要决定产品批。检验批只能由在基本相同的时间段和一致的条件下生产的产品组成。也就是说,这些产品要符合一致性的要求。构成批的单位产品的质量不应有本质的差异,只能有随机的波动。

下面几点应注意:①不同原料、零件制造的产品不得归在一起;②不同设备、制造方法制造的产品,不得归在一起;③不同时段或交替轮番制造的产品,一般不得归在一起。例如,某产品以一天的产量作为批量时,一天之中,由于故障原因,设备和工装做了调整,这一天的产量,要以调整前后的产量分别组成检验批。

批的形式有稳定批和流动批。稳定批是指产品可以整批存放在一起,使批中所有单位产品可以同时提交检验;流动批是指由一段时间不断完工的产品构成,如生产线上的产品,不可以等全部产品做完后才抽检,一般都是每隔一定的时间抽样。

2. 批的提交

产品批提交时要注意以下事项:①提交检验的一批批产品的顺序不能乱。对于调整型抽样方案,应严格按照生产顺序提交检验,不能随意打乱,否则根据连续批的质量状况来调整检验的力度(放宽或加严)就无可遵循,无法操作了;②检验批要尽可能符合一致性的要求;③批的组成、批量以及识别每个批的方式,由生产方与使用方协商确定;④提交时,必须整批提交。具体提交方式,可以根据产品质量要求、实际生产情况在保证接收批质量的前提下由生产方与使用方协商确定。

3. 随机抽样及方法

随机抽样检验的方法有以下4种:简单随机抽样、机械随机抽样、分层随机抽样和整群抽样法。

(1)简单随机抽样(单纯随机抽样)。简单随机抽样是指对总体各单位,任意抽取样本单位,并保证每个单位都有同等的抽选机会。按简单随机抽样的定义,总体中每个单位产品被抽到样本的可能性都相等。为实现抽样随机化,具体做法有以下几种。

①抽签、抓阄法:将总体各单位产品进行编号,做成签或阄,按事先确定的抽样数目从充分混合的签和阄中抽取。例如,从50件产品中随机抽取5件组成样本,把50件产品从1开始编号一直到50号,然后用抽签或抓阄的办法,任意抽5件,假如抽到2,6,10,28,40,就把这5个编号的产品拿出来组成样本。

②随机数表法(乱数表法):随机数表是由数字0,1,2,…,9组成,并且每个数字在表中各个位置出现的机会都一样,表8-2就是一个随机数表。随机数表法用于当总体单位数较多且数值已确定时来抽取样本单位。

表 8 - 2　随机数表

03	47	43	73	86	36	96	47	36	61	46	98	63	71	62
97	74	24	67	62	42	81	14	57	20	42	53	32	37	32
16	76	02	27	66	56	50	26	71	07	32	90	79	78	53
12	56	85	99	26	96	96	68	27	31	05	03	72	93	15
55	59	56	35	64	38	54	82	46	22	31	62	43	09	90
16	22	77	94	39	49	54	43	54	82	17	37	93	23	78
84	42	17	53	31	57	24	55	06	88	77	04	74	47	67
63	01	63	78	59	16	95	55	67	19	98	10	50	71	75
33	21	12	34	29	78	64	56	07	82	52	42	07	44	28
57	60	86	32	44	09	47	02	96	54	49	17	46	09	62
18	18	07	92	46	44	17	16	58	09	79	83	86	19	62
26	62	38	97	75	84	16	07	44	99	83	11	46	32	24
23	42	40	54	74	82	97	77	77	81	07	45	32	14	08
62	36	28	19	95	50	92	26	11	97	00	56	76	31	38
37	85	94	35	12	83	39	50	08	30	42	34	07	96	88
70	29	17	12	13	40	33	20	38	26	13	89	51	03	74
56	62	18	37	35	96	83	50	87	75	97	12	25	93	47
99	49	57	22	77	88	42	95	45	72	16	64	36	16	00
16	08	15	04	72	33	27	14	34	09	45	59	34	68	49
31	16	93	32	43	50	27	89	87	19	20	15	37	00	49

随机数表法的步骤:首先,将总体中的所有个体编号(每个号码位数一致);其次,在随机数表中任选一个数作为开始;再次,从选定的数开始按一定方向读下去,得到的数码若不在编号中,则跳过;若在编号中则取出,得到的数码若在前面已经取出,也跳过,如此进行下去,直到取满为止;最后,根据选定的号码抽取样本。

【例 8 - 1】　某企业要调查消费者对某产品的需求量,要从 800 户居民中抽选 10 户,使用随机数表 8 - 2 进行抽样。

解:首先,对调查总体 800 户居民编号,从 001 ~ 800。其次,假设抽样起点为第 3 行第 1 列,则抽样起点为"167"。再次,从上往下抽,产生的 10 户样本编号为:167、125、555、162、630、332、576、181、266、234。

③随机数发生器(随机数骰子法)。这是一种简单实用的方法。它是利用随机数骰子获得随机数,并据以进行简单随机抽样的方法。

国家标准 GB/T 10111—88 推荐的随机数骰子是一种正 20 面体骰子,一套 6 个,具有不同颜色,各面上刻有 0 ~ 9 的数字各 2 个,图 8 - 4 为其示意图。用它可以产生一位,两位,……,六位随机数。使用时,根据需要选取 m 个骰子,规定各种颜色骰子所表示的位数。

例如,用红骰子代表个位数,黄骰子代表十位数,蓝骰子代表百位数等。并特别规定,m 个骰子出现的数字均为"0"时表示"$10m$"。将 m 个骰子放在盒内摇动即得到一个 m 位随机数,继续下去,可得 m 位随机数列。利用随机数列,选取随机数,选取方法与随机数表法相同。

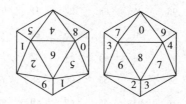

图 8 - 4 随机数骰子示意图

简单随机抽样适于不了解总体信息且总体较均匀的情况。简单随机抽样的特点:总体的个体数有限(有限性);样本的抽取是逐个进行的,每次只抽取一个个体(逐一性);抽取的样本不放回,样本中无重复个体(不回性);每个个体被抽到的机会都相等(等率性)。

(2)系统随机抽样(机械抽样、等距抽样)。将总体中要抽取的产品按某种次序排列,在规定范围内随机抽取 1 个或 1 组产品,并按同一套规则确定其他样本单位的抽样方法,称为系统随机抽样。系统随机抽样的方法有以下 3 种。

①按时间顺序抽取,每个一定时间抽取一个单位产品,直到抽足样本量,如生产线上每隔 5 分钟抽取 1 个产品进行质量检验。

②按空间顺序抽取,每隔一定空间距离抽取 1 个样本单位,直到抽足样本量,如每隔 10 个产品抽取 1 个产品进行质量检验,每隔 20m 取 1m 布进行检验。

③按产品编号顺序抽取,如 80 件产品抽 8 件组成样本。先将 80 件产品编号 01 ~ 80 号,然后用抽签或随机数表法确定 01 ~ 10 号中的哪件产品入选为样本单位,以此类推直至从 71 ~ 80 号产品中抽完最后 1 个样品,由这些组成样本。

确定间隔时,注意不要与现象本身周期性变化相重合,避免出现系统性偏误,如一台织布机每隔 50m 就出现一段疵布,而检验人员取样时正好每隔 50m 取一段检验,这样一来就会对整个工序及产品的质量得出错误的结论。

(3)分层随机抽样。分层随机抽样是从一个可以分成不同层的总体中,按规定的比例从不同层中随机抽取样品的方法。做法如下:将总体按产品的某些特征把整批产品划分为若干层,同一层内的产品质量尽可能均匀一致,在各层内分别用简单随机抽样法抽取一定数量的个体组成一个样本。可以按设备、操作人员、操作方法分层。优点是样本代表性比较好,抽样误差比较小。缺点是抽样手续较简单随机抽样还要复杂。

【例 8 - 2】 批量 $N = 1600$ 的产品,由 A、B、C 三条生产线生产的。其中 A 线产品为 800,B 线产品为 640,C 线产品为 160。采用分层抽样法,抽取一个 $n = 20$ 的样本。

①计算各层抽取的单位产品数。

A 线抽取单位产品数 $= 20 \times \dfrac{800}{1600} = 10$

$$B \text{ 线抽取单位产品数} = 20 \times \frac{640}{1600} = 8$$

$$C \text{ 线抽取单位产品数} = 20 \times \frac{160}{1600} = 2$$

②用分层随机抽样法,分别在各层中抽取单位产品,并组成 $n=20$ 的样本。

(4)整群抽样法。整群抽样法是指将总体分成许多群(组),每个群(组)由个体按一定方式结合而成,然后随机地抽取若干群(组),并由这些群(组)中的所有个体组成样本。例如,对某种产品,每隔 20h 抽出其中 1h 的产量组成样本;每次取 1 箱、1 堆、1 小时的产品。优点是抽样实施方便,缺点是由于样本取自个别几个群体,而不能均匀地分布在总体中,因而代表性差,抽样误差大。

(六)批质量的表述方法

单个提交检验批产品的质量称为批质量,由于质量特性值的属性不同,表示批质量的方法也不同。

1. 批不合格品率 P

批中不合格单位产品所占的比例,即

$$P = D/N$$

式中,D 为批中不合格品总数;N 为批量。

2. 批每百单位产品不合格品数

批的不合格品数除以批量,再乘以 100,即

$$100P = (D/N) \times 100$$

以上两种方法常用于计件抽样检验。

3. 过程平均

一定时期或一定量产品范围内的过程水平的平均值称为过程平均,它是过程处于稳定状态下的质量水平。在抽样检验中常将其解释为"一系列连续提交批的平均不合格品率""一系列初次提交的检验批的平均质量(用不合格品百分数或每单位产品不合格数表示)"。

"过程"是总体的概念,过程平均是不能计算或选择的,但是可以估计,即根据过去抽样检验的数据来估计过程平均。

过程平均是稳定生产前提下的过程平均不合格品率的简称,其理论表达式为

$$\overline{P} = \frac{D_1 + D_2 + \cdots + D_k}{N_1 + N_2 + \cdots + N_k} \times 100\%$$

式中,$\overline{P}$ 为过程平均不合格品率;N_k 为第 k 批产品的批量;D_k 为第 k 批产品的不合格品数;k 为批数。

实际上,$\overline{P}$ 值是不易得到的,一般可利用抽样检验的结果来估计。假设从上述 k 批产品中顺序抽取 k 个样本,其样本大小分别为 $n_1, n_2, \cdots, n_k$,经检验,其不合格品数分别为 $d_1, d_2, \cdots, d_k$,则过程平均不合格率为

$$\bar{p} = \frac{d_1 + d_2 + \cdots + d_k}{n_1 + n_2 + \cdots + n_k} \times 100\%$$

式中,$\bar{P}$称为样本的平均不合格品率,它是过程平均不合格品率的一个估计值。计算过程平均不合格率是为了了解交验产品的整体质量水平,这对设计合理的抽样方案,保证验收产品质量以及保护供求双方利益都是至关重要的。

必须注意,经过返修或挑选后再次提交检验的批产品的数据,不能用来估计过程平均不合格品率。同时,用来估计过程平均不合格品率的批数,一般不应少于20批。如果是新产品,开始时可以用5~10批的抽检结果进行估计,以后应当至少用20批抽检结果进行估计。一般来说,在生产条件基本稳定的情况下,用于估计过程平均不合格品率的产品批数越多,检验的单位产品数量越大,对产品质量水平的估计就越可靠。

(七)常用抽样检验标准

抽样检验方案可根据抽样检验的具体要求和概率论与数理统计的原理进行设计,国际标准化组织和国家标准化管理部门将常用的一些抽样方法编写成标准供各方使用。除非有特殊要求需自己设计抽样方案之外,一般应首选国家推荐的抽样标准进行抽样。目前我国抽样检验方案国家标准,如表8-3所示。

表8-3 抽样检验方案国家标准

方案	标准名称和编号
计数抽样方案	GB/T 13262—2008《不合格品百分数的计数标准型一次抽样检验程序及抽样表》
	GB/T 13546—1992《挑选型计数抽样检查程序及抽样表》
	GB/T 2828.1—2012《计数抽样检验程序 第1部分:按接收质量限(AQL)检索的逐批检验抽样计划》
	GB/T 2828.2—2008《计数抽样检验程序 第2部分:按极限质量(LQ)检索的孤立批检验抽样方案》
	GB/T 8051—2008《计数序贯抽样检验方案》
	GB/T 8052—2002《单水平和多水平计数连续抽样检验程序及表》
	GB/T 2828.3—2008《计数抽样检验程度 第3部分:跳批抽样程序》
	GB/T 13264—2008《不合格品百分数的小批计数抽样检验程序及抽样表》
	GB/T 2829—2002《周期检验计数抽样程序及表(适用于对过程稳定性的检验)》
	GB/T 13732—2009《粒度均匀散料抽样检验通则》
计量抽样方案	GB/T 8054—2008《计量标准型一次抽样检验程序及表》
	GB/T 6378.1—2008《计量抽样检验程序 第1部分:按接收质量限(AQL)检索的对单一质量特性和单个AQL的逐批检验的一次抽样方案》
	GB/T 16307—1996《计量截尾序贯抽样检验程序及抽样表(适用于标准差已知的情形)》

二、抽样检验特性曲线

(一)批产品质量的判断过程

抽样检验的对象是一批产品,而不是单个产品。在提交检验的一批产品中允许有一些不合格品,可用批不合格品率 P 作为衡量其好坏的指标。

当然, $P=0$ 是理想状态。在抽样检验中,要做到这一点是困难的,从经济上讲,也没有必要。因此,在抽样检验时,首先要确定一个合格的批质量水平,即批不合格品率的标准值 P_t ,然后将交检批的批不合格品率 P 与 P_t 比较。如果 $P \leqslant P_t$,则认为这批产品合格,予以接收;如果 $P > P_t$,则认为这批产品不合格,予以拒收。但在实际中通过抽样检验是不可能精确地得到一批产品的批不合格品率 P 的,除非进行全数检验。所以在保证 n 对 N 有代表性的前提下,用样本中包含的不合格品数 d 的大小来推断整批质量,并与标准要求进行比较。因此,对批的验收归结为两个参数:样本量 n 和样本中包含的不合格(品)数,后者用 Ac 表示,称为合格判定数。这样就形成了一个抽样方案 (n,Ac) 。由此可以看出,用抽样方案 (n,Ac) 去验收一批产品实际上是对该批产品质量水平的推断并与标准要求进行比较的过程。

批质量的判断过程是:从批量 N 中随机抽取 n 个单位产品组成一个样本,然后对样本中每一个产品进行逐一测量,记下其中的不合格品数 d ,如果 $d \leqslant Ac$,则认为该批产品质量合格,予以接收;如果 $d \geqslant Ac+1$,则认为该批产品质量不合格,予以拒收。 $Ac+1$ 即为不合格判定数,用 Re 来表示。

(二)抽样方案的接收概率

1.接收概率的概念

接收概率指的是具有一定质量的批,按给定的抽样方案判定该批产品合格而接收的可能性大小,即该批产品的合格概率。

当该批产品质量为给定值,使用一定抽样方案验收时,接收该批的概率用 $L(P)$ 或 P_A 表示。如果抽样方案 (n,Ac) 中样本量 n 与接收数 Ac 已确定,则由概率加法定理可得

$$L(P) = P_0 + P_1 + P_2 + \cdots + P_{Ac} = \sum_{d=0}^{Ac} P_d$$

式中, $P_0,P_1,\cdots,P_A$ 为在抽取样本中不合格品数分别等于 $0,1,\cdots,Ac$ 时的概率; P_d 为在抽取样本中不合格品数等于 d 个的概率。

当批量 N 及其中不合格品数 D 确定(批质量水平 P 确定)后,接收概率 $L(P)$ 取决于抽样方案 (n,Ac) ,即与样本及接收数有关。

2.接收概率的计算

在各种抽样检验方案中,一次抽样检验方案是基础,弄清一次抽样检验方案的原理,其他抽样检验方案就容易理解,因此我们以一次抽样检验方案为例,讨论抽样检验的原理和方法。

(1)超几何分布算法。样本中不合格品数 d 的抽取概率 P_d 的计算方法要是知道,我们就能求出 $L(p)$ 。假设检验批的批量为 N ,其中不合格品数为 D ,则批不合格品率 $P=(D/N)\times100\%$ 。现从批中随机抽取 n 个单位产品,则样本中出现 d 个不合格品的概率可按超几何分布公式计算:

$$P_n(d) = \frac{C_D^d \cdot C_{N-D}^{n-d}}{C_N^n}$$

所以,接收概率 $L(P)$ 为:

$$L(P) = \sum_{d=0}^{Ac} \frac{C_D^d \cdot C_{N-D}^{n-d}}{C_N^n}$$

(2)二项分布计算法。由概率论知,当总体为无穷大或近似无穷大($\frac{n}{N} < 0.1$)时,可用二项概率去近似求超几何概率。故利用二项分布计算接收概率的公式为:

$$L(P) = \sum_{d=0}^{Ac} C_n^d P^d (1-P)^{n-d}$$

上式适合于无限总体计件抽样检验时接收概率的计算。

(3)泊松分布计算法。当 $\frac{n}{N} < 0.1$ 且 $P < 0.1$ 时,超几何概率又可用泊松分布近似计算,故接收概率可用泊松分布表示为:

$$L(P) = \sum_{d=0}^{Ac} \frac{(nP)^d}{d!} e^{-np} \quad (e = 2.71828\cdots)$$

上式适合于计点抽样检验时接收概率的计算。在实际操作时,一般都能满足二项分布和泊松分布的条件,超几何分布并不常用。

【例8-3】 罐装啤酒的玻璃瓶,如果把玻璃瓶上的每个气泡作为1个缺陷已知每个容器上的平均气泡数0.1,若采用(10,2)方案来验收,则接收该批产品的概率 $L(P)$ 为:

$$L(P) = \sum_{d=0}^{Ac} \frac{(nP)^d}{d!} e^{-nP} = \frac{1}{0!} e^{-1} + \frac{1^1}{1!} e^{-1} + \frac{1^2}{2!} e^{-1} = 0.9197$$

(三)抽样检验方案的特性曲线

1. OC 曲线的概念

对于具有不同的不合格率 P 的检验批,在抽验中,都可以求出相应的接收概率 $L(P)$。如果以 P 为横坐标,以 $L(P)$ 为纵坐标,根据 $L(P)$ 和 P 的函数关系,可以做出1条曲线,这条曲线就是这一抽样检验方案的操作特性曲线(Operating Characteristic Curve),简称 OC 曲线,如图8-5所示,它实际上是 OC 函数的直观表示。

抽样方案与 OC 曲线是一一对应的关系,即对应于不同的抽样方案(n, Ac),都相应有不同的 OC 曲线,反之亦然。根据 OC 曲线,可查知采用该曲线所对应的抽样检验方案验收产品批时,与某一质量水平 P 相对应的 $L(P)$ 值。

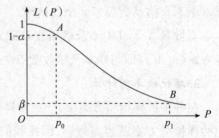

图8-5 计数标准型一次抽样
方案的 OC 曲线

采用不同的抽验方案验收检验批时,批的接收概率 $L(P)$ 虽然都是 P 的函数,但相应于不同方案的 $L(P)$ 形式是不同的,不同的 $L(P)$ 函数形式反映了不同的抽样检验方案的操作特性。通过 OC 曲线可直观地比较不同抽样方案对检验批的鉴别能力,选择合适的抽样方案。

2. OC 曲线分析

(1)理想方案的 OC 曲线。在进行产品质量检查时,总是首先对产品批不合格品率规定一个值 P_t 作为判断标准,即当批不合格品率 $P \leqslant P_t$ 时,产品批为合格,而当 $P > P_t$ 时,产品批为不合格。因此,理想的抽样方案应当满足:当 $P \leqslant P_t$ 时,接收概率 $L(P) = 1$,当 $P > P_t$ 时,$L(P) = 0$。其抽样特性曲线为两段水平线,见图 8 - 6。

但是,理想的 OC 曲线实际上是不存在的,除非 100% 检验并且保证不发生错检和漏检。

(2)不理想的 OC 曲线。当然,我们也不希望出现不理想的 OC 曲线。例如,方案(10,1,0)的 OC 曲线为一条直线,如图 8 - 7 所示。从图中可看出,这种方案的判断能力是很差的。因为,当批不合格品率 P 达到 50% 时,接收概率仍有 50%,也就是说,这么差的两批产品中,也会有一批将被接收。

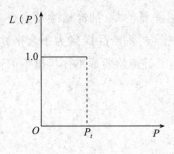

图 8 - 6 理想的 OC 曲线

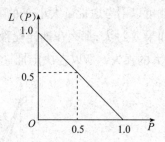

图 8 - 7 不理想的 OC 曲线

(3)实际的 OC 曲线与两类风险。理想的 OC 曲线显然是我们最想要的,但是由于受到实际条件的限制,我们是不可能得到的。所以我们能够得到的只能是一种较为理想的折中方案:当批质量好时($P \leqslant P_0$),能以较高的接收概率判它接收;当批质量差到某个规定的界限($P \geqslant P_1$)时,能以较高的概率判它拒收;当产品质量变坏(如 $P_0 \leqslant P \leqslant P_1$)时,接收概率要能够迅速减少。这样的 OC 曲线如图 8 - 8 所示。

在这样的一条实际的 OC 曲线所表示的方案中,当产品的批质量比较好($P \leqslant P_0$)时,不可能 100% 地接收(除非 $P = 0$),而只能以较高的概率接收,并以一个较低的概率 α 予以拒收。这种由于抽检方案的原因而把合格品判为不合格品并予以拒收的错误称为第一类错误。拒收的概率 α 叫作第一类错判概率。这种错判会给生产者带来损失,因此这种错判的风险又称为生产方风险,拒收概率 α 又称为生产方风险率,它反映了把质量较好的产品批错判为不合格并予以拒收的概率。

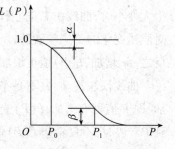

图 8 - 8 实际的 OC 曲线

同时,当产品不合格率较高(如 $P \geqslant P_1$)时,也不会 100% 地予以拒收(除非 $P = 1$),而是

以较小的概率 β 接收。这种由于抽样检验的原因把不合格品错判为合格品并予以接收的错误称为第二类错误，它会使用户受到损失。这个将不合格品错判为接收的概率 β 叫作第二类错误概率，又叫使用方风险率。

3. OC 曲线与 N、n、Ac 之间的关系

抽样特性曲线和抽样方案是一一对应的关系，也就是说有一个抽样方案就有与之对应的一条 OC 曲线；同时，有一条抽样特性曲线，就有与之对应的一个抽样检验方案。因此，当抽样检验方案变化，即 N、n 和 Ac 变化时，OC 曲线也必然随之发生变化。下面具体讨论 OC 曲线是怎样随着这 3 个参数的变化而变化的。

(1) n、Ac 固定，N 变化。如图 8-9 所示，4 个方案均为 ($n=20$，$Ac=0$) 的特性曲线，最大的 N 和最小的相差 20 倍，但它的 OC 曲线非常接近，如果按 $N=\infty$，$n=20$，$Ac=0$ 的方案再在图上画出 OC 曲线，它将与方案 $N=1000$，$n=20$，$Ac=0$ 的 OC 曲线几乎重合，即 N 对 OC 曲线形状影响很小，所以抽样方案常用 n、Ac 两个数字来表示。当 $N/n \geqslant 10$ 时，在决定抽样方案时，就可以不考虑批量大小 N 的影响。应当注意的是，抽样检验总会存在误判的可能。所以，如果 N 过大，那么在抽样检验时一旦犯错误，将产品误判为不合格并予以拒收，就会带来巨大的损失。所以在决定批量时，不能为了分摊检验成本而将批量取得过大。

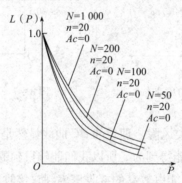

图 8-9　n、Ac 固定，N 变化对 OC 曲线的影响

(2) N、n 固定，Ac 变化。OC 曲线的变化如图 8-10 所示，当 $N=1000$，$n=50$，Ac 值则由大变小时，曲线由右向左移动且倾斜度变大，相同 P 值时 $L(P)$ 值减小，这表明 OC 曲线对质量变化的反应越敏感，所代表的抽样检验方案越严，对批质量水平的鉴别能力越强。反之，Ac 增加，$L(P)$ 值也增加，方案变宽。

曲线往左移动，并不是平行移动，越往左曲线越陡，$L(P)$ 变化较大，也就是灵敏度增加，即 P 值稍有增加，$L(P)$ 变化很大，这种情况是不希望发生的。从理想情况看，当 P 减小到 $P < P_0$ 时，不仅希望 $L(P)$ 值大，而且希望较稳定，不要发生剧变。当 $Ac=0$ 时，OC 曲线顶部没有拐点，是顶部为尖形的曲线，这类 OC 曲线的顶部接收概率随批质量的变化较敏感，因此生产方的风险较大，故尽量不要使用 $Ac=0$ 的抽样方案。

(3) N、Ac 固定，n 变化。如图 8-11 所示，当 $N=1000$，$Ac=1$ 时，增加 n，曲线往左移，接收概率变小，方案变严，且灵敏度也增加。

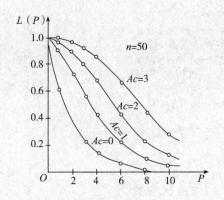
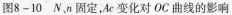

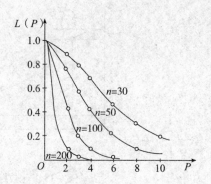

图8-10 N、n 固定,Ac 变化对 OC 曲线的影响　　图8-11 N、Ac 固定,n 变化对 OC 曲线的影响

(四)百分比抽样的不合理性

有些企业使用的是百分比抽样方案。所谓百分比抽样方案就是不论批量大小,都按一定的百分比抽取样本进行检验,而且在样本中允许的不合格品数(接收数 Ac)都是一样的。仅从表面上看,这种抽样方案好像是很公平合理的,其实这种方案是一种很不科学的方案。

设有批量不同但批质量相同(如批不合格品率均为 6%)的三批产品,批量分别为 500,1 000 和 2 000。根据百分比抽样方案假定抽取样本比例为 5% ,接收数 $Ac = 2$。则三批产品的相应的抽样方案分别为 Ⅰ(25,2);Ⅱ(50,2);Ⅲ(100,2)。在确定了抽样方案之后,就可以绘出各抽样方案的 OC 曲线。为便于比较,将三种方案的 OC 曲线绘于同一个图中,如图 8-12 所示。

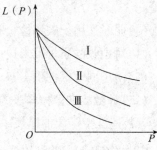

图8-12 百分比抽样方案的
特性曲线

从图 8-12 中可以很明显地看出,方案Ⅲ比方案Ⅱ严,方案Ⅱ比方案Ⅰ严。也就是说百分比抽样是大批严,小批宽,即对批量大的检验批提高了验收标准,而对批量小的批却降低了验收标准。对相同质量水平的产品却采用了不同的验收标准,可见百分比抽样是不合理的。

三、计数标准型抽样方案

(一)计数标准型抽样检验概述

计数标准型抽样方案是最基本的抽样方案。所谓标准型抽样方案,就是同时严格控制生产方与使用方的风险,按供需双方共同制定的 OC 曲线所进行的抽样检验,即它同时规定生产方的质量要求和对使用方的质量保护。代表生产方和使用方利益的就是 P_0、α,P_1、β 这 4 个参数。

典型的标准型抽样方案是:希望不合格品率为 P_1 的批尽量不合格,设其接收概率:$L(P_1) = \beta$;希望不合格品率为 P_0 的批尽量合格,设其拒收概率 $1 - L(P_0) = \alpha$。一般规定 $\alpha = 0.05$,$\beta = 0.10$。OC 曲线如图 8-13 所示。

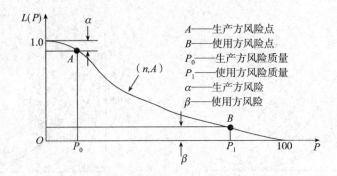

图 8 – 13　计数标准型抽样方案的 OC 曲线

生产方风险 α：好的质量批被拒收时生产方所承担的风险。

使用方风险 β：坏的质量批被接收时使用方所承担的风险。

生产方风险质量 P_0：对于给定的抽样方案，与规定的生产方风险相对应的质量水平。

使用方风险质量 P_1：对于给定的抽样方案，与规定的使用方风险相对应的质量水平。

计数标准型抽样检验方案的特点如下。

（1）通过选取相应于 P_0、P_1 的 α、β 值，同时满足供需双方的需求，保护供需双方。

（2）不要求提供检验批验前资料（如制造过程的平均不合格品率），适用于孤立批的检验。

（3）同时适用于破坏检验和非破坏性检验。

（4）对拒收的质量批未提出处理要求。

（5）由于同时保护供需双方，在同等质量要求下，所抽取的样本量较大。

（二）计数标准型抽样表的构成

计数标准型一次抽样表中，只要给出 P_0、P_1 就可以从中求出样本量 n 和合格判定数 Ac。GB/T 13262—2008（附表 3）的抽样表由下列内容构成。

（1）P_0 栏从 0.091% ~ 0.100%（代表值 0.095%）至 10.1% ~ 11.2%，共分 42 个区间；P_1 栏从 0.71% ~ 0.80%（代表值 0.75%）至 31.6% ~ 35.5%，共分 34 个区间。

（2）样本量 n，考虑到使用方便，取以下 209 级：5，6，…，1820，2055。

（三）计数标准型抽样的步骤

（1）确定质量标准。对于单位产品，应明确规定区分合格品与不合格品的标准。

（2）确定生产方风险质量与使用方风险质量。P_0、P_1 值应由供需双方协商决定。作为选取 P_0、P_1 的依据，通常取生产方风险 $\alpha = 0.05$，使用方风险 $\beta = 0.10$。

决定 P_1、P_0 时，要综合考虑生产能力、制造成本、质量要求和检验费用等因素。通常，A 类不合格或不合格品的 P_0 应选得比 B 类的要小；而 B 类不合格或不合格品的 P_0 值又应选得比 C 类的要小。

P_1 的选取，一般应使 P_1 与 P_0 拉开一定的距离，通常取 $P_1 = (4 \sim 10)P_0$。P_1/P_0 过小，会增加样本量，检验费用增加；P_1/P_0 过大，又会放松质量要求，对使用方不利。

（3）批的组成。如何组成检验批，对于质量保证有很大的影响。组成批的基本原则是：同一批内的产品应当是在同一条件下生产的。因为质量不同的几组产品组成一批，很难通过抽检区分出其中的"好的部分"与"差的部分"。

一般按包装条件及贸易习惯组成的批，不能直接作为检验批。批量越大，单位产品所占的检验费用的比例就越小。然而，批量过大，一旦优质批被错判为不合格，或劣质批被错判为合格，都将使全数挑选的工作量大幅增加。

（4）检索抽样方案。①根据事先规定的 P_0、P_1 值，在表中先找到 P_0 所在的行和 P_1 所在的列，然后求出它们相交的栏；②栏中标点符号左边的数值为 n，右边的数值为 Ac，于是得到抽样方案 (n, Ac)。

（5）选取样本。这一程序的关键是尽量做到"随机化"。随机抽样方法很多，可采取单纯随机抽样，也可采取分层随机抽样等。

（6）检验样本。根据规定的质量标准，测试与判断样本中每个产品合格与否，记下样本中不合格品数 d。

（7）批的判定。$d \leqslant Ac$，批合格；$d > Ac$，批不合格。

（8）批的处置。①判为合格的批即可接收。至于样本中已发现的不合格品中是直接接收、退货，还是换成合格品，要按事先签订的合同来定；②对于判为不合格的批，全部退货。但是，也可以有条件地（如降价）接收，或进行全数挑选仅接收其中的合格品，不过这要由事先签订的合同来定。

【例 8-4】 某食品厂与某用户商定，当食品厂所提供产品批的不合格品率小于 3% 时，用户以高于 95% 的概率接收；当不合格品率大于 12% 时，用户将以低于 10% 的概率接收。试制定计数标准型一次抽样检验方案。

解：因为 $P_0 = 3\%$，$P_1 = 12\%$，从 GB/T 13262—2008（附表 3）中查出 P_0 为 $(2.81 \sim 3.15)\%$ 的这一行及 P_1 为 $(11.3 \sim 12.5)\%$ 的这一列，其交点所对应的数字为 $(66, 4)$。所以这一标准型一次抽样检验方案是 $n = 66$，$Ac = 4$，即 $(66, 4)$。

本例中，如果 P_0 不变，而规定 $P_1 = 6\%$，那么从表中查得的方案将变成 $(415, 18)$，检验工作量将为原来的 6 倍多。故生产方与使用方商定 P_0 与 P_1 时，两者之比不能太靠近 1，否则会造成 n 的值太大而增加检验工作量。

四、计数调整型抽样检验

（一）计数调整型抽样检验的概念和特点

所谓调整型抽样检验，就是根据一系列批产品质量的变化情况，按照预先确定的转移规则，适当地调整方案。调整型抽样检验能充分利用一系列批的质量历史，在保证批质量的前提下，达到节约成本、降低费用的目的。

我国于 2003 年发布了等同采用 ISO 2859.1—1999 的国家标准 GB/T 2828.1—2003《计数抽样检验程序 第 1 部分：按接收质量限（AQL）检索的逐批检验抽样计划》，并于

2012 年对该国家标准的部分术语、定义和符号进行了修订。

GB/T 2828.1 是计数抽样检验标准,只适用于计数抽样检验的场合,主要用于连续批的逐批检验,也可用于孤立批的检验,但用于孤立批的场合时,使用者应仔细分析 OC 曲线,从中找出具有所需保护能力的方案。

GB/T 2828.1 有以下特点。①保证长期的质量。使用方要求的质量用接收质量限(AQL)表示,如果使用方按规定的程序检验,从长远观点来看,可保证有 AQL 水平的质量;②确定了不合格批的处理方法;③批量与样本量有一定关系。这种关系不是建立在严格计算的基础上,而是考虑了风险和经济要求;④生产方风险不固定;⑤有一次、二次和五次 3 种不同次数的抽样方案;⑥有 7 个检验水平,26 个 AQL 值和 17 个样本量;⑦AQL 值和样本量均采用优先数。AQL 采用 R5 系列,样本量采用 R10 系列;⑧主表结构简单匀称,使用方便。⑨可调整宽严程度。

(二)接收质量限 AQL

1. 接收质量限的含义

接收质量限(acceptable quality limit,AQL)是当一个连续系列批被提交验收抽样时,可允许的最差过程平均质量水平,也即在抽样检验中,认为满意的连续提交批的过程平均的上限值。它是控制最大过程平均不合格品率的界限,是计数调整型抽样方案的设计基础。

根据上述定义可知:

(1)AQL 是可接收的和不可接收的过程平均的分界线。当生产方提供的产品批过程平均优于 AQL 值时,抽样方案应保证绝大部分的产品批抽检合格。当生产方提供的产品批过程平均劣于 AQL 值时,则转换用加严检验:若拒收比例继续增加就要停止检验。当然,因为 AQL 是平均质量限,所以只规定 AQL 并不能完全保证接收方不接收比 AQL 质量坏的产品批。但从长远看,使用方得到的产品批的平均质量等于或优于 AQL。

(2)AQL 是对所希望的生产过程的一种要求,是描述过程平均的参数,不应把它与生产方生产过程的实际过程平均相混淆。

在 GB/T 2828.1 中,接收质量限被作为一个检索工具,使用这些按 AQL 检索的抽样方案,来自质量等于或好于 AQL 的过程的检验批,其大部分将被接收,AQL 是可以接收和不可接收的过程平均之间的界限值。

2. 接收质量限的确定

方案的严格程度,主要决定于 AQL 值的大小,所以 AQL 值的确定应在保证产品主要性能的前提下,根据产品的重要程度、实际价值、生产方的质量保证能力、产品成本等各种因素,通盘考虑,合理确定。常用方法如下。

(1)根据过程平均确定。根据生产方近期提交的初检产品批的样本检验结果对过程平均的上限加以估计,与此值相等或稍大的不合格率或每百单位产品不合格数如能被使用方接受,则以此作为 AQL 值。此种方法大多用于品种少、批量大,而且质量信息充分的场合。

(2)按不合格类别确定。对于不同的不合格类别的产品,分别规定不同的 AQL 值。越是重要的检验项目,验收后的不合格品造成的损失越大,越应指定严格的 AQL 值。原则上,A 类的 AQL 值要小于 B 类的 AQL 值,C 类的 AQL 值要大于 B 类的 AQL 值。另外,也可以考虑在同类中对部分或单个不合格品再规定 AQL 值,也可以考虑在不同类别之间再规定 AQL 值。

(3)根据检验项目数确定。同一类的检验项目有多个(如同属 B 类不合格的检验项目有 3 个)时,AQL 的规定值应比只有一个检验项目时的规定值要适当大一些。

(4)根据产品本身的特点来确定。对一些结构复杂的产品或缺陷只能在整机运行时才被发现的产品,AQL 应规定得小些;产品越贵重,不合格造成的损失越大,AQL 值应越小。另外,对同一种电子元器件,一般军用设备比民用设备所选的 AQL 值应小些。

(5)根据检验的经济性来确定。对一些破坏性检验、检验费用比较高或检验时间比较长的检验,为了减小样本量,AQL 值应规定得小些。

应注意的是,AQL 的值并不是可以任意取的。10 以下的 AQL 值适用于不合格品百分数的检验,也适用于每百单位产品不合格数的检验。10 以上的 AQL 值只适用于每百单位产品不合格数的检验。但 100 以上的 AQL 值一般很少使用,因为它意味着每个单位产品平均有一个不合格,还被认为是合格的。只有当这些不合格对产品质量没有什么影响,或者产品非常复杂的时候,才可以使用。

例如,由 1000 以上零部件组成的产品,当允许每个单位产品有一个或几个轻不合格对质量没有什么影响时,就可以对这类轻不合格或其子类别规定 100 以上的 AQL 值。

(三)检验水平与样本量字码表

1.检验水平的含义

检验水平(IL)是用来决定批量 N 与样本量 n 之间的关系的指标,它由"样本量字码"(表 8 - 4)规定。GB/T 2828.1 样本量字码表把检验水平分为 7 级,其中特殊检验水平有 4 级:S - 1,S - 2,S - 3,S - 4,一般检验水平有 3 级:Ⅰ,Ⅱ,Ⅲ。在这 7 个检验水平中,样本量是逐渐增大的。对确定的批量来讲,检验水平实际上也反映了检验的严格程度。

样本量的大小用字母 A,B,C,…,R 来表示,按字母表的次序,排在前面的字母对应的样本量小,排在后面的大,因此字母 A 对应的样本量最小,其次是字母 B,而字母 R 对应的样本量最大。同一批量范围内,随着检验水平的提高,样本量也将随之增大(字码相同时例外)。随着样本量的增大,抽样方案鉴别好批与坏批的能力也随之增大。

一般检验水平是常用的检验水平,它允许抽取较多的单位产品进行检验,适用于非破坏性的检验。特殊检验水平适用于破坏性检验及费时、费力等耗费性大的检验,从经济上考虑往往不得不抽取很少的单位产品进行检验,而冒较大的错判风险。所以特殊检验水平常用于"宁肯冒较大风险也要降低样本量"的场合。除非特别规定,通常采用一般检验水平Ⅱ。

检验水平的设计原则是:如果批量增大,样本量一般也随之增大,但不是成比例地增大,而是大批量中样本量所占的比例比小批量中样本量所占的比例要小。在计数调整型抽样方案中,检验水平Ⅰ、Ⅱ、Ⅲ的样本量比约为0.4:1:1.6。表8-4给出了检验水平的批量与样本大小之间的关系。

表8-4 样本量字码表

批 量	特殊检验水平				一般检验水平		
	S-1	S-2	S-3	S-4	Ⅰ	Ⅱ	Ⅲ
2~8	A	A	A	A	A	A	B
9~15	A	A	A	A	A	B	C
16~25	A	A	B	B	B	C	D
26~50	A	B	B	C	C	D	E
51~90	B	B	C	C	C	E	F
91~150	B	B	C	D	D	F	G
151~280	B	C	D	E	E	G	H
281~500	B	C	D	E	F	H	J
501~1200	C	C	E	F	G	J	K
1201~3200	C	D	E	G	H	K	L
3201~10000	C	D	F	G	J	L	M
10001~35000	C	D	G	H	K	M	N
35001~150000	D	E	G	J	L	N	P
150001~5000000	D	E	G	J	M	P	Q
>5000000	D	E	H	K	N	Q	R

2.检验水平的选择

选择检验水平应考虑以下6点。

(1)产品的复杂程度与价格。构造简单、质量要求低的产品的检验水平应低些,检验费用高的产品应选择低检验水平。

(2)破坏性检验。宜选低检验水平或特殊检验水平。

(3)生产的稳定性。生产的稳定性差或新产品应选高检验水平。

(4)保证用户的利益。如果想让大于AQL值的劣质批尽量不合格,则宜选高检验水平。

(5)批与批之间的质量差异性。批间的质量差异性小并且以往的检验总是被判合格的连续批产品,宜选低检验水平。

(6)批内质量波动幅度大小。批内质量波动比标准规定的波动幅度小,可采用低检验水平。

（四）抽样类型

GB/T 2828.1 中规定的抽样类型有：一次、二次和五次抽样方案类型。在批量 N 一定时，对于同一个 AQL 值和同一个检验水平，一次、二次和五次抽样检验具有基本相同的 OC 曲线，即不同抽样方案的判别能力是一样的。所不同的是一次抽样方案的平均样本量比二次大，二次抽样方案的平均样本量比五次大。表8-5给出了一次、二次和五次抽样方案的优缺点，供参考。

必须注意的是，在选定某一种抽样方案以后，在检验过程中，不允许由一种抽样方案改变为另一种抽样方案。

表8-5　一次、二次和五次抽样方案的比较

项　目	一次抽样方案	二次抽样方案	五次抽样方案
对产品批的质量保证	相同	相同	相同
管理要求	简单	中间	复杂
对检查人员的知识要求	较低	中间	较高
对供方心理上的影响	最差	中间	最好
检验工作量的波动	不变	变动	变动
检验人员和设备的利用率	最佳	较差	最差
每批平均检验个数	最大	中间	最少
总检验费用	最多	中间	最少
行政费用	最少	中间	最多

（五）检验的严格度与转移规则

1. 检验的严格度

所谓检验的严格度，是指交验批所接受检验的严格程度，反映在抽样方案的样本量、接收数和拒收数上。GB/T 2828.1 规定了 3 种严格程度不同的抽样方案：正常检验、加严检验和放宽检验。正常检验的设计原则是：当过程质量优于 AQL 值时，抽样方案应以很高的接收概率接收检验批，以保护生产方的利益。而加严检验是为保护使用方的利益而设立的。一般情况下，加严检验的样本量与正常检验的样本量相同而降低合格判定数，加严检验是带强制性的。放宽检验的设计原则是：当批质量一贯很好时，为了尽快得到批质量信息并获得经济利益，以减少样本量为宜。放宽检验的样本量一般为正常检验样本量的40%。

2. 转移规则

转移规则是形成抽样计划的核心，通过它就把 3 个严格程度不同的抽样方案有机地结合起来了。对于一系列连续批使用 GB/T 2828.1 进行检验时，严格执行转移规则，特别是正常、加严和暂停检验的转移规则，这是保证一系列连续批的过程平均最低限度也能和规定的接收质量限一样好的一个重要条件。否则，就很难达到这个要求，更不可能对使用方

提供较好的保护。对生产量不大,不能执行转移规则的少数批或单个批,就不能运用连续批的抽样检验程序,这时只能采用"极限质量保护"检验程序,使生产方得到必要的保护。转移规则如图 8 – 14 所示。

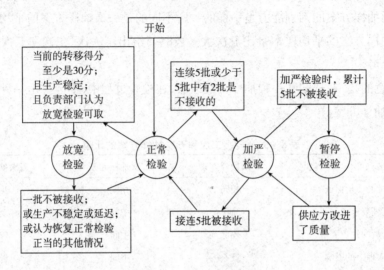

图 8 – 14　转移规则简图

（1）从正常检验转到加严检验。计数调整型抽样方案标准规定:抽样检验一般从正常检验开始,只要初检(第一次提交检验,而不是不合格批经过返修或挑选后再次提交检验)批中,连续 5 批或不到 5 批中就有 2 批不合格,则应从下批起转到加严检验。

（2）从加严检验转到正常检验。进行加严检验时,如果连续 5 批初次检验合格,则从下批起恢复正常检验。

（3）从正常检验转到放宽检验。从正常检验转为放宽检验必须同时满足下列 3 个条件,缺一不可。①当前的转移得分至少是 30 分。②生产稳定。③负责部门认为放宽检验可取。

除非负责部门另有规定,GB/T 2828.1 要求在正常检验开始时,应将转移得分设定为 0,而在检验完每个批后应更新转移得分。

一次抽样方案转移得分的计算方法:当 $Ac \geq 2$ 时,如果当 AQL 加严一级后该批被接收,则转移得分加 3 分;否则将转移得分重新设定为 0;当 $Ac = 0$ 或 1 时,如该批被接收,转移得分加 2 分;否则将转移得分重新设定为 0。

二次抽样方案转移得分的计算方法:检验批在检验第 1 样本后被接收,给转移得分加 3 分;否则将转移得分重新设定为 0。

多次抽样方案转移得分的计算方法:检验批在检验第 1 样本或第 2 样本后被接收,给转移得分加 3 分;否则将转移得分重新设定为 0。

转移得分至少是 30 分是证明产品质量一贯优于 AQL 的主要根据。在转移得分满足后,还必须考虑"生产稳定"这个重要条件。生产稳定的主要特征是生产不间断,整个生产过程都处于有效控制状态,有完整的质量管理体系和管理程序,能够保证产品质量能继续好下去。只有这样,才有可能避免因放宽检验而出现大的风险。

【例8-5】　当使用字码为 J 和 AQL = 1.0% 的一次正常抽样方案(80,2)进行验收,AQL 值加严一级的值为 0.65% ,则字码 J 和 AQL = 0.65% 的一次正常抽样方案为(80,1)。若样本中不合格品为 0 或 1,接收该批产品,转移得分加 3 分;如果样本中不合格品数为 2,则该批产品合格,接收该批产品,但使用 AQL 加严一级抽样方案判断时不符合要求,因此转移得分归为 0 分;如样本中不合格品数大于 2,则不接收该批产品,且转移得分归为 0。

(4)从放宽检验转到正常检验。进行放宽检验时,如果出现下面任何一种情况,就必须转回正常检验。

①一批不被接收。

②生产不稳定或延迟。

③认为恢复正常检验正当的其他情况。

(5)暂停检验。进行加严检验时,如果不合格批累计达到 5 批,应暂时停止检验,只有在采取了改进产品质量的措施之后,并经主管部门同意,才能恢复检验。此时,应从加严检验开始。

(六)计数调整型抽样检验方案的使用步骤

根据计数调整型抽样方案规定,抽样标准的使用程序如下。

(1)确定质量标准和不合格分类。

(2)规定判断单位产品是否合格的质量标准。

(3)确定接收质量限值 AQL。

(4)确定检验水平 IL。

(5)选择抽样方案类型。

(6)组成检验批。计数调整型抽样方案规定,检验批可以是投产批、销售批、运输批,但每个批应该是同型号、同等级、同种类的产品,且生产条件和生产时间基本相同的单位产品组成。批的组成、批量的大小应由负责部门确定或批准。在确定批量过程中应该考虑生产过程和生产的实际情况,更要注意一致性问题以及有关规定。既可以采用固定批量的办法,即每个提交批都由一定数量的单位产品组成,也可以采用固定批量范围的办法,即规定批量的上限和下限,实际提交的批量允许在这个范围内变化。在实际工作中有必要突破这个界限时,应取得负责部门同意或认可,以便及时调整抽样方案,保证原方案所要求的质量水平。

(7)规定检验的严格度。

(8)检索抽样方案。根据规定的批量(N)、检验水平(IL)、可接收质量水平(AQL)、抽样方案类型和检验严格度进行检索。附表 4 ~ 附表 9 分别给出了正常、加严、放宽的一次和二次抽样检验表。

【例8-6】 某食品厂有一批产品需要实施抽样检验,已确定批量为1500,AQL为1.0,采用一般检验水平Ⅱ,试给出正常、加严、放宽3个一次抽样检验方案。

解:首先根据批量 $N=1500$ 和检验水平Ⅱ查样本量字码表(表8-4),查出字码为K。

正常检验抽样方案:查正常检验一次抽样方案(附表4),找到与字码K对应的样本量为125;在这一行与表的顶部AQL为1.0这一列相交处,就可找到与之对应的判定数组[3,4],于是(125|3,4)就是所求的一次正常抽样检验方案。

加严检验抽样方案:根据同一字码和AQL,按同样的方法,查加严检验一次抽样方案(附表5),可找到与之对应的一次加严检验抽样方案为(125|2,3)。

放宽检验抽样方案:同样的方法,查放宽检验一次抽样方案(附表6),可找出它的一次放宽检验抽样方案为(50|2,3)。

(9)抽取样本。样本必须随机从批中抽取。使用二次及多次抽样时,每次取样都要从整批中随机抽取,也可以一次抽取可能需要的最大样本,然后在检验前再随机分成第1、第2样本等。为尽可能减少抽样误差和抽样的费用,在抽样前应尽可能了解批组成的情况。负责抽样的人员应在仔细分析批组成情况后决定采用何种抽样方法:简单随机抽样、分层随机抽样、系统随机抽样或整群抽样等。

(10)样本的测量与记录。样品抽取后,根据技术标准或合同规定的试验项目和顺序,按照规定的测量、试验或其他方法,逐个检验其中所有的单位产品,并累计样本中不合格品总数或不合格总数。

(11)判断批合格与否。对于一次抽样方案,根据样本检验的结果,若样本中的不合格(品)数小于或等于合格判定数 Ac,则判该批产品合格。如果样本中不合格(品)数大于或等于不合格判定数 Re,则判该批产品不合格。

(12)不合格批的处置。计数调整型抽样方案中规定了不合格批的再提交,供货方在对不合格批进行百分之百检验的基础上,将发现的不合格品剔除或修理好后,允许再次提交检验。除非造成批不合格的原因是由于某个或某些不可修复的不合格的出现,否则,批不合格并不意味着整批报废。

经筛选和修理后再次提交检验时,一般只检验引起拒收的项目(不合格品类或不合格类)。对再次提交批,一般使用接收数为零的一次抽样方案,也可使用加严检验抽样方案或正常检验抽样方案,但决不允许采用放宽检验抽样方案。

【例8-7】 对批量为4000的某产品,采用AQL=1.5%,检验水平为Ⅲ的一次正常检验,连续25批的检验记录如表8-6所示,试探讨检验的宽严程度及结果。

表8-6 连续25批的检验记录

批号	抽样方案				检验结果		
	N	n	Ac	Re	不合格品数	批合格与否	结论
1	4000	315	10	11	7	合格	接收

批号	抽样方案				检验结果		
	N	n	Ac	Re	不合格品数	批合格与否	结论
2	4000	315	10	11	2	合格	接收
3	4000	315	10	11	4	合格	接收
4	4000	315	10	11	11	不合格	拒收
5	4000	315	10	11	9	合格	接收
6	4000	315	10	11	4	合格	接收
7	4000	315	10	11	7	合格	接收
8	4000	315	10	11	3	合格	接收
9	4000	315	10	11	2	合格	接收
10	4000	315	10	11	12	不合格	拒收
11	4000	315	10	11	8	合格	接收
12	4000	315	10	11	11	不合格	拒收
13	4000	315	8	9	7	合格	接收
14	4000	315	8	9	8	合格	接收
15	4000	315	8	9	4	合格	接收
16	4000	315	8	9	9	不合格	拒收
17	4000	315	8	9	3	合格	接收
18	4000	315	8	9	5	合格	接收
19	4000	315	8	9	3	合格	接收
20	4000	315	8	9	1	合格	接收
21	4000	315	8	9	6	合格	接收
22	4000	315	10	11	7	合格	接收
23	4000	315	10	11	2	合格	接收
24	4000	315	10	11	5	合格	接收
25	4000	315	10	11	3	合格	接收

　　解：从正常检验开始，第4批和第10批遭拒收，但未造成转换为加严检验条件。从第8批起到第12批为止的连续5批中有2批不合格，符合转换为加严检验的条件。因此从第13批开始由正常检验转为加严检验。从第17批起到第21批止的连续5批加严检验合格，因此从第22批开始由加严检验恢复为正常检验。

　　【例8-8】　同【例8-7】，如果连续25批的检验结果如表8-7所示，请重新探讨检验的宽严程度及结果。

表 8-7 连续 25 批的检验结果

批号	抽样方案				检验结果		
	N	n	Ac/Ac_j	Re	不合格品数	转移得分	结论
1	4000	315	10/7	11	6	3	接收
2	4000	315	10/7	11	9	0	接收
3	4000	315	10/7	11	5	3	接收
4	4000	315	10/7	11	6	6	接收
5	4000	315	10/7	11	12	0	**拒收**
6	4000	315	10/7	11	5	3	接收
7	4000	315	10/7	11	6	6	接收
8	4000	315	10/7	11	4	9	接收
9	4000	315	10/7	11	6	12	接收
10	4000	315	10/7	11	7	15	接收
11	4000	315	10/7	11	5	18	接收
12	4000	315	10/7	11	4	21	接收
13	4000	315	10/7	11	5	24	接收
14	4000	315	10/7	11	6	27	接收
15	4000	315	10/7	11	3	30	接收
16	4000	125	6	7	3		接收
17	4000	125	6	7	4		接收
18	4000	125	6	7	3		接收
19	4000	125	6	7	2		接收
20	4000	125	6	7	4		接收
21	4000	125	6	7	7		**拒收**
22	4000	315	10/7	11	11	0	**拒收**
23	4000	315	10/7	11	9	0	接收
24	4000	315	10/7	11	6	3	接收
25	4000	315	10/7	11	7	6	接收

注 Ac_j 为 AQL 加严一级后相应的抽样方案的合格判定数。

解：根据表 8-7，第 15 批累计转移得分达到 30 分，因此，若生产稳定且负责部门认可，从第 16 批开始放宽检验。随着放宽检验的进行，第 21 批不接收，故从第 22 批开始恢复正常检验。

五、计量抽样检验

当质量特性是计量值时,衡量一批产品的质量有多种方法,其中最常见的是用批中所有单位产品的特性值的均值 μ 表示批质量的情况。根据用户对产品质量的要求,有的要求 μ 越大越好,即质量特性有下规格限,有的则要求 μ 越小越好,即质量特性有上规格限,也有的规定了质量特性的双侧规格限。下面分别各种情况进行讨论。

(一)计量一次抽样检验方案

我们假定质量指标 X 服从正态分布 $N(\mu,\sigma^2)$,由于 μ 通常是未知的,因而需要从该批产品中抽取 n 个产品测定其特性值,然后用样本的均值进行估计。

对不同的质量要求有不同的接收判断规则。

(1)对仅有上规格限的情况:由于要求指标值越小越好,因此可以定一个 K_U,当 $\bar{x} \leq K_U$ 时接收该批产品,否则就拒收该批产品。这时计量一次抽样检验方案可以用 (n,K_U) 表示。

(2)对仅有下规格限的情况:由于要求指标值越大越好,因此可以定一个 K_L,当 $\bar{x} \geq K_L$ 时接收该批产品,否则就拒收该批产品。这时计量一次抽样检验方案可以用 (n,K_L) 表示。

(3)对双侧规格限的情况:由于指标值不能太大也不能太小,要求其接近某规格值 μ_0,因此可以确定 K_L 与 K_U,当 $K_L \leq \bar{x} \leq K_U$ 时接收该批产品,否则就拒收该批产品。这时计量一次抽样检验方案可以用 (n,K_L,K_U) 表示。

(二)具有下规格限的计量标准型一次抽样检验方案

1. 接收概率

对具有下规格限的抽样检验方案 (n,K_L) 来讲,当 $\bar{x} \geq K_L$ 时接收该批产品,否则就拒收,其接收概率是 μ 的函数,可以用 $L(\mu)$ 来表示。根据正态分布的性质,$\bar{x}$ 服从 $N(\mu,\sigma^2/n)$,当 σ 已知时有:

$$L(\mu) = P(\bar{x} \geq K_L) = 1 - \varPhi\left(\frac{K_L - \mu}{\sigma/\sqrt{n}}\right)$$

随着 μ 的增大,$L(\mu)$ 也增大(图 8 − 15)。

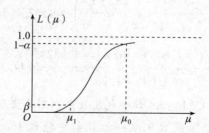

图 8 − 15　具有下规格限的计量标准型一次抽样检验方案的 OC 曲线

2. 抽样方案的确定方法

为制定计量标准型一次抽样检验方案要求同时控制两种错判的概率。因此为制定方案 (n,K_L),需要生产方与使用方协商两个质量指标的均值 $\mu_0,\mu_1(\mu_0 > \mu_1)$,从保护生产方利益的观点提出一个批质量指标均值 μ_0，当批质量指标均值 $\geq \mu_0$ 时，要求以大于或等于 $1-\alpha$ 的高概率接收；另外从保护使用方利益出发提出一个批质量指标均值 μ_1，当批质量指标均值 $\leq \mu_1$ 时，要求以小于或等于 β 的低概率接收，即

$$\begin{cases} L(\mu_0) \geq 1 - \alpha \,(\text{当}\,\mu \geq \mu_0 \,\text{时}) \\ L(\mu_1) \leq \beta \,(\text{当}\,\mu \leq \mu_1 \,\text{时}) \end{cases}$$

所以要制定一个计量标准型一次抽样检验方案，应该事先给定四个值：生产方风险 α，使用方风险 β，双方可以接受的合格批质量指标均值 μ_0 与极限批质量指标均值 μ_1，按接受概率 $L(\mu)$ 是 μ 的增函数的特点，从下面两个式子中解出 (n, K_L)。

$$\begin{cases} L(\mu_0) = 1 - \alpha \\ L(\mu_1) = \beta \end{cases}$$

即

$$\begin{cases} L(\mu_0) = 1 - \Phi\left(\dfrac{K_L - \mu_0}{\sigma/\sqrt{n}}\right) = 1 - \alpha \\ L(\mu_1) = 1 - \Phi\left(\dfrac{K_L - \mu_1}{\sigma/\sqrt{n}}\right) = \beta \end{cases} \quad \text{或} \quad \begin{cases} \Phi\left(\dfrac{K_L - \mu_0}{\sigma/\sqrt{n}}\right) = \alpha \\ \Phi\left(\dfrac{K_L - \mu_1}{\sigma/\sqrt{n}}\right) = 1 - \beta \end{cases}$$

如我们记 u_α 与 u_β 分别为标准正态分布的 α 与 β 分位数，有

$$\begin{cases} \dfrac{K_L - \mu_0}{\sigma/\sqrt{n}} = u_\alpha \\ \dfrac{K_L - \mu_1}{\sigma/\sqrt{n}} = u_{1-\beta} = -u_\beta \end{cases} \quad \text{则当}\,\sigma\,\text{已知时,} \quad \begin{cases} n = \left(\dfrac{(u_\alpha + u_\beta)\sigma}{\mu_0 - \mu_1}\right)^2 \\ K_L = \dfrac{\mu_1 u_\alpha + \mu_0 u_\beta}{\mu_\alpha + \mu_\beta} \end{cases}$$

当 σ 未知时，由于涉及 t 分布，这里略去计算公式。

【例8-9】 对一批包装袋拉伸强度抽样检验，要求其拉伸强度越大越好。已知其服从正态分布，标准差 $\sigma = 4\text{kg/mm}^2$。现已确定 $\alpha = 0.05$，$\beta = 0.10$，$\mu_0 = 46\text{kg/mm}^2$，$\mu_1 = 43\text{kg/mm}^2$。试制定计量标准型一次抽样方案。

解：$\alpha = 0.05$，$\beta = 0.10$ 时，$u_\alpha = -1.645$，$u_\beta = -1.282$。

$$\begin{cases} n = \left(\dfrac{(u_\alpha + u_\beta)\sigma}{\mu_0 - \mu_1}\right)^2 = \left(\dfrac{(-1.645 - 1.282) \times 4}{46 - 43}\right)^2 = 15.23 \approx 16 \\ K_L = \dfrac{\mu_1 u_\alpha + \mu_0 u_\beta}{\mu_\alpha + \mu_\beta} = \dfrac{43 \times (-1.645) + 46 \times (-1.282)}{-1.645 - 1.282} = 44.31 \end{cases}$$

所以，抽样方案为 $(16, 44.31)$：抽16个包装袋分别测其强度，其平均强度 $\bar{x} \geq 44.31$ 时，接收这批包装袋，否则拒收。如果我们从一批钢材中抽取16块，测得其强度的均值 $\bar{x} = 45.65$，则应接收该批包装袋。

(三)对上规格限的情况

1.接收概率

对具有上规格限的抽样检验方案 (n, K_U) 来讲，当 $\bar{x} \leq K_U$ 时接收该批产品，否则就拒收，

其接收概率也是 μ 的函数,同样用 $L(\mu)$ 来表示。根据正态分布的性质,$\bar{x}$ 服从 $N(\mu, \sigma^2/n)$,当 σ 已知时有:

$$L(\mu) = P(\bar{x} \le K_U) = \Phi\left(\frac{k_U - \mu}{\sigma/\sqrt{n}}\right)$$

随着 μ 的增大,$L(\mu)$ 减小(图 8 – 16)。

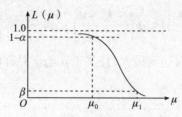

图 8 – 16　具有上规格限的计量标准型一次抽样检验方案的 OC 曲线

2. 抽样方案的确定方法

与具有下规格限的情况类似,为同时控制两种错判的概率,在制定抽样检验方案时,需要生产方与使用方协商两个质量指标的均值 μ_0、μ_1($\mu_0 < \mu_1$)。

为了保护生产方利益,当批质量均值 $\le \mu_0$ 时,要求高概率($\ge 1 - \alpha$)接收。

为了保护使用方利益,当批质量均值 $\ge \mu_1$ 时,要求低概率($\le \beta$)接收。

$$\begin{cases} L(\mu_0) \ge 1 - \alpha (\mu \le \mu_0) \\ L(\mu_1) \le \beta (\mu \ge \mu_1) \end{cases}$$

从上面两个式子中可解出 (n, K_U):

$$\begin{cases} n = \left(\dfrac{(u_\alpha + u_\beta)\sigma}{\mu_1 - \mu_0}\right)^2 \\ K_U = \dfrac{\mu_1 u_\alpha + \mu_0 u_\beta}{\mu_\alpha + \mu_\beta} \end{cases}$$

(四)对双侧规格限的情况

1. 接收概率

对于抽样方案 (n, K_L, K_U) 来讲,当 $K_L \le \bar{x} \le K_U$ 时接收该批产品,否则拒收。接收概率仍然是 μ 的函数,也用 $L(\mu)$ 来表示。同样根据正态分布的性质,$\bar{x}$ 服从 $N(\mu, \sigma^2/n)$,当 σ 已知时有:

$$L(\mu) = P(K_L \le \bar{x} \le K_U) = \Phi\left(\frac{K_U - \mu}{\sigma/\sqrt{n}}\right) - \Phi\left(\frac{K_L - \mu}{\sigma/\sqrt{n}}\right)$$

令 $\mu_0 = (K_U + K_L)/2$,$K_0 = (K_U - K_L)/2$;则 $K_U = \mu_0 + K_0$,$K_L = \mu_0 - K_0$。从而 $\bar{x} \le K_U$ 等价于 $\bar{x} - \mu_0 \le K_0$,$\bar{x} \ge K_L$ 等价于 $\bar{x} - \mu_0 \ge -K_0$,所以判断规则转化为 $|\bar{x} - \mu_0| \le K_0$ 时接收,否则拒收。因此把抽样方案记为 (n, K_0),此时

$$L(\mu) = \Phi\left(\frac{\mu_0 + K_0 - \mu}{\sigma/\sqrt{n}}\right) - \Phi\left(\frac{\mu_0 - K_0 - \mu}{\sigma/\sqrt{n}}\right)$$

当 $\mu=\mu_0,\mu_0+d,\mu_0-d(d>0)$ 时，$L(\mu)$ 的值分别为：

$$L(\mu_0)=2\Phi\left(\frac{K_0}{\sigma/\sqrt{n}}\right)-1$$

$$L(\mu_0+d)=\Phi\left(\frac{K_0-d}{\sigma/\sqrt{n}}\right)-\Phi\left(\frac{-K_0-d}{\sigma/\sqrt{n}}\right)=\Phi\left(\frac{K_0+d}{\sigma/\sqrt{n}}\right)+\Phi\left(\frac{K_0-d}{\sigma/\sqrt{n}}\right)-1$$

$$L(\mu_0-d)=\Phi\left(\frac{K_0+d}{\sigma/\sqrt{n}}\right)-\Phi\left(\frac{-K_0+d}{\sigma/\sqrt{n}}\right)=\Phi\left(\frac{K_0+d}{\sigma/\sqrt{n}}\right)+\Phi\left(\frac{K_0-d}{\sigma/\sqrt{n}}\right)-1$$

由此可见，$L(\mu)$ 在 $\mu=\mu_0$ 时达到最大，且关于 $\mu=\mu_0$ 对称（图 8-17）。

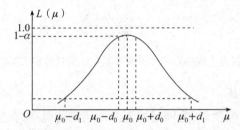

图 8-17　具有双侧规格限的计量标准型一次抽样检验方案的 OC 曲线

2. 抽样方案的确定方法

由于抽样方案的 OC 曲线关于 μ_0 对称，且在 μ_0 达到最大，因此为制定抽样方案，可以用双方协商给出 d_0 与 d_1，当 $\mu_0-d_0\leqslant\mu\leqslant\mu_0+d_0$ 时以高概率（$>1-\alpha$）接收，当 $\mu\leqslant\mu_0-d_1$ 或 $\mu\geqslant\mu_0+d_1$ 时以低概率（$<\beta$）接收。

根据接收概率关于 μ_0 的对称性，我们可以从如下等式中求解 (n,k_0)

$$\begin{cases}L(\mu_0+d_0)=1-\alpha\\L(\mu_0+d_1)=\beta\end{cases}$$

这也就是要求：

$$\begin{cases}\Phi\left(\frac{K_0-d_0}{\sigma/\sqrt{n}}\right)+\Phi\left(\frac{K_0+d_0}{\sigma/\sqrt{n}}\right)-1=1-\alpha\\\Phi\left(\frac{K_0-d_1}{\sigma/\sqrt{n}}\right)+\Phi\left(\frac{K_0+d_1}{\sigma/\sqrt{n}}\right)-1=\beta\end{cases}$$

要从中解出 (n,K_0) 比较困难，下面我们给出一个近似解：

在 σ 已知，且 $\frac{2d_0}{\sigma/\sqrt{n}}>1.7$ 时，有 $\Phi\left(\frac{2d_0}{\sigma/\sqrt{n}}\right)>\Phi(1.7)>0.95$，从而由于

$$\frac{K_0+d_0}{\sigma/\sqrt{n}}>\frac{2d_0}{\sigma/\sqrt{n}}>1.7\text{ 且 }\frac{K_0+d_1}{\sigma/\sqrt{n}}>\frac{2d_0}{\sigma/\sqrt{n}}>1.7$$

故

$$\Phi\left(\frac{K_0+d_0}{\sigma/\sqrt{n}}\right)>0.95\text{ 且 }\Phi\left(\frac{K_0+d_1}{\sigma/\sqrt{n}}\right)>0.95$$

上述方程组可以近似表示为：

$$\begin{cases} \Phi\left(\dfrac{K_0 - d_0}{\sigma/\sqrt{n}}\right) \approx 1-\alpha \\ \Phi\left(\dfrac{K_0 - d_1}{\sigma/\sqrt{n}}\right) \approx \beta \end{cases} \quad \text{或者} \quad \begin{cases} \dfrac{K_0 - d_0}{\sigma/\sqrt{n}} \approx u_{1-\alpha} = -u_\alpha \\ \dfrac{K_0 - d_1}{\sigma/\sqrt{n}} \approx u_\beta \end{cases}$$

从中可解得：

$$\begin{cases} n = \left(\dfrac{(u_\alpha + u_\beta)\sigma}{d_1 - d_0}\right)^2 \\ K_0 = \dfrac{d_1 u_\alpha + d_0 u_\beta}{u_\alpha + u_\beta} \end{cases}$$

(五)抽样检验表的使用

1. 等价形式及说明

为使用方便，GB/T 8054—2008 给出了计量标准型一次抽样程序及相关表格。为使标准适用于更多的场合，GB/T 8054—2008 把抽样方案的表达形式进行一些改变(表 8-8)。

表 8-8　计量抽样检验方案的表达形式及其变形

不同的 3 种情况		统计量	方案	接收准则
下规格限的情况	原形式	$\bar{x}$	(n, K_L)	$\bar{x} \geqslant K_L$
	σ 法的表示式(σ 已知)	$Q_L = \dfrac{\bar{x} - \mu_0}{\sigma}$	(n, k)	$Q_L \geqslant k$
	s 法的表示式(σ 未知)	$Q_L = \dfrac{\bar{x} - \mu_0}{s}$	(n, k)	$Q_L \geqslant k$
上规格限的情况	原形式	$\bar{x}$	$\cdot (n, K_U)$	$\bar{x} \leqslant K_U$
	σ 法的表示式(σ 已知)	$Q_U = \dfrac{\mu_0 - \bar{x}}{\sigma}$	(n, k)	$Q_U \geqslant k$
	s 法的表示式(σ 未知)	$Q_U = \dfrac{\mu_0 - \bar{x}}{s}$	(n, k)	$Q_L \geqslant k$
双侧规格限的情况	原形式	$\bar{x}$	(n, K_0)	$\|\bar{x} - \mu_0\| \leqslant K_0$
	σ 法的表示式(σ 已知)	$Q_U = \dfrac{\mu_0 + d_0 - \bar{x}}{\sigma}$ $Q_L = \dfrac{\bar{x} - \mu_0 + d_0}{\sigma}$	(n, k)	$Q_U \geqslant k$，且 $Q_L \geqslant k$
	s 法的表示式(σ 未知)	$Q_U = \dfrac{\mu_0 + d_0 - \bar{x}}{s}$ $Q_L = \dfrac{\bar{x} - \mu_0 + d_0}{s}$	(n, k)	$Q_U \geqslant k$，且 $Q_L \geqslant k$

下面以 σ 法为例，对其等价性进行说明。

(1)有上规格限的情况。

在 $\alpha = 0.05$，$\beta = 0.10$ 时，有 $u_\alpha = -1.645$，$u_\beta = -1.282$。根据 (n, K_U) 的计算公式，知

$$\begin{cases} \left(\dfrac{\mu_1 - \mu_0}{\sigma}\right)^2 = \left(\dfrac{u_\alpha + u_\beta}{\sqrt{n}}\right)^2 = \left(\dfrac{2.927}{\sqrt{n}}\right)^2 \\ K_U = \mu_0 + \dfrac{\mu_1 - \mu_0}{u_\alpha + u_\beta} u_\alpha = \mu_0 + \sigma \dfrac{1.645}{\sqrt{n}} \text{或} \dfrac{\mu_0 - K_U}{\sigma} = -\dfrac{1.645}{\sqrt{n}} \end{cases}$$

若记 $A = \dfrac{\mu_1 - \mu_0}{\sigma}$，$k = -\dfrac{1.645}{\sqrt{n}}$，则 $n = \left(\dfrac{2.927}{A}\right)^2$，接收规则可以改写为

$$Q_U = \frac{\mu_0 - \bar{x}}{\sigma} \geqslant \frac{\mu_0 - K_U}{\sigma} = -\frac{1.645}{\sqrt{n}} = k$$

（2）有下规格限的情况。

同理，根据 (n, K_L) 的计算公式，知

$$\begin{cases} \left(\dfrac{\mu_0 - \mu_1}{\sigma}\right)^2 = \left(\dfrac{u_\alpha + u_\beta}{\sqrt{n}}\right)^2 = \left(\dfrac{2.927}{\sqrt{n}}\right)^2 \\ K_L = \mu_0 - \dfrac{\mu_0 - \mu_1}{u_\alpha + u_\beta} u_\alpha = \mu_0 - \sigma \dfrac{1.645}{\sqrt{n}} \text{或} \dfrac{K_L - \mu_0}{\sigma} = -\dfrac{1.645}{\sqrt{n}} \end{cases}$$

若记 $A' = \dfrac{\mu_0 - \mu_1}{\sigma}$，$k = -\dfrac{1.645}{\sqrt{n}}$，则 $n = \left(\dfrac{2.927}{A'}\right)^2$，接收规则可以改写为

$$Q_L = \frac{\bar{x} - \mu_0}{\sigma} \geqslant \frac{K_L - \mu_0}{\sigma} = -\frac{1.645}{\sqrt{n}} = k$$

（3）有双侧规格限的情况。

同理，根据 (n, K_0) 的计算公式，若令 $A = \dfrac{d_1 - d_0}{\sigma}$，则 $n = \left(\dfrac{2.927}{A}\right)^2$。

从 $|\bar{x} - \mu_0| \leqslant K_0$ 接收可知，要求 $\bar{x} \geqslant K_0 + \mu_0$ 且 $\bar{x} \geqslant K_0 + \mu_0$，这就意味着

$$Q_L = \frac{\bar{x} - \mu_0 + d_0}{\sigma} \geqslant \frac{-K_0 + d_0}{\sigma} = k$$

$$Q_U = \frac{\mu_0 + d_0 - \bar{x}}{\sigma} \geqslant \frac{d_0 - K_0}{\sigma} = k$$

从而 k 除了与 K_0 有关外，还与 $\dfrac{d_0}{\sigma}$ 有关。

2. 使用步骤

（1）σ 法：σ 法的使用步骤列在表 8-9 中。

表 8-9 "σ"法的使用步骤

规格限情况	第1步	第2步	第3步	第4步
上规格限的情况	计算 $A = \dfrac{\mu_1 - \mu_0}{\sigma}$	由 A（或 A'）值从单侧规格限"σ"法的样本量与接收常数表中（附表10）查出 (n, k)	计算 $Q_U = \dfrac{\mu_0 - \bar{x}}{\sigma}$	当 $Q_U \geqslant k$ 时接收，否则拒收
下规格限的情况	计算 $A' = \dfrac{\mu_0 - \mu_1}{\sigma}$		计算 $Q_L = \dfrac{\bar{x} - \mu_0}{\sigma}$	当 $Q_L \geqslant k$ 时接收，否则拒收

续表

规格限情况	第1步	第2步	第3步	第4步
双侧规格限的情况	计算 $A=(d_1-d_0)/\sigma$，从双侧规格限"σ"法的样本量与接收常数（附表11）中查出 n	计算 $c=2d_0/\sigma$，从附表11中查出常数 k	计算统计量 $Q_U=\dfrac{\mu_0+d_0-\bar{x}}{\sigma}$ $Q_L=\dfrac{\bar{x}-\mu_0+d_0}{\sigma}$	当 $Q_L \geqslant k$ 且 $Q_U \geqslant k$ 时接收，否则拒收

对【例8-9】，可以求得 $A'=\dfrac{46-43}{4}=0.75$，查表2.5时 A' 在 $0.731\sim0.755$，则 $(n,k)=$

$(16,-0.411)$。如令 $Q_L=\dfrac{\bar{x}-\mu_0}{\sigma}=\dfrac{45.65-46}{4}=-0.0875>k=-0.411$，故予以接收。

（2）s法：当 σ 未知时，常用样本标准差 s 来估计 σ，在 GB/T 8054—2008 中称此为 s 法，使用它们可以查得抽样方案。s 法的使用步骤如表8-10所示。

表8-10　s法的使用步骤

规格限情况	第1步	第2步	第3步	第4步
上规格限的情况	计算 $B=\dfrac{\mu_1-\mu_0}{s}$	由 B（或 B'）值从单侧规格限"s"法的样本量与接收常数表中（附表12）查出 (n,k)	计算 $Q_U=\dfrac{\mu_0-\bar{x}}{s}$	当 $Q_U \geqslant k$ 接收，否则拒收
下规格限的情况	计算 $B'=\dfrac{\mu_0-\mu_1}{s}$		计算 $Q_L=\dfrac{\bar{x}-\mu_0}{s}$	当 $Q_L \geqslant k$ 接收，否则拒收
双侧规格限的情况	计算 $B=(d_1-d_0)/s$，从双侧规格限 s 法的样本量与接收常数（附表13）查出 n	计算 $c=2d_0/s$，从附表13中查出常数 k	计算统计量 $Q_U=\dfrac{\mu_0+d_0-\bar{x}}{s}$，$Q_L=\dfrac{\bar{x}-\mu_0+d_0}{s}$	当 $Q_L \geqslant k$ 且 $Q_U \geqslant k$ 时接收，否则拒收

【例8-10】　设某种产品尺寸服从正态分布，其标准尺寸为100.0mm，如果批均值在 100 ± 0.2mm 之内，则合格；如果在 100 ± 0.5mm 之外，则不合格。已知批标准差 $\sigma=0.3$mm，试求抽样方案。（取 $\alpha=0.05$，$\beta=0.10$）

解：由于 σ 已知，利用查表方法的步骤如下：

首先，计算 $A=(d_1-d_0)/\sigma=1$，所在范围为 $0.980\sim1.039$，查得 $n=9$；

由于 $c=2d_0/\sigma=1.333$，所在范围为 0.867 以上，接收常数 $k=-0.548$；

故 $Q_L=\dfrac{\bar{x}-\mu_0+d_0}{\sigma}=\dfrac{\bar{x}-99.8}{0.3}\geqslant-0.548$ 且 $Q_U=\dfrac{\mu_0+d_0-\bar{x}}{\sigma}=\dfrac{100.2-\bar{x}}{0.3}\geqslant-0.548$ 时接收该批产品，否则拒收。

如果现在抽取了9个样品，求得其样本均值为100.4，那么

$$Q_L=\frac{\bar{x}-\mu_0+d_0}{\sigma}=\frac{100.4-99.8}{0.3}=2\geqslant-0.548$$

$$Q_U=\frac{\mu_0+d_0-\bar{x}}{\sigma}=\frac{100.2-100.4}{0.3}=-0.667<-0.548$$

故拒收该批。

第三节　检验组织与管理

一、质量检验组织

为了保证食品企业检验工作的顺利进行,企业首先要建立专职检验部门,并配备具有相应专业知识的检验人员。

2015 年修订的《食品安全法》规定:食品检验机构按照国家有关认证认可的规定取得资质认定后,方可从事食品检验活动。食品检验由食品检验机构指定的检验人独立进行。检验人应当依照有关法律、法规的规定,并依照食品安全标准和检验规范对食品进行检验,尊重科学,恪守职业道德,保证出具的检验数据和结论客观、公正,不得出具虚假的检验报告。

食品检验实行食品检验机构与检验人负责制。食品检验报告应当加盖食品检验机构公章,并有检验人的签名或者盖章。食品检验机构和检验人对出具的食品检验报告负责。

食品企业必须建立质量检验部门并保证检验部门的相对独立性,配备专职的合格检验人员和检验室(包括检验仪器和检验设备),检验部门应由一名检验主管(总检验师)带队领导。食品企业质量检验部门的职责主要为制订检验计划,制定检验标准,配置检验资源,编制预算和检验工作管理等。

二、质量检验的主要管理制度

检验制度在现代企业生产中起着非常重要的作用,是企业管理科学化、现代化的基础工作之一。没有质量检验,生产将失去必要的控制和调节,陷于盲目和混乱之中。质量检验也是企业最重要的信息源。许多信息都直接或间接地通过质量检验获得,而所有这些信息,都同企业的经济效益密切相关,是计算企业经济效益的依据和重要基础,是设计工作、工艺工作、操作水平、文明生产乃至整个企业管理水平的综合反映。

通过借鉴国外经验和长期的实践,近年来,我国已形成了一整套行之有效的质量检验的管理原则和制度。

1. 三检制

三检制是指通过操作者的自检、操作者之间的互检和专职检验人员的专检相结合的一种检验制度。这种三者结合的检验制度是我国企业长期检验工作的经验总结,有利于调动广大职工参与企业质量检验工作的积极性和责任感,是任何单纯依靠专业质量检验的检验制度所无法比拟的。

(1)自检。自检是操作者对自己所加工的产品,按照工艺要求、质量指标等技术参数自行进行检验,并做出是否合格的判断。自检的最显著的特点是检验工作基本上和生产加工过程同步进行。因此,通过自检,操作者可以真正及时地了解自己加工的产品的质量问题以及工序所处的质量状态,当出现问题时,可及时寻找原因并采取改进措施。自检制度是工人参与质量管理和落实质量责任制度的重要形式,也是三检制能取得实际效果的基础。

"三自一控"是自检的一种良好形式。所谓的"三自一控",即自检、自分、自做标记和控制自检准确度的方法。自检是指操作者在产品加工完毕后,进行自我检验,判断产品是否合格;自分是指操作者将自检出来的不合格产品单独存放;自做标记就是对不合格产品做出明显的标记,防止不合格产品流入下道工序;控制自检准确度就是操作者控制自己检验的产品的正确率。

(2)互检。互检是指操作者相互之间进行检验。互检的方式主要有:下道工序对上道工序的产品进行抽检;同一工序换班交接时进行的相互检验;小组质检员或班组长对本组组员加工出的产品进行抽检等。互检是对自检的补充和监督,同时也有利于操作者之间协调关系和交流技术。

(3)专检。专检是由专职检验人员进行的检验。专业检验是现代化大生产劳动分工的客观要求,已成为一种专门的工种与技术。由于专业检验人员熟悉产品的技术要求,工艺知识和经验丰富,检验技能熟练,检验效率高,所用检测仪器相对正规和精密,因此,专检的检验结果比较准确可靠;另外,由于专业检验人员的职责约束,以及和受检对象的质量无直接利害关系,因此,其检验过程和结果比较客观公正。所以,三检制必须以专业检验为主导。

在 ISO 9000 质量认证体系中,把"最终检验和试验"作为企业的一种重要的质量保证模式,对质量检验提出了严格的要求和规定。因此,是否重视质量检验,实际上是一面是否重视质量的镜子。没有质量标准,没有质量检验机构和质量检测手段的产品,是绝对不允许正式投产的。

2. 重要工序双岗制

重要工序是指食品生产过程的关键控制点或关键工序,或是工序的参数或结果无记录,或是不能保留客观证据,或事后无法检验查证的工序等。所谓双岗制,就是在这些工序的生产中,除了有操作者还应有质检人员,以监督该工序必须按规定的程序和要求进行。工序完成后,操作者、检验员应在有关记录上签名,以示负责和以后查询。

3. 留名制

这是一种重要的责任制,是在整个生产过程中,包括原辅料进厂、每道工序之后、成品入库和出厂,进行检验和交接、存放和运输,责任者都应该在有关记录上签名,以示负责。特别是在成品出厂检验单上,检验员必须签名或加盖印章。操作者签名表示按规定要求完成了这套工序;检验者签名,表示该工序达到规定的质量标准。签名后的记录应妥善保存,以便以后参考。

4. 追溯制

目前,许多企业都实行追溯性管理。将产品生产者和检验者的姓名都记录保存,在适当的产品部位注明生产者和检验者,这些记录与带标志的产品同步流转。追溯制分批次、日期、连续序号3种管理办法。产品标志和留名制都是可追溯性的依据,在必要时,可追溯到责任者的姓名、产品的加工时间和地点。职责分明,查处有据,可以大大加强职工的责任感。

5. 质量复查制

质量复查制是指有些生产重要产品的企业,为了保证交付产品的质量或参加试验的产品稳妥可靠、不带隐患,在产品检验入库后,出厂前再请产品设计、生产、试验及技术部门的人员进行复查。

三、质量检验计划

质量检验计划就是对检验工作所涉及的活动、过程和资源等做出规范化的书面文件规定,用于指导检验活动,使其能够正确、有序、协调地进行。

质量检验计划是生产企业对整个检验工作所进行的系统策划和总体安排。一般以文字或图表形式明确地规定检验点的设置、检验方式、资源配备(包括人员、设备、仪器、量具等)和工作量等,它是指导检验人员工作的依据,是企业质量管理工作计划的重要组成部分。

(一)编制质量检验计划的目的和作用

编制质量检验计划的目的:①可以使分散在各个生产部门的检验人员熟悉并掌握检验工作的基本内容和要求,确保检验工作质量;②可以保证企业的检验活动和生产作业活动密切协调和紧密衔接。

编制质量检验计划的作用:①可以按照产品加工及物流的流程,充分利用企业现有资源,统筹安排检验点的设置,节约质量成本中的检验费用,降低产品成本;②根据产品和工艺要求合理地选择检验项目和方法,合理配备和使用人员、设备、仪器仪表和量具,有利于调动每个检验人员的积极性,提高检验的工作质量和效率,降低物资和劳动消耗;③对不合格产品按严重性分级,并实施管理,能够充分发挥检验职能的有效性,在保证产品质量的前提下降低产品制造成本;④使检验工作逐步实现规范化、科学化和标准化,使产品质量能够更好地处于受控状态。

(二)编制检验计划的原则

(1)充分体现检验的目的,一是防止产生不合格品和及时发现不合格品;二是保证检验通过的产品符合质量标准的要求。

(2)对检验活动能起到指导作用。检验计划必须对检验项目、检验方式和手段等具体内容有清楚、准确、简明的叙述和规定,使与检验活动相关的人员对检验计划有同样的理解。

(3)关键质量应优先保证。所谓关键质量是指产品关键的质量特性,对这些质量环节要优先考虑和保证。

(4)进货检验应在采购合同的附件中做出说明。对外部供货商的产品质量检验,应在合同的附件或检验计划中详细说明,并经双方共同评审确认。

(5)综合考虑检验成本。制订检验计划时要综合考虑质量检验成本,在保证产品质量的前提下,尽量降低检验费用。

(三)质量检验计划的内容

质量检验计划的内容包括编制检验流程图、编制检验指导书和编制检验手册。

1.编制检验流程图

检验流程图是表明从原料或半成品投入最终成品产出的整个过程中,对各项检验工作进行安排的一种图表。它是对企业检验活动的总体安排,有助于管理人员全面考虑生产产品的检验工作,明确检验重点和检验方式,充分合理地利用现有的资源,掌握生产过程中对检验工作的各种需要,并采取有效措施满足这些需要。

检验流程图主要包括检验点设置、检验项目、检验方式、检验手段、检验方法及数据处理等内容。图 8 - 18 是某种产品的检验流程图。

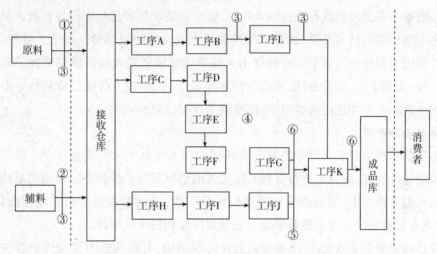

图 8 - 18　某产品的检验流程图

注:①供货单位产品保证书;②供货单位产品合格证;③抽样检验;④巡回检验;⑤统计检验;⑥全数检验　未标明检验点的工序表示操作者自检和互检。

(1)检验点设置:检验点是指需要由专职检验人员进行检验的工序或环节。确定在哪些工序或环节设置检验点是企业检验计划的重要内容。检验点的设置主要从技术上的必要性、经济上的合理性和管理上的可行性这 3 个方面的因素综合考虑。

一般情况下,应在下列工序和环节设置检验点:原辅料、半成品的进厂检验;质量容易波动或对成品质量影响较大的关键工序;检验手段或检验技术比较复杂,不能靠操作者自检、互检保证质量的工序;工艺过程的末道工序和成品入库检验等。

(2)检验项目设置:是指根据检验对象的技术标准、工艺参数等要求所列出的产品质量特性,并按产品质量特性缺陷的严重程度对检验项目进行分级,以此作为检验项目。质量特性缺陷的严重性一般可分为下述 4 级。①关键质量特性:这种质量特性如果达不到要求,造成的缺陷称为致命缺陷,为 A 级。致命缺陷对产品的质量具破坏性,如食品中存在致病菌就是致命缺陷。②重要质量特性：这种质量特性如果达不到要求，造成的缺陷称为严重缺陷，为 B 级。严重缺陷会降低食品的食用性能，如食品中产生异味就是严重缺陷。③一般质量特性：这种质量特性如果达不到要求，造成的缺陷称为轻缺陷，为 C 级。轻缺陷只对产品的食用性能有轻微影响，如酸奶中的糖含量不合适就是轻缺陷。④次要质量特性：这种质量特性如果达不到要求，造成的缺陷称为微缺陷，为 D 级。微缺陷几乎对产品质量没有影响，如产品外包装被划破就是微缺陷。

（3）检验方式：根据工序能力和质量特性的重要程度明确自检、专检、定点检验和巡回检验等。

（4）检验手段：规定理化检验还是感官检验等。

（5）检验方法：规定检验的具体方法和操作步骤。

（6）检验数据处理：规定如何收集、记录、整理、分析和传递质量数据。

2．编制检验指导书

检验指导书即为检验规程或检验卡片，是能够在整个生产过程中指导检验人员正确实施产品和工序检验的技术文件，也是质量检验计划的重要组成部分。对于关键的、重要的质量特性都应编制检验指导书。在指导书上应明确规定需要检验的质量特性及其质量要求，应使用的检验手段、检验方法、抽样的样本容量等，让检验人员通过检验指导书就能知道检验的项目以及怎样进行检验，从而使检验工作得以顺利完成。

3．编制检验手册

检验手册是质量检验活动中各种管理条例和技术规范的文件汇总。它不仅是质量检验工作的指导性文件，而且是质量管理系统文件的组成部分。检验手册作为质量检验人员和管理人员的工作指南，对加强生产企业的检验工作，使质量检验活动实现标准化、规范化、科学化有着重要的意义。检验手册一般分程序性和技术性两种。

程序性检验手册主要包括：①质量检验体系和机构，有机构框图、职能（职责、权限）的规定；②质量检验的管理制度和工作制度；③进货检验程序；④过程（工序）检验程序；⑤成品检验程序；⑥计量控制程序（包括通用仪器设备及计量器具的检定、校验周期表）；⑦检验有关的原始记录表格格式、样式及必要的文字说明；⑧不合格产品审核和鉴别程序；⑨检验标志的发放和控制程序；⑩检验结果和质量状况反馈及纠正程序等内容。

技术性检验手册一般根据不同的产品和工序来制定，主要包括：①不合格产品缺陷严重性分级的原则和规定；②抽样检验的原则和抽样方案的规定；③各种材料规格及其主要性能标准；④工序规范、控制、质量标准；⑤产品规格、性能及有关技术资料、产品样品、图片等；⑥试验规范及标准；⑦索引、术语等。

编制检验手册是检验部门的重要工作，由熟悉产品质量检验管理和检测技术的人员编写，并经授权的负责人批准签字后生效。

四、检验工作的管理

(一)检验人员的职责

质量检验机构是独立行使质量检验职权的专职职能部门。在企业内部质量检验机构受企业法人的直接领导并授权,独立行使检验职权,在企业外部质量检验机构代表企业向消费者、用户和社会提供质量证据,是维护消费者利益的部门。

质量检验人员必须经过公司岗位培训合格后方能上岗;熟知所检验产品的标准、图纸、工艺、检验文件;检验人员应严格对检验项目进行逐一检验,负责做好原材料、中间产品和成品的试样检验工作,并出具检验报告;对检验出的不合格原料、半成品或成品应反馈给质量管理部门,以便及时查找不合格原因并采取纠正措施。

质量检验人员应维护和妥善保管在用量具和测量设备,使用前进行校准,以保证其准确度,发现偏差及时调整或送修。

质量检验人员对个人的错检、漏检和误判造成的损失负直接责任;对不按规定填写检验记录或记录不真实造成的损失负直接责任。

(二)评价检验误差的方法

1. 检验误差及其分类

在质量检验中,由于主客观因素的影响,产生检验误差是很难避免的,甚至是经常发生的。据国外资料介绍,检验员对缺陷的漏检率有时可以高达15%~20%。目前许多企业对检验人员的检验误差,还没有引起足够的重视,甚至缺乏"检验误差"的概念,迷信100%检验的可靠性。认为只要通过检验合格的产品,一定就是百分之百的合格品,实际上这是不符合事实的,因为这里面还存在检验误差。检验误差可以分为以下几类。

(1)技术性误差。技术性误差,是指检验人员缺乏检验技能造成的误差。例如,未经培训的新上岗检验员,最容易发生这种误差。这往往是由于缺乏必要的工艺知识,检验技术不熟练,对检测工具或仪器的正确使用方法不掌握,或在视力上有生理缺陷(如近视、视力不足或色盲),也可能由于缺乏检验经验等原因所造成。

(2)情绪性误差。由于检验员马虎大意、工作不细心造成的检验误差,如检验人员思想不集中、心情紧张、家庭不和、有烦恼心事;或由于工资奖金等问题,思想闹情绪;或生产任务紧、时间急等原因引起情绪波动所造成的检验误差。

(3)程序性误差。由于生产不均衡、加班突击及管理混乱所造成的误差,如生产不均衡,月初松、月末紧,加班加点,精力疲累;或待检产品过于集中,存放混乱,标志不清;或工艺、图纸有临时改变,而检验人员又不知道等原因造成的检验误差。

(4)明知故犯误差。由于检验人员动机不良造成的检验误差,如有意报复,迫于生产部门的压力,工检关系不和,或为了多拿奖金等原因所造成的误差。

2. 检验误差的指标及考核方法

(1)检验误差的两个主要指标。无论哪类原因造成的误差,均可概括为以下两类。

①漏检:有的不合格品没有被检查出来,当成了合格品,这当然使用户遭受损失。这里所指的用户是广义的,下道工序也可以认为是上道工序的用户。

②错检:把合格品当成了不合格品,在检验员检查出来不合格品中还有的是合格品,这当然使生产者遭受损失。

(2)评价检验误差的方法。

①重复检查:由检验人员对自己检查过的产品再检查 1 ~ 2 次。查明合格品中有多少不合格品,及不合格品中有多少合格品。

②复核检查:由技术水平较高的检验人员或技术人员,复核检验已检查过的一批合格品和不合格品。

③改变检验条件:为了解检验是否正确,当检验员检查一批产品后,可以用精度更高的检测手段进行重检,以发现检测工具造成检验误差的大小。

④建立标准品:用标准品进行比较,以便发现被检查过的产品所存在的缺陷或误差。

(三)检验人员的工作质量考核

可以用"准确性百分率""错检百分率"或"误检率"对检验人员的工作质量进行考核。

(1)检验准确性百分率。

$$检验准确性百分率 = \frac{d - k}{d - k + b} \times 100\%$$

式中,d 为检验人员报告的不合格品数;k 为复核检验时,从不合格品中校出的合格品数,即错检数;$d - k$ 为检验人员所发现的真正不合格品数;b 为复核检验时,从合格品中检出的不合格品数,即漏检数;$d - k + b$ 为产品中实际存在的真正不合格品数。

(2)错检百分率。如果复核检验时从合格品中检不出不合格品,即 $b = 0$,那么上式中无论 k 值为多大,检验准确性始终为 100%。为了克服上述公式可能出现的"宁错勿漏"的不足,可以用错检百分率来考核检验人员的工作质量。

$$错检百分率 = \frac{k}{(n - d - b + k)} \times 100\%$$

式中,n 为送检总数;d 为检验人员报告的不合格品数;b 为漏检数;k 为错检数;$n - d - b + k$ 为被检产品中的合格品数。

(3)误检率。误检是指检验人员把合格品判为不合格品,而把不合格品判为合格品的总数与被检产品数的百分率。

$$误检率 = \frac{b + k}{n} \times 100\%$$

【例 8 - 11】 某检验员检验荔枝汁糖浆 100 瓶,发现有 45 瓶不合格品,经过复核检验,发现 45 瓶不合格品中有 5 瓶合格品,而在合格品中又发现 10 瓶是不合格品。

检验准确性百分率:$(45 - 5) \div (45 - 5 + 10) \times 100\% = 80\%$

错检百分率:$5 \div (100 - 45 - 10 + 5) \times 100\% = 10\%$

误检率:$(5 + 10) \div 100 \times 100\% = 15\%$

对检验人员检验准确性的复核,必须随机进行,即无论是检验人员还是复核人员,都不能预先知道采用哪种指标进行复核,以保证结果的客观性。

复习思考题

1. 什么是 OC 曲线?它与抽样方案有什么关系?

2. 简述抽样检验中的两类错误。

3. 一次抽样检验和多次抽样检验有何区别?分别有什么优缺点?

4. 什么是调整型抽样方案?它的基本原理和特点是什么?

5. 在某种产品质量检验中,制定 AQL = 1.5%,批量 $N = 7300$,检验水平 Ⅱ。根据计数调整型抽样方案采用一次抽样检验,求一次正常、放宽、加严抽样方案。

6. 对某批产品进行抽样检验,规定检验批不合格品率 $P \leqslant 1.5\%$ 为合格批,若 $P \geqslant 5\%$ 为不合格批,又规定 $\alpha = 0.05$,$\beta = 0.10$,试求计数标准型一次抽样方案。

7. 有一批产品,批量 $N = 1000$,试画出抽样方案为 $(30,3)$ 的 OC 曲线。

第九章 食品质量成本管理

本章学习重点
1. 质量成本的含义、构成、分类及其特点
2. 质量成本的科目设置与核算方法
3. 质量经济性分析的内涵
4. 质量成本分析的几种方法
5. 质量成本管理的内容

第一节 质量成本概述

一、质量成本的含义

20世纪50年代,美国质量管理专家朱兰和菲根堡姆等人首先提出了质量成本的概念,进而把产品质量同企业的经济效益联系起来,这对深化质量管理的理论、方法和改变企业经营观念都有重要的意义。开展质量成本的测定、报告、分析和研究,从而促进产品质量和经济效益的提高,已经逐渐成为企业全面质量管理工作的一个重要组成部分。

质量成本是指企业为确保产品达到规定的质量水平和实施质量管理而发生的费用以及因未达到规定的质量水平或过分追求质量水平而发生的损失或浪费的总和。该定义表明,质量成本与两类作业有关:控制作业(control activity)和缺陷作业(failure activities)。控制作业是为了预防低劣质量而执行的作业(为了保证产品质量而发生);缺陷作业是为了补救低劣质量问题而采取的措施(因为质量没有达到标准而发生)。

二、质量成本的构成

根据 ISO 相关标准规定,质量成本由两部分构成,即运行质量成本和外部质量保证成本,而运行质量成本又包括预防成本、鉴定成本、内部缺陷成本和外部缺陷成本,如图9-1所示。

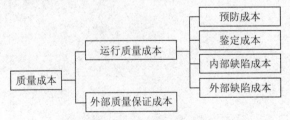

图9-1 质量成本的构成

（一）运行质量成本

运行质量成本指一个组织基于质量管理体系，为达到和保持所规定的质量水平所支付的费用。运行质量成本是一个组织质量成本研究的主要对象。

（1）预防成本（prevention costs）：为了防止在产品的生产和服务过程中出现质量问题而发生的成本。主要包括以下内容：质量策划费用、过程控制费用、顾客调查费用、产品设计鉴定/生产前预评审费用、质量管理体系的研究和管理费用、供应商评价费用、其他预防费用等。

（2）鉴定成本（appraisal costs）：为评定产品是否满足规定质量要求所需的鉴定、试验、检验、检查和验证方面所支付的费用。一般包括以下内容：外购材料及外购件的试验和检验费、计量服务费用、检验和试验费、质量审核费、其他鉴定费用。

（3）内部缺陷成本（internal failure costs）：在产品交付给顾客之前就已经被发现的，由于产品或服务不符合既定的要求或顾客的需求而发生的成本。这是鉴定作业所发现的缺陷的成本，包括废品成本、返修成本、停工损失、复测成本、变更设计成本等。如果不存在缺陷，则不会发生这些成本。

（4）外部缺陷成本（external failure costs）：在产品交付给顾客之后才被发现的，由于产品或服务不符合既定的要求或顾客的需求而发生的成本，包括缺陷产品召回成本，由于质量问题而影响的销售、销售退回和折让、产品保证、返修费用、顾客不满、市场份额受到的损失等。这一类成本对企业的影响最为严重。

（二）外部质量保证成本

在合同环境条件下，根据用户提出的要求，为提供客观证据所支付的费用，统称为外部质量保证成本。外部质量保证成本是企业向用户提供特殊的或附加的质量保证要求，证明和验证企业产品质量，以及进行质量体系认证而发生的费用和由于产品质量的原因导致企业产生的损失。其组成项目如下：

①提供附加的质量保证措施、程序、数据等所支付的费用；

②产品的验证试验和评定的费用，如经认可的独立试验机构对特殊的安全性能进行检测试验所发生的费用；

③为满足用户要求，进行质量体系认证所发生的费用等。

随着现代化质量管理的发展以及各个企业生产工艺特点的不同，其质量成本的具体内容也不完全相同，而且随着管理要求越来越高，质量成本核算的内容也会不断地细分化和不断地拓展。

三、质量成本的分类

质量的成本费用项目种类甚多，为了进行合理的管理和有效的控制，对其进行科学的分类是十分必要的。

质量成本费用的分类有不同的标准，通常可按下列方法进行分类。

（1）按作用分类：控制成本和缺陷成本。控制成本是指预防成本加上鉴定成本，是对产品质量进行控制、管理和监督所花的费用。缺陷成本是指内部缺陷成本与外部缺陷成本之和，这两部分费用都是由于不合格品（或故障）的出现而发生的损失，故一般也称损失成本。

（2）按其表现形式分类：显见成本和隐含成本。显见成本是企业在生产经营过程中实际发生的必须得到补偿的成本，如预防成本、检验成本等。隐含成本不是实际发生和支出的费用，但又的确是使企业效益减少的费用。区分显见成本与隐含成本，对于开展质量成本管理非常重要，因为这两类成本的核算方法不同，显见成本可以采用会计核算办法，而隐含成本一般采用统计核算办法。隐含成本是指实际发生但并未支付的，只需计算而不必补偿的成本，如用户不满成本、降级折价损失等。

（3）按与产品的联系分类：直接成本和间接成本。直接成本是指生产、销售某种产品而直接发生的费用，这类费用可直接计入该种产品成本中，如故障成本等。间接成本是指生产、销售几种产品而共同发生的费用，这种费用需要采用适当的方法，分摊到各种产品中去。一般来说，预防成本和部分鉴定成本多属于间接成本，而内部缺陷成本和外部缺陷成本多属于直接成本。

（4）按形成过程分类：各阶段成本。按其形成过程可分为设计、采购、制造和销售等不同阶段的成本类型。按形成过程进行质量成本分类，有利于实行质量成本控制。在不同的形成阶段制定质量成本计划、落实质量成本目标，加强质量成本监督，以便达到整个过程的质量成本优化目标。此外，质量成本还可以按其发生地点或单位进行分类，以便明确质量责任。

（5）从成本控制角度分类：可控成本和结果成本。预防成本、检验成本和外部质量保证成本就属于可控成本，而厂内损失成本、厂外损失成本和隐含成本都属于结果成本，是因质量达不到规定要求，控制失效造成的厂内和厂外损失，它受可控成本的影响。

四、质量成本的特点

一般认为，全部成本费用的60%~90%是由内部损失成本和外部损失成本组成的。提高监测费用一般不能明显改善产品质量。通过提高预防成本，第一次就把产品做好，可降低故障成本。菲根堡姆认为，实行预防为主的全面质量管理，预防成本增加3%~5%，可以取得质量成本总额降低30%的良好效果。

因此可以把产品生产的成本分为必要费用和非必要费用。第一次就把产品质量做好，才是降低成本的真谛。而返工、报废、保修、库存和变更等不增值的活动，都是额外的浪费，是"不符合要求的代价"。这种损失成本是可以避免的，所以预防费用、监测费用是必需的；预防和监测费用的增加与相应损失费用抵消时，总质量成本的最小，即为最佳值。

永远生产完美的食品、农产品是不可能的。这是由农产品生物多样性、受气候波动、有限货架期等影响较大的特性决定的。食品生产企业的质量管理应突出以预防为主，高度注重对原料、半成品、成品的质量检验，采取过程质量控制技术。因此，对于食品生产来讲，预防成本和鉴定成本之和占总质量成本的主要部分。

质量成本属于企业生产总成本的范畴,但又不同于其他的生产成本,诸如材料成本、设计成本、车间成本等的生产成本。概括起来质量成本具有以下特点。

(1)质量成本只是针对产品制造过程的符合性质量而言的,即是在设计已经完成、标准和规范已经确定的条件下,才开始进入质量成本计算。因此它不包括重新设计和改进设计及用于提高质量等级或质量水平而支付的费用。

(2)质量成本是那些与制造过程中出现不合格品密切相关的费用。例如,预防成本就是预防出现不合格品密切相关的费用。

(3)质量成本并不包括制造过程中与质量有关的全部费用,而只是其中的一部分。这部分费用是制造过程中同质量水平(合格品率或不合格品率)最直接、最密切的那一部分费用。

第二节　质量成本的科目设置与核算

一、质量成本科目设置

由于企业产品、工艺及成本核算制度等存在差别,对质量成本的具体构成有不同的认识和处理。质量成本的构成分析直接影响企业会计科目的设置及管理会计工作的运作。一般认为,三级质量成本科目的设置较有利于企业质量成本管理的实际运作。一级科目:质量成本;二级科目:预防成本、鉴定成本、内部损失成本、外部损失成本、外部质量保证成本;三级科目:质量成本细目,见表9－1。

表9－1　二级、三级质量成本科目设置

二级科目	三级科目
预防成本	质量工作成本;质量教育培训费;质量奖励费;新产品评审费;质量管理活动费;质量改进措施费;质量评审费;其他费用
鉴定成本	进货检验费;工序检验费;质检部门办公费;工资及职工福利基金;检测设备维修费;产品质量认证费;产品试验费;检测设备的折旧费;其他费用
内部损失成本	不合格品损失费;返修费;降级损失费;停工损失费;产品质量事故分析处理费;积压损失费;责任损失费;其他费用
外部损失成本	索赔费;退货损失费;折价损失费;保修费;工资及职工福利基金;其他费用
外部质量保证成本	产品质量保证措施费;产品质量证实试验费;评定费;其他费用

不同组织生产经营特点不同,具体成本项目可能不尽相同。在设置具体质量成本项目(第三级)时,要考虑便于核算并使科目的设置和现行会计核算制度相适应,便于实施。

二、质量成本的核算

(一)质量成本核算方法

企业的质量成本核算,就是把涉及质量成本发生的所有数据汇总到质量成本科目中,使其真实地反映企业质量成本的发生状况,并以此对其发展的趋势进行预测。质量成本核算的目标是汇总预防成本、鉴定成本、内部故障成本、外部故障成本和外部质量保证成本。质量成本核算是企业质量成本管理的重要环节。

质量成本核算有下列 3 个方面的作用:一是正确归集和分配质量成本,明确企业中质量成本责任的主要对象;二是提供质量改进的依据,提高企业质量管理的经济性;三是证实企业质量管理状况,满足顾客对证据的要求。

企业采用怎样的质量成本核算方法,决定了质量成本核算结果如何。当前,很多企业未将质量成本核算与产品成本核算有机结合,弱化了成本信息的可靠性,不能很好地对企业管理提供实际支持,这样的问题是由质量成本核算方法不当引起的。

究其原因,主要在于缺乏适当的方法指导。若企业仅从自身出发进行设计和建立质量成本核算体系,开销巨大,且多因缺乏规范性而难以保证正确和有效。所以具有通用性的质量成本核算方法,对企业质量成本核算具有重要的现实意义。

1. 显见质量成本的核算——会计核算法

现代的会计核算是全面、连续和系统地进行的。它应包括确认、计量、记录和报告 4 个基本环节,这 4 个环节各自独立,又相互联系,每个环节又有相应的会计核算的具体方法。显见质量成本的数据主要从会计资料中收集。在会计核算中,将与质量有关的成本数据,同时另外赋予一个与日常成本核算相区别的信息分类代码,建立质量成本数据库,就可以方便地将质量成本数据从现行的会计核算体系中分离出来。主要内容如下。

(1)设置会计科目、总账和明细账。在一级科目"质量成本"下面设置 4 个二级科目,包括预防成本、鉴定成本(外部质量保证成本可列入鉴定成本之中)、内部损失成本和外部损失成本。在每个二级科目下设置若干个三级科目。设置与会计科目相应的总分类台账和明细分类台账。

(2)按前面所述显见质量成本的数据收集方法收集数据,填制图 9-2 所示的显见质量成本费用的会计原始凭证,按质量成本会计科目记账,并编写质量成本科目汇总表。

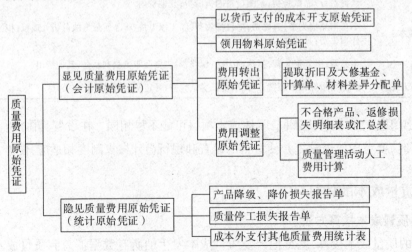

图 9-2　质量费用原始凭证分类

（3）将按现行会计制度规定的会计科目进行成本核算的有关质量费用转化为按质量成本会计科目核算的质量成本，填制质量成本费用对照表，见表9－2。

表9－2　质量成本费用对照表

费用成本项目			质量成本项目							
			预防费用		鉴定费用		内部损失		外部损失		合计
			明细科目	明细科目	明细科目	明细科目	明细科目	明细科目	明细科目	明细科目	明细科目
制造成本	材料	明细科目									
		明细科目									
	工资	明细科目									
		明细科目									
	制造费用	明细科目									
		明细科目									
期间费用	营业费用	明细科目									
		明细科目									
	管理费用	明细科目									
		明细科目									
	财务费用	明细科目									
合计											

质量成本的会计核算是以货币为计量单位，通过记账、算账和报账等手段，连续地反映和监督质量职能。与统计核算方法相比较，会计核算方法的特点首先是采用货币作为主要的统一量度，比较单一；其次是以设置账户、复式记账、填制凭证、登记账簿、质量成本计算、编制会计报表等一系列专门的方法为主，可以按照生产经营过程中质量经济业务发生的顺序进行连续、系统、全面和综合的记录和反映。后者是只有会计核算方法才能做到的，所以也是会计核算方法最大的优点。

2. 隐含质量成本的核算——统计核算法

隐含质量成本数据主要从统计资料中收集。质量成本的统计核算，是搜集和整理在经济活动中符合质量成本定义的费用的数据材料，并通过分析找出其规律性的过程。这种核算方法的特点是：可以采用货币、实物量、工时等多种计量单位，运用一系列的统计指标和统计图表；可以采用统计的各种方法进行资料获取和处理，如可以采用普查、重点调查、典型调查和抽样调查等统计调查方法，也可以采用分组等统计方法处理取得的数据。同时，可以看出统计核算方法的目的在于揭示质量经济性的基本规律，并不注重核算资料的完整性。

在统计核算中，将与质量有关的数据从返工单、返修单、工时卡、领料卡、生产台账、销售台账中找出来,明确标出质量损失的工时数,原材料消耗量,产品降级、降价、退货等数据;对照质量和经济分析报告,如事故分析报告、检验报告、市场分析报告、顾客投诉处理报告,按规定的程序和方法进行估计和测算。

由此,可以分项、分产品地确定隐含质量成本数据。主要内容如下。

(1)建立质量成本统计核算点,即确定负责收集质量成本统计数据的报告部门。一般情况下,可利用企业的原有统计组织和人员进行质量成本统计工作。

(2)制定质量成本统计表,确定统计项目。统计项目的确定,一方面要与质量成本项目相一致;另一方面还要与现行的统计项目相协调。一种现实的做法是:先从现有的统计指标中确定哪些指标直接列入质量成本统计范围,然后增加一些新的统计指标。所选定的质量成本统计指标要满足质量成本统计核算的要求。

(3)按前所述隐含质量成本数据收集方法收集数据,填制图9-2所示的隐含质量成本费用的统计原始凭证,编制质量成本统计表,计算质量成本。

3.计算总质量成本

将按会计核算方法计算的显见质量成本和按统计方法计算的隐含质量成本汇总,计算总质量成本。要确保按上述两种方法核算中对同一数据没有重复计算。

(二)质量成本核算的步骤

1.确定质量成本四级科目

要准确、有效地分析质量成本,最好将质量成本项目分解到四级。需要说明的是:①企业应根据实际情况确定所需的三级科目和四级科目;②不是所有的项目都适应于某企业;③识别和确定四级科目应是分析质量成本的第一步。

2.建立质量成本数据来源表

确定质量成本四级项目后,应制定四级项目的原始数据来源,作为核算质量成本各级科目的作业指导。

在此需要说明的是,质量成本有的费用可直接从账务凭证或发票中获得,有的需要使用统计手段计算或折算形成。质量成本费不像生产成本那样准确,它的核算方法决定了费用的粗略性,虽然基本上不影响通过质量成本指标结果分析成本构成及合理性。某企业质量成本所有四级项目的原始数据来源(外部质量保证费归于鉴定成本)见表9-3。

表9-3 质量成本数据来源表

二级科目	三级科目	四级科目	原始数据来源	费用性质	来源部门
预防成本	质量培训费	书籍资料费	公司经费对应的付款凭证中的质量书籍和资料发票	管理费用	财务部
		外出培训费	公司经费对应的付款凭证中的外出培训收费发票和相关差旅费	管理费用	财务部

二级科目	三级科目	四级科目	原始数据来源	费用性质	来源部门
预防成本	质量管理活动费	咨询费	咨询费用发票(按12个月摊销)	管理费用	财务部
		质量奖励费	从工资表的资金中筛选出质量资金	管理费用	财务部
		办公费	办公管理费用,取1/6比例摊到质量管理办公费	管理费用	财务部
		差旅费	差旅费对应的付款凭证中取质管、生产、技术涉及质量活动的差旅费	管理费用	财务部
		印刷费	办公费用中的印刷费用,取1/3比例	管理费用	财务部
	质量改进费	质量改进费	制造费用对应付款凭证中涉及工艺、试验研究、设备工装改良的费用	管理费用	财务部
	工资及福利费	工资及福利费	工资表中的主要管理人员(车间主任及以上)工资及相应按10%比例计提的福利费	管理费用	财务部
鉴定成本	检验试验费用	量具消耗费	根据量具的购置成本按12个月摊销(且将重检量具消耗扣除)	管理费用	财务部
		委外试验费	公司经费对应的付款凭证中的外出试验收费发票和相关差旅费	管理费用	财务部
	质量部门办公费	办公费	质量管理办公费分摊(按6个部门,取1/6)	管理费用	财务部
	量具维修折旧费用	鉴定/校准费	制造费用对应的付款凭证中的量具鉴定/校准费用发票	管理费用	财务部
	工资及福利费用	工资及福利	工资表中质管人员(质检、计量及质管人员)工资及10%的福利费	管理费用	财务部
	认证费用	认证费	将当年发生的认证或监督费用按认证或监督周期摊销(12个月)	管理费用	财务部
内部损失成本	报废损失	在制品废品损失	根据质量管理部门"质量成本原始数据明细表"中的在制品废品数量计算,数量÷2×(销价-废价)	制造费用	质管部/财务部
		成品废品损失	根据质量管理部门"质量成本原始数据明细表"中的成品废品数量计算,数量×(销价-废价)	制造费用	质管部/财务部
	返工费用	返工费	根据质量管理部门"质量成本原始数据明细表"中的返工数量计算,返工数量×工费(工费可用工资定额的2倍约计)	制造费用	质管部/财务部
	停工损失费用	停工损失费	根据质量管理部门"质量成本原始数据明细表"中的设备停工时间计算,[1年净利润/(350天×设备台数)]×1台设备折合停工天数	制造费用	质管部/财务部
	质理事故处理费用	重检费	根据质量管理部门"质量成本原始数据明细表"中的不良检验(如重新检验或加严检验)占总检验比例计算,不良检验比例×量具消耗费	制造费用	质管部/财务部

二级科目	三级科目	四级科目	原始数据来源	费用性质	来源部门
外部损失成本	顾客索赔费用	赔偿金	根据市场部门"质量成本原始数据明细表"中的产品质量索赔费用汇总,或从索赔付款凭证的对应发票得出	营业费用	质管部/财务部
		处理费	处理质量问题差旅费对应的付款凭证中的差旅费报销单(售后事故处理)	管理费用	质管部/财务部
	退货损失费用	产品净损失	根据市场部门"质量成本原始数据明细表"中的退货损失数量计算,数量×(售价－废价)	制造费用	质管部/财务部
		运费损失	根据市场部门"质量成本原始数据明细表"中的退货运费直接汇总,或从运费付款凭的对应发票得出	营业费用	质管部/财务部
	保修费用	服务费	根据市场部门"质量成本原始数据明细表"中的服务费用汇总,或从服务费付款凭证中的外出服务相关差旅费得出	营业费用	质管部/财务部

3. 收集相关数据

在质量管理活动中,财务部门应是质量成本核算分析部门,对核算结果的准确性负责。质量成本一般每月分析一次,也可根据企业实际每季度一次(不应再长),每月或每季度财务部门应从汇集的付款凭证中整理出相应的凭证或发票,用于质量成本中会计科目费用的核算。

对统计科目费用的核算,需要相关部门从质量管理活动中提供相应的统计报表,如质量成本原始数据明细表,频次每月或每季度。表9-4是某企业质管部"质量成本数据明细表"的参考格式。

表9-4 质管部"质量成本数据明细表"

品名规格	返工产品		在制品/成品报废		在制品内部让步	质量问题停工		备注
	数量	工序	数量	工序		设备/线	时间	

不良检验(重复检验)占总检验比例:

每月5日前将本表报财务部,发生的数目应如实填写,未发生的项目不填。

制表/日期:　　　　　　　　　　　　　　　　　　　审核/日期:

另外,生产部门应提供每月的生产数量及产品各工序的工资定额报表,格式见表9-5及表9-6。

表9－5　月生产部生产报表

序号	品名规格	生产数量	备注
说明		每5日前将本表报财务部	

制表/日期：　　　　　　　　　　　　　　　　审核/日期：

表9－6　工序定额表

序号	工序名称	工时定额(min/件)	工资定额(元/件)	备注

制表/日期：　　　　　　　　　　　　　　　　审核/日期：

4.编制质量成本数据汇总表

每月或每季度各相关部门将有关报表提交财务部门后,财务部门便可进行质量成本核算。成本核算需从四级科目开始,并将结果按三级科目形成"质量成本数据汇总表",如表9－7所示。形成和建立"质量成本数据汇总表"后,即可由四级项目汇总出三级科目项目,再汇总出二级科目项目,直至汇总出当月或当季度质量成本。

表9－7　质量成本数据汇总表

二级科目/三级科目：

四级科目	原始数据汇总	小计(元)	合计(元)
合计			
备注			

制表/日期：　　　　　　　　　　　　　　　　审核/日期：

第三节　质量成本分析

一、质量成本分析的理论依据

质量成本分析就是将质量成本核算后的各种质量成本资料,按照质量管理工作要求进行分析比较,使之成为改进质量提高经济效益的有力工具。主要包括质量成本总额分析、质量成本构成分析、内部缺陷成本和外部缺陷成本分析和其他质量成本分析。通过质量成本分析,可以找出影响产品质量的主要缺陷和质量管理工作的薄弱环节,为提出质量改进意见提供依据。通过质量成本分析也可以找到一个最佳质量点,使质量总成本最低,从而实现质量与经济的平衡。

(一)质量成本、质量水平、经济效益三者的关系

从经济效益的角度出发,确定质量成本的原则是在保证满足规定的产品质量水平的前提下,使组织获得最大利润。质量成本、质量水平、经济效益三者的关系如图9-3所示。

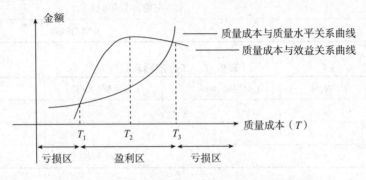

图9-3 质量成本、质量水平、经济效益三者关系图

如图9-3所示,随着质量成本的增加,产品的质量水平逐渐提高。这是因为随着预防费用、鉴定费用的增加,组织内部质量教育与培训、质量管理、质量改进、质量评审、检验与试验等与质量有关的工作得到了进一步的加强,提高产品质量的手段进一步完善,促使产品的质量水平得到逐渐提高。

另外,随着质量成本的增加,开始时,由于产品的质量水平逐渐提高,产品的使用价值也得到提高,产品对顾客的吸引力越来越大,相应地,组织的经济效益也得到提高。但是,当质量成本增加到一定的程度,产品的成本也将随之增加。如果产品销售价格保持不变,那么产品的销售利润将会下降。如果提高产品的销售价格,那么产品对顾客的吸引力会越来越小,产品的销售额就会降低,必然导致组织经济效益的下降。

综上所述,在实际工作中,质量过高或过低都会造成浪费,不能使企业获得好的经济效益。因此,必然需要探求最佳质量水平和最佳成本水平。假设T_2存在于T_1和T_3之间,为最佳质量成本,价格与质量成本的函数为$P(T)$,质量水平与质量成本的函数为$C(T)$,则利润函数P_f可以表示为:

$$P_f = P(T) - C(T)$$

利润函数对质量成本求导数可得:

$$P'_f = P'(T) - C'(T)$$

令其为零,即利润最大时,可得:$P'(T) = C'(T)$,即价格对质量成本的变化率与质量水平与质量成本的变化率相等时,企业能获得最大利润。

(二)质量成本的适宜构成比例

企业组织为了获得最大利润,确定了最佳质量成本T_2,而最佳质量成本内部各部分之间也存在着一定的比例关系,各成本项目之间相互联系、相互制约、相互影响。

从质量成本的构成分析,增加预防费用可以提高产品质量,从而减少内部损失费用和

外部损失费用,也会在一定程度上减少鉴定费用,反之亦然。但是预防费用并非越高越好,一般来说,当质量水平达到一定程度,如果要进一步提高产品质量或降低损失费用,组织将需支付高昂的预防费用,这样质量总成本反而会增加。因此要在质量总成本最佳的前提下确定一个合适的预防费用比例,使其在相应的质量成本水平下达到最佳值。

增加鉴定费用加强检验把关,可以降低内部损失费用和外部损失费用的发生。但是与预防费用一样,鉴定费用也在质量总成本中占一个"适当的比例"。内部损失费用与外部损失费用总会在一定程度上影响产品质量,对降低质量总成本起负作用。组织应在有限的人、财、物条件下尽量降低损失费用和外部损失费用。

著名质量管理专家朱兰、哈灵顿、桑德霍姆通过对质量成本内部构成比例大量的调查分析,结论见表9-8所示。

表9-8　质量成本构成比例

质量成本 (二级科目)	占质量成本总额的百分比(%)		
	朱兰	哈灵顿	桑德霍姆
预防成本	1~5	10	0.5~10
鉴定成本	10~50	25	10~50
内部损失成本	25~40	57	25~40
外部损失成本	25~40	8	20~40

由于各个企业的产品性能、顾客对象、质量水平、生产规模以及人数等不同,质量成本不可能相同,即便是情况大致相同的企业,质量成本总额及构成也可能相差较远。一般来讲,质量成本占总成本的比例在10%以内较正常,15%左右较差,达到20%很差;而预防成本应占质量成本的5%~15%,鉴定成本应占质量成本的25%~30%,内部损失应占质量成本的35%~40%,外部损失应占质量成本的25%~35%。比较理想的质量成本分配比例是鉴定成本占总质量成本的40%,预防成本占10%,不良损失成本(内部损失和外部损失的和)占质量成本的50%。

(三)适宜质量水平的确定

质量成本所包含的四项因素之间是相互联系、相互影响的,其间关系比较复杂。某一项质量成本的下降可能会引起另一项质量成本的上升。质量成本管理不可能使各项质量成本都减少10%或20%,更不可能把质量成本减少到零,而是在保证最适宜质量水平的前提下,使质量成本总和最低,即预防成本、鉴定成本、内部损失成本、外部损失成本之和最小。

实践证明,预防成本和鉴定成本随产品合格率的提高而增加,内部损失成本和外部损失成本随产品合格率的增加而减少。质量成本有其自身的特点,要保证质量成本费用发生的经济性和合理性,不追求单纯地降低成本。在保证产品质量成本最低的前提下,预防费用和检验费用应占有合理的比重。同时,要容许适当的损失存在,这种损失应当认为是合理的。

图9-4的曲线是按质量成本的各项目之间的关系做出的。可以看出,质量总成本是预防与鉴定成本和内外部损失成本之和。从各质量成本在质量总成本所占的不同比例中,可以找到一个最佳的比例结构,便达到质量总成本最低、产品质量最适合、经济效益最好的状态。如图9-5所示,区域Ⅰ为质量改进区,该区域损失成本最大,质量管理工作的重点在于加强预防措施,加强质量检验,提高质量水平;区域Ⅱ为质量适宜区,该区域质量成本处于最低的范围,在一定条件下,质量管理工作的重点在于维持和控制现有的质量水平;区域Ⅲ为质量至善区,该区域鉴定成本最大,企业为了追求质量采取了过多预防、检验等措施,导致质量成本急剧上升,从经济的角度来看是不合理的,因此该区域也称为过剩区域。区域Ⅲ的质量管理工作重点在于分析与鉴定费用有关的因素,采取必要的改进措施,在保证规定质量水平的基础上降低鉴定费用。

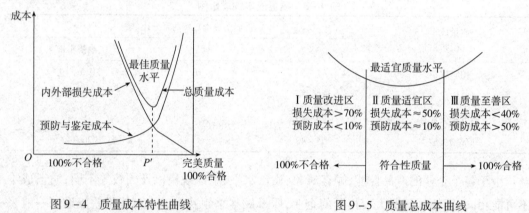

图9-4　质量成本特性曲线　　　　　　　　图9-5　质量总成本曲线

二、质量成本分析的内容与方法

质量成本分析的内容主要包括质量成本总额分析、质量成本构成分析和质量成本与比较基数的比较分析。具体主要有计划目标分析、排列图分析、相关指标分析、趋势分析等。

(一)质量成本总额分析

1.计划目标分析

计算计划期内质量成本总额或计划年度内质量成本累计总额,并与计划控制目标比较,求出增减率。

2.相关指标分析

将计划期内成本总额或计划年度内质量成本累计总额与有关经济指标比较,计算出产值质量成本率、销售质量成本率、利润质量成本率和总成本质量成本率,并与计划控制目标对应进行比较。这些相关指标从不同角度反映了质量成本与企业有关经济指标的数量关系。

3.趋势分析

对一段时间内质量成本的各种指标值按时间序列作图进行分析,观察各种指标值的变动情况,推断出质量成本的变化趋势。

(二)质量成本构成分析

1. 结构比例分析

质量成本构成分析主要从质量成本的构成和质量成本占总成本的比例等方面,分析质量成本是否处于最佳水平,并提出改进的方向。不同行业、不同企业甚至同一企业的不同时期,质量成本状况都会有所差别。

若某企业的质量成本构成见表 9 - 9,则可知其内部损失成本占质量成本总额的77.5%,而预防成本仅占2.7%,说明该企业质量成本类型处于改进区。该企业主要目标是提高产品质量和工作质量,增加预防成本,降低内部损失成本。

表9-9 质量成本构成统计表

项目	内部损失成本	外部损失成本	预防成本	鉴定成本	质量总成本
金额合计(万元)	19.89	2.11	0.70	2.97	25.67
占质量成本总额(%)	77.48	8.22	2.73	11.57	100.0

2. 排列图分析

排列图分析是将质量成本构成项目按其数值的大小,做出排列图。由排列图可以分析出影响质量成本的主要因素、次要因素和一般因素,然后针对主要因素提出改进措施。

3. 计划目标分析

计算计划期内预防成本、鉴定成本、内部损失成本、外部损失成本和外部质量保证成本的累计金额与计划控制目标进行分析,求出增减值和增减率;计算上述各项成本占时间产值、销售额、利润和总成本的比重,并与计划控制目标进行比较分析。

(三)质量成本与比较基数的比较分析

关于比较基数,各企业可根据自己的情况自行确定。但其确定的原则,是通过比较,找出偏差,并具有强有力的说服力。通常用的比较基数是销售额、利润、产值等。

(1)损失成本总额与生产额比较,计算出百万元生产额损失成本。

$$百万元生产额损失成本 = \frac{内部损失成本 + 外部损失成本}{生产额} \times 100\%$$

该指标是考核企业质量经济性的重要指标,同时也是同行业可比性指标。

(2)外部损失成本与生产额比较,计算出生产收入外部损失。

$$生产收入外部损失 = \frac{外部损失成本}{生产额} \times 100\%$$

该指标反映了由于质量不佳而造成的外部损失占生产收入的比重,既是考核企业提供社会经济效益的一部分,又是考核企业为客户服务,以及给客户带来的损失,是同行业可比性指标。

（3）损失成本与利润进行比较分析，计算出百万元利润损失成本。

$$百万元利润损失成本 = \frac{内部损失成本 + 外部损失成本}{利润} \times 100\%$$

该指标反映了产品质量问题给企业带来的损失，是考核企业质量经济性的重要指标，也是最易引起领导重视的指标。

三、指标分析法

（一）质量成本结构指标

质量成本结构指标是用于分析质量成本构成项目的比例关系，以便探求最适宜的质量水平的指标，具体指构成质量成本的各个项目同质量总成本的比值。

$$预防成本率 = \frac{预防成本}{质量成本} \times 100\%$$

$$鉴定成本率 = \frac{鉴定成本}{质量成本} \times 100\%$$

$$内部损失成本率 = \frac{内部损失成本}{质量成本} \times 100\%$$

$$外部损失成本率 = \frac{外部损失成本}{质量成本} \times 100\%$$

$$外部质量保证成本率 = \frac{外部质量保证成本}{质量成本} \times 100\%$$

以上这些比值是用于在企业内部作为考核质量管理的有效性的一种尺度。

（二）质量成本相关指标

一定时间内的质量成本同企业其他与其相关的经济指标相比而形成的比率，称为质量成本相关指标。质量成本相关指标如下：

$$总产值质量成本率 = \frac{质量成本}{总产值} \times 100\%$$

$$总成本质量成本率 = \frac{质量成本}{总成本} \times 100\%$$

$$销售收入质量成本率 = \frac{质量成本}{销售收入} \times 100\%$$

$$利润质量成本率 = \frac{质量成本}{利润销售} \times 100\%$$

$$销售收入内部损失率 = \frac{内部损失}{销售收入} \times 100\%$$

$$销售收入外部损失率 = \frac{外部损失}{销售收入} \times 100\%$$

上述指标从不同角度反映了质量成本与企业有关经济指标的数量关系，说明质量成本管理的有效性。企业可以用相关指标同企业的基期指标或同行业的先进水平比较，找出差距,采取相应对策,提高质量成本管理水平。

(三)质量成本目标值

质量成本目标值 = 基期(计划期)质量成本(指标)值 – 报告期质量成本(指标)值

(四)灵敏度分析

灵敏度分析是对质量成本4个构成项目间进行投入、产出分析,以反映一定时期内质量成本变化的效果或特定的质量改进项目的效果,以指标灵敏度 α 表示。

1. 第1种灵敏度指标

用投入的鉴定成本、预防成本对损失成本增量进行比较,则

$$\alpha_1 = \frac{P+A}{\Delta F}$$

式中:A 为鉴定成本;P 为预防成本;ΔF 为本期损失成本与上期损失成本的差值。

灵敏度 α_1 的含义是每减少单位损失成本所花费的鉴定成本和预防成本的费用,α_1 越小,表明质量改进越有意义。

2. 第2种灵敏度指标

用上期内外部损失成本与计划期内外部损失成本的差值与鉴定成本、预防成本的增加量比较,则

$$\alpha_2 = \frac{\Delta F}{\Delta(P+A)}$$

式中:ΔF 为本期损失成本与上期损失成本的差值;$\Delta(P+A)$ 为计划期内预防成本与鉴定成本之和的增加量。若 $\alpha_2 < 0$,则说明外部损失成本不仅没有降低,反而增加,表明质量改进效果不好;$\alpha_2 = 0$,表示计划期内发生的内外部损失成本与上期内外部损失成本相同,质量改进没有成效;$0 < \alpha_2 < 1$,说明计划期质量改进取得一定效果,但不明显;$\alpha_2 \geqslant 1$,说明投入较少的鉴定成本和预防成本,就可使质量得到显著的改进,内外部损失成本降低的幅度较大。

第四节　质量成本管理

质量成本管理是指对质量成本的计划、组织与控制。具体地讲,质量成本管理就是指有关降低质量成本的一切管理工作的总称。质量成本管理的目的就是用最低的质量成本实现满意的质量。

质量成本涉及质量形式的全过程,要降低质量成本,就必须将全过程中影响质量成本的因素全面地、系统地控制起来,而要进行有效的控制,必须建立在分析的基础上,因而质量成本管理内容包括质量成本的预测和计划、质量成本的核算、质量成本的分析、质量成本的控制和考核等。

一、质量成本预测

质量成本预测就是分析、研究各种影响质量成本的因素对质量成本的依存关系,并利

用大量观察数据,结合产品质量目标的要求,对一定时期的质量成本目标和质量成本水平进行测算、分析和预计。

1. 质量成本预测的目的

质量成本预测的目的主要有:①为企业提高产品质量和降低质量成本指明方向;②为企业制订质量成本计划提供依据;③为企业内各部门指出降低质量成本的方向和途径。

2. 质量成本预测分类

按预测时间的长短可分为短期预测和长期预测。一年以内的属于短期预测,用于近期的计划目标与控制;两年甚至更长时间的属于长期预测,用于制定企业竞争战略。

3. 质量成本预测的准备工作

质量成本预测的依据是综合考虑用户对产品质量的要求、竞争对手的质量水平、本企业的历史资料,以及企业关于产品质量的竞争策略,采用科学的方法对质量成本目标值做出预测。质量成本预测准备工作主要为收集以下相关资料。

(1)消费者或用户资料。关于产品质量和售后服务的要求。

(2)竞争对手资料。包括产品质量、质量成本(这类资料很难获得)、消费者或用户对竞争对手产品质量的反应等。

(3)企业资料。主要包括本企业关于质量成本的历史资料,如质量成本结构、质量成本水平等。

(4)技术性资料。企业所使用的检验设备、检验标准、检验方法,以及企业所使用的原材料对产品质量及质量成本的影响资料。

(5)宏观政策。国家或地方关于产品质量的政策等。

4. 质量成本的预测方法

质量成本预测时要求对各成本构成的明细科目逐项进行。通常采用下列两种方法。

(1)经验判断法:当影响因素比较多,或者影响的规律比较复杂,难以找出函数关系时,可组织经验丰富的质量管理人员、有关财会人员和技术人员,根据已掌握的资料,凭借自己的工作经验做预测。

(2)计算分析法:如果经过对历史数据做数理统计方法的处理后,有关因素之间呈现出较强的规律性,则可以找到某些反映内在规律的数学表达式,用来做预测。

二、质量成本计划

质量成本计划指在质量成本预测的基础上,针对质量与成本的依存关系,用货币形式确定生产符合性产品质量要求时,在质量上所需的费用计划。其中包括质量成本总额及降低率,4项质量成本项目的比例,以及保证实现降低率的措施。

质量成本计划的内容应该由数值化的目标值和文字化的责任措施两部分组成。

1. 数据部分计划内容

(1)企业质量成本总额和质量成本构成项目的计划。它们是企业在计划期内要努力达到的目标。

（2）主要产品的质量成本计划。主要产品是相对于产品质量成本对企业效益的影响程度而确定的。

（3）质量成本结构比例计划。质量成本结构比例对企业效益有一定的影响，在质量成本总额一定的条件下，不同的质量成本结构效益是不同的。

（4）各职能部门的质量成本计划。

2. 文字部分计划内容

文字部分计划内容主要包括对计划制定的说明，拟采取的计划措施、工作程序等，具体有如下内容。

（1）各职能部门在计划期所承担的质量成本控制的责任和工作任务。

（2）各职能部门质量成本控制的重点。

（3）开展质量成本分析，实施质量成本改进计划的工作程序等说明。

三、质量成本分析

质量成本分析是根据组织质量管理和质量保证需要，结合组织生产经营特点，灵活运用质量成本分析方法，对质量成本核算结果进行分析。质量成本是个综合性指标，反映了生产经营活动的工作质量。进行质量成本分析，不是消极地反映质量与成本的关系，而是给予积极影响，通过质量成本分析，找出影响质量成本的关键因素，为质量的改进提供信息，指明改进重点，经过努力降低质量成本，确保质量，达到降低生产成本，增加经济效益的目的；同时通过质量成本分析，评价质量体系的有效性，指明下期质量成本工作的重点和目标。

1. 部门损失成本分析

追寻质量损失的原因，会涉及企业的各个部门，按部门分析可以直接了解各部门的质量管理工作状况，所以是很必要的。分析的主要方法是采用统计图，见图9-6和图9-7。图9-6中实线表示损失的实际金额，虚线表示计划目标。

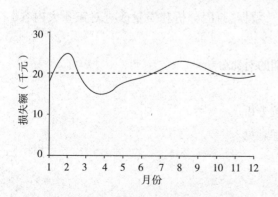

图9-6　车间质量损失时间序列图

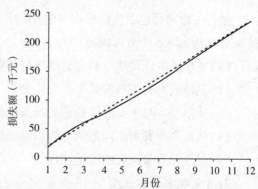

图9-7　车间质量损失累计金额统计图

2. 不同产品的损失成本分析

同一企业,由于设计的、设备的、工艺的、原料的以及其他种种原因,产品之间会有较大的质量差异。通过按产品的损失成本分析,可以发现质量问题较为严重的产品,把它选作质量工作的重点。考虑到各产品的产量有差别,分析时可采用相对数,如各产品的损失与各自销售额的比率。在此基础上可作 ABC 分类,选择 A 类为重点研究对象。

3. 外部损失成本分析

同样的产品质量缺陷,交货前和交货后所造成的损失差别是很大的,外部损失要大于内部损失。一般从 3 个方面进行分析。

(1)作质量缺陷分类分析,从中可以发现产品的主要缺陷和对应的质量管理工作的薄弱环节。

(2)按产品分类作 ABC 分析,从中找出几种外部损失成本较高的产品作为重点研究对象。

(3)按产品的销售区域分析,不同的地理环境和人群往往有可能引起不同的故障,按地区分析有利于查找原因。分析的结果对于改进产品设计,提高产品质量有很重要的意义。

四、质量成本报告

质量成本报告是在质量成本分析的基础上写成的书面文件,它们是企业质量成本分析活动的总结性文件,供领导及有关部门决策使用。质量成本报告的内容与形式要视报告呈送对象而定:①给高层领导的报告,要求简明扼要地说明企业质量成本总体情况、变化趋势、计划期所取得的效果以及主要存在问题和改进方向;②送给中层部门的报告,除了报告总体情况外,还应该根据各部门的特点提供专题分析报告,使它们能从中发现自己部门的主要问题与改进重点。

质量成本报告的次数,对高层领导的要少一些,如公司规模大又无异常变化,可一季度一次,而对中层领导则应该一月一次;如情况有异常,可每旬报告一次,以便及时处理质量问题。

质量成本报告应该由财务部门和质量部门联合提出,以保证成本数据的正确性。

1. 质量成本报告的基本内容

报告一般需要包括质量成本发生额的汇总数据、原因分析和质量改进对策 3 大内容,所以要包括以下 5 个方面内容。

(1)质量成本计划执行和完成情况与基期的对比分析。

(2)质量成本的 4 项构成比例变化分析。

(3)质量成本与主要经济指标的效益比较分析。

(4)典型事例和重点问题的分析以及处理意见。

(5)对企业质量问题的改进建议。

2. 质量成本报告形式

质量成本报告内容可以繁简各异,形式可以各种各样。按时间可采用定期报告和不定期报告;书面形式可采用报表式、图表式和陈述式。

（1）报表式。报表是一种最常用的质量成本报告方式,具有准确性高、综合性强的特点。质量成本分析报告见表9－10。

表9－10　质量成本分析报告

部门		月份		
质量成本数据来源或涉及部门				
质量成本核算结果				
预防成本				
鉴定成本				
内部损失成本				
外部损失成本				
质量成本				
生产总成本和销售收入:				
质量成本指标核算[质量成本结构指标、总成本质量成本率(%)、销售收入质量损失率(%)等]:				
质量成本分析[质量成本指标与目标(基准)比较分析]:				
成本分析结论及改进建议:				
备注:				
制表/日期:		审核/日期:		

（2）图表式。图表式是技术人员较乐意采用的一种方法,它具有醒目、形象、简单的特点,见图9－8。

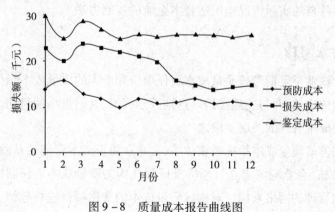

图9－8　质量成本报告曲线图

（3）陈述式报告。陈述式报告是用语言来表述的一种方法,陈述式的报告表达全面、详细、易懂,因此也经常被采用。

在企业编制年度质量成本报告时,往往是三种形式混用,而月年报告可以单独使用某一方式,但无论采用何种方式都要针对报告的内容和接受的对象,力求准确、简明、易懂。

五、质量成本控制

质量成本控制是指成本计划在执行过程中,加强监督检查,及时协调和纠正出现的各种偏差,把影响质量总成本的各个质量成本项目控制在计划范围内的一种管理活动,是质量成本管理的重点。质量成本控制是完成质量成本计划、优化质量目标、加强质量管理的重要手段。

1. 质量成本控制的步骤

(1)事前控制:事先确定质量成本项目控制标准。以质量成本计划所定的目标作为控制的依据,分解、展开到单位、班组、个人。采用限额费用控制等方法作为各单位控制的标准,以便对费用开支进行检查和评价。

(2)事中控制:按生产经营全过程进行质量成本控制,即按开发、设计、采购、生产、销售服务几个阶段提出质量费用的要求,分别进行控制,对日常发生的费用对照计划进行检查对比,以便发现问题和采取措施,这是监督控制质量成本目标的重点和有效的控制手段。

(3)事后控制:查明实际质量成本偏差目标值的问题和原因,在此基础上提出切实可行的措施,以便进一步为改进质量、降低成本进行决策。

2. 质量成本控制方法

质量成本控制的方法一般有以下4种:

(1)限额费用控制的方法;

(2)围绕生产过程重点提高合格率水平的方法;

(3)运用改进区、适宜区、至善区的划分方法进行质量改进、优化质量成本的方法;

(4)应用价值工程原理进行质量成本控制的方法。

企业应针对各自的实际情况选用适合本企业的控制方法。

六、质量成本考核

质量成本考核就是定期考核质量成本责任单位和个人的质量成本指标完成情况,评价其质量成本管理的成效,并与奖惩挂钩以达到鼓励鞭策、共同提高的目的。因此,质量成本考核是实行质量成本管理的关键手段之一。

建立科学完善的质量成本指标考核体系,是企业质量成本管理的基础。为了对质量成本实行控制和考核,企业应该建立与经济责任制挂钩的质量成本责任制,形成完善的质量成本控制与考核管理的网络系统。对构成质量成本的费用项目进行分解、落实到有关部门和人员,明确责、权、利,实行统一领导、部门归口、分级管理的系统。

质量成本的考核应与经济责任制和"质量否决权"相结合,也就是说,是以经济尺度来衡量质量体系和质量管理活动的效果。一般由质量管理部门和财会部门共同负责,会同企业综合计划部门以总的考核指标体系和监督检查系统进行考核奖惩。因此,企业应在分工组织的基础上制定详细考核奖惩办法。对车间、科室按其不同的性质、不同的职能下达不同的指标进行考核奖惩,使指标更体现经济性,并具有可比性、实用性、简明性。质量成本考核开展初期,还应考核报表的准确性、及时性。

质量成本指标考核体系应坚持以下4个原则。

1. 全面性原则

产品质量的形成贯穿于开发、设计、生产到销售服务的全过程。因此必须有一套完备、科学而实用的指标体系,才能全面反映质量成本状况,以进行综合的切合实际的评价和分析。强调全面性,不能使质量成本考核项目多而杂,应该力求简练、综合性强。最终产品质量是各方面工作质量的综合体现,同时,质量的效用性是质量的主要方面,是质量的物质承担者。因此,质量成本考核指标应以产品的实物质量为核心。

2. 系统性原则

质量成本考核系统是质量管理系统中的一个子系统,而质量管理系统又是企业管理系统中的一个子系统,质量成本考核指标与其他经济指标是相互联系、相互制约的关系,分析子系统的状况,可以促使企业不断降低质量成本,从而起到导向的作用。

3. 有效性原则

质量成本考核指标体系的有效性,是指所设立的指标要具有可比性、实用性、简明性。可比性是指质量成本考核指标可以在不同范围、不同时期内进行横向的动态比较;实用性是指考核指标均有处可查,有数据可计算,可定量考核,并相对稳定;简明性就是要求考核指标简单易行、定义简明精练,考核计算简便易行。

4. 科学性原则

企业质量成本考核对改进和提高产品质量,降低消耗,提高企业经济效益具有重要的实际意义,在实际中也是企业开展以上工作的依据。因此,质量成本考核指标体系必须具有科学性。科学性指考核指标项目的定义范围应当明确,有科学依据、符合实际,真实反映质量成本的实际水平。

依据上述4项原则建立的企业质量成本考核指标体系是完善的,能够比较全面地、系统地、真实地反映质量成本的实际水平,为企业综合评价和分析提供决策、控制和引导的科学依据。各系统的考核评价应服从大系统的优化。质量成本考核指标体系从纵向形成一个多层次的递阶结构,各层次之间相互衔接、不可分割,即高层次是对低层次的汇总,低层次是高层次的分解,这样就构成了一个有内在联系和规律的考核网络。

复习思考题

1. 怎样理解质量成本的定义?
2. 试述质量成本的构成。
3. 什么是质量成本特性曲线?
4. 质量成本的核算方法有哪些?
5. 试述研究质量成本的意义。

第十章 5S 管理

本章学习重点

1.5S 的概念及主要内容

2.5S 的推行要领

3.5S 的推行步骤

4.5S 相关工具

第一节 5S 概述

一、何谓5S

5s 是指整理(seiri)、整顿(seiton)、清扫(seiso)、清洁(seiketsu)、素养(shitsuke)5 个方面,因为五个日语的罗马拼音都是"S"开头,所以简称为"5S"。

整理:区分要用与不要用的东西,不要用的东西清理掉。

整顿:要用的东西依规定定位、定量地摆放整齐,明确地标示。

清扫:清除职场内的脏污,并防止污染的发生。

清洁:将前 3S 实施的做法制度化、规范化,贯彻执行并维持成果。

素养:人人依规定行事,养成好习惯。

二、5S 的起源

5S 源于日本,指的是在生产现场中对人员、机器、材料、方法等生产要素进行有效管理,是日本企业独特的一种管理方法。

1955 年,日本 5S 的宣传口号为"安全始于整理整顿,终于整理整顿",当时只推行了前 2S,其目的是确保作业空间和安全,后因生产控制和品质控制的需要,而逐步提出后续 3S,即"清扫、清洁、修养",从而其应用空间及适用范围进一步拓展。1986 年,首本 5S 著作问世,从而对整个日本现场管理模式起到了冲击作用,并由此掀起 5S 热潮。

根据企业进一步发展的需要,有的公司在原来 5S 的基础上增加了节约(save)及安全(safety)两个要素,形成"7S"。也有的企业加上习惯化(shiukanka)、服务(service)及坚持(shikoku),形成"10S"。但是万变不离其宗,"7S""10S"都是从"5S"里衍生出来的。

三、推行 5S 的目的

有些事情人们会不假思索地就做了，有的事情却好像很棘手，需要 5S 帮助我们分析问题、判断问题、处理问题。

实施 5S 活动能为公司带来巨大的好处。一个实施了 5S 活动的公司可以改善其品质、提高生产力、降低成本、确保准时交货、确保安全生产及保持员工高昂的士气。概括起来讲，推行 5S 最终要达到八大目的。

1. 改善和提高企业形象

整齐、清洁的工作环境，容易吸引顾客，让顾客有信心；同时，由于口碑相传，会成为其他公司的学习对象。

2. 提高工作效率

良好的工作环境和工作气氛，有修养的工作伙伴，摆放有序、易于寻找的物品，可以使员工集中精神工作，增加工作兴趣，提高工作效率。

3. 改善零件在库周转率

整洁的工作环境，有效的保管和布局，库存量最低，物品随取随用，工序间物流通畅，能够减少甚至消除寻找、滞留时间，改善零件在库周转率。

4. 减少直至消除故障，保障品质

优良的品质来自优良的工作环境。通过经常性的清扫、点检，不断净化工作环境，避免污物损坏机器，维持设备的高效率，提高品质。

5. 保障企业安全生产

达到储存明确，物归原位，工作场所宽敞明亮，通道畅通，地上不会随意摆放杂物。如果工作场所有条不紊，意外的发生也会减少，当然安全就会有保障。

6. 降低生产成本

通过实施 5S，可以减少人员、设备、场所、时间等的浪费，从而降低生产成本。

7. 改善员工精神面貌，使组织活力化

人人都变成有修养的员工，有尊严和成就感，对自己的工作尽心尽力，并带动改善意识（可以实施合理化提案改善活动），增加组织的活力。

8. 缩短作业周期，确保交货期

由于实施了"一目了然"的管理，使异常现象明显化，减少人员、设备、时间的浪费，生产顺畅，提高了作业效率，缩短了作业周期，从而确保交货期。

四、5S 的作用

1. 5S 是最佳推销员

被顾客称赞为干净整洁的企业，令人对其有信心，乐于下订单；口碑相传，会有很多人来企业参观学习；整洁明朗的环境，会使大家希望到这样的企业工作。

2.5S 是节约家

降低很多不必要的材料以及工具的浪费,减少"寻找"的浪费,节省宝贵的时间;降低工时,提高效率。

3.5S 对安全有保障

宽敞明亮、视野开阔,物流一目了然;遵守堆积限制规定,危险处一目了然;通道明确,不会造成杂乱情形而影响工作的顺畅。

4.5S 是标准化的推动者

大家都正确地按照规定执行任务;建立标准化的工作环境,使任何员工进入现场即可展开工作;程序稳定,质量可靠,成本可控。

5.5S 形成令人满意的场所

明亮、清洁的工作场所;员工自觉改善,有成就感;能造就现场全体人员进行改善的气氛;拥有好的情绪,人人变得有素养。

五、5S 的三大支柱

5S 活动是将具体的活动项目逐一实施的活动,我们将其活动内容分成三大支柱,如表 10 - 1 所示。

1. 创造有规律的工厂

5S 改变人的行动方法,所以如何训练每个人使每个人能为自己的行为负责就变得十分重要。

2. 创造干净的工厂

就是彻底清理目前很少管到的工厂角落或设备缝隙,把污垢灰尘除去,使设备和工厂能焕然一新,令人眼前一亮。

3. 创造能目视管理的工厂

借着眼睛去观察,且能看出异常之所在,能帮助每个人做好本职工作,避免发生错误。这也可以说是 5S 的标准化。

表 10 - 1 5S 的 3 大支柱

三大支柱	创造有规律的工厂	创造干净的工厂	创造能目视管理的工厂
目标	提高管理水准(大家是否遵守决定的事项)	提升设备干净度(工厂角落、设备的清洁尽量全面)	加强错误防止力(看到异常能立刻解决)
具体的活动项目	①大家一起 5S(3min 5S,5min 5S、10min 5S) ②分工合作制 ③平行直角运动 ④30s 取出放入 ⑤绿化运动 ⑥安全用具穿戴运动 ⑦100% 出勤周 ⑧异常处理训练	①清除呆、废品运动 ②大扫除 ③光亮运动 ④加盖防尘 ⑤清扫用具管理 ⑥整齐运动 ⑦透明化 ⑧防噪声运动 ⑨色彩调整 ⑩公告物表示法	①看板管理 ②责任者表示 ③档案 ④警示标示 ⑤画线 ⑥配管色 ⑦灭火器 ⑧开关表示 ⑨置物法 ⑩管理界限表示

第二节　5S 推行要领

一、整理

整理是指将工作场所的任何物品区分为有必要与没有必要的,除了有必要的留下来以外,其他的都清除掉。其目的是腾出更多的空间,防止误用、误送,营造清爽的工作场所,这是 5S 的第一步。

(一)整理的作用

(1)整理可以使现场无杂物,行道通畅,增大作业空间,提高工作效率;减少碰撞,保障生产安全,提高产品质量;消除混料差错;有利于减少库存,节约资金;使员工心情舒畅,工作热情高涨。

(2)整理可以减少因缺乏整理而产生的各种常见浪费:空间的浪费;零件或产品因过期而不能使用,造成资金浪费;场所狭窄,物品不断移动的工时浪费;非必需品的场地和人力浪费;库存管理及盘点时间的浪费。

(二)推行要领

1. 对工作现场进行全面检查(包括看得见和看不见的地方)

(1)地面上:推车、台车、叉车等搬运工具,各种合格品、不合格品、半成品、材料(特别是呆料、废料),工装夹具、设备装置,材料箱、纸箱等容器,油桶、漆罐、油污、花盆、烟灰缸、纸屑、杂物。

(2)工作台:破布、手套等消耗品,螺丝刀、扳手、刀具等工具,个人物品、图表资料,余料、样品。

(3)办公区域:抽屉和橱柜里的书籍、档案,桌上的各种办公用品,公告板、海报、标语、风扇、时钟等。

(4)材料架:原、辅材料,呆料,废料,其他非材料的物品。

(5)墙上:标牌、指示牌、挂架、意见箱、吊扇、配线、配管、蜘蛛网。

(6)室外:废弃工装夹具,生锈的材料,自行车、汽车,托板、推车,轮胎,杂草。

2. 区分必需品和非必需品

所谓必需品,是指经常使用的物品,如果没有它就没办法正常工作,就必须购入替代品。而非必需品则可分为两种:一种是使用周期较长的物品,例如 1 个月、3 个月甚至半年才使用 1 次的物品;另一种是对目前的生产或工作无任何作用的,需要报废的物品,如已不生产产品的样品、图纸、零配件、设备等。一个月使用一两次的物品不能称为经常使用物品,而称为偶尔使用物品。必需品和非必需品的区分和处理方法,如表10 - 2所示。

表 10 - 2　必需品和非必需品的区分和处理方法

类别	使用频度		处理方法	备注
必需品	每小时		放在工作台上或随身携带	
	每天		现场寻访（工作台附近）	
	每周		现场存放	
非必需品	每月		仓库存储	
	三个月		仓库存储	定期检查
	半年		仓库存储	定期检查
	一年		仓库存储（封存）	定期检查
	未定	有用	仓库存储	定期检查
		不需要用	废弃/变卖	定期清理
		不能用	废弃/变卖	立刻废弃

3. 清理非必需品

清理非必需品时，把握的原则是看物品现在有没有"使用价值"，而不是原来的"购买价值"。清理非必需品时的注意事项。

（1）马上要用的、暂时不用的、长期不用的要区分对待。

（2）即便是必需品，也要适量；将必需品的数量降到最低限度。

（3）在哪儿都可有可无的物品，不管是谁买的，有多昂贵，也应坚决处理掉，决不手软。

4. 制定非必需品的处理方法

以后能用的物品收入企业指定库房；不能用，但有价值的物品送到企业指定地点处理；无价值的物品扔到垃圾站。

5. 每天循环整理

整理是一个永无止境的过程。现场每天都在变化，昨天的必需品在今天可能是多余的，今天的需要与明天的需求必有所不同。整理贵在日日做、时时做；如果只是偶尔突击一下，就失去了整理的意义。

二、整顿

整顿是指把留下来的必要的物品依规定位置摆放整齐，并加以标示。其目的是消除过多的积压物品，使工作场所整整齐齐，一目了然。把不用的东西清理掉，留下的有限物品再加以定点定位放置，除了空间宽敞以外，更可免除物品使用时的寻找时间，且对于过量的物品也可即时处理。

（一）整顿的作用

（1）整顿可以提高工作效率；减少寻找时间；及时发现异常情况（如丢失、损坏）；新员工易于上岗（已经标准化）。

（2）整顿可以减少因没有整顿而产生的浪费：寻找时间的浪费；停止和等待的浪费；认

为没有而多购买的浪费;计划变更而产生的浪费;交货期延迟而产生的浪费。

(二)推行要领

1.落实前一步骤整理工作

落实整理工作,清出有用空间;减少零部件闲置和设备变旧造成的浪费;免除对不要的东西进行管理的浪费。

2.布置流程、确定放置场所

依使用频率,来决定放置场所和位置(天天使用的,放在工作台上或最近的地方;经常使用的放在离工作台较近的指定地点;每周使用一两次的放在存放架上);用颜色标志漆(建议黄色)划分通道与作业区域;放置场所可运用弹性设定;任何物品不许堵塞通道;限定高度堆高(一般为120cm,超高的物料宜放置于指定的墙边);不合格品撤离工作现场;不明物撤离工作现场;危险物、有机物、溶剂应放在特定的地点;看板要置于显眼的地方,且不妨碍现场的视线;无法按规定位置放置的物品,要悬挂"暂放"牌,并注明理由、放置时间、负责人等。

3.规定放置方法

放置的工具有框架、箱柜、塑料篮、袋子等,以类别形态决定;尽可能安排物品的先进先出;尽量利用框架,立体存放,提高收容率;同类物品集中放置;框架、箱柜内部要明显易见;必要时设定标识,注明物品的"管理者"及"每日点检表";清扫器具以悬挂方式放置。

4.划线定位

(1)一般定位方式、使用:主通道标志漆宽10cm;次通道或区域线宽5~7cm。

(2)定位颜色区分:黄色(一般通道,待加工料、件区域);绿色(成品区);红色(安全管制、不合格品区域);蓝色(待判定、回收、暂放区);白色(工作区域)。

5.标识场所物品(目视管理的重点)

放置场所和物品原则上一对一标识;标识要包括现场的标识和放置场所的标识。

三、清扫

清扫是指将工作场所内看得见与看不见的地方清扫干净,保持工作场所干净、亮丽。其目的是减少工业伤害,保持产品质量稳定。

(一)清扫的作用

(1)经过整理、整顿,必需品处于完好、即用的状态,这是清扫最大的作用。

(2)员工不但需要去关心、注意设备的微小变化,细致维护好设备,还必须为设备创造一个"无尘化"的使用环境,才有可能做到设备"零故障"。图10-1显示了尘土虽小,但潜移默化产生的破坏作用却很大。

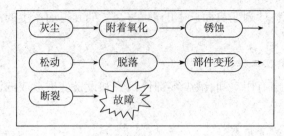

图 10 - 1 尘土的破坏作用

(二)推行要领

1. 建立清扫责任区

划分责任区、明确责任人;各责任区细化成各自的定位图。

2. 执行例行扫除,清理脏污

例行清扫的时间、对象,见表 10 - 3;清扫要细心,注意卫生死角和不容易擦拭到的地方,注意目视不到的地方;清扫用具本身保持清洁、定位。

表 10 - 3 例行清扫的时间和对象

项目	日清扫	周清扫
时间	每日 10min 5S	每周 30min 5S
对象	地面、通道、窗台、办公桌、工具箱、其他办公设施	文件柜上、办公桌下、配线、管线、灯罩等

3. 清查污染源,予以杜绝

确定发生部位、发生量、影响程度;发现环境污染,要检出源头;研究、制定对策,彻底清除污染源。

4. 建立清扫基准与规范

地面清洁、无杂物、无尘土;通道清洁、明亮、无障碍;门窗清洁、窗台无尘、无杂物;办公桌面清洁整齐;文件柜、工具箱里清洁整齐、无灰尘;墙面无乱挂物品、无灰尘;半成品、成品清洁、无灰尘、无油污;加工设备无油污、无沉积铁屑;工装卡具、计测量具无油污;公共区域清洁、无杂物。

四、清洁

清洁是指维持整理、整顿、清扫后的局面,使之制度化、规范化。

(一)清洁的作用

(1)维持作用:将整理、整顿、清扫后取得的良好作用维持下去,成为公司的制度。

(2)改善作用:对已取得的良好成绩,不断进行持续改善,使之达到更高的境界。

(二)推行要领

1. 落实前 3S 工作

在工作现场彻底执行整理、整顿、清扫,使之"清洁";主管要身先士卒,主动参与;充分利用文宣活动,维持新鲜的活动气氛。

2. 目视管理基准

目视化的目的,在于让规章制度一看就能了解;目视化的做法,如订成管理手册,制成图表,做成标语、看板、卡片;目视化场所地点应选择在明显且容易被看见的地点。

3. 制定检查办法

建立"清洁检查表";将检查表直接悬挂于"责任者"旁边;作业人员或责任者必须认真执行,逐一点检、不做假;主管必须不定期复查签字,以示重视。

4. 制定奖惩制度,加强执行

依奖惩办法,对表现优良和执行不力的部门及人员予以奖惩。

5. 维持 5S 意识

推行小组坚持推进、宣传 5S;全体员工坚持执行 5S。

五、素养

素养是指对于规定了的事情,大家都按要求去执行,并养成一种习惯。5S 活动始于素养,终于素养。一切活动都靠人,假如缺乏遵守规则的习惯,或者缺乏自觉自发的精神,推行 5S 易流于形式,不易持久。

(一)素养的作用

重视教育培训,保证人员基本素质;持续推动 4S,直至成为全员的习惯;使每位员工严守标准,按标准作业;净化员工心灵,形成温馨明快的工作环境;培养优秀人才,铸造战斗型团队;成为企业文化的起点和最终归属。

(二)推行要领

1. 持续推动前 4S 活动,至习惯化

前 4S 是基本动作、手段,使员工无形中养成保持整洁的习惯;通过前 4S 的持续实践,使员工实际体验"整洁"的作业场所;经过一段时间的运作,必须进行检查总结。

2. 共同遵守规则、规定

共同遵守厂规厂纪,各项现场作业准则,操作规程、岗位责任,生产过程工序控制要点和重点,安全卫生守则等。

3. 教育训练(特别是新进人员)

讲解各种规章制度;对老员工进行新制定规章的讲解;各部门利用班前会、班后会时间进行 5S 教育;就以上各种教育培训做思想动员,建立共同的认识。

第三节　推行 5S 的步骤

掌握了 5S 现场管理法的基础知识,却尚不具备推行 5S 活动的能力,因推行步骤、方法不当导致事倍功半,甚至中途夭折的事例并不鲜见。因此,掌握正确的步骤、方法是非常重要的。

一、消除意识障碍

5S容易做，却不易彻底或持久。究其原因，主要是对它缺乏足够的认识，所以要顺利推行5S，第一步就得先消除有关人员意识上的障碍。

(1)不了解的人，认为5S太简单，芝麻小事，没什么意义。

(2)虽然工作上问题很多，但与5S无关。

(3)工作已经够忙的了，哪有时间再做5S?

(4)现在比以前已经好很多了，有必要吗?

(5)5S虽然很简单，却要劳师动众，有必要吗?

(6)就是我想做好，别人呢?

(7)做好了有没有好处?

这一系列的意识障碍(存疑)，应事先利用培训的机会，先予以消除，才易于推行5S。

二、成立推行组织

(1)推行委员会及事务局成立。

(2)组织职责确定。

(3)委员的主要工作。

(4)编组及责任区划分。

欲推行5S，企业高层应设置专门的推行委员会，然后在各部门设置推行小组，先有健全的组织，才能形成团队，也才能够取得成效。建议由企业主要领导出任5S活动推行委员会主任职务，以视对此活动的支持。具体安排上可由副主任负责活动的全面推行。

三、拟订推行方针及目标

(1)方针制定。推行5S管理时，制定方针作为导入指导原则。方针的制定要结合企业具体情况，要有号召力。例如，方针可为"通过5S活动，造就充满活力的现场"等。方针一旦制定，要广为宣传。

(2)目标制定:先设定期望目标，作为活动努力的方向，并便于活动过程中的成果检查。例如:"增加可使用面积20%""有来宾到厂参观，不必事先临时做准备""放置方法100%设定"。

目标的制定也要同企业的具体情况相结合，如企业场所紧张，但现状摆放凌乱，空间未有效利用，则应该将增加可使用面积作为目标之一。

四、拟订工作计划及实施方法

(1)拟订时程计划作为推行及控制的依据(表10-4)。大的工作一定要有计划，以便大家对整个过程有一个整体的了解。项目责任者清楚自己及其他担当者的工作是什么及何时要完成,相互配合,造就一种团队作战精神。

(2)收集资料及借鉴他厂做法。与 5S 相关的资料,如书本、推行手册、海报标语、他厂的案例,应尽量收集。有可能的话,可带领部分员工到标杆厂家观摩,听取厂家对活动推行的介绍及建议,以提升贴身感觉和感受他厂的氛围。

(3)制定 5S 活动实施办法。由 5S 委员会干事负责草拟活动办法,经主任委员及全体委员会签,并在会签表上签写意见,然后在委员会议上共同讨论相关问题,最终达成共识,作为竞赛办法。

竞赛办法内容包括制定要与不要的东西的区分方法、5S 活动评鉴方法、5S 活动奖惩方法等相关规定。

表 10 - 4 5S 活动推行计划表

项次	项目	计划								备注
		2月	3月	4月	5月	6月	7月	8月	9月	
1	5S 活动推行组织成立	→								
2	5S 活动前期准备	→								请老师讲课 6 课时
3	宣传、教育展开	→→→								内部通信、墙报等
4	样板区域选定	→								
5	样板区域 5S 活动推行			→→						
6	样本区域阶段交流会			→→						
7	标准建立及修正			→→→						
8	全体大扫除		→→							
9	整理、整顿作战				→→→					
10	目视管理				→→→					
11	日常 5S 确认表实施			→→→→→						
12	考核评分及竞赛				→→→→					
13	5S 活动阶段性总结						→→			
14	文明礼貌月						→→			
15	目视管理强化月							→→		
16	挑战 TPM 前期准备							→→		请老师讲课 6 课时

五、教育

推动 5S 活动一定要让全公司的各级主管和全体员工了解为何要做和如何去做,同时告知进行活动的必要性与好处在哪里,这样才能激发大家的参与感和投入感。因此,教育训练是活动成败的关键。在 5S 活动中推动的训练有:①全员 5S 训练;②干部 5S 训练;③评审委员勤前教育训练。

六、活动前的宣传造势

（1）先期各项宣传活动的推行：5S 内容征答比赛，漫画，板报比赛，征文比赛，演讲比赛，标语比赛等。

（2）标杆厂观摩：由 5S 活动干事带领干部及部分员工到 5S 标杆厂观摩，实际感受，并和公司的现状作比较，共同讨论差异内容和原因，激发大家的共识。

（3）推行手册及海报标语：为了让全员了解、全员实行，最好能订制推行手册，并且人手一册，通过研讨学习，确切掌握 5S 的定义、目的、推行要领、实施办法、评鉴办法等。另外，配合各项宣导活动，制作精美的海报标语，塑造气氛以加强文宣效果。

（4）外力或专家的心理建设：员工的心理疑惑及观念的转变，应由外力进行沟通，以求最大限度地减少员工的抵触情绪，同时让干部和员工清楚各自的责任。

（5）最高主管的宣言：利用综合早会或全员集合的时候，由最高主管强调和说明推动 5S 活动的决心和重要性。

七、5S 活动试行

（1）前期作业准备：分配责任区域；"需要"和"不需要"物品基准书的制定；基准的说明；道具和方法的准备。

（2）红牌作战：公布红牌作战月；全员总动员；对象：找出不需要的东西，需要改善的事，有油污、不清洁的设备，办公室死角等贴上红牌；上级主管的巡查评鉴；问题点的统计和检讨。

（3）整顿作战：物品的置放量和场所；物品的置放方法；定位、画线并做明确的标识；建立地、物标识。

（4）活动办法试行和调整：试行方案经各相关主管会商签订后，依 5S 活动计划表试行，对试行期间的问题点加以收集和系统分析，在此期间内将设计不周的方案，依实际情况加以调整。

八、5S 活动评鉴

（1）制定评分标准表：办公室评分标准表，现场评分标准表等。

（2）评分道具的准备：评分用档案夹（封面作清楚标示）；评分标准表（放入档案夹封面内页）；评分记录表（夹于档案夹内）；"评分员臂章"及"评审人员作业标准"（如参考路线、时间、档案夹的传递方法，评分表上交时间，缺勤安排方法，评分表填写方法）。

（3）评分方法和时间：考核中采用见缺点先记录描述，然后再查缺点项目、代号及应扣分数的方法，这样评审人员不必为查核项目而浪费时间。评分开始时频度应较密，每日一次或每两日一次，一个月作一次汇总，并以此给予表扬和纠正。

（4）整改措施：缺点项目统计出来后，应开出整改措施表，各负责人应在期限内进行有效的整改,并经验证人验证才算合格。

九、5S 活动导入及查核

(1)5S 活动导入。

①将试行的结果经过检讨修订,确定正式的实施办法。

②决心的下达:由最高主管召集全体人员,再次强调推行 5S 活动的决心,公布正式导入的日期以及最高主管的期望。

③实施办法的公布:由 5S 委员会主任委员签名的 5S 活动推行办法、推行时间、办法内容应予公布,使全体人员正确了解整个活动的进程。

④活动办法的说明:由推行委员会召开委员及各组长会议说明活动方法。由各组长对各组成员举行活动方法说明会。

(2)活动查核。5S 活动的推行,除了必须拟定详尽的计划和活动办法外,在推行过程中,每一项均要定期检查,加以控制。检查分为部门内自我查核和上级的巡回诊断。

由最高主管(或外力顾问师)定期或不定期到现场巡查,了解活动的实际成果及存在的问题点,不断挖掘问题的根源。5S 委员会主任委员将巡回诊断的优缺点在检讨会上分别予以说明,并对相关部门予以表扬或纠正。

十、评比及奖惩

(1)评分委员必须于评审的当天将评分表交到执行秘书处,由执行秘书作统计,并于次日 10 点前将成绩公布于公布栏。成绩的高低依相应的灯号表示:①绿灯(≥ 90 分);②蓝灯(≥ 80 分且 < 90 分);③黄灯(≥ 70 分且 < 80 分);④红灯(< 70 分)。

(2)实得分数:"5S 评分表"所评分数 × 加权系数 K。

(3)加权系数 K 主要考虑的因素。

①整理整顿的难易度系数 K_1。依责任区域物品的多少、物品的轻重、地方的多少、物品进出的频度等综合考虑。以其中的一组为参照数即系数为 1,其他各组评出相应的 K_1 值。

②清扫清洁面积系数 K_2。K_2 主要参照该组的面积比率,面积比率与系数 K_2 的关系可参考表 10 - 5。面积比率的计算公式为:面积比率 = 责任区面积数/5S 活动总面积数。

表 10 - 5　面积比率与系数 K_2 的关系

面积比率	0.1 以下	0.1 ~ 0.2	0.2 ~ 0.4	0.4 ~ 0.5	0.5 以上
系数 K_2	1	1.02	1.05	1.07	1.10

③清扫清洁人数系数 K_3。K_3 主要参照该组的人数比率,人数比率与清扫清洁人数系数 K_3 的关系可参考表 10 - 6。人数比率的计算公式为:人数比率 = 该组员工人数/5S 活动总人数。

④素养系数 K_4。K_4 同样参照该组的人数比率,人数比率与素养系数 K_4 的关系可参考表 10-6。

表 10-6　人数比率与 K_3 和 K_4 的关系

人数比率	0.1 以下	0.1~0.2	0.2~0.4	0.4~0.5	0.5 以上
系数 K_3	1	1.02	1.05	1.07	1.10
系数 K_4	1	1.02	1.04	1.06	1.08

(4)各组的加权系数 K 依各自的 K_1、K_2、K_3、K_4 计算得出。

$$K = \frac{1}{2}\left\{\frac{1}{3}(K_1 + K_2 \times K_3 + K_4) + K_1 \times K_2 \times K_3 \times K_4\right\}$$

(5)奖惩方法。

①活动以"月"为单位实施竞赛,求各组的月平均成绩,取前两名,发给锦旗和奖金。

②第一名的小组,每位成员奖励_____元,并将给"第一名"绿色锦旗一面。

③第二名的小组,每位成员奖励_____元,并将给"第二名"黄色锦旗一面。

④最后一名发给"加把劲"锦旗,以作激励。

⑤成绩均没达到 80 分时,不颁发奖金。

⑥所颁发的奖金不得平分,可作为小组的活动基金。

十一、检讨与改善修正

推行 5S 活动和进行其他管理活动一样,必须导入 PDCA 管理循环,方能成功。

(1)问题点的整理和检讨:执行秘书每周将各组的问题点集中记录,整理在"5S 整改措施表"中,并发至各小组负责人。

(2)定期检讨:在 5S 推行初期,每周要进行一次检讨。相对稳定后,可改为每月检讨一次,逐渐使 5S 活动融入日常管理当中。

(3)各责任部门依缺点项目改善修正:改善修正时借助 QC 手法、IE 手法是很有必要的,能使 5S 管理活动推行得更加顺利、更有成效。

十二、纳入日常管理活动中

5S 活动的实施要不断进行检讨改善以及效果确认,当确认改善对策有效时,要将其标准化、制度化,纳入日常管理活动架构中,将 5S 的绩效和投诉率、出勤率、工伤率等并入日常管理中。

需要强调的一点是,企业因其背景、架构、企业文化、人员素质的不同,推行时可能会有各种不同的问题出现,推行办要根据实施过程中所遇到的具体问题,采取可行的对策,才能取得满意的效果。

第四节　相关工具

一、红牌作战

1. 定义

红牌作战指的是在工厂内找到问题点并悬挂红牌,让大家都明白并积极去改善,从而达到整理、整顿目的的一种作为。其既适用于自查,也适用于专查。

2. 作用

必需品和非必需品一目了然,提高每个员工的自觉性和改进意识;红牌上有改善期限,一目了然;引起责任部门人员注意,及时清除非必需品。

3. 红牌作战的对象

工作场所中不要的东西;需要改善的事、地、物;有油污、不清洁的设备;卫生死角。

4. 红牌的形式

红牌尺寸:约长 13cm,宽 10cm,将牌涂上红色;红牌格式,见表 10 - 7。

表 10 - 7　红牌格式示例

编号:	责任单位:							
项目区分	□物料　□产品　□电气　□作业台　□机器　□地面　□墙壁　□门窗 □文件　□档案　□看板　□办公设备　□运输设备　□更衣室　□厕所							
红牌原因								
发行人								
改善期限								
改善责任人								
处理方案								
处理结果								
效果确认	□可(关闭)　□不可(重新制定对策)　确认者:							

5. 实施要点

①不要让现场的人自己贴;②不要贴在人身上;③理直气壮地贴,不要顾及面子;④红牌要挂在引人注目处;⑤当犹豫的时候,请贴上红牌;⑥挂红牌要集中,时间跨度不可太长,不要让大家厌烦;⑦可将改善前后的对比摄像下来,作为经验和成果向大家展示;⑧挂红牌的对象可以是设备、搬运车、踏板、工夹具、刀具、桌椅、资料、模具、备品、材料、产品、空间等;⑨对严重的或反复未做好整理、整顿的问题,除贴挂红牌外,推行小组应考虑开具问题追踪记录,如表 10 - 8 所示。

表 10-8　红牌作战问题追踪记录表

编号	日期	存在问题描述	处理方案	承诺完成日期	实际完成日期

二、目视管理

(一)目视管理的含义

目视管理是利用形象直观、色彩适宜的各种视觉感知信息来组织现场生产活动,达到清洁和提高劳动生产率目的的一种管理手法,也是一种利用人的视觉进行"一目了然"管理的科学方法。

(二)目视管理的目的

把工厂潜在的大多数异常显在化,变成一看就明白的事实。

(三)目视管理的作用

迅速快捷地传递信息;形象直观地将潜在问题和浪费显现出来;客观、公正、透明化,有利于统一认识,提高士气,上下一心地去完成工作;促进企业文化的形成和建设。

(四)目视管理特点

无论是谁都能判断是好是坏(正常还是异常);能迅速判断,使用方便,精度高;判断结果不会因人而异。

(五)常见的目视管理应用

用显著的彩色线条标注某些最高点、最低点,使操作人员一眼可见;在通道拐弯处设置反光镜,防止撞车;绿灯表示"通行",红灯表示"停止";用小纸条挂在出风口显示空调、抽风机是否在工作;用色笔在螺丝螺母上做记号,确定固定的相对位置;关键部位给予强光照射,引起注意;以顺序数字标明检查点和进行步骤;用图示相片作为操作指导书,直观易懂;使用一些有阴影、凹槽的工具放置盘,使各类工具、备件的放置方法、位置一目了然,各就各位;用"一口标准"的形式指示重点注意事项,悬挂于显要位置,便于员工正确作业;以图表的形式反映某些工作内容或进度状况,便于人员了解整体工作状况和跟进确认;设置"人员去向板",方便工作安排等。

(六)目视管理的方式方法

1.管理实物

(1)红牌:5S的红牌作战(整理)时所使用的红牌,将日常生产活动中不要的东西当作改善点,让每个人都能看清楚。

(2)看板:指在5S目视管理中所使用的看板,是为了让每个人容易看出物品放置场所而做的表示板,使每个人看了就知道是什么东西,在什么地方,有多少数量。

(3)警示灯:在现场第一线的管理者随时都必须了解作业人员及机械目前是否在正常的运转中。警示灯就是随时可看出工程中异常情形的工具。除了异常的警示灯外,还有显示作业进度的警示灯,以及运转中知道机械是否出故障的警示灯,请求供应零件的警示灯等。

(4)错误示范板:有时用"排列图"将不良情况以数值表现出来,若现场的人仍然弄不清楚,这时就要把不良品直接展现出来。

(5)错误防止板:自行注意并消除错误的自主管理板,一般以纵轴表示时间,横轴表示单位。以 1h 为单位,从后段工程接受不良品及错误的信息,作业本身再加上"○""×""△"等符号(○表示正常,△表示异常,×表示注意)持续进行一个月,将本月的情况和上个月做比较,以设立下个月的目标。

(6)标准作业表:这是将工程配置及作业步骤以图表示,使人一目了然。单独使用标准作业表的情形较少,一般是将人、机器、工作组合起来使用。

2. 管理界限标识

(1)仪表范围标识:以线或色别分出一般使用范围与危险范围,原材料、半成品、配件、备品等最低库存量,也可借颜色提醒责任者,而加以管理。

(2)对齐标记:将螺帽和螺丝锁紧后,在侧面画一条线,如果以后线的上下未对齐,则可发现螺丝已松,以防止设备故障、灾害。

(3)定点相片:标准难以用文字表达者,在同一地点、同一角度对着现场、作业照相,以其作为限度样本和管理的依据。通常对准存在缺点的场所。

(4)红线:标示库存的最大量。在仓库或架子上所放物品,其最大库存量,以红色 PVC 胶带做成标记;为标示半成品最大量,也可在墙壁等处做标记。

(5)在现物上刻画标准值:若在现物上标示,则不必一一写在指示标上,如温度、压力、电流等作业条件;不管何时、不管是谁都能明白是正常还是异常。

3. 管理标签

(1)润滑油标签:最具代表性的应用,可获知油种、色别、加油周期等。

(2)计测、仪表标签:标示测定器、仪表的管理级数、精度、校正周期等。

(3)热反应标签:若设备的温度超过某既定温度,则标签的颜色起变化,可代替温度计,作温度管理之用。例如,马达或油压泵,由于异常发热,依事前标签颜色的变化而进行预防保养,可防止马达或油压泵烧毁。

4. 着色

可依重要性、危险性、紧急性程度,以各种颜色提醒有关人员,以便监视、追踪、留意,而达到时效、安全的目的。

(七)目视管理应用注意

(1)物品管理方面。明确物品名称及用途;物归其位,容易判断;物品的放置方法应能保证顺利地进行先进先出;决定合理的数量,尽量只保管必要的最小数量,且防止断货。

(2)作业管理方面。明确作业计划及事前需准备的内容,且应容易核查实际进度与计划是否一致;作业应按要求正确实施,能清楚地判定是否在正确实施;应能尽早发现异常。

（3）设备管理方面。应清楚明了地表示出应进行维护保养的设备部位；应能迅速发现发热等异常；应确保各类盖板的极度小化、透明化；应标示出计量仪器类的正常范围、异常范围、管理界限；设备应按要求的性能、速度在运转。

（4）质量管理方面。防止因"人的失误"导致的质量问题；设备异常的"显露化"；应能正确地实施点检。

（5）安全管理方面。注意有高低、突出之处；应有设备的紧急停止按钮设置；注意车间、仓库内的交叉之处；危险品的保管、使用严格按照规定实施。

三、定置管理

（一）定义

定置管理是根据物流运动的规律性，按照人的生理、心理、效率、安全的需求，科学地确定物品在工作场所的位置，实现人与物的最佳结合的管理方法。

（二）定置管理实施要求

（1）工作场所的定置要求。首先要制定标准比例的定置图。生产场地、通道、检查区、物品存放区都要进行规划和显示。明确各区域管理责任人，零件、半成品、设备、垃圾箱、消防设施、易燃易爆的危险品等均用鲜明直观的色彩或信息牌显示出来。凡与定置图要求不符合的现场物品，一律清理撤除。

（2）生产现场各工序、工位、机台的定置要求。应有各工序、工位、机台的定置图。要有相应的图纸文件架、柜等资料文件的定置硬件。工具、夹具、量具、仪表等在工序、工位、机台上停放应有明确的定置要求。材料、半成品及各种用具在工序、工位摆放的数量、方式也应有明确的定置要求。附件箱、零件货架的编号必须同零件账、卡、目录相一致。

（3）工具箱的定置要求。工具箱应按标准的规定设计定置图。工具摆放要严格遵守定置图，不准随便放。定置图及工具卡片要贴在工具箱上。

（4）仓库的定置要求。首先要设计库房定置图。对于那些易燃、易爆、易污染、有保存期限要求的物品应按要求特别定置。有保存期限要求的物品的定置，在库存报表、数据库管理上要有对时间期限的特定信号或标志。库存账本应有序号和物品目录，注意账物相符。

（5）检查现场的定置要求。首先要检查现场的定置图，并对检查现场划分不同区域，以不同颜色加以标示区分。区分合格区、待检区、待判区、返工区、报废区等。

（三）定置标识一般要求

表 10-9 给出了通道标识的一般要求，供参考。表 10-10 给出了区域划分标识的一般要求，供参考。表 10-11 给出了标识牌的一般要求，供参考。表10-12 给出了警示牌的一般要求，供参考。

表 10 – 9　通道标识的一般要求

类别	通道宽度	通道线			区域形成方式	转弯半径
		颜色	宽度	线型		
主通道	4～6m	黄色	100mm	实线	以主大门中心线为轴线对称分布	4000m
一般通道	2.8～4m	黄色	100mm	实线	以通道最窄处中垂线为对称分布线	3000m
人行道	1～2m	黄色	100mm	实线		
道口、危险区	间隔等线宽	黄色	100mm	斑马线		

表 10 – 10　区域划分标识的一般要求

类　别	区域线			标识牌	字体
	颜色	宽度	线型		
待检区	蓝色	50mm	实线	蓝色	白色、黑体
待判区	白色	50mm	实线	白色	黑色、黑体
合格区	绿色	50mm	实线	绿色	白色、黑体
不合格区、返修区	黄色	50mm	实线	黄色	白色、黑体
废品区	红色	50mm	实线	红色	白色、黑体
毛坯区、展示区、培训区	黄色	50mm	实线		
工位器具定置区	黄色	50mm	实线		
物品临时存放区	黄色		斑马线		"临时存放"字样

表 10 – 11　标识牌的一般要求

标识牌名称	要　求
生产线标识牌	垂直于主通道吊设灯箱,规格:1200mm×600mm×200mm,版面内容:上半部为企业标志(字体:红色)和产品型号代号(字体:黑色);下半部为生产线名称(中、英文),红底白字(字体:黑体),双面显示;上、下部比例2:3
状态标识牌	(1)待检区:蓝色标识牌;待判区:白色标识牌;合格区:绿色标识牌;不合格区、返修区:黄色标识牌;废品区:红色标识牌。以上所有标识牌规格均为300mm×210mm×1.5mm,涂漆成相应颜色,落地放置,标识牌上字体一律用白色(待判区除外,用黑色),字体:黑体; (2)毛坯区、展示区、培训区:标识牌规格为800mm×350mm×4mm,材料:铁板或塑料,版面:白底蓝字,字体为黑体,字高260mm,放置方式视具体情况而定
工序(工位)标识牌	规格:400mm×180mm,材料:金属或塑料;版面:蓝底白字,悬挂放置
设备状态标识牌	规格:200mm×150mm,材料:铝塑或泡沫,版面内容:上半部为"设备状态标识"名称(蓝底白字),下半部为圆,直径130mm,内容为正常运行(绿色)、停机保养(蓝色)、故障维修(红色)、停用设备(黄色)、封存设备(橙色),指针为铝质材料
消防器材标识牌	规格:300mm×180mm,材料:铝塑或泡沫,版面内容:上半部为企业标识、消防器材项目视板、编号字样,下半部有型号、数量、责任人、检查人字样等
关键工序标识牌	规格:400mm×300mm,材料:铝塑或泡沫,版面内容:上部为关键工序名称字样,中部为关键工序编号字样,下部为"关键工序"字样,黄底蓝字,字体:黑体

表 10 – 12　警示牌的一般要求

警示牌名称	要　求
小心叉车(在通道拐弯处)、限高、禁止攀越等警示牌	规格:600mm×300mm,材料:金属或塑料,版面:白底蓝字、蓝图案,悬挂放置
出口、安全出口标识牌	规格:600mm×300mm,材料:白塑料板,版面:白底绿字、绿图案,悬挂放置
广角镜(广视镜)	在通道转弯处,悬吊不锈钢半球,球面半径为 1500mm
穿戴劳保、防护用具等标识牌	规格:300mm×300mm,材料:铁板,白底蓝图案,悬挂放置

(四)定置管理图与定置率

(1)定置管理图:现场定置管理工作的重要组成部分。它是在对现场进行诊断分析的基础上,确定了合理的人、物、场所关系之后制定的管理图,是日常整理、整顿工作的依据。车间、班组应有定置图,其具体内容及要求如下。

①车间定置管理图,包括班组区域位置、通道、物流路线、运输链、在制品周转地,供水点、加油点、垃圾存放点等。

②班组定置管理图(含库房),包括设备、工艺流程、物流路线、操作工位、工位器具、工具箱、工装架、辊道、运输链、废品箱、在制品固定存放地、信息管理点、工作角、库房零件(物品、物资)摆放定位等。

(2)定置率(C)是反映是否按定置图进行整理、整顿,现场状态达到标准程度的定量指标。其计算方法如下:

$$C = [(A - B)/A] \times 100\%$$

式中:A 表示按定置图规定摆放物品单元数;B 表示未按定置图规定摆放物品单元数。

四、管理板管理

(一)定义

管理板管理又叫目视板管理,是将期望管理的项目(信息)通过各种管理板揭示出来,使管理状况人尽皆知的一种方法。

(二)作用

传递情报,统一认识;帮助管理,防微杜渐;绩效考核更公正、公开、透明化,促进公平竞争;加强顾客印象,提升企业形象。

(三)管理板管理的"三定原则"

定位:放置场所明确。

定物:种类名称明确。

定量:数量多少明确。

(四)管理板类型

通常管理板本身是一块木板、塑胶板或亚克力板所构成的实物,其尺寸、形状依场所、用途而定,板面上可涂以各种颜色,以增加美观及分类的效果。其一般类型见表10-13。

表10-13　管理板的一般类型

序号	项目	内　容
1	工序管理	交货期管理板;工作安排管理板;负荷管理板
2	作业管理	考勤管理板;人员配置板;工具管理板
3	质量管理	质量目标实绩变化板;异常处理板;不良品揭示板
4	设备管理	动力配置图;设备保全显示
5	事务管理	人员去向显示板;心情天气图;车辆使用管理板
6	士气管理	小团队活动推进板;娱乐介绍板;新员工介绍角

(五)注意要点

顾名思义,管理板主要用于管理,但其制作、设置场所等须注意如下要点。

(1)管理板尽可能靠近作业人员,不要放得太高,而且设置场所要注意安全。

(2)当作业人员进行工作时,看到管理板应立刻能明白内容,不忘重点,且能遵守。

(3)当管理者、监督者巡查工作时,经与管理板比较,短时间内能了解作业员是否遵守标准,即不管是谁都清楚现状是否"脱离标准"。

(4)管理板上的文件以一页为原则,内容要简化,最好采用数字,图解、字体不要太小,且易看懂。

(5)为了保存及避免弄脏,管理板上的文件,最好放入PE粘着塑胶封套内。

五、颜色管理

(一)定义

颜色管理法是将企业内的管理活动和管理实物披上一层有色的外衣,使任何管理方法利用红、黄、蓝、绿四种颜色来管制,让员工自然、自觉地和交通标志灯相结合,以促成全员共识、共鸣、共行,而达到管理之目的的管理方法。

另外,颜色可谓是人类的第二语言,能左右人的心灵和情绪,在日常工作和生活中扮演着相当重要的角色。好的工作环境可赏心悦目,能提高干劲、效率和业绩。

(二)颜色管理的特点

利用人天生对颜色的敏感;用眼睛看得见的管理;分类层别管理;防呆措施;调和工作场所的气氛,消除单调感;向高水准的工作职场目标挑战。

(三)颜色管理的方法

1.颜色优劣法

(1)十字路口的交通标志灯以红、黄、绿三种颜色代表是否可通行,而在工厂,通常以绿、蓝、黄、红四种颜色来代表成绩的好坏(绿>蓝>黄>红),其应用非常广泛。

(2)生产管制:根据生产进度状况,用不同的颜色来表示。绿灯表示准时交货;蓝灯表示延迟但已挽回;黄灯表示延迟超过一天但未满两天;红灯表示延迟两天以上。

（3）质量管制:依不良率的高低用颜色显示。

（4）供方评估:绿灯表示"优";蓝灯表示"良";黄灯表示"一般";红灯表示"差"。

（5）开发管理:依新产品的开发进度与目标进度做比较,分别以不同灯色表示,以提醒开发人员注意工作进度。

（6）费用管理:把费用开支和预算标准作比较,用不同的颜色显示其差异程度。

（7）开会管理:准时入会者为"绿灯";迟到 5min 以内者为"蓝灯";5min 以上者为"黄灯";无故未到者为"红灯"。

（8）宿舍管理:每日将宿舍内务整理情况以不同颜色标示,以定奖惩。

2. 颜色层别法

（1）重要零件的管理:每月进货用不同的颜色标示,如 1、5、9 月进货者用"绿色";2、6、10 月者用"蓝色";3、7、11 月者用"黄色";4、8、12 月者用"红色"。根据不同颜色管制先进先出,并可调整安全存量及提醒解决呆滞品。

（2）油料管理:各种润滑油以不同颜色区分,以免误用。

（3）管路管理:各种管路漆以不同颜色,以作区分及搜寻保养。

（4）头巾、帽子:不同工种/职位戴不同颜色的头帽,易于辨认及管制人员频繁走动。

（5）模具管理:按不同的顾客分别漆以不同的颜色,以作区别。

（6）卷宗管理:依不同分类使用不同颜色的卷宗。

3. 颜色心理法

该方法来自室内装饰设计的灵感,以颜色美化室内环境,可造成人不同心理上的独特感觉。

（1）人事:利用员工对颜色的偏好以了解其个性。

（2）行销:利用颜色用于包装及产品以促进销售。

（3）生产:厂房的地面、墙壁、设备等漆以不同的颜色,以提高工作效率,减少伤害。

复习思考题

1."5S"指哪 5 个 S? 其主要内容是什么?

2.试述 5S 的推行步骤。

3.5S 管理中的主要工具有哪些? 其主要作用是什么?

参考文献

[1]宋明顺,周玲玲,张月义,等.质量管理学[M].2版.北京:科学出版社,2012.

[2]梁工谦,刘德智.质量管理学[M].北京:中国人民大学出版社,2010.

[3]宗蕴璋,王少峰,孙春军.质量管理[M].3版.北京:高等教育出版社,2012.

[4]苑函,王贞强.食品质量管理[M].北京:中国轻工业出版社,2011.

[5]陆兆新.食品质量管理学[M].北京:中国农业出版社,2004.

[6]李明荣.质量管理[M].2版.北京:科学出版社,2011.

[7]杨晓英,王会良,张霖,等.质量工程[M].北京:清华大学出版社,2010.

[8]陈宗道,刘金福,陈绍军.食品质量与安全管理[M].2版.北京:中国农业大学出版社,2011.

[9]苏秦.现代质量管理学[M].北京:清华大学出版社,2005.

[10]张善海.质量管理方法及应用[M].北京:中国计量出版社,2007.

[11]中国标准化研究院.GB/T 22000—2006《食品安全管理体系 食品链中各类组织的要求》理解与实施[M].北京:中国标准出版社,2007.

[12]宋其玉.2008版 ISO 9001 标准理解与应用指南[M].北京:机械工业出版社,2009.

[13]李怀林.食品安全控制体系通用教程[M].北京:中国标准出版社,2002.

[14]Luning P A, Marcelis W J, Jongen W M F. Food quality management:a techno-managerial approach[M].吴广枫,译.北京:中国农业大学出版社,2005.

[15]钱和,王文捷.HACCP 原理与实施[M].北京:中国轻工业出版社,2003.

[16]张公绪.新编质量管理学[M].2版.北京:高等教育出版社,2003.

[17]刁恩杰.食品质量管理学[M].2版.北京:化学工业出版社,2013.

[18]曹竑,田晓静.食品质量安全认证[M].2版.北京:科学出版社,2021.

[19]张勇,柴邦衡.ISO 9000 质量管理体系[M].3版.北京:机械工业出版社,2016.

附　录

附表 1　标准正态分布表

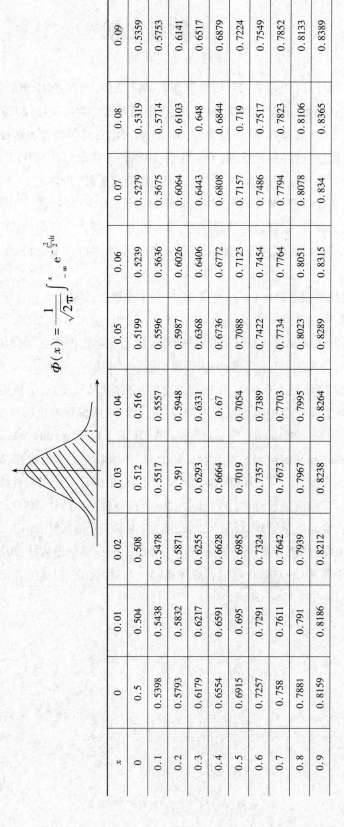

$$\Phi(x) = \frac{1}{\sqrt{2\pi}} \int_{-\infty}^{x} e^{-\frac{t^2}{2}} dt$$

x	0	0.01	0.02	0.03	0.04	0.05	0.06	0.07	0.08	0.09
0	0.5	0.504	0.508	0.512	0.516	0.5199	0.5239	0.5279	0.5319	0.5359
0.1	0.5398	0.5438	0.5478	0.5517	0.5557	0.5596	0.5636	0.5675	0.5714	0.5753
0.2	0.5793	0.5832	0.5871	0.591	0.5948	0.5987	0.6026	0.6064	0.6103	0.6141
0.3	0.6179	0.6217	0.6255	0.6293	0.6331	0.6368	0.6406	0.6443	0.648	0.6517
0.4	0.6554	0.6591	0.6628	0.6664	0.67	0.6736	0.6772	0.6808	0.6844	0.6879
0.5	0.6915	0.695	0.6985	0.7019	0.7054	0.7088	0.7123	0.7157	0.719	0.7224
0.6	0.7257	0.7291	0.7324	0.7357	0.7389	0.7422	0.7454	0.7486	0.7517	0.7549
0.7	0.758	0.7611	0.7642	0.7673	0.7703	0.7734	0.7764	0.7794	0.7823	0.7852
0.8	0.7881	0.791	0.7939	0.7967	0.7995	0.8023	0.8051	0.8078	0.8106	0.8133
0.9	0.8159	0.8186	0.8212	0.8238	0.8264	0.8289	0.8315	0.834	0.8365	0.8389

续表

x	0	0.01	0.02	0.03	0.04	0.05	0.06	0.07	0.08	0.09
1	0.8413	0.8438	0.8461	0.8485	0.8508	0.8531	0.8554	0.8577	0.8599	0.8621
1.1	0.8643	0.8665	0.8686	0.8708	0.8729	0.8749	0.877	0.879	0.881	0.883
1.2	0.8849	0.8869	0.8888	0.8907	0.8925	0.8944	0.8962	0.898	0.8997	0.9015
1.3	0.9032	0.9049	0.9066	0.9082	0.9099	0.9115	0.9131	0.9147	0.9162	0.9177
1.4	0.9192	0.9207	0.9222	0.9236	0.9251	0.9265	0.9278	0.9292	0.9306	0.9319
1.5	0.9332	0.9345	0.9357	0.937	0.9382	0.9394	0.9406	0.9418	0.943	0.9441
1.6	0.9452	0.9463	0.9474	0.9484	0.9495	0.9505	0.9515	0.9525	0.9535	0.9545
1.7	0.9554	0.9564	0.9573	0.9582	0.9591	0.9599	0.9608	0.9616	0.9625	0.9633
1.8	0.9641	0.9648	0.9656	0.9664	0.9671	0.9678	0.9686	0.9693	0.97	0.9706
1.9	0.9713	0.9719	0.9726	0.9732	0.9738	0.9744	0.975	0.9756	0.9762	0.9767
2	0.9772	0.9778	0.9783	0.9788	0.9793	0.9798	0.9803	0.9808	0.9812	0.9817
2.1	0.9821	0.9826	0.983	0.9834	0.9838	0.9842	0.9846	0.985	0.9854	0.9857
2.2	0.9861	0.9864	0.9868	0.9871	0.9874	0.9878	0.9881	0.9884	0.9887	0.989
2.3	0.9893	0.9896	0.9898	0.9901	0.9904	0.9906	0.9909	0.9911	0.9913	0.9916
2.4	0.9918	0.992	0.9922	0.9925	0.9927	0.9929	0.9931	0.9932	0.9934	0.9936
2.5	0.9938	0.994	0.9941	0.9943	0.9945	0.9946	0.9948	0.9949	0.9951	0.9952
2.6	0.9953	0.9955	0.9956	0.9957	0.9959	0.996	0.9961	0.9962	0.9963	0.9964
2.7	0.9965	0.9966	0.9967	0.9968	0.9969	0.997	0.9971	0.9972	0.9973	0.9974
2.8	0.9974	0.9975	0.9976	0.9977	0.9977	0.9978	0.9979	0.9979	0.998	0.9981
2.9	0.9981	0.9982	0.9982	0.9983	0.9984	0.9984	0.9985	0.9985	0.9986	0.9986
3	0.9987	0.999	0.9993	0.9995	0.9997	0.9998	0.9998	0.9999	0.9999	1
3.1	0.999032	0.999065	0.999096	0.999126	0.999155	0.999184	0.999211	0.999238	0.999264	0.999289
3.2	0.999313	0.999336	0.999359	0.999381	0.999402	0.999423	0.999443	0.999462	0.999481	0.999499

续表

x	0	0.01	0.02	0.03	0.04	0.05	0.06	0.07	0.08	0.09
3.3	0.999517	0.999534	0.999550	0.999566	0.999581	0.999596	0.999610	0.999624	0.999638	0.999660
3.4	0.999663	0.999675	0.999687	0.999698	0.999709	0.999720	0.999730	0.999740	0.999749	0.999760
3.5	0.999767	0.999776	0.999784	0.999792	0.999800	0.999807	0.999815	0.999822	0.999828	0.999885
3.6	0.999841	0.999847	0.999853	0.999858	0.999864	0.999869	0.999874	0.999879	0.999883	0.999880
3.7	0.999892	0.999896	0.999900	0.999904	0.999908	0.999912	0.999915	0.999918	0.999922	0.999926
3.8	0.999928	0.999931	0.999933	0.999936	0.999938	0.999941	0.999943	0.999946	0.999948	0.999950
3.9	0.999952	0.999954	0.999956	0.999958	0.999959	0.999961	0.999963	0.999964	0.999966	0.999967
4	0.999968	0.999970	0.999971	0.999972	0.999973	0.999974	0.999975	0.999976	0.999977	0.999978
4.1	0.999979	0.999980	0.999981	0.999982	0.999983	0.999983	0.999984	0.999985	0.999985	0.999986
4.2	0.999987	0.999987	0.999988	0.999988	0.999989	0.999989	0.999990	0.999990	0.999991	0.999991
4.3	0.999991	0.999992	0.999992	0.999930	0.999993	0.999993	0.999993	0.999994	0.999994	0.999994
4.4	0.999995	0.999995	0.999995	0.999995	0.999996	0.999996	0.999996	1.000000	0.999996	0.999996
4.5	0.999997	0.999997	0.999997	0.999997	0.999997	0.999997	0.999997	0.999998	0.999998	0.999998
4.6	0.999998	0.999998	0.999998	0.999998	0.999998	0.999998	0.999998	0.999998	0.999999	0.999999
4.7	0.999999	0.999999	0.999999	0.999999	0.999999	0.999999	0.999999	0.999999	0.999999	0.999999
4.8	0.999999	0.999999	0.999999	0.999999	0.999999	0.999999	0.999999	0.999999	0.999999	0.999999
4.9	1.000000	1.000000	1.000000	1.000000	1.000000	1.000000	1.000000	1.000000	1.000000	1.000000

附表 2　累计泊松分布表（部分）

$$P(x,\lambda)$$

$$\sum_{k=0}^{x}\frac{e^{-\lambda}\lambda^{k}}{k!}$$

λ / x	0.005	0.010	0.015	0.020	0.025	0.030	0.035	0.040	0.045	0.050
0	0.995012	0.990050	0.985112	0.980199	0.975310	0.970446	0.965605	0.960789	0.955997	0.951229
1	0.999988	0.999950	0.999889	0.999803	0.999693	0.999559	0.999402	0.999221	0.999017	0.998791
2	1.000000	0.999999	0.999999	0.999999	0.999997	0.999996	0.999993	0.999990	0.999985	0.999980

λ / x	0.055	0.060	0.065	0.070	0.075	0.080	0.085	0.090	0.095	0.100
0	0.946485	0.941765	0.937067	0.932394	0.927743	0.923116	0.918512	0.913931	0.909373	0.904837
1	0.998542	0.998270	0.997977	0.997661	0.997324	0.996966	0.996586	0.996185	0.995763	0.995321
2	0.999973	0.999966	0.999956	0.999946	0.999934	0.999920	0.999904	0.999886	0.999867	0.999845
3	1.000000	0.999999	0.999999	0.999999	0.999999	0.999998	0.999998	0.999997	0.999997	0.999996

λ / x	0.105	0.110	0.115	0.120	0.125	0.130	0.135	0.140	0.145	0.150
0	0.900325	0.895834	0.891366	0.886920	0.882497	0.878095	0.873716	0.869358	0.865022	0.860708
1	0.994859	0.994376	0.993873	0.993351	0.992809	0.992248	0.991668	0.991068	0.990451	0.989814
2	0.999822	0.999796	0.999767	0.999737	0.999704	0.999668	0.999629	0.999588	0.999544	0.999497
3	0.999995	0.999994	0.999993	0.999992	0.999991	0.999989	0.999988	0.999986	0.999984	0.999981
4	1.000000	1.000000	1.000000	1.000000	1.000000	1.000000	1.000000	1.000000	1.000000	0.999999

续表

x \ λ	0.155	0.160	0.165	0.170	0.175	0.180	0.185	0.190	0.195	0.200
0	0.856415	0.852144	0.847894	0.843665	0.839457	0.835270	0.831104	0.826959	0.822835	0.818731
1	0.989160	0.988467	0.987796	0.987088	0.986362	0.985619	0.984859	0.984081	0.983287	0.982477
2	0.999447	0.999394	0.999338	0.999279	0.999216	0.999150	0.999081	0.999008	0.998932	0.998852
3	0.999979	0.999976	0.999973	0.999970	0.999966	0.999962	0.999958	0.999953	0.999948	0.999943
4	0.999999	0.999999	0.999999	0.999999	0.999999	0.999999	0.999998	0.999998	0.999998	0.999998

x \ λ	0.205	0.210	0.215	0.220	0.225	0.230	0.235	0.240	0.245	0.250
0	0.814647	0.810584	0.806541	0.802519	0.798516	0.794534	0.790571	0.786628	0.782705	0.778801
1	0.981650	0.980807	0.979948	0.979073	0.978182	0.977276	0.976355	0.975419	0.974467	0.973501
2	0.996768	0.998680	0.998589	0.998494	0.998395	0.998292	0.998185	0.998073	0.997958	0.997839
3	0.999938	0.999931	0.999925	0.999918	0.999911	0.999903	0.999895	0.999886	0.999876	0.999867
4	0.999997	0.999997	0.999997	0.999996	0.999996	0.999996	0.999995	0.999995	0.999994	0.999993

x \ λ	0.255	0.260	0.265	0.270	0.275	0.280	0.285	0.290	0.295	0.300
0	0.774916	0.771052	0.767206	0.763379	0.759572	0.755784	0.752014	0.748264	0.744532	0.740818
1	0.972520	0.971525	0.970516	0.969492	0.968454	0.967403	0.966338	0.965260	0.964168	0.963064
2	0.997715	0.997587	0.997454	0.997317	0.997176	0.997030	0.996879	0.996724	0.996565	0.996401
3	0.999856	0.999845	0.999834	0.999821	0.999809	0.999795	0.999781	0.999766	0.999750	0.999734
4	0.999993	0.999992	0.999991	0.999990	0.999990	0.999989	0.999988	0.999987	0.999995	0.999984
5	1.000000	1.000000	1.000000	1.000000	1.000000	0.999999	0.999999	0.999999	0.999999	0.999999

x \ λ	0.31	0.32	0.33	0.34	0.35	0.36	0.37	0.38	0.39	0.40
0	0.733447	0.726149	0.718924	0.711770	0.704688	0.697676	0.690734	0.683861	0.677057	0.670320
1	0.960816	0.958517	0.956169	0.953772	0.951329	0.948840	0.946306	0.943729	0.941109	0.938448

续表

λ\x	0.31	0.32	0.33	0.34	0.35	0.36	0.37	0.38	0.39	0.40
2	0.996058	0.995696	0.995314	0.994913	0.994491	0.994049	0.993587	0.993104	0.992599	0.992074
3	0.999699	0.999661	0.999620	0.999575	0.999527	0.999474	0.999418	0.999358	0.999293	0.999224
4	0.999982	0.999979	0.999975	0.999971	0.999967	0.999963	0.999957	0.999952	0.999946	0.999939
5	0.999999	0.999999	0.999999	0.999998	0.999998	0.999998	0.999997	0.999997	0.999996	0.999996

λ\x	0.41	0.42	0.43	0.44	0.45	0.46	0.47	0.48	0.49	0.50
0	0.663650	0.657047	0.650509	0.644036	0.637628	0.625002	0.625002	0.618783	0.612626	0.606531
1	0.935747	0.933006	0.930228	0.927412	0.924561	0.918753	0.918753	0.915799	0.912813	0.909796
2	0.991527	0.990958	0.990368	0.989755	0.989121	0.987785	0.987785	0.987083	0.986359	0.985612
3	0.999150	0.999071	0.998988	0.998899	0.998805	0.998600	0.998600	0.998489	0.998372	0.998248
4	0.999931	0.999923	0.999914	0.999905	0.999894	0.999871	0.999871	0.999857	0.999843	0.999828
5	0.999995	0.999995	0.999994	0.999993	0.999992	0.999991	0.999990	0.999989	0.999987	0.999986
6	1.000000	1.000000	1.000000	1.000000	0.999999	0.999999	0.999999	0.999999	0.999999	0.999999

λ\x	0.51	0.52	0.53	0.54	0.55	0.56	0.57	0.58	0.59	0.60
0	0.600496	0.594521	0.588605	0.582748	0.576950	0.571209	0.565525	0.559898	0.554327	0.548812
1	0.906748	0.903671	0.900566	0.897432	0.894272	0.891086	0.887875	0.884639	0.881380	0.878099
2	0.984843	0.984050	0.983235	0.982397	0.981536	0.980652	0.979745	0.978814	0.977861	0.976885
3	0.998119	0.997983	0.997840	0.997691	0.997534	0.997371	0.997200	0.997021	0.996836	0.996642
4	0.999812	0.999794	0.999775	0.999755	0.999734	0.999711	0.999687	0.999662	0.999634	0.999606
5	0.999984	0.999982	0.999980	0.999978	0.999976	0.999973	0.999971	0.999968	0.999965	0.999961
6	0.999999	0.999999	0.999999	0.999998	0.999998	0.999998	0.999998	0.999997	0.999997	0.999997

续表

λ \ x	0.70	0.69	0.68	0.67	0.66	0.65	0.64	0.63	0.62	0.61
0	0.496585	0.501576	0.506617	0.511709	0.516851	0.522046	0.527292	0.532592	0.537944	0.543351
1	0.844195	0.847664	0.851117	0.854553	0.857973	0.861376	0.864760	0.868125	0.871470	0.874795
2	0.965858	0.967064	0.968246	0.969406	0.970543	0.971658	0.972749	0.973817	0.974863	0.975885
3	0.994247	0.994526	0.994796	0.995057	0.995309	0.995552	0.995787	0.996013	0.96231	0.996440
4	0.999214	0.999263	0.999309	0.999353	0.999395	0.999435	0.999473	0.999509	0.999543	0.999575
5	0.999910	0.999917	0.999923	0.999929	0.999935	0.999940	0.999945	0.999949	0.999953	0.999957
6	0.999991	0.999992	0.999993	0.999993	0.999994	0.999994	0.999995	0.999995	0.999996	0.999996
7	0.999999	0.999999	0.999999	0.999999	1.000000	1.000000	1.000000	1.000000	1.000000	1.000000

注 本表摘自 GB 4086.6—83《统计分布数值表 泊松分布》。

附表 3 不合格品百分数的计数标准型一次抽样表

$P_0/\%$ \ $P_1/\%$	0.75	0.85	0.95	1.05	1.20	1.30	1.50	1.70	1.90	2.10	2.40	2.60	3.00	3.40	3.80	4.20	4.80	5.30	6.00	6.70	7.50	8.50	9.50	10.5	12.0	13.0	15.0	17.0	19.0	21.0	24.0	26.0	30.0	34.0	$P_0/\%$
0.095	750,2	425,1	395,1	370,1	345,1	315,1	280,1	250,1	225,1	210,1	185,1	160,1	150,1	130,1	115,1	100,1	49,0	45,0	41,0	37,0	33,0	30,0	27,0	24,0	22,0	19,0	17,0	15,0	13,0	11,0	10,0	9,0	8,0	7,0	0.091 – 0.100
0.105	730,2	665,2	380,1	355,1	330,1	310,1	275,1	250,1	225,1	200,1	185,1	160,1	150,1	130,1	115,1	100,1	48,0	44,0	40,0	37,0	33,0	29,0	27,0	24,0	21,0	19,0	17,0	15,0	13,0	11,0	10,0	9,0	8,0	7,0	0.101 – 0.112
0.120	700,2	650,2	595,2	340,1	320,1	295,1	275,1	245,1	220,1	200,1	180,1	160,1	150,1	130,1	115,1	100,1	46,0	43,0	39,0	36,0	33,0	29,0	26,0	24,0	21,0	19,0	17,0	15,0	13,0	11,0	10,0	9,0	7,0	7,0	0.113 – 0.125
0.130	930,3	625,2	580,2	535,2	305,1	285,1	260,1	240,1	220,1	200,1	180,1	160,1	140,1	130,1	115,1	100,1	45,0	41,0	38,0	35,0	32,0	29,0	26,0	23,0	21,0	19,0	17,0	15,0	13,0	11,0	10,0	9,0	7,0	6,0	0.126 – 0.140
0.150	900,3	820,3	545,2	520,2	475,2	270,1	250,1	230,1	215,1	195,1	175,1	160,1	140,1	125,1	115,1	100,1	43,0	40,0	37,0	33,0	31,0	28,0	26,0	23,0	21,0	19,0	17,0	15,0	13,0	11,0	10,0	9,0	7,0	6,0	0.141 – 0.160
0.170	1105,4	795,3	740,3	495,2	470,2	430,2	240,1	220,1	205,1	190,1	175,1	160,1	140,1	125,1	115,1	100,1	92,1	38,0	35,0	33,0	30,0	27,0	25,0	23,0	21,0	18,0	16,0	15,0	13,0	11,0	10,0	9,0	7,0	6,0	0.161 – 0.180
0.190	1295,5	980,4	710,3	665,3	440,2	415,2	370,2	210,1	200,1	185,1	170,1	155,1	140,1	125,1	115,1	100,1	92,1	82,1	34,0	31,0	29,0	26,0	24,0	22,0	21,0	18,0	16,0	15,0	13,0	11,0	10,0	9,0	7,0	6,0	0.181 – 0.200
0.210	1445,6	1135,5	875,4	635,3	595,3	395,2	365,2	330,2	190,1	175,1	165,1	155,1	140,1	125,1	115,1	100,1	92,1	82,1	72,1	30,0	28,0	26,0	23,0	21,0	20,0	18,0	16,0	14,0	13,0	11,0	10,0	9,0	7,0	6,0	0.201 – 0.224
0.240	1620,7	1305,6	1015,5	785,4	570,3	525,3	350,2	325,2	300,2	170,1	160,1	145,1	135,1	120,1	110,1	100,1	90,1	82,1	72,1	64,1	27,0	25,0	23,0	20,0	19,0	18,0	16,0	14,0	12,0	11,0	10,0	9,0	7,0	6,0	0.225 – 0.250
0.260	1750,8	1435,7	1165,6	910,5	705,4	510,3	465,3	310,2	290,2	265,2	150,1	140,1	130,1	120,1	110,1	100,1	90,1	80,1	72,1	64,1	56,1	25,1	22,0	20,0	19,0	17,0	16,0	14,0	12,0	11,0	10,0	9,0	7,0	6,0	0.251 – 0.280

续表

注：表中数值为 n,c（n 为样本量，c 为判定数）。列首数值为 $P_1/\%$，首列为 $P_0/\%$，末列为 $P_t/\%$。

$P_0/\%$	34.0	30.0	26.0	24.0	21.0	19.0	17.0	15.0	13.0	12.0	10.5	9.50	8.50	7.50	6.70	6.00	5.30	4.80	4.20	3.80	3.40	3.00	2.60	2.40	2.10	1.90	1.70	1.50	1.30	1.20	1.05	0.95	0.85	0.75	$P_t/\%$
0.300	6,0	7,0	9,0	10,0	11,0	12,0	14,0	15,0	17,0	18,0	19,0	21,0	50,1	56,1	64,1	70,1	80,1	88,1	98,1	110,1	115,1	125,1	135,1	240,2	260,2	275,2	410,3	450,3	625,4	810,5	1025,7	1275,7	1545,8	2055,10	0.281–0.315
0.340	6,0	7,0	9,0	10,0	11,0	12,0	13,0	15,0	16,0	17,0	19,0	45,1	50,1	56,1	62,1	70,1	80,1	86,1	96,1	105,1	110,1	120,1	210,2	230,2	250,2	365,3	400,3	555,4	725,5	920,6	1145,7	1385,8	1820,10		0.316–0.355
0.380	6,0	7,0	9,0	10,0	11,0	12,0	13,0	15,0	15,0	17,0	40,1	45,1	50,1	56,1	62,1	70,1	78,1	86,1	92,1	100,1	110,1	190,2	205,2	220,2	330,3	355,3	490,4	640,5	820,6	1025,7	1235,8	1630,10			0.356–0.400
0.420	6,0	7,0	9,0	10,0	11,0	11,0	13,0	14,0	15,0	35,1	40,1	45,1	50,1	56,1	62,1	68,1	76,1	82,1	88,1	95,1	165,2	180,2	195,2	295,3	315,3	440,4	565,5	725,6	910,7	1100,8	1450,10				0.401–0.450
0.480	6,0	7,0	8,0	9,0	10,0	11,0	12,0	14,0	15,0	35,1	40,1	44,1	49,1	56,1	62,1	68,1	74,1	80,1	84,1	150,2	165,2	175,2	260,3	285,3	390,4	505,5	545,5	725,6	985,8	1300,10					0.451–0.500
0.530	6,0	7,0	8,0	9,0	10,0	11,0	11,0	13,0	31,1	35,1	40,1	44,1	49,1	56,1	60,1	64,1	70,1	76,1	135,2	145,2	155,2	230,3	255,3	350,4	454,5	495,5	715,7	875,8	1165,10						0.501–0.560
0.600	6,0	7,0	8,0	9,0	10,0	10,0	11,0	28,1	31,1	35,1	39,1	44,1	49,1	54,1	58,1	62,1	68,1	115,2	125,2	140,2	205,3	225,3	310,4	405,5	435,5	640,7	770,8	1035,10							0.561–0.630
0.670	6,0	7,0	8,0	9,0	9,0	21,1	24,1	27,1	31,1	35,1	39,1	43,1	47,1	52,1	56,1	59,1	105,2	115,2	125,2	185,3	200,3	275,4	360,5	390,5	570,7	690,8	910,10								0.631–0.710
0.750	6,0	7,0	8,0	8,0	9,0	21,1	24,1	27,1	31,1	35,1	39,1	42,1	46,1	49,1	54,1	94,2	105,2	110,2	165,3	180,3	250,4	320,5	350,5	510,7	620,8	815,10									0.711–0.800
0.850	6,0	7,0	7,0	8,0	19,1	21,1	24,1	27,1	31,1	34,1	38,1	40,1	44,1	47,1	84,2	90,2	100,2	145,3	160,3	220,4	285,5	310,5	455,7	550,8	725,10										0.801–0.900
0.950	6,0	7,0	7,0	17,1	19,1	21,1	24,1	27,1	30,1	34,1	36,1	39,1	42,1	74,2	82,2	86,2	130,3	140,3	195,4	255,5	275,5	405,7	490,10												0.901–1.00
1.05	6,0	6,0	15,1	17,1	19,1	21,1	24,1	28,1	31,1	35,1	52,2	58,2	64,2	72,2	78,2	115,3	125,3	175,4	225,5	245,5	360,7	435,8	580,10												1.01–1.12
1.20	6,0	6,0	15,1	17,1	19,1	21,1	23,1	27,1	31,1	31,1	33,1	58,2	64,2	70,2	105,3	115,3	155,4	165,4	220,5	280,6	390,8	515,10													1.13–1.25
1.30	6,0	6,0	15,1	17,1	18,1	21,1	23,1	25,1	29,1	31,1	52,2	58,2	62,2	66,2	100,3	135,4	150,4	195,5	250,6	350,8	465,10	635,13													1.26–1.40
1.50	5,0	13,1	15,1	16,1	18,1	20,1	22,1	24,1	28,1	47,1	50,2	52,2	58,2	90,3	120,4	130,4	175,5	220,6	310,8	410,10	565,13	825,18													1.41–1.60
1.70	5,0	13,1	14,1	16,1	18,1	20,1	21,1	23,1	26,1	47,2	49,2	52,2	78,3	110,4	115,4	155,5	195,6	275,8	360,10	505,13	745,18														1.61–1.80
1.90	11,1	13,1	14,1	16,1	18,1	19,1	21,1	35,2	42,2	45,2	47,2	73,3	95,4	105,4	140,5	175,6	245,8	325,10	445,13	660,18															1.81–2.00
2.10	11,1	13,1	14,1	16,1	18,1	18,1	21,1	36,2	41,2	44,2	63,3	86,4	95,4	125,5	155,6	220,8	290,10	400,13	585,18																2.01–2.24
2.40	11,1	12,1	14,1	15,1	16,1	28,2	32,2	34,2	39,2	56,3	76,4	84,4	110,5	140,6	195,8	260,10	360,13	520,18																	2.25–2.50
2.60	11,1	12,1	13,1	15,1	25,2	28,2	31,2	33,2	37,2	54,3	74,4	105,5	125,6	175,8	230,10	320,13	470,18																		2.51–2.80
3.00	11,1	12,1	13,1	22,2	25,2	27,2	30,2	44,3	48,3	66,4	86,5	110,6	155,8	205,10	280,13	415,18																			2.81–3.15
3.40	10,1	11,1	20,2	22,2	24,2	26,2	29,2	42,3	60,4	78,5	100,6	140,8	180,10	250,13	350,17																				3.16–3.55

续表

P_t/% \ P_0/%	34.0	30.0	26.0	24.0	21.0	19.0	17.0	15.0	13.0	12.0	10.5	9.50	8.50	7.50	6.70	6.00	5.30	4.80	4.20	3.80	3.40	3.00	2.60	2.40	2.10	1.90	1.70	1.50	1.30	1.20	1.05	0.95	0.85	0.75
3.56~4.00	10.1	17.2	20.2	21.2	23.2	35.3	37.3	52.4	70.5	90.6	125.8	165.10	225.13	310.17																				
4.01~4.50	10.1	17.2	19.2	20.2	31.3	33.3	46.4	62.5	78.6	110.8	145.10	200.13	275.17																					
4.51~5.00	15.2	17.2	18.2	28.3	30.3	41.4	54.5	70.6	100.8	130.10	180.13	245.17																						
5.01~5.60	15.2	16.2	25.3	27.3	37.4	48.5	62.6	86.8	115.10	160.13	220.17																							
5.61~6.30	14.2	22.3	23.3	33.4	43.5	54.6	68.7	100.10	140.13	195.17																								
6.31~7.10	14.2	21.3	29.4	38.5	48.6	60.7	82.9	120.12	175.17																									
7.11~8.00	18.3	26.4	34.5	44.6	54.7	74.9	105.12	150.16																										
8.01~9.00	23.4	30.5	39.6	48.7	66.9	90.12	130.16																											
9.01~10.0	27.5	34.6	43.7	58.9	82.12	115.16																												
10.1~11.2	26.5	38.7	52.9	74.12	105.16																													
P_0/%	35.5	31.5	28.0	25.0	22.4	20.0	18.0	16.0	14.0	12.5	11.2	10.0	9.00	8.00	7.10	6.30	5.60	5.00	4.50	4.00	3.55	3.15	2.80	2.50	2.24	2.00	1.80	1.60	1.40	1.25	1.12	1.00	0.90	0.80
P_t/% \ P_0/%	31.6~35.5	28.1~31.6	25.1~28.0	22.5~25.0	20.1~22.5	18.1~20.1	16.1~18.1	14.1~16.1	12.6~14.1	11.3~12.6	10.1~11.3	9.01~10.1	8.01~9.00	7.11~8.01	6.31~7.11	5.61~6.31	5.01~5.61	4.51~5.01	4.01~4.51	3.56~4.00	3.16~3.55	2.81~3.15	2.51~2.80	2.25~2.50	2.01~2.24	1.81~2.00	1.61~1.80	1.41~1.60	1.26~1.40	1.13~1.25	1.01~1.12	0.91~1.00	0.81~0.90	0.71~0.80

附表 4 正常检验一次抽样方案（主表）

接收质量限（AQL）

样本量字码	样本量	0.010		0.015		0.025		0.040		0.065		0.10		0.15		0.25		0.40		0.65		1.0		1.5		2.5		4.0		6.5		10		15		25		40		65		100		150		250		400		650		1000	
		Ac	Re	Ac	Re	Ac	Re	Ac	Re	Ac	Re	Ac	Re	Ac	Re	Ac	Re	Ac	Re	Ac	Re	Ac	Re	Ac	Re	Ac	Re	Ac	Re	Ac	Re	Ac	Re	Ac	Re	Ac	Re	Ac	Re	Ac	Re	Ac	Re	Ac	Re	Ac	Re	Ac	Re	Ac	Re
A	2	↓		↓		↓		↓		↓		↓		↓		↓		↓		↓		↓		↓		↓		↓		↓		↓		0	1	1	2	2	3	3	4	5	6	7	8	10	11	14	15	21	22	30	31
B	3	↓		↓		↓		↓		↓		↓		↓		↓		↓		↓		↓		↓		↓		↓		↓		0	1	1	2	2	3	3	4	5	6	7	8	10	11	14	15	21	22	30	31	44	45
C	5	↓		↓		↓		↓		↓		↓		↓		↓		↓		↓		↓		↓		↓		↓		0	1	1	2	2	3	3	4	5	6	7	8	10	11	14	15	21	22	30	31	44	45	↑	
D	8	↓		↓		↓		↓		↓		↓		↓		↓		↓		↓		↓		↓		↓		0	1	1	2	2	3	3	4	5	6	7	8	10	11	14	15	21	22	30	31	44	45	↑		↑	
E	13	↓		↓		↓		↓		↓		↓		↓		↓		↓		↓		↓		↓		0	1	1	2	2	3	3	4	5	6	7	8	10	11	14	15	21	22	30	31	44	45	↑		↑		↑	
F	20	↓		↓		↓		↓		↓		↓		↓		↓		↓		↓		↓		0	1	1	2	2	3	3	4	5	6	7	8	10	11	14	15	21	22	30	31	44	45	↑		↑		↑		↑	
G	32	↓		↓		↓		↓		↓		↓		↓		↓		↓		↓		0	1	1	2	2	3	3	4	5	6	7	8	10	11	14	15	21	22	30	31	44	45	↑		↑		↑		↑		↑	
H	50	↓		↓		↓		↓		↓		↓		↓		↓		↓		0	1	1	2	2	3	3	4	5	6	7	8	10	11	14	15	21	22	30	31	44	45	↑		↑		↑		↑		↑		↑	
J	80	↓		↓		↓		↓		↓		↓		↓		↓		0	1	1	2	2	3	3	4	5	6	7	8	10	11	14	15	21	22	30	31	44	45	↑		↑		↑		↑		↑		↑		↑	
K	125	↓		↓		↓		↓		↓		↓		↓		0	1	1	2	2	3	3	4	5	6	7	8	10	11	14	15	21	22	30	31	44	45	↑		↑		↑		↑		↑		↑		↑		↑	
L	200	↓		↓		↓		↓		↓		↓		0	1	1	2	2	3	3	4	5	6	7	8	10	11	14	15	21	22	30	31	44	45	↑		↑		↑		↑		↑		↑		↑		↑		↑	
M	315	↓		↓		↓		↓		↓		0	1	1	2	2	3	3	4	5	6	7	8	10	11	14	15	21	22	30	31	44	45	↑		↑		↑		↑		↑		↑		↑		↑		↑		↑	
N	500	↓		↓		↓		↓		0	1	1	2	2	3	3	4	5	6	7	8	10	11	14	15	21	22	30	31	44	45	↑		↑		↑		↑		↑		↑		↑		↑		↑		↑		↑	
P	800	↓		↓		↓		0	1	1	2	2	3	3	4	5	6	7	8	10	11	14	15	21	22	30	31	44	45	↑		↑		↑		↑		↑		↑		↑		↑		↑		↑		↑		↑	
Q	1250	↓		↓		0	1	1	2	2	3	3	4	5	6	7	8	10	11	14	15	21	22	30	31	44	45	↑		↑		↑		↑		↑		↑		↑		↑		↑		↑		↑		↑		↑	
R	2000	↓		0	1	1	2	2	3	3	4	5	6	7	8	10	11	14	15	21	22	30	31	44	45	↑		↑		↑		↑		↑		↑		↑		↑		↑		↑		↑		↑		↑		↑	

⇩—使用箭头下面的第一个抽样方案。如果样本量等于或超过批量，则执行100%检验。
⇧—使用箭头上面的第一个抽样方案。
Ac—接收数。
Re—拒收数。

附表 5　加严检验一次抽样方案（主表）

接收质量限值（AQL）　（各单元格为 Ac　Re；Ac—接收数，Re—拒收数）

样本量字码	样本量	0.010	0.015	0.025	0.040	0.065	0.10	0.15	0.25	0.40	0.65	1.0	1.5	2.5	4.0	6.5	10	15	25	40	65	100	150	250	400	650	1000
A	2	↓	↓	↓	↓	↓	↓	↓	↓	↓	↓	↓	↓	↓	↓	↓	↓	↓	0 1	1 2	2 3	3 4	5 6	8 9	12 13	18 19	27 28
B	3	↓	↓	↓	↓	↓	↓	↓	↓	↓	↓	↓	↓	↓	↓	↓	↓	0 1	1 2	2 3	3 4	5 6	8 9	12 13	18 19	27 28	41 42
C	5	↓	↓	↓	↓	↓	↓	↓	↓	↓	↓	↓	↓	↓	↓	↓	0 1	1 2	2 3	3 4	5 6	8 9	12 13	18 19	27 28	41 42	↑
D	8	↓	↓	↓	↓	↓	↓	↓	↓	↓	↓	↓	↓	↓	↓	0 1	1 2	2 3	3 4	5 6	8 9	12 13	18 19	27 28	41 42	↑	↑
E	13	↓	↓	↓	↓	↓	↓	↓	↓	↓	↓	↓	↓	↓	0 1	1 2	2 3	3 4	5 6	8 9	12 13	18 19	27 28	41 42	↑	↑	↑
F	20	↓	↓	↓	↓	↓	↓	↓	↓	↓	↓	↓	↓	0 1	1 2	2 3	3 4	5 6	8 9	12 13	18 19	27 28	41 42	↑	↑	↑	↑
G	32	↓	↓	↓	↓	↓	↓	↓	↓	↓	↓	↓	0 1	1 2	2 3	3 4	5 6	8 9	12 13	18 19	27 28	41 42	↑	↑	↑	↑	↑
H	50	↓	↓	↓	↓	↓	↓	↓	↓	↓	↓	0 1	1 2	2 3	3 4	5 6	8 9	12 13	18 19	27 28	41 42	↑	↑	↑	↑	↑	↑
J	80	↓	↓	↓	↓	↓	↓	↓	↓	↓	0 1	1 2	2 3	3 4	5 6	8 9	12 13	18 19	27 28	41 42	↑	↑	↑	↑	↑	↑	↑
K	125	↓	↓	↓	↓	↓	↓	↓	↓	0 1	1 2	2 3	3 4	5 6	8 9	12 13	18 19	27 28	41 42	↑	↑	↑	↑	↑	↑	↑	↑
L	200	↓	↓	↓	↓	↓	↓	↓	0 1	1 2	2 3	3 4	5 6	8 9	12 13	18 19	27 28	41 42	↑	↑	↑	↑	↑	↑	↑	↑	↑
M	315	↓	↓	↓	↓	↓	↓	0 1	1 2	2 3	3 4	5 6	8 9	12 13	18 19	27 28	41 42	↑	↑	↑	↑	↑	↑	↑	↑	↑	↑
N	500	↓	↓	↓	↓	↓	0 1	1 2	2 3	3 4	5 6	8 9	12 13	18 19	27 28	41 42	↑	↑	↑	↑	↑	↑	↑	↑	↑	↑	↑
P	800	↓	↓	↓	↓	0 1	1 2	2 3	3 4	5 6	8 9	12 13	18 19	27 28	41 42	↑	↑	↑	↑	↑	↑	↑	↑	↑	↑	↑	↑
Q	1250	↓	↓	↓	0 1	1 2	2 3	3 4	5 6	8 9	12 13	18 19	27 28	41 42	↑	↑	↑	↑	↑	↑	↑	↑	↑	↑	↑	↑	↑
R	2000	↓	↓	0 1	1 2	2 3	3 4	5 6	8 9	12 13	18 19	27 28	41 42	↑	↑	↑	↑	↑	↑	↑	↑	↑	↑	↑	↑	↑	↑
S	3150	↓	0 1	1 2	2 3	3 4	5 6	8 9	12 13	18 19	27 28	41 42	↑	↑	↑	↑	↑	↑	↑	↑	↑	↑	↑	↑	↑	↑	↑

⇩——使用箭头下面的第一个抽样方案。如果样本量等于或超过批量，则执行100%检验。
⇧——使用箭头上面的第一个抽样方案。
Ac——接收数。
Re——拒收数。

附表 6　放宽检验一次抽样方案（主表）

接收质量限（AQL）

各接收质量限列下数值为「Ac Re」（Ac—接收数；Re—拒收数）。↓ 表示 ⇩，↑ 表示 ⇧。

样本量字码	样本量	0.010	0.015	0.025	0.040	0.065	0.10	0.15	0.25	0.40	0.65	1.0	1.5	2.5	4.0	6.5	10	15	25	40	65	100	150	250	400	650	1000
A	2	↓	↓	↓	↓	↓	↓	↓	↓	↓	↓	↓	↓	↓	↓	0 1	↑	↑	1 2	2 3	3 4	5 6	7 8	10 11	14 15	21 22	30 31
B	2	↓	↓	↓	↓	↓	↓	↓	↓	↓	↓	↓	↓	↓	0 1	↑	↑	↑	1 2	2 3	3 4	5 6	7 8	10 11	14 15	21 22	30 31
C	2	↓	↓	↓	↓	↓	↓	↓	↓	↓	↓	↓	↓	0 1	↑	↑	↑	1 2	2 3	3 4	5 6	6 7	8 9	10 11	14 15	21 22	30 31
D	3	↓	↓	↓	↓	↓	↓	↓	↓	↓	↓	↓	0 1	↑	↑	↑	1 2	2 3	3 4	5 6	6 7	8 9	10 11	14 15	21 22	↑	↑
E	5	↓	↓	↓	↓	↓	↓	↓	↓	↓	↓	0 1	↑	↑	↑	1 2	2 3	3 4	5 6	6 7	8 9	10 11	14 15	21 22	↑	↑	↑
F	8	↓	↓	↓	↓	↓	↓	↓	↓	↓	0 1	↑	↑	↑	1 2	2 3	3 4	5 6	6 7	8 9	10 11	↑	↑	↑	↑	↑	↑
G	13	↓	↓	↓	↓	↓	↓	↓	↓	0 1	↑	↑	↑	1 2	2 3	3 4	5 6	6 7	8 9	10 11	↑	↑	↑	↑	↑	↑	↑
H	20	↓	↓	↓	↓	↓	↓	↓	0 1	↑	↑	↑	1 2	2 3	3 4	5 6	6 7	8 9	10 11	↑	↑	↑	↑	↑	↑	↑	↑
J	32	↓	↓	↓	↓	↓	↓	0 1	↑	↑	↑	1 2	2 3	3 4	5 6	6 7	8 9	10 11	↑	↑	↑	↑	↑	↑	↑	↑	↑
K	50	↓	↓	↓	↓	↓	0 1	↑	↑	↑	1 2	2 3	3 4	5 6	6 7	8 9	10 11	↑	↑	↑	↑	↑	↑	↑	↑	↑	↑
L	80	↓	↓	↓	↓	0 1	↑	↑	↑	1 2	2 3	3 4	5 6	6 7	8 9	10 11	↑	↑	↑	↑	↑	↑	↑	↑	↑	↑	↑
M	125	↓	↓	↓	0 1	↑	↑	↑	1 2	2 3	3 4	5 6	6 7	8 9	10 11	↑	↑	↑	↑	↑	↑	↑	↑	↑	↑	↑	↑
N	200	↓	↓	0 1	↑	↑	↑	1 2	2 3	3 4	5 6	6 7	8 9	10 11	↑	↑	↑	↑	↑	↑	↑	↑	↑	↑	↑	↑	↑
P	315	↓	0 1	↑	↑	↑	1 2	2 3	3 4	5 6	6 7	8 9	10 11	↑	↑	↑	↑	↑	↑	↑	↑	↑	↑	↑	↑	↑	↑
Q	500	0 1	↑	↑	↑	1 2	2 3	3 4	5 6	6 7	8 9	10 11	↑	↑	↑	↑	↑	↑	↑	↑	↑	↑	↑	↑	↑	↑	↑
R	800	↑	↑	↑	1 2	2 3	3 4	5 6	6 7	8 9	10 11	↑	↑	↑	↑	↑	↑	↑	↑	↑	↑	↑	↑	↑	↑	↑	↑

⇩ —使用箭头下面的第一个抽样方案。如果样本量等于或超过批量，则执行100%检验。
⇧ —使用箭头上面的第一个抽样方案。
Ac—接收数。
Re—拒收数。

附表 7　正常检验二次抽样方案（主表）

接收质量限（AQL）

（下表每个 AQL 格内数值为 Ac　Re；↓＝使用箭头下面的第一个抽样方案；↑＝使用箭头上面的第一个抽样方案；＊＝使用对应的一次抽样方案）

样本量字码	样本	样本量	累计样本量	0.010	0.015	0.025	0.040	0.065	0.10	0.15	0.25	0.40	0.65	1.0	1.5	2.5	4.0	6.5	10	15	25	40	65	100	150	250	400	650	1000
A				↓	↓	↓	↓	↓	↓	↓	↓	↓	↓	↓	↓	↓	↓	↓	↓	↓	↓	↓	↓	↓	↓	↓	↓	↓	↓
B	第一	2	2	↓	↓	↓	↓	↓	↓	↓	↓	↓	↓	↓	↓	↓	↓	↓	*	0 2	0 3	1 4	2 5	3 7	5 9	7 11	11 16	17 22	25 31
B	第二	2	4	↓	↓	↓	↓	↓	↓	↓	↓	↓	↓	↓	↓	↓	↓	↓	*	1 2	3 4	4 5	6 7	8 9	12 13	18 19	26 27	37 38	56 57
C	第一	3	3	↓	↓	↓	↓	↓	↓	↓	↓	↓	↓	↓	↓	↓	↓	*	0 2	0 3	1 4	2 5	3 7	5 9	7 11	11 16	17 22	25 31	↑
C	第二	3	6	↓	↓	↓	↓	↓	↓	↓	↓	↓	↓	↓	↓	↓	↓	*	1 2	3 4	4 5	6 7	8 9	12 13	18 19	26 27	37 38	56 57	↑
D	第一	5	5	↓	↓	↓	↓	↓	↓	↓	↓	↓	↓	↓	↓	↓	*	0 2	0 3	1 4	2 5	3 7	5 9	7 11	11 16	17 22	25 31	↑	↑
D	第二	5	10	↓	↓	↓	↓	↓	↓	↓	↓	↓	↓	↓	↓	↓	*	1 2	3 4	4 5	6 7	8 9	12 13	18 19	26 27	37 38	56 57	↑	↑
E	第一	8	8	↓	↓	↓	↓	↓	↓	↓	↓	↓	↓	↓	↓	*	0 2	0 3	1 4	2 5	3 7	5 9	7 11	11 16	17 22	25 31	↑	↑	↑
E	第二	8	16	↓	↓	↓	↓	↓	↓	↓	↓	↓	↓	↓	↓	*	1 2	3 4	4 5	6 7	8 9	12 13	18 19	26 27	37 38	56 57	↑	↑	↑
F	第一	13	13	↓	↓	↓	↓	↓	↓	↓	↓	↓	↓	↓	*	0 2	0 3	1 4	2 5	3 7	5 9	7 11	11 16	17 22	25 31	↑	↑	↑	↑
F	第二	13	26	↓	↓	↓	↓	↓	↓	↓	↓	↓	↓	↓	*	1 2	3 4	4 5	6 7	8 9	12 13	18 19	26 27	37 38	56 57	↑	↑	↑	↑
G	第一	20	20	↓	↓	↓	↓	↓	↓	↓	↓	↓	↓	*	0 2	0 3	1 4	2 5	3 7	5 9	7 11	11 16	17 22	25 31	↑	↑	↑	↑	↑
G	第二	20	40	↓	↓	↓	↓	↓	↓	↓	↓	↓	↓	*	1 2	3 4	4 5	6 7	8 9	12 13	18 19	26 27	37 38	56 57	↑	↑	↑	↑	↑
H	第一	32	32	↓	↓	↓	↓	↓	↓	↓	↓	↓	*	0 2	0 3	1 4	2 5	3 7	5 9	7 11	11 16	17 22	25 31	↑	↑	↑	↑	↑	↑
H	第二	32	64	↓	↓	↓	↓	↓	↓	↓	↓	↓	*	1 2	3 4	4 5	6 7	8 9	12 13	18 19	26 27	37 38	56 57	↑	↑	↑	↑	↑	↑
J	第一	50	50	↓	↓	↓	↓	↓	↓	↓	↓	*	0 2	0 3	1 4	2 5	3 7	5 9	7 11	11 16	17 22	25 31	↑	↑	↑	↑	↑	↑	↑
J	第二	50	100	↓	↓	↓	↓	↓	↓	↓	↓	*	1 2	3 4	4 5	6 7	8 9	12 13	18 19	26 27	37 38	56 57	↑	↑	↑	↑	↑	↑	↑
K	第一	80	80	↓	↓	↓	↓	↓	↓	↓	*	0 2	0 3	1 4	2 5	3 7	5 9	7 11	11 16	17 22	25 31	↑	↑	↑	↑	↑	↑	↑	↑
K	第二	80	160	↓	↓	↓	↓	↓	↓	↓	*	1 2	3 4	4 5	6 7	8 9	12 13	18 19	26 27	37 38	56 57	↑	↑	↑	↑	↑	↑	↑	↑
L	第一	125	125	↓	↓	↓	↓	↓	↓	*	0 2	0 3	1 4	2 5	3 7	5 9	7 11	11 16	17 22	25 31	↑	↑	↑	↑	↑	↑	↑	↑	↑
L	第二	125	250	↓	↓	↓	↓	↓	↓	*	1 2	3 4	4 5	6 7	8 9	12 13	18 19	26 27	37 38	56 57	↑	↑	↑	↑	↑	↑	↑	↑	↑
M	第一	200	200	↓	↓	↓	↓	↓	*	0 2	0 3	1 4	2 5	3 7	5 9	7 11	11 16	17 22	25 31	↑	↑	↑	↑	↑	↑	↑	↑	↑	↑
M	第二	200	400	↓	↓	↓	↓	↓	*	1 2	3 4	4 5	6 7	8 9	12 13	18 19	26 27	37 38	56 57	↑	↑	↑	↑	↑	↑	↑	↑	↑	↑
N	第一	315	315	↓	↓	↓	↓	*	0 2	0 3	1 4	2 5	3 7	5 9	7 11	11 16	17 22	25 31	↑	↑	↑	↑	↑	↑	↑	↑	↑	↑	↑
N	第二	315	630	↓	↓	↓	↓	*	1 2	3 4	4 5	6 7	8 9	12 13	18 19	26 27	37 38	56 57	↑	↑	↑	↑	↑	↑	↑	↑	↑	↑	↑
P	第一	500	500	↓	↓	↓	*	0 2	0 3	1 4	2 5	3 7	5 9	7 11	11 16	17 22	25 31	↑	↑	↑	↑	↑	↑	↑	↑	↑	↑	↑	↑
P	第二	500	1000	↓	↓	↓	*	1 2	3 4	4 5	6 7	8 9	12 13	18 19	26 27	37 38	56 57	↑	↑	↑	↑	↑	↑	↑	↑	↑	↑	↑	↑
Q	第一	800	800	↓	↓	*	0 2	0 3	1 4	2 5	3 7	5 9	7 11	11 16	17 22	25 31	↑	↑	↑	↑	↑	↑	↑	↑	↑	↑	↑	↑	↑
Q	第二	800	1600	↓	↓	*	1 2	3 4	4 5	6 7	8 9	12 13	18 19	26 27	37 38	56 57	↑	↑	↑	↑	↑	↑	↑	↑	↑	↑	↑	↑	↑
R	第一	1250	1250	↓	*	0 2	0 3	1 4	2 5	3 7	5 9	7 11	11 16	17 22	25 31	↑	↑	↑	↑	↑	↑	↑	↑	↑	↑	↑	↑	↑	↑
R	第二	1250	2500	↓	*	1 2	3 4	4 5	6 7	8 9	12 13	18 19	26 27	37 38	56 57	↑	↑	↑	↑	↑	↑	↑	↑	↑	↑	↑	↑	↑	↑

↓—使用箭头下面的第一个抽样方案。如果样本量等于或超过批量，则执行 100% 检验。
↑—使用箭头上面的第一个抽样方案。
Ac—接收数。
Re—拒收数。
＊—使用对应的一次抽样方案（或者使用下面适用的二次抽样方案）。

附表 8　加严检验二次抽样方案（主表）

接收质量限（AQL）　（每个接收质量限栏内左列为 Ac＝接收数，右列为 Re＝拒收数）

样本量字码	样本	样本量	累计样本量	0.010	0.015	0.025	0.040	0.065	0.10	0.15	0.25	0.40	0.65	1.0	1.5	2.5	4.0	6.5	10	15	25	40	65	100	150	250	400	650	1000
A		2	2																										
B	第一	2	2															*	0 2	0 3	1 3	2 5	3 7	4 7	6 10	9 14	15 20	23 29	
B	第二	2	4																1 2	3 4	4 5	6 7	8 9	10 11	15 16	23 24	34 35	52 53	
C	第一	3	3														*	0 2	0 3	1 3	2 5	3 7	4 7	6 10	9 14	15 20	23 29		
C	第二	3	6															1 2	3 4	4 5	6 7	8 9	10 11	15 16	23 24	34 35	52 53		
D	第一	5	5													*	0 2	0 3	1 3	2 5	3 7	4 7	6 10	9 14	15 20	23 29			
D	第二	5	10														1 2	3 4	4 5	6 7	8 9	10 11	15 16	23 24	34 35	52 53			
E	第一	8	8												*	0 2	0 3	1 3	2 5	3 7	4 7	6 10	9 14	15 20	23 29				
E	第二	8	16													1 2	3 4	4 5	6 7	8 9	10 11	15 16	23 24	34 35	52 53				
F	第一	13	13											*	0 2	0 3	1 3	2 5	3 7	4 7	6 10	9 14	15 20	23 29					
F	第二	13	26												1 2	3 4	4 5	6 7	8 9	10 11	15 16	23 24	34 35	52 53					
G	第一	20	20										*	0 2	0 3	1 3	2 5	3 7	4 7	6 10	9 14	15 20	23 29						
G	第二	20	40											1 2	3 4	4 5	6 7	8 9	10 11	15 16	23 24	34 35	52 53						
H	第一	32	32									*	0 2	0 3	1 3	2 5	3 7	4 7	6 10	9 14	15 20	23 29							
H	第二	32	64										1 2	3 4	4 5	6 7	8 9	10 11	15 16	23 24	34 35	52 53							
J	第一	50	50								*	0 2	0 3	1 3	2 5	3 7	4 7	6 10	9 14	15 20	23 29								
J	第二	50	100									1 2	3 4	4 5	6 7	8 9	10 11	15 16	23 24	34 35	52 53								
K	第一	80	80							*	0 2	0 3	1 3	2 5	3 7	4 7	6 10	9 14	15 20	23 29									
K	第二	80	160								1 2	3 4	4 5	6 7	8 9	10 11	15 16	23 24	34 35	52 53									
L	第一	125	125						*	0 2	0 3	1 3	2 5	3 7	4 7	6 10	9 14	15 20	23 29										
L	第二	125	250							1 2	3 4	4 5	6 7	8 9	10 11	15 16	23 24	34 35	52 53										
M	第一	200	200					*	0 2	0 3	1 3	2 5	3 7	4 7	6 10	9 14	15 20	23 29											
M	第二	200	400						1 2	3 4	4 5	6 7	8 9	10 11	15 16	23 24	34 35	52 53											
N	第一	315	315				*	0 2	0 3	1 3	2 5	3 7	4 7	6 10	9 14	15 20	23 29												
N	第二	315	630					1 2	3 4	4 5	6 7	8 9	10 11	15 16	23 24	34 35	52 53												
P	第一	500	500			*	0 2	0 3	1 3	2 5	3 7	4 7	6 10	9 14	15 20	23 29													
P	第二	500	1000				1 2	3 4	4 5	6 7	8 9	10 11	15 16	23 24	34 35	52 53													
Q	第一	800	800		*	0 2	0 3	1 3	2 5	3 7	4 7	6 10	9 14	15 20	23 29														
Q	第二	800	1600			1 2	3 4	4 5	6 7	8 9	10 11	15 16	23 24	34 35	52 53														
R	第一	1250	1250	*	0 2	0 3	1 3	2 5	3 7	4 7	6 10	9 14	15 20	23 29															
R	第二	1250	2500		1 2	3 4	4 5	6 7	8 9	10 11	15 16	23 24	34 35	52 53															
S	第一	2000	2000	0 2	0 3	1 3	2 5	3 7	4 7	6 10	9 14	15 20	23 29																
S	第二	2000	4000	1 2	3 4	4 5	6 7	8 9	10 11	15 16	23 24	34 35	52 53																

⇩ — 使用箭头下面的第一个抽样方案。如果样本量等于或超过批量，则执行100%检验。
⇧ — 使用箭头上面的第一个抽样方案。
Ac — 接收数。
Re — 拒收数。
* — 使用对应的一次抽样方案（或者使用下面适用的二次抽样方案）。

附表9 放宽检验二次抽样方案（主表）

样本量字码	样本量	累计样本量	接收质量限（AQL）
			（见下表各AQL列 Ac/Re 值及箭头符号）

样本量字码	样本量	累计样本量
A		
B		
C		
D	第一 2 / 第二 2	2 / 4
E	第一 3 / 第二 3	3 / 6
F	第一 5 / 第二 5	5 / 10
G	第一 8 / 第二 8	8 / 16
H	第一 13 / 第二 13	13 / 26
J	第一 20 / 第二 20	20 / 40
K	第一 32 / 第二 32	32 / 64
L	第一 50 / 第二 50	50 / 100
M	第一 80 / 第二 80	80 / 160
N	第一 125 / 第二 125	125 / 250
P	第一 200 / 第二 200	200 / 400
Q	第一 315 / 第二 315	315 / 630
R	第一 500 / 第二 500	500 / 1000

AQL 列：0.010 0.015 0.025 0.040 0.065 0.10 0.15 0.25 0.40 0.65 1.0 1.5 2.5 4.0 6.5 10 15 25 40 65 100 150 250 400 650 1000（各列分 Ac、Re）

⇩ —— 使用箭头下面的第一个抽样方案。如果样本量等于或超过批量，则执行100%检验。
⇧ —— 使用箭头上面的第一个抽样方案。
Ac—— 接收数。
Re—— 拒收数。
* —— 使用对应的一次抽样方案（或者使用下面适用的二次抽样方案）。

附表 10　单侧规格限"σ"法的样本量与接收常数（以均值为质量指标）

A 或 A'计算值范围	n	k	A 或 A'计算值范围	n	k
2.069 以上	2	-1.163	0.731~0.755	16	-0.411
1.690~2.068	3	-0.950	0.710~0.730	17	-0.399
1.463~1.689	4	-0.822	0.690~0.709	18	-0.388
1.309~1.462	5	-0.736	0.671~0.689	19	-0.377
			0.654~0.670	20	-0.368
1.195~1.308	6	-0.672	0.585~0.653	25	-0.329
1.106~1.194	7	-0.622	0.534~0.584	30	-0.300
1.035~1.105	8	-0.582	0.495~0.533	35	-0.278
0.975~1.034	9	-0.548	0.463~0.494	40	-0.260
0.925~0.974	10	-0.520	0.436~0.462	45	-0.245
			0.414~0.435	50	-0.233
0.882~0.924	11	-0.496			
0.845~0.881	12	-0.475			
0.811~0.844	13	-0.456			
0.782~0.810	14	-0.440			
0.756~0.781	15	-0.425			

注：①当计算值小于 0.414 时，可按下面公式计算 n 和 k。

$$n = \frac{8.56382}{(\text{计算值})^2}, \quad k = -0.56207 \times (\text{计算值})。$$

②$A = \dfrac{\mu_{1U} - \mu_{0U}}{\sigma}$，$A' = \dfrac{\mu_{0L} - \mu_{1L}}{\sigma}$。

表中数据引自 GB/T 8054

附表11　双侧规格限"σ"法的样本量与接收常数（以均值为质量指标）

A或A'	2.080 及以上	1.700~2.079	1.480~1.699	1.320~1.479	1.200~1.319	1.120~1.199	1.040~1.119	0.980~1.039	0.940~0.979
n	2	3	4	5	6	7	8	9	10
c	0.014 及以下	0.012 及以下	0.010 及以下	0.009 及以下	0.008 及以下	0.008 及以下	0.007 及以下	0.007 及以下	0.006 及以下
k	-1.379	-1.126	-0.975	-0.872	-0.796	-0.737	-0.690	-0.650	-0.617
c	0.015~0.085	0.013~0.069	0.011~0.060	0.010~0.054	0.009~0.049	0.009~0.045	0.008~0.042	0.008~0.040	0.007~0.038
k	-1.365	-1.114	-0.965	-0.863	-0.788	-0.730	-0.682	-0.643	-0.610
c	0.086~0.156	0.070~0.127	0.061~0.110	0.055~0.098	0.050~0.090	0.046~0.083	0.043~0.078	0.041~0.073	0.039~0.070
k	-1.334	-1.089	-0.943	-0844	-0.770	-0.713	-0.667	-0.629	-0.597
c	0.157~0.226	0.128~0.185	0.111~0.160	0.099~0.143	0.091~0.131	0.084~0.121	0.79~0.113	0.074~0.107	0.071~0.101
k	-1.306	-1.066	-0.923	-0.826	-0.754	0.698	-0.653	-616	-0.584
c	0.227~0.297	0.186~0.242	0.161~0.210	0.144~0.188	0.132~0.171	0.122~0.159	0.114~0.148	0.108~0.140	0.102~0.133
k	-1.281	-1.046	-0.906	-0.810	-0.740	-0.685	-0.641	-0.604	-0.573
c	0.298~0.368	0.243~0.300	0.211~0.260	0.189~0.233	0.172~0.212	0.160~0.197	0.149~0.184	0.141~0.173	0.134~0.164
k	-1.259	-1.028	-0.890	-0.796	-0.727	-0.673	-0.629	-0.593	-0.563
c	0.369~0.438	0.301~0.358	0.261~0.310	0.234~0.277	0.213~0.253	0.198~0.234	0.185~0.219	0.174~0.207	0.16 5~0.196
k	-1.240	-1.013	-0.877	-0.785	-0.716	-0.663	-0.620	-0.585	-0.555
c	0.439~0.509	0.359~0.416	0.311~0.360	0.278~0.322	0.254~0.294	0.235~0.272	0.220~0.255	0.208~0.240	0.197~0.228
k	-1.225	-1.000	-0.866	-0.775	0.707	-0.655	-0.612	-0.577	-0.548
c	0.510~0.580	0.417~0.473	0.361~0.410	0.323~0.367	0.295~0.355	0.273~0.310	0.256~0.290	0.241~0.273	0.299~0.259
k	-1.212	-0.989	-0.857	-0.766	-0.648	-0.648	-0.606	-0.571	-0.542

续表

A 或 A' \ n	2	3	4	5	6	7	8	9	10
	2.080 及以上	1.700~2.079	1.480~1.699	1.320~1.479	1.200~1.319	1.120~1.199	1.040~1.119	0.980~1.039	0.940~0.979
c	0.581~0.651	0.474~0.531	0.411~0.460	0.368-0.411	0.366~0.376	0.311~0.348	0.291~0.325	0.274~0.307	0.260~0.291
k	-1.201	-0.980	-0.849	-0.759	-0.693	-0.642	-0.600	-0.566	-0.537
x	0.652~0.778	0.532~0.635	0.461~0.550	0.412~0.492	0.377~0.449	0.349~0.416	0.326~0.389	0.308~0.367	0.292~0.348
k	-1.192	-0.973	-0.843	-0.754	-0.688	-0.637	-0.596	-0.562	-0.533
x	0.779~1.131	0.636~0.924	0.551~0.800	0.493~0.716	0.450~0.653	0.417~0.650	0.390~0.566	0.368~0.533	0.349~0.506
k	-1.174	-0.958	-0.830	-0.742	-0.678	-0.627	-0.587	-0.553	-0.525
x	1.132~1.485	0.925~1.212	0.801~1.050	0.717~0.939	0.654~0.857	0.606~0.794	0.567~0.742	0.534~0.700	0.507~0.664
k	-1.165	-0.951	-0.824	-0.737	-0.673	-0.623	-0.583	-0.549	-0.521
x	1.486~1.838	1.213~1.501	1.051~1.300	0.940~1.163	0.858~1.061	0.795~0.983	0.74 3~0.919	0.701~0.687	0.665~0.822
k	-1.163	-0.950	-0.823	-0.736	-0.672	-0.622	-0.582	-0.548	-0.520
x	1.838 及以上	1.501 以上	1.300 以上	1.163 以上	1.061 以上	0.983 以上	0.919 以上	0.867 以上	0.822 以上
k	1.163	-0.950	-0.822	-0736	-0.672	-0.622	-0.582	-0.548	-0.520

注：$C=\dfrac{\mu_{OU}-\mu_{OL}}{\sigma}$，$A=\dfrac{\mu_{1U}-\mu_{OU}}{\sigma}$，$A'=\dfrac{\mu_{OL}-\mu_{1L}}{\sigma}$。

附表 12 单侧规格限 "s" 法的样本量与接收常数 (以均值为质量指标)

B 或 B'计算值范围	n	k		B 或 B'计算值范围	n	k
1.980 以上	4	-1.176		0.700~0.719	20	-0.387
1.620~1.979	5	-0.953		0.680~0.699	21	-0.376
1.420~1.619	6	-0.823		0.660~0.679	22	-0.367
1.260~1.419	7	-0.734		0.640~0.659	23	-0.358
1.160~1.259	8	-0.670		0.620~0.639	24	-0.350
1.080~1.159	9	-0.620		0.600~0.619	26	-0.335
1.020~1.079	10	-0.580		0.580~0.599	27	-0.328
0.960~1.019	11	-0.546		0.560~0.579	29	-0.316
0.920~0.959	12	-0.518		0.540~0.559	31	-0.305
0.880~0.919	13	-0.494		0.520~0.539	34	-0.290
				0.500~0.519	36	-0.282
0.840~0.879	14	-0.473		0.480~0.499	39	-0.270
0.800~0.839	15	-0.455		0.460~0.479	42	-0.260
0.780~0.799	16	-0.438		0.440~0.459	46	-0.248
0.760~0.779	17	-0.423		0.420~0.439	50	-0.237
0.740~0.759	18	-0.410		0.400~0.419	55	-0.226
0.720~0.739	19	-0.398		0.399 及以下	60	-0.216

注:$B = \dfrac{\mu_{1U} - \mu_{0U}}{\hat{\sigma}}$, $B' = \dfrac{\mu_{0L} - \mu_{1L}}{\hat{\sigma}}$。

表中数据引自 GB/T 8054

附表 13 双侧规格限 "s" 法的样本量与接收常数（以均值为质量指标）

B或B' n	0.880~0.919 13	0.840~0.879 14	0.800~0.839 15	0.780~0.799 16	0.760~0.779 17	0.740~0.759 18	0.720~0.739 19	0.700~0.719 20
D k	0.006 及以下 -0.601	0.005 及以下 0.574	0.005 及以下 -0.551	0.005 及以下 -0.530	0.005 及以下 -0.512	0.005 及以下 -0.495	0.005 及以下 -0.479	0.004 及以下 -0.466
D k	0.007~0.028 -0.594	0.006~0.027 -0.568	0.006~0.026 -0.545	0.006~0.025 -0.525	0.006~0.024 -0.506	0.006~0.024 -0.490	0.006~0.023 -0.474	0.005~0.022 -0.461
D k	0.029~0.055 -0.579	0.028~0.053 -0.554	0.027~0.052 -0.531	0.026~0.050 -0.512	0.025~0.049 -0.494	0.025~0.047 -0.478	0.024~0.046 -0.463	0.023~0.045 -0.449
D k	0.056~0.083 -0.567	0.054~0.080 -0.543	0.053~0.077 -0.521	0.051~0.075 -0.501	0.050~0.073 -0.483	0.048~0.071 -0.468	0.047~0.069 -0.454	0.046~0.067 -0.440
D k	0.084~0.111 -0.555	0.081~0.107 -0.531	0.078~0.103 -0.509	0.076~0.100 -0.491	0.074~0.097 -0.473	0.072~0.094 -0.458	0.070~0.092 -0.444	0.068~0.089 -0.431
D k	0.112~0.139 -0.545	0.108~0.134 -0.521	0.104~0.129 -0.500	0.101~0.125 -0.481	0.098~0.121 -0.465	0.095~0.118 -0.449	0.093~0.115 -0.436	0.090~0.112 -0.424
D k	0.140~0.166 -0.536	0.135~0.160 -0.512	0.130~0.155 -0.492	0.126~0.150 -0.473	0.122~0.146 -0.457	0.119~0.141 -0.442	0.116~0.138 -0.429	0.113~0.134 -0.417
D k	0.167~0.194 -0.528	0.161~0.187 -0.505	0.156~0.181 -0.484	0.151~0.175 -0.467	0.147~0.170 -0.450	0.142~0.165 -0.436	0.139~0.161 -0.423	0.135~0.157 -0.411
D k	0.195~0.222 -0.521	0.188~0.214 -0.498	0.182~0.207 -0.478	0.176~0.200 -0.461	0.171~0.194 -0.445	0.166~0.189 -0.431	0.162~0.184 -0.418	0.158~0.179 -0.406

续表

B或B' \ n	0.880~0.919 13	0.840~0.879 14	0.800~0.839 15	0.780~0.799 16	0.760~0.779 17	0.740~0.759 18	0.720~0.739 19	0.700~0.719 20
D	0.223~0.361	0.215~0.347	0.208~0.336	0.201~0.325	0.195~0.315	0.190~0.306	0.185~0.298	0.180~0.291
k	-0.505	-0.484	-0.464	-0.447	-0.432	-0.418	-0.406	-0.394
D	0.362~0.499	0.348~0.481	0.337~0.465	0.326~0.450	0.316~0.437	0.307~0.424	0.299~0.413	0.292~0.402
k	-0.497	-0.476	-0.457	-0.440	-0.425	-0.412	-0.400	-0.388
D	0.500~0.777	0.482~0.748	0.466~0.723	0.451~0.700	0.438~0.679	0.425~0.660	0.414~0.642	0.403~0.626
k	-0.495	-0.473	-0.455	-0.438	-0.423	-0.410	-0.398	-0.387
D	0.778~1.054	0.749~1.016	0.724~0.981	0.701~0.950	0.680~0.922	0.661~0.896	0.643~0.872	0.627~0.850
k	-0.494	-0.473	-0.455	-0.438	-0.423	-0.410	-0.398	-0.387
D	1.054以上	1.016以上	0.981以上	0.950以上	0.922以上	0.896以上	0.872以上	0.850以上
k	-0.494	-0.473	-0.455	-0.438	-0.423	-0.410	-0.398	-0.387

注：$D = \dfrac{\mu_{OU} - \mu_{OL}}{\hat{\sigma}}$，$B = \dfrac{\mu_{1U} - \mu_{OU}}{\hat{\sigma}}$，$B' = \dfrac{\mu_{OL} - \mu_{1L}}{\hat{\sigma}}$。

表中数据引自 GB/T 8054